全国教育科学"十一五"
规划课题研究成果

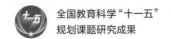

电路分析
简明教程

第三版

傅恩锡 杨四秧 孙静 编著

高等教育出版社·北京

内容简介

　　本版在保留前两版选材恰当、重点突出、通俗易懂、便于自学等特色的基础上，对教材的结构和内容进一步优化，做了多处调整和改写，包括增添了 MOOC 教学内容，用 Multisim 13 仿真软件取代了上一版的 EWB 仿真软件等。

　　本书以讨论电路分析方法为主干，以"两类约束"为主线统领全书，注重揭示各种分析方法之间的内在联系，前后呼应，结构严谨，层次清楚。全书共设五章，内容包括：集总电路的分析基础、线性电路分析的基本方法、动态电路的时域分析法、正弦稳态电路的相量分析法（一）及正弦稳态电路的相量分析法（二），此外还包括非线性电阻电路分析的基本方法、动态电路的复频域分析法、Multisim 13 软件简介三个附录，供不同专业选用。每章有 MOOC 教学举例和仿真电路分析，以及应用实例。

　　本书可作为应用型本科院校电子信息类、电气类、自动化类相关专业的电路课程（少学时）教材，对于相关专业的技术人员也是一本可读的电路理论入门参考书。

图书在版编目（CIP）数据

电路分析简明教程 / 傅恩锡，杨四秧，孙静编著
. -- 3 版. -- 北京：高等教育出版社，2020.5
　ISBN 978-7-04-053607-2

　Ⅰ.①电…　Ⅱ.①傅…②杨…③孙…　Ⅲ.①电路分析-高等学校-教材　Ⅳ.①TM133

　中国版本图书馆 CIP 数据核字（2020）第 023792 号

Dianlu Fenxi Jianming Jiaocheng

| 策划编辑　韩　颖 | 责任编辑　张江漫 | 封面设计　张申申 | 版式设计　徐艳妮 |
| 插图绘制　于　博 | 责任校对　张　薇 | 责任印制　赵义民 | |

出版发行	高等教育出版社	网　　址	http://www.hep.edu.cn
社　　址	北京市西城区德外大街 4 号		http://www.hep.com.cn
邮政编码	100120	网上订购	http://www.hepmall.com.cn
印　　刷	北京盛通印刷股份有限公司		http://www.hepmall.com
开　　本	787mm×1092mm　1/16		http://www.hepmall.cn
印　　张	24.25	版　　次	2004 年 1 月第 1 版
字　　数	550 千字		2020 年 5 月第 3 版
购书热线	010-58581118	印　　次	2020 年 12 月第 2 次印刷
咨询电话	400-810-0598	定　　价	48.40 元

电路分析简明教程
（第三版）

傅恩锡
杨四秧
孙　静

1　计算机访问 http://abook.hep.com.cn/1224104，或手机扫描二维码、下载并安装 Abook 应用。

2　注册并登录，进入"我的课程"。

3　输入封底数字课程账号（20位密码，刮开涂层可见），或通过 Abook 应用扫描封底数字课程账号二维码，完成课程绑定。

4　单击"进入课程"按钮，开始本数字课程的学习。

课程绑定后一年为数字课程使用有效期。受硬件限制，部分内容无法在手机端显示，请按提示通过计算机访问学习。

如有使用问题，请发邮件至 abook@hep.com.cn。

扫描二维码
下载 Abook 应用

前　言

电路分析是本科院校电子信息类、电气类、自动化类相关专业十分重要的专业基础课程。本书是教育科学"十一五"国家规划课题研究成果,是为应用型本科院校上述专业而编写的电路分析课程教材(少学时)。自 2004 年第一版问世以来,得到了许多院校和广大读者的关心、关注。为了更好地反映应用型本科院校的教学特点和服务于培养应用型人才的教学需要,紧跟现代科学技术发展的步伐,在多年教学实践并在听取许多宝贵意见和建议的基础上,我们对第 2 版进行了认真修订,将其作为第 3 版出版。

本版保留了前两版的特色,精心筛选了课程内容,保证了必需的基础知识,体现了"简明"特色,突出了电路的基本概念和基本分析方法,以讨论电路分析方法为主干,以"两类约束"为主线统领全书,注重揭示各种分析方法之间的内在联系,前后呼应,结构严谨,层次清楚。与第二版相比,主要的变动有:

1. 对教材的结构和内容进一步优化,并做了多处调整和改写。例如,将第 2 版第一章分列于三节的电路基本元件整合为一节,将第二章分列于七节的三类电路基本分析法整合为三节,将第四章中分列于两节的一阶电路的零输入响应和零状态响应整合为新版第三章的一节,将篇幅过长的第六章正弦稳态电路的相量分析法分列两章叙述,构成了新的第四章及第五章,从而使内容更紧凑,条理更清楚,更加有利于读者学习和教师组织教学。经教学实践证明,由于学时所限,许多专业并未安排第 2 版中的第三章非线性电阻电路分析的基本方法及第五章动态电路的复频域分析法这两章的教学,为突出主要内容,便于绝大多数专业的教和学,新版将这两章移至书末,作为附录Ⅰ和附录Ⅱ;建议安排这两章教学的专业,将附录Ⅰ提前至第二章之后、附录Ⅱ提前至第三章之后讲授。

2. 引入了新型的 MOOC 教学模式,在前 5 章设有 MOOC 教学举例。对每一章的 MOOC 教学举例均配有专门的二维码,扫码即可实现免费线上学习和获得与视频相对应的课件。此外,本书教学视频也在不断地补充完善中,读者可下载 Abook 软件,获取新的教学视频和相关资料。本书引入 MOOC 教学举例是一种尝试,满足了学生学习需要的多样性,有益于学生更好地消化课堂教学内容和方便自学。

3. 本书一向重视计算机辅助分析的应用,在每章设有一节计算机仿真分析电路的内容;本版还用功能更强、推出时间较短的 Multisim 13 仿真软件取代了上一版的 EWB 仿真软件,这更有利于培养学生的实践能力和创新能力,以及加深对电路基本概念的理解和掌握。

4. 本书的应用实例有所增加,有助于培养学生工程实践能力,符合应用型本科院校的培养目标。

5. 本书在精选例题的基础上,在解题后增写了[评析],主要结合例题阐述本节重点和提示易出现的概念错误；此外，在备注栏中列出重点提示。这些便于读者掌握重点内容。

　　本教材的参考教学学时为 60~80 学时(含实践性环节)。教材中标有"＊"的是选学内容，在实际的教学中，可根据情况取舍。

　　本版修订由傅恩锡教授负责全书的统稿及第一、四、五章和§3-1 的修订(不含§4-6 及上述各章的 MOOC 教学举例和仿真分析)，杨四秋副教授负责第二、三章及附录Ⅱ的修订(不含§3-1 及上述各章的 MOOC 教学举例和仿真分析)，孙静副教授负责§4-6 及附录Ⅰ、Ⅲ和各章仿真分析的修订及全书的 MOOC 教学举例的撰写。

　　本书承蒙国防科学技术大学罗飞路教授仔细审阅，提出了许多宝贵意见。本书的修订得到了高等教育出版社和湖南工程学院及其电气信息学院、电工电子教研室的大力支持。在修订过程中参考了不少院校的教材和文献。谨一并致以衷心的感谢！

　　书中不足和错误之处，敬请广大同行和读者批评指正。意见请发送电子邮件至：fuenxi88@163.com 或 yangsiyang234@sina.com 或 jsun1206@163.com。

编者

2019 年 9 月于湘潭

第 2 版前言

本书是为适应 21 世纪中国高等教育应用型人才的培养目标,为应用型本科院校电子、电气信息类专业编写的电路课程教材,它是教育科学"十五"国家规划课题研究成果,融入了作者几十年在高校从事电路分析课程教学的经验和心得体会。

本书自 2004 年第 1 版发行以来,已印刷 7 次,得到了许多院校和广大读者的关心。为了顺应全国高等学校应用型人才培养迅速发展的趋势,更好地反映应用型本科院校的教学特点和服务于培养应用型人才的教学需要,在听取使用本教材师生提出的宝贵意见和建议的基础上,在保持第 1 版的选材恰当、重点突出、主线分明、注重应用、概念严密、论述透彻、通俗易懂、便于自学等特色以及重视教材先进性、科学性的前提下进行了本次修订,具体变动有以下几个方面:

1. 进一步优化教学内容,理顺各章节之间的关系,突出教学实用性。例如,将第 1 版第一章、第四章中分列于 7 节的相近内容整合为新的 3 节内容;将第 1 版第一章中关于电容元件和电感元件的内容,移至第四章动态电路的时域分析法中;对三要素法、复阻抗与复导纳、欧姆定律的相量形式等多处内容的引入、表述进行了改写和适度增删等。从而使本书思路更清晰、内容更紧凑,有利于学习和组织教学。

2. 为了给后续课程——模拟电子技术的分析打下良好基础,将第 1 版附录 II 非线性电阻电路的分析法简介提至正文,列为第三章非线性电阻电路分析的基本方法。由于运用拉普拉斯变换求解动态电路尤其是高阶动态电路比较简单、有效,也为了给后续课程(如信号与系统、电子技术、自动控制等)运用该数学工具做好铺垫,将第 1 版附录 I 动态电路的复频域分析法简介提至正文,列为第五章动态电路的复频域分析法。这两章可作为选学内容,根据教学时数和后续课程的需求灵活处理。

3. 在第 1 版注重培养学生工程实践能力的基础上,更强调理论的实际应用。在各章中增写了一节"应用实例",全书挑选了若干与正文内容紧密结合又具有一定代表性的工程应用实例,它们涵盖了电气、电子等多个专业方向的应用。通过这些应用实例的介绍,以期启迪学生思维,开拓应用思路,做到举一反三,学用结合,并激发学生对学习电路课程的兴趣;这些应用实例可作为自学内容。此外,在全书多处增添了相关内容的实物图片,以增强学生的感性知识。

4. 在各章末增添了"本章学习要求",这些内容主要取自于教育部高等学校电子信息科学与电气信息类基础课程教学指导分委员会 2004 年颁布的"电路理论基础"和"电路分析基础"的教学基本要求。将这部分内容未按常规置于章首而置于章末,有利于学生对本章内容进行梳理和总结,加深对所学内容的理解,因而兼有本章小结的作用。

此外,改编了部分习题,更好地与教材的知识点配合。

本次修订保留了第 1 版 EWB 仿真软件的有关内容。随着计算机技术的普及和快速发展,仿真软件在工程技术中的使用越来越广泛,实施这部分内容的教学,不但有利于培养学生的工程实践能力和创新能力,还可以加深对电路基本概念的理解和掌握,建议通过部分实验和学生自行上机掌握仿真软件的使用方法。

本书的参考教学学时为 60~80 学时(含实践性环节)。书中标有"＊"号的是选学内容,在实际的教学中,可根据情况取舍。

本次修订由湖南工程学院傅恩锡教授、杨四秧副教授任主编。傅恩锡负责本书的统稿及第一、三、六章(不含 §1-8 和 §6-11)和 §4-1 的修订,杨四秧负责第二、四、五章(不含 §2-10 和 §4-1、§4-10)的修订,孙胜麟、李朝键负责 §1-8、§2-10、§4-10、§6-11 和附录的修订。

本书承蒙国防科学技术大学罗飞路教授仔细审阅,提出了许多宝贵意见。本书的修订得到了高等教育出版社和湖南工程学院及其电气信息学院、电工电子教研室的大力支持。在修订过程中参考了不少院校的教材和文献。谨在此一并致以衷心的感谢!

书中不足和错误之处,敬请广大同行和读者批评指正。意见请发送至电子邮箱:fu-enxi88@163.com 或 yangsiyang234@sina.com。

编者

2009 年元旦于湘潭

第1版前言

本书是教育科学"十五"国家规划课题——"21世纪中国高等学校应用型人才培养体系的创新与实践"的研究成果,作为以培养应用型人才为主的高等院校的电气信息类各专业电路分析课程的教材,建议教学时数范围为60~80学时(含实践性环节)。

编写本书总的思路是:既要适应21世纪中国高等教育应用型人才的培养目标和要求,反映应用型本科院校的特点,贴近专业需要,精选教材内容,体现"简明"特色,注重实践能力和创新精神的培养;又必须达到高等学校本科电路分析教材应有的科学水平,满足电气信息类专业对电路分析课程的基本要求。按照上述思路,编者在本书中作了以下几个方面的工作:

1. 削枝强干,重点讲述电路基础理论和基本分析方法,并结合各章内容介绍了电路分析与仿真软件的使用,主要内容包括:集总电路的分析基础、线性电路分析的基本方法、动态电路的时域分析法、正弦稳态电路的相量分析法共四章和动态电路的复频域分析法简介、非线性电阻电路的分析法简介、EWB软件简介三个附录。根据本书的定位,其内容的广度和深度适宜。

2. 以基本传统内容为主,并着意引入了近代电路理论中的某些内容与分析方法,对模型、计算机仿真方法等内容作了较好的介绍,注意运用近代电路理论的观点阐述传统内容,重视了教材的先进性。

3. 以集总电路中的电压、电流关系的"两类约束"统领全书,注重揭示各种分析方法之间的内在联系和普遍规律,前呼后应,浑然一体,结构严谨,层次清晰,力求构建一个良好的教材体系。

4. 注重理论和实际应用的紧密结合,在介绍理想电路元件和分析方法的同时,着力介绍工程背景,强调在工程电路中的分析和应用。

5. 注重概念的准确和严密,分析细腻,论述透彻,叙述深入浅出,语言流畅易懂,对重点内容和学习时易出错的地方予以标识或提示,并配有丰富的例题和精选的思考与练习题、习题、自测题(均附有答案)以及计算机仿真分析实例,在这些题目的选择中,强调基本概念和基本分析方法的应用,适当淡化手算技巧;此外,还将出版与本教材配套的学习指导书和CAI课件,便于教学使用和自学阅读。

6. 为拓宽专业需要,编入了一些选学内容,采用"＊"标记和附录等方式进行分类,在实际的教学中,可根据情况,灵活地选取所需内容。

本书融入了作者几十年在高校从事电路分析课程教学(其中主要作者曾在国内知名大学执教电路课程多年)的经验和心得体会。纵然如此,因受作者的水平和编写时间的限制,书中难免有错误和不妥之处，敬请广大同行和读者不吝赐教。

　　本书第一、四章（不含§1-7和§4-13）由傅恩锡执笔，第二、三章（不含§2-9和§3-9）及附录Ⅰ由杨四秋执笔，§1-7、§2-9、§3-9和§4-13及附录Ⅲ由李朝健执笔，附录Ⅱ由康迎曦执笔并负责全书的例题、思考与练习题、习题和自测题的答案的校核工作。湖南工程学院傅恩锡教授任主编，负责全书的策划、统稿和定稿工作；杨四秋副教授任副主编，协助主编工作。

　　本书送审稿承蒙国防科学技术大学博士生导师罗飞路教授、谢克彬副教授仔细审阅，提出了许多宝贵意见。本书的立项和出版得到了教育部全国高等学校教学研究中心、高等教育出版社和湖南工程学院及其电气与信息工程系、电工电子教研室的大力支持，谨在此一并致以衷心的感谢！

编者

2003 年 8 月

目　录

第一章 集总电路的分析基础

本章的中心内容是阐明电路中的电流、电压受到的两类约束。其中一类约束来自元件的相互连接方式,即基尔霍夫定律;另一类约束来自元件的性质,即元件的伏安关系。在所研究的电路中,其电流、电压无不受这两类约束所限制。此外,还着重介绍了电路模型和电流、电压的参考方向等重要概念。

本章介绍的这些基本概念和基本定律是分析电路的基本依据,将贯穿于全书之中。

§1-1 实际电路和电路模型

一、实际电路

电路是电流的通路。实际电路是为完成某种功能,由若干电气设备或器件按一定方式用导线连接而成的。

实际电路形式多种多样,有的可以延伸到数百、数千公里以外,有的则局限在几平方毫米以内,但就其功能而言,可以划分为两大类。其中一类主要实现电能的传输和转换,即能量处理,如输电电路和照明电路等。另一类主要实现信号的传输、处理和储存,即信号处理,如收音机电路、滤波电路、计算机电路等。当然,某些电路同时具有能量处理和信号处理的功能。

实际电路都由电源(信号源)、负载和中间环节三个基本部分组成。电源(信号源)是提供电能或信号①的器件;负载是用电器件,它将电能转换为其他形式的能量;介于电源和负载之间的其他器件统称为中间环节,它们起着传输、控制、保护、放大等作用。图 1-1-1(a)所示手电筒电路,就是一个最简单的实际电路。其中电池是电源,小电珠是负载,而按钮和导线是中间环节。

二、理想电路元件②

组成实际电路的器件不但种类繁多,而且对某一器件来说,其电磁性能也不是单一的。例如,实验室用的滑线变阻器,它由导线绕制而成,当有电流流过时,它主要具有电能转换成

---

① 电路中的"信号"一词是指带有信息的电流或电压。

② **重点提示:**掌握理想电路元件的主要特征:只具有单一的电磁性能;都有各自精确的数学定义,在电路图中用规定的符号表示等。

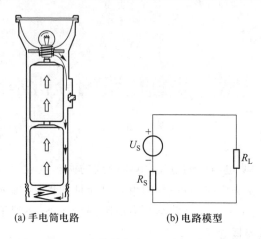

(a) 手电筒电路　　　　　　(b) 电路模型

图 1-1-1　一个简单的实际电路及其电路模型

热能的性质,即电阻的性质;其次,由于电压和电流会产生电场和磁场,使它具有储存电场能量和磁场能量的性质,即电容和电感的性质。上述性质交织在一起,当电流、电压的频率不同时,其表现程度也不同。

在电路分析中,如果对实际器件的所有性质都加以考虑,将是十分困难的。为了便于对实际电路进行分析和数学描述,在电路理论中采用了"模型"的概念。这就是在一定的条件下,突出实际器件的主要性质,把它理想化和近似化,用只具有单一电磁性能的理想元件来代表它。所以理想电路元件是实际器件抽象出来的理想化模型。例如,理想电阻元件只消耗电能;理想电感元件只储存磁场能量;理想电容元件则只储存电场能量。在不同工作条件下,一种实际器件可用一种或几种理想电路元件的组合来近似表征。例如,上面提到的滑线变阻器可用理想电阻元件来表征;若考虑磁场的作用,则可用理想电阻元件和理想电感元件的组合来表征。同时,对于电磁性能相近的一类实际器件,也可用同一种理想电路元件来近似表征。例如,所有的电阻器、电烙铁、照明灯具、电熨斗等,都可用理想电阻元件来近似表征。在电路分析中,常用的理想电路元件只有几种,而且都有各自精确的数学定义,在电路图中用规定的符号来表示;它们可以用来表征千千万万种实际电路器件。一般将理想电路元件简称为电路元件[①]。

需要指出的是,"模型"的概念不仅仅在电路理论中采用,在其他科学领域(含社会科学领域)也利用模型来分析具体事物,可以说,没有模型就没有科学分析。

三、电路模型

由理想电路元件构成的电路称为电路模型。这里研究的电路都是电路模型,并非实际电路。所有的实际电路,不论简单还是复杂,都可以用由几种电路元件构成的电路模型来表示。图 1-1-1(a)所示的手电筒电路的电路模型如图 1-1-1(b)所示,手电筒电路中的电池用电源元件 U_S 和电阻元件 R_S 的串联组合作为它的模型,小电珠用电阻元件 R_L

---

① 在有的教材中,将实际电路器件称为"电路元件"。本书中的电路元件均指理想化的模型。

作为它的模型,按钮和导线用理想导线(其电阻为零)或线段表示。把实际电路变成电路模型称为"建模"。在不同条件下,同一实际器件可能采用不同的模型。模型取得是否恰当,将决定对电路分析和计算结果的精确程度。但是,在实际工程中,并不是用越精确(复杂)的模型越好。"建模"是专门课程研究的课题,本书不做介绍。

四、集总电路

理想电路元件只表现一种电或磁的性能,并认为其电磁过程都是集中在元件内部进行,这样的元件称为集总参数元件,例如上面提到的电阻元件、电容元件和电感元件等都是集总参数元件。由集总参数元件构成的电路模型,简称为集总电路。对集总电路而言,电路中的电磁量,如电压和电流等,只是时间的函数,而无需考虑其空间分布,因而描述这类电路的方程一般是代数方程或常微分方程。

用集总电路近似描述实际电路,需要满足以下条件:实际电路的尺寸(长度)要远远小于电路工作频率下的电磁波的波长。例如,我国电力用电的频率 f 为 50 Hz,对应的波长 $\lambda = c/f = (3 \times 10^{8}/50)$ m = 6 000 km(式中 c 为电磁波的传播速度即光速)。对实验室电路来说,其尺寸与这一波长相比可以忽略不计,因而用集总的概念是完全可以的;但是,对于远距离输电电路而言,就不能用集总的概念来进行分析、计算了,而要用分布参数电路来处理。

集总电路模型是电路理论中最基本的假设。本书研究的电路均为集总电路,因此,今后将省略"集总"二字。

思考与练习题

1-1-1　手机这个实际电路是能量处理电路还是信号处理电路? 它的电源、负载和中间环节各是什么?

1-1-2　理想电路元件的主要特征是什么? 为什么要在电路分析中采用"模型"的概念?

1-1-3　对于下列实际电路是否能用集总电路来描述。(1) 某音频电路,其最高工作频率为 25 kHz;(2) 某计算机电路,其工作频率为 500 MHz;(3) 某微波电路,其工作频率为 0.3 GHz~3 000 GHz(注:1 G = 10^{9})。

[能,不能,不能]

§1-2　电路的基本物理量

电流和电压是描述电路性能的两个基本物理量。当一个电路中各部分的电流和电压被确定后,那么这一电路的特性也就被掌握了。此外,功率和能量也是电路分析中涉及的重要物理量。

一、电流及其参考方向

电流用"i"①或"I"表示,"I"表示直流电流或交流电流的有效值。

---

① 小写字母 i 一般表示随时间变化的电流,但本书也经常采用它表示直流电流,可根据上、下文判断;后述 u、p 亦同。此外,对于随时间变化的电流、电压等变量是时间 t 的函数,本应写作 $i(t)$、$u(t)$ 等,但由于在今后分析中将大量出现这些变量,故在本书中,除在特殊需要的情况下,常将 $i(t)$、$u(t)$ 等简写为 i、u。

电路中的电流是单位时间内通过导体横截面的电荷量,即

$$i = \frac{\mathrm{d}q}{\mathrm{d}t} \tag{1-2-1}$$

式中,电流 i 的单位为安[培](A),其辅助单位有千安(kA)、毫安(mA)和微安(μA)。$1\ \mathrm{mA} = 10^{-3}\mathrm{A}$,$1\ \mu\mathrm{A} = 10^{-6}\mathrm{A}$;电荷 q 的单位为库[仑](C);时间 t 的单位为秒(s)。这些单位都是国际单位制(SI)单位。

在电路中,习惯把正电荷运动的方向规定为电流的实际方向。对于一个简单的电路而言,有时可以判断出电流的实际方向,但对于复杂的电路,却很难做到。如果是正弦电流,它的实际方向不断在变化,就更难判定了。因此,在电路分析中,引进了参考方向的概念。有的书中把参考方向称为正方向。

所谓电流的参考方向,是任意假定的电流方向,在电路中用实线箭头来表示。例如,对于图 1-2-1 所示的一段电路,其中方框泛指电路元件,它有两个端子与外电路相连接,称为二端元件,其电流的参考方向既可以选定为由 A 至 B[参见图 1-2-1(a)],也可以选定为由 B 至 A[参见图 1-2-1(b)]。电流的参考方向还可以用双下标表示,如 i_{AB},它表示电流的参考方向选定为由 A 指向 B。

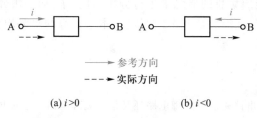

(a) $i>0$　　　　　　　　(b) $i<0$

图 1-2-1　电流的参考方向

电路图中标明的电流方向均为参考方向。电流的参考方向不一定就是它的实际方向。当电流的实际方向与它的参考方向一致时,电流 i 为正值,即 $i>0$,如图 1-2-1(a)所示;如果电流的实际方向与它的参考方向相反时,电流 i 为负值,即 $i<0$,如图 1-2-1(b)所示。图 1-2-1 中电流的实际方向用虚线箭头表示。因此在电流的参考方向已选定的情况下,根据电流值的正或负,就可以判断出它的实际方向。

测量电路中的电流时,必须将电流表串联在待测电流的支路中;在测直流电流时,电流的实际方向应从电流表的"+"端流入,如图 1-2-2 所示,图中符号 Ⓐ1、Ⓐ2 表示电流表。

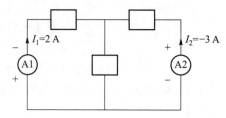

图 1-2-2　直流电流的测量

例 1-2-1　在图 1-2-1(a)中,电流的参考方向已标定由 A 指向 B,已知流经电路任一横截面的电荷[量]为:(1) $q = 10t$ C;(2) $q = 12e^{-10t}$ C。求电流 i,并指出它的实际方向。

解 （1）由式（1-2-1）得

$$i = \frac{\mathrm{d}q}{\mathrm{d}t} = \frac{\mathrm{d}(10t)}{\mathrm{d}t} \mathrm{A} = 10 \ \mathrm{A}$$

电流为正值，故电流的实际方向与它的参考方向一致，电流由 A 流向 B。

（2）
$$i = \frac{\mathrm{d}q}{\mathrm{d}t} = \frac{\mathrm{d}(12\mathrm{e}^{-10t})}{\mathrm{d}t} \mathrm{A} = -120\mathrm{e}^{-10t} \mathrm{A}$$

电流在任何时刻均为负值，说明电流的实际方向与它的参考方向相反，电流由 B 流向 A。

二、电压及其参考方向

电压用"u"或"U"表示，"U"表示直流电压或交流电压的有效值。

电路中的电压是单位正电荷从某点移动到另一点所获得或失去的能量，即

$$u = \frac{\mathrm{d}w}{\mathrm{d}q} \tag{1-2-2}$$

在国际单位制（SI）中，电压 u 的单位是伏［特］（V），其辅助单位有千伏（kV）、毫伏（mV）和微伏（μV）；能量 w 的单位为焦［耳］（J）。

电压的实际方向（也称实际极性）规定为由高电位点指向低电位点，即电位降的方向。与电流的参考方向类似，电压的参考方向（也称参考极性）是任意指定的电位降方向，在电路图中可用"+""−"极性来表示，"+"极性指向"−"极性的方向就是电压的参考方向（参见图1-2-3）；电压的参考方向还可以用双下标表示，如 u_{AB}，它表示电压的参考方向选定为由 A 指向 B。

同样，电路图中标明的电压方向均为参考方向。如果电压的实际方向与它的参考方向一致，则电压 u 为正值，即 $u>0$；反之，则电压 u 为负值，即 $u<0$。因此，在电压的参考方向已选定的情况下，根据电压值的正或负，就可以判断出它的实际方向。例如，对于图 1-2-3 所示电路的电压参考方向，若 u 为负值，则电压的实际方向与它的参考方向相反，即 B 端的电位较 A 端高。

测量电路中的电压，需要将电压表并联接在被测元件两端，如图 1-2-4 所示。在测直流电压时，电压表的"+"端应与被测电压实际极性的高电位端相连接，"−"端接被测电压实际极性的低电位端。

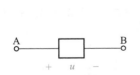

图 1-2-3 电压的参考方向

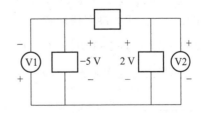

图 1-2-4 直流电压的测量

在电子电路的分析、计算中，经常要用到电位的概念。电路中某点电位是指该点与参考点之间的电压，用符号 V 表示，例如，A 点的电位记作 V_A。

在计算电位时，必须首先选定参考点，它可以任意选定。在电力电路中，通常选定大地作为参考点；在电子电路中，通常选定与金属外壳相连接的公共导线作为参考点，俗称地线。参考点的电位认为是零，在电路图中用符号"$\equiv$"表示接大地，用符号"$\downarrow\!\!\!\!h$"或"$\perp$"表示接机壳、接底板。

电路中各点的电位值与参考点的选取有关，而任意两点之间的电压则等于该两点的电位之差，例如，$u_{AB}=V_A-V_B$，与参考点的选取无关。

在电子电路图中，有一种简化的习惯画法，即不画电源的图形符号，而改为只标出其极性及电压(位)值，如图 1-2-5(b)所示。

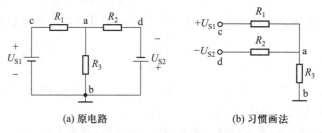

(a) 原电路　　　　　　　　　　(b) 习惯画法

图 1-2-5　电子电路的习惯画法

如前所述，电流和电压的参考方向可以任意选定，但对于同一段电路或同一个元件来说，为方便起见，通常将电压的参考方向和电流的参考方向选为一致，它是指流过一段电路(或元件)的电流的参考方向是从标以电压正极性的一端指向负极性的一端，如图 1-2-6(a)所示，这时在电路图上可以只需标明电压的参考方向或电流的参考方向，如图 1-2-6(b)、(c)所示。本书一般采用一致的参考方向[1]。

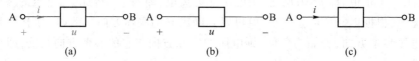

(a)　　　　　　　　　(b)　　　　　　　　　(c)

图 1-2-6　电压和电流的一致参考方向

最后着重指出，电流和电压的参考方向是电路分析中的一个十分重要的概念[2]，在分析和计算电路之前，必须首先在电路上标出参考方向，一般不标实际方向；参考方向可以任意选定，但一经选定后，在电路分析、计算过程中就不允许改变；在没有标定参考方向的情况下，电流和电压值的正或负没有任何意义。

例 1-2-2　在图 1-2-3 中，已知 5 C 正电荷由 B 点移动至 A 点，电场力做功为 10 J，试求电压 u_{AB}，并指出它的实际方向。

---

①　有些教材将电压和电流一致的参考方向称为电压和电流的关联参考方向。

②　**重点提示**：参考方向是电路分析中的一个十分重要的概念，它是大学电路与高中电路的核心区别。在求解电路时，首先必须选定电流(电压)的参考方向，而不要纠缠其实际方向。

解　题中5C正电荷由B点移动至A点,电场力做功为10 J,即

$$\mathrm{d}w_{\mathrm{BA}} = 10 \text{ J}$$

那么

$$\mathrm{d}w_{\mathrm{AB}} = -10 \text{ J}$$

故

$$u_{\mathrm{AB}} = \frac{\mathrm{d}w_{\mathrm{AB}}}{\mathrm{d}q} = \frac{-10}{5} \text{ V} = -2 \text{ V}$$

可知,电压的实际方向与它的参考方向相反,即B点的电位较A点高。

例 1-2-3　在图1-2-7所示电路中,已选定d点为参考点,已知各点的电位分别为$V_{\mathrm{a}} = 10$ V,$V_{\mathrm{b}} = 6$ V,$V_{\mathrm{c}} = 15$ V。(1)若选定c点为参考点,试求电位V'_{a}、V'_{b}和V'_{d};(2)分别求出选定c、d点作为参考点时的电压U_{ab},U_{cb}和U_{cd}。

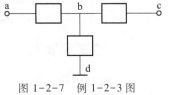

图1-2-7　例1-2-3图

解　(1)当选定c点为参考点时,则电位 $V'_{\mathrm{c}} = 0$

故

$$V'_{\mathrm{a}} = U_{\mathrm{ac}} = V_{\mathrm{a}} - V_{\mathrm{c}} = (10-15) \text{ V} = -5 \text{ V}$$

$$V'_{\mathrm{b}} = U_{\mathrm{bc}} = V_{\mathrm{b}} - V_{\mathrm{c}} = (6-15) \text{ V} = -9 \text{ V}$$

$$V'_{\mathrm{d}} = U_{\mathrm{dc}} = V_{\mathrm{d}} - V_{\mathrm{c}} = (0-15) \text{ V} = -15 \text{ V}$$

(2)当选定c点为参考点时 $V'_{\mathrm{c}} = 0$,其他各点电位如(1)中计算结果,故电压

$$U_{\mathrm{ab}} = V'_{\mathrm{a}} - V'_{\mathrm{b}} = [(-5)-(-9)] \text{ V} = 4 \text{ V}$$

$$U_{\mathrm{cb}} = V'_{\mathrm{c}} - V'_{\mathrm{b}} = [0-(-9)] \text{ V} = 9 \text{ V}$$

$$U_{\mathrm{cd}} = V'_{\mathrm{c}} - V'_{\mathrm{d}} = [0-(-15)] \text{ V} = 15 \text{ V}$$

当选定d点为参考点时,其他各点电位在题中已给出,则电压

$$U_{\mathrm{ab}} = V_{\mathrm{a}} - V_{\mathrm{b}} = (10-6) \text{ V} = 4 \text{ V}$$

$$U_{\mathrm{cb}} = V_{\mathrm{c}} - V_{\mathrm{b}} = (15-6) \text{ V} = 9 \text{ V}$$

$$U_{\mathrm{cd}} = V_{\mathrm{c}} - V_{\mathrm{d}} = (15-0) \text{ V} = 15 \text{ V}$$

【评析】通过本例题,掌握电位与电压两者之间的关系:电路中某点电位是指该点与参考点之间的电压;而任意两点之间的电压则等于该两点的电位之差。并注意,在同一电路中,若选取不同的参考点,则各点的电位将发生变化,即电位与参考点的选取有关;但两点之间的电压是不变的,即电压与参考点的选取无关。

思考与练习题

1-2-1　已知流过某元件的直流电流I为3 A,若电流的参考方向已选定,它可以有两种表达方式:$I = 3$ A、$I = -3$ A,试问这两种表达方式有什么不同?

1-2-2　对于题1-2-2图(a)、(b)所示电路:(1)若已知10 C的正电荷在2 s内由A→B移动,求电流I,(2)若已知10 C的负电荷在2 s内由A→B移动,再求电流I。

$$[5 \text{ A}, -5 \text{ A}; -5\text{A}, 5 \text{ A}]$$

1-2-3　若1C正电荷由A→B移动，能量的改变为10J，试在下列四种情况下，求 U_{AB}。（1）电荷为正，且为失去能量；（2）电荷为正，且为获得能量；（3）电荷为负，且为失去能量；（4）电荷为负，且为获得能量。

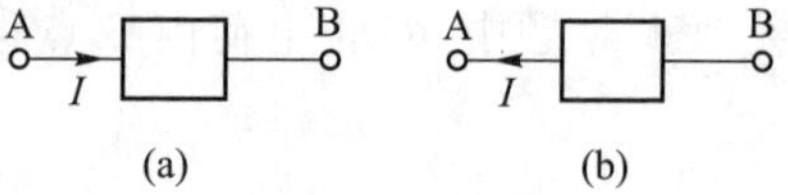

题 1-2-2 图

$$[\,10\text{ V},-10\text{ V},-10\text{ V},10\text{ V}\,]$$

1-2-4　对于题1-2-4图所示电路，若已知2s内有6C正电荷均匀地由a点经b点移动到c点，且已知由a点移动到b点，电场力做功为12J；由b点移动至c点，电场力做功为6J。试求a、b、c各点电位 V_a、V_b、V_c 和电压 U_{ab}、U_{bc}。

$$[\,2\text{ V},0,-1\text{ V},2\text{ V},1\text{ V}\,]$$

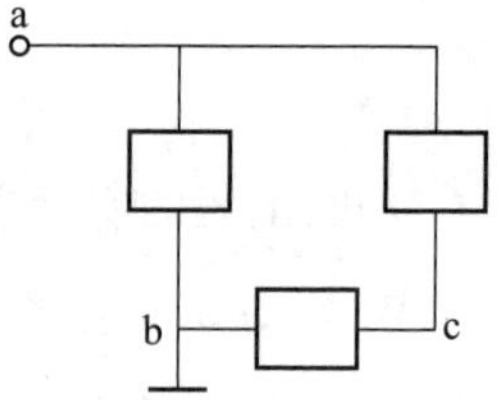

1-2-5　电压和电位有何区别和联系？若两点电位都很高，是否两点间的电压也很高？怎样可以使人在高压线路上带电作业而不发生危险？

题 1-2-4 图

三、功率和能量

与电流和电压一样，功率和能量也是电路分析中的重要物理量。能量是功率对时间的积分。功率用"p"或"P"表示，"P"表示直流电路的功率。能量用"w"或"W"表示。

电路中功率，是指某一段电路（或元件）吸收能量的速率，即 $p=\dfrac{\mathrm{d}w}{\mathrm{d}t}$

借助电流和电压的定义（$i=\dfrac{\mathrm{d}q}{\mathrm{d}t}$，$u=\dfrac{\mathrm{d}w}{\mathrm{d}q}$），可以得到功率的计算表达式。当电流与电压采用一致参考方向时（参见图1-2-6），计算功率的公式为[①]

$$p=ui \tag{1-2-3a}$$

在直流电路中

$$P=UI \tag{1-2-3b}$$

式（1-2-3）是按照吸收功率来计算的。如果 $p>0(P>0)$，表示该段电路吸收（消耗）功率；如果 $p<0(P<0)$ 表示该段电路发出（产生）功率。

若电流和电压的参考方向不一致时，计算功率的公式为

$$p=-ui \quad\quad 或 \quad\quad P=-UI \tag{1-2-4}$$

判定是吸收功率还是发出功率，与对式（1-2-3）的判据相同，即 $p>0(P>0)$ 时，表示该段电路吸收（消耗）功率；如果 $p<0(P<0)$，表示该段电路发出（产生）功率。

在国际单位制中，电压、电流的单位是伏（V）、安（A）时，功率的单位为瓦［特］（W），其辅助单位有千瓦（kW）、毫瓦（mW）等。

在图1-2-6所示电路中，在 t_0 到 t 时刻内，该段电路所吸收的能量为

$$w(t_0,t)=\int_{t_0}^{t}p(\tau)\mathrm{d}\tau=\int_{t_0}^{t}u(\tau)i(\tau)\mathrm{d}\tau \tag{1-2-5}$$

---

① **重点提示**：掌握功率计算式（1-2-3）和式（1-2-4）的使用场合，以及如何判断计算出来的功率是吸收功率还是产生功率。

在国际单位制中,当功率、时间的单位是瓦(W)、秒(s)时,能量的单位为焦[耳](J)。

例 1-2-4　在图 1-2-8 所示电路中,各元件的电压和电流的参考方向如图所示。现经测量得知:$I_1 = -2$ A、$I_2 = 1$ A、$I_3 = -1$ A,$U_1 = 4$ V、$U_2 = -4$ V、$U_3 = 7$ V、$U_4 = -3$ V。试求每个元件的功率,并判断其是电源还是负载。

解　元件 1:因为电压和电流的参考方向不一致,故

$$P_1 = -U_1 I_1 = -4 \times (-2) \text{ W} = 8 \text{ W} > 0$$

该元件吸收功率,为负载。

元件 2:因为电压和电流的参考方向一致,故

$$P_2 = U_2 I_2 = -4 \times 1 \text{ W} = -4 \text{ W} < 0$$

该元件发出功率,为电源。

元件 3:因为电压和电流的参考方向一致,故

$$P_3 = U_3 I_3 = 7 \times (-1) \text{ W} = -7 \text{ W} < 0$$

该元件发出功率,为电源。

元件 4:因为电压和电流的参考方向一致,故

$$P_4 = U_4 I_3 = -3 \times (-1) \text{ W} = 3 \text{ W} > 0$$

该元件吸收功率,为负载。

由上面计算结果得整个电路吸收功率的代数和为

$$P = P_1 + P_2 + P_3 + P_4 = (8 - 4 - 7 + 3) \text{ W} = 0$$

这说明,对于一个完整的电路而言,它发出的功率与吸收的功率总是相等的,这称为功率平衡,它可以用来检验计算结果的正确与否。

【评析】通过本例题,掌握电路中功率的计算方法及如何判断该段电路是吸收(消耗)功率还是发出(产生)功率。注意,是运用 $p = ui$ 还是运用 $p = -ui$ 计算公式,取决于电路中电压和电流的参考方向的选取是否一致。至于判断其功率是吸收(即负载)还是产生(即电源),所用判据与功率的计算式无关,而取决于计算结果 $p > 0$ 还是 $p < 0$。还有,要善于运用功率平衡来检验计算结果是否正确。

思考与练习题

1-2-6　试计算题 1-2-6 图所示各元件的功率,并说明是吸收功率还是发出功率。其电流、电压参考方向如题 1-2-6 图所示。图(a):$U = -8$ V,$I = 2$ A;图(b):$U = -3$ V,$I = 1$ A;图(c):$u = 10$ V,$i = 10\mathrm{e}^{-2t}$ A;图(d):$u = 20$ V,$i = 2\sin t$ mA,$\sin t$ 的周期 $T = 1$ s。

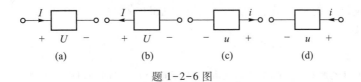

题 1-2-6 图

[-16 W,产生;3 W,吸收;$-100\mathrm{e}^{-2t}$ W,产生;$40\sin t$ mW,当 $(0 + KT)$ s $\leqslant t \leqslant (0.5 + KT)$ s 时,吸收,当 $(0.5 + KT)$ s $\leqslant t \leqslant (1 + KT)$ s 时,产生,$K = 0、1、2、3、\cdots$]

1-2-7　在题 1-2-7 图所示电路中:图(a)元件 1 吸收功率 20 W,求 I;图(b)元件 2 产生功率 80 W,求 U。

$$[-2 \text{ A}, -16 \text{ V}]$$

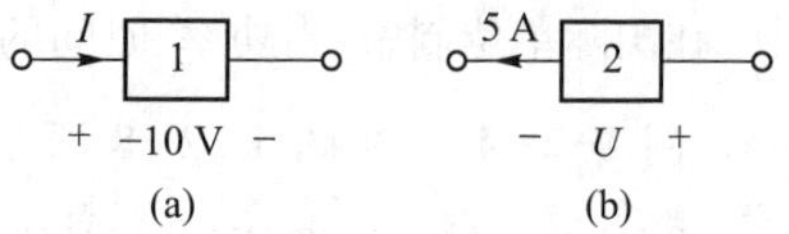

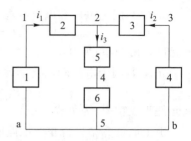

题 1-2-7 图

§1-3　基尔霍夫定律

任何一个电路都是由若干元件连接而成,具有一定的几何结构形式,电路中的电压、电流应受到连接方式的约束,将这类约束称为"拓扑[①]"约束或"几何"约束,基尔霍夫定律概括了这类约束关系。基尔霍夫定律包括基尔霍夫电流定律和基尔霍夫电压定律,它是分析和计算电路的基本依据之一。[②]

在讨论定律之前,先介绍有关的几个电路术语。

(1)支路:每一个二端元件构成一条支路。在图 1-3-1 所示电路中,元件 1、2、3、4、5、6 分别构成六条支路。在手算电路时,常把流过同一电流的各个元件的串联组合称为一条支路,根据这一定义,图 1-3-1 所示电路中只有三条支路。

(2)节点:两条或两条以上支路的连接点称为节点。在图 1-3-1 所示电路中有 1,2,3,4,5 共五个节点。同样,为简便起见,通常把三条或三条以上支路的连接点称为节点,根据这一定义,图 1-3-1 电路中只有 2,5 两个节点,在手算电路时通常采用这个定义。注意:图中 a、b 不是节点。

图 1-3-1　电路的支路、节点和回路

(3)回路:电路中任意闭合路径称为回路。在图 1-3-1 所示电路中,共有三条回路,分别由元件 1、2、5、6,元件 3、4、5、6 和元件 1、2、3、4 构成。

(4)网孔:没有被其他支路穿过的回路称为网孔。在图 1-3-1 所示电路中共有两个网孔,分别由元件 1、2、5、6 和元件 3、4、5、6 构成。

一、基尔霍夫电流定律(KCL[③])

基尔霍夫电流定律描述了集总电路中与任一节点相连各支路电流之间的约束关系,它的物理本质是电荷守恒,可表述为

对于集总电路中的任一节点,在任一时刻,流出(或流入)该节点的电流代数和等于零。其数学表达式为

---

①　拓扑学是 19 世纪形成的一门数学分支,它属于几何学的范畴。在这里,可将"拓扑"理解为"连接关系"。

②　**重点提示**:基尔霍夫定律包括基尔霍夫电流定律(KCL)和基尔霍夫电压定律(KVL),它是电路中的电流、电压受到的两类约束之一,该类约束来自元件的相互连接方式,称为"拓扑"约束或"几何"约束,它是分析和计算电路的基本依据之一,必须熟练掌握。

③　KCL 是 Kirchhoff's current law 的缩写。

$$\sum_{k=1}^{n} i_k = 0 \qquad (1-3-1)$$

式中,i_k 为该节点第 k 条支路的电流;n 为该节点处的支路数。在应用该定律列写方程式时,应首先标出每条支路电流的参考方向。一般规定:当支路电流的参考方向离开节点时,该支路电流的前面取"+"号;反之取"−"号。

例如,在图 1-3-1 所示电路中,对节点 2 列写 KCL 方程为

$$-i_1 - i_2 + i_3 = 0$$

上式可写为

$$i_3 = i_1 + i_2$$

此式表明,流出节点 2 的支路电流等于流入该节点的支路电流。因此,KCL 也可理解为:任一时刻,流出任一节点的支路电流等于流入该节点的支路电流。

古斯塔夫·罗伯特·基尔霍夫(Gustav Robert Kirchhoff,1824—1887),德国物理学家、化学家和天文学家。主要从事光谱、辐射和电学等方面的研究,并均有卓越的建树。基尔霍夫的两条电路定律发展了欧姆定律,对电路理论有重大贡献,是基尔霍夫于 1845 年发表的研究成果,当时他是一位年仅 21 岁的大学生。

例 1-3-1 在图 1-3-2 所示电路中,1 点是电路中的一个节点,已知 $I_1 = 8$ A,$I_2 = 3$ A,$I_3 = -3$ A,其参考方向如图所示。求通过元件 N 的电流。

解 设通过元件 N 的电流为 I_N,参考方向如图所示。由 KCL 得

$$-I_1 + I_2 + I_3 - I_N = 0$$

故

$$I_N = -I_1 + I_2 + I_3 = [-8 + 3 + (-3)] \text{ A} = -8 \text{ A}$$

I_N 为负值说明其实际方向与参考方向相反。

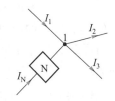

图 1-3-2
例 1-3-1 图

【评析】通过本例题可见,在列写 KCL 方程时,应首先标出每条支路电流的参考方向;此外,还需要注意两套符号:一是列写 KCL 方程时各项前面的"+""−"号,二是各支路电流本身数值的"+""−"号,它们有什么区别,请读者考虑。

KCL 一般是应用于节点的,但还可以推广应用于电路中任意包围几个节点的假想闭合面,即流出(或流入)闭合面的电流代数和等于零,这称为广义的 KCL。

在图 1-3-3 中,以点画线标记的假想闭合面中包含三个元件,有 1、2、3 三个节点,分别应用 KCL 可得

$$-i_1 + i_4 + i_6 = 0$$
$$i_2 - i_4 + i_5 = 0$$
$$-i_3 - i_5 - i_6 = 0$$

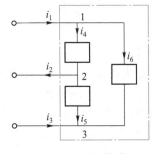

图 1-3-3 KCL 推广

上述三式相加,则有

$$-i_1 + i_2 - i_3 = 0$$

可见,流出该闭合面的电流代数和等于零。

二、基尔霍夫电压定律(KVL[①])

基尔霍夫电压定律描述了集总电路中一个回路中各部分电压间的约束关系,它的物理本质是能量守恒,可表述为

对于集总电路中的任一回路,在任一时刻,沿该回路的所有支路(元件)电压的代数和等于零。其数学表达式为

$$\sum_{k=1}^{n} u_k = 0 \tag{1-3-2}$$

式中,u_k 为该回路第 k 条支路(元件)的电压;n 为该回路的支路(元件)数。应用该定律列写方程式时,应首先选定回路的绕行方向。一般规定:当支路(元件)电压的参考方向与回路的绕行方向一致时,该电压的前面取"+"号;反之取"−"号。

图 1-3-4 所示电路是某复杂电路中的一个回路,现对该回路列写 KVL 方程。首先选定回路的绕行方向为顺时针方向,如图中虚线所示。按图中所标出的各元件电压的参考方向,则有

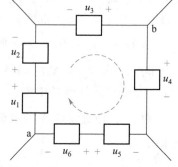

图 1-3-4 基尔霍夫电压定律示例

$$-u_1 + u_2 - u_3 + u_4 - u_5 + u_6 = 0 \tag{1-3-3}$$

式中的 u_1、u_3、u_5 的前面取"−"号,是因为这些电压的参考方向与回路的绕行方向相反;而 u_2、u_4、u_6 的前面取"+"号,是因为这些电压的参考方向与回路的绕行方向相同。

例 1-3-2 已知图 1-3-4 电路中各元件的电压 $u_1 = 2$ V,$u_2 = -3$ V,$u_3 = 4$ V,$u_4 = 8$ V,$u_5 = -6$ V。试求 u_6。

解 电路图中的绕行方向已选定好,可以根据 KVL 求 u_6。对于图 1-3-4 电路的 KVL 方程已在前面列出,如式(1-3-3)所示。

将已知数据代入式(1-3-3),得

$$[-2 + (-3) - 4 + 8 - (-6)] \, V + u_6 = 0$$

则

$$u_6 = (2 + 3 + 4 - 8 - 6) \, V = -5 \, V$$

u_6 为负值,说明其实际方向与参考方向相反。

【评析】通过本例题可见,在列写 KVL 方程时,应首先选定回路的绕行方向;与列写 KCL 方程类似,需要注意两套符号:一是列 KVL 方程时各项前面的"+""−"号,二是各支路(元件)电压本身数值的"+""−"号。

---

① KVL 是 Kirchhoff's voltage law 的缩写。

基尔霍夫电压定律不仅仅应用于闭合回路,还可以推广应用于开口的假想回路,这称为广义的 KVL。例如图 1-3-5 所示电路为开口电路,若选路径 acd,构成一个假想回路。设回路绕行方向为顺时针方向,则列写的 KVL 方程为

$$u_{ad} - u_3 - u_4 + u_5 = 0 \qquad (1\text{-}3\text{-}4a)$$

若选路径 abcd,则构成另一个假想回路,亦设回路绕行方向为顺时针方向,则列写的 KVL 方程为

$$u_{ad} + u_1 + u_2 - u_4 + u_5 = 0 \qquad (1\text{-}3\text{-}4b)$$

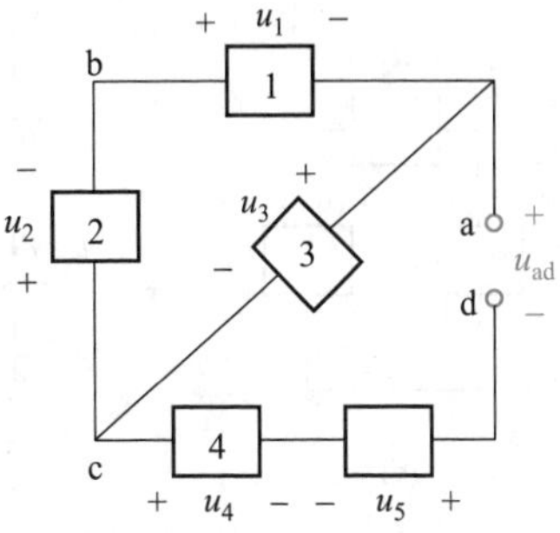

例 1-3-3 已知图 1-3-5 电路中各元件电压 $u_1 = -5$ V,$u_2 = 3$ V,$u_3 = 2$ V,$u_4 = 6$ V,$u_5 = 10$ V。试求 a、d 两点间的电压 u_{ad}。

解 根据 KVL 求两点之间的电压。对于图 1-3-5 电路,当选取不同路径时,已分别列出 KVL 方程,见式 (1-3-4a) 和 (1-3-4b)。

由式 (1-3-4a),可得

$$u_{ad} = u_3 + u_4 - u_5$$

将已知数据代入,得

$$u_{ad} = (2+6-10) \text{ V} = -2 \text{ V}$$

由式 (1-3-4b),可得

$$u_{ad} = -u_1 - u_2 + u_4 - u_5$$

代入已知数据得

$$u_{ad} = [-(-5)-3+6-10] \text{ V} = -2 \text{ V}$$

图 1-3-5 KVL 的推广

【评析】通过本例题可见,沿两条不同路径所求得的 u_{ad} 是相同的。由此可以得出,用 KVL 求电路中任意两点间的电压时,与计算时所选的路径无关。

最后需指出,在上面对 KCL 和 KVL 的讨论中,并未提及各支路、各回路是由什么元件构成,所以,不管元件的性质如何,KCL 和 KVL 统统适用,即基尔霍夫定律与构成电路的元件性质无关。

思考与练习题

1-3-1 已知题 1-3-1 图所示电路中,$I_1 = 5$ A、$I_4 = -3$ A。试求 I_2、I_3 和 I_5。

[-5 A,0,3 A]

1-3-2 在题 1-3-2 图(a)所示电路中的 u_1、u_2 和 u_3 的波形是否可能如图 1-3-2(b)所示?为什么?

[能]

1-3-3 求题 1-3-3 图中的电压 u_3、u_4 和 u_5 各为多少。

[1 V,2 V,0 V]

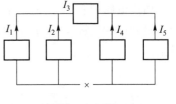

题 1-3-1 图

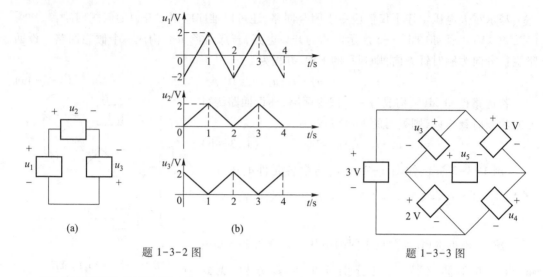

(a)

(b)

题 1-3-2 图

题 1-3-3 图

三、基尔霍夫定律的 MOOC 教学举例

视频:基尔霍夫定律

PPT:基尔霍夫定律

§1-4 电路的基本元件

前已述及,集总电路是由若干电路元件构成。电路元件是通过端子与外电路相连接的,根据与外电路相连接的端子的数目,电路元件可分为二端元件、三端元件、四端元件等;电路元件还可以分为线性元件和非线性元件,时不变元件和时变元件,有源元件和无源元件等;凡从不向外电路提供净能量的元件称为无源元件,否则称为有源元件。

电路元件端子间的电压与通过它的电流都有确定的关系,这个关系称为元件的伏安关系(VAR[①]),该关系由元件性质所决定,元件不同,其 VAR 则不同。这种由元件性质给元件中的电压、电流施加的约束称为元件约束,它是分析和计算电路的另一类基本依据。[②]

构成电路的基本元件有:电阻元件、电容元件、电感元件和电源元件等。本节将先后讨论电阻元件和电源元件(独立电源、受控电源)的 VAR,电容元件和电感元件则在第三章中讨论。

---

① VAR 为 Volt-ampere relationship 的缩写。

② **重点提示:**电路元件端子间的电压与通过它的电流的关系,即元件的伏安关系(VAR),它是由元件性质所决定。这种由元件性质给元件中电压、电流施加的约束称为元件约束,它是分析和计算电路的另一类基本依据之一。本节将先后重点讨论电阻元件和电源元件(独立电源、受控电源)的 VAR 以及功率计算等,读者必须熟练掌握。

一、电阻元件[①]

1. 电阻元件

电阻元件是一种集总电路元件,它是从实际电阻器具抽象出来的模型,像线绕电阻器、碳膜电阻器、灯、电阻炉、电烙铁等这类实际电阻器具。当忽略其电感等作用时,可将它们抽象为只消耗电能的电阻元件,因此,电阻元件是电阻器具的一个模型。有些电子器具只要其端子间的 VAR 满足电阻元件的定义,都可以将电阻元件作为它的模型,而不论其内部结构和物理过程如何。

一个二端元件,如果在任意时刻 t,它的端电压 u 和电流 i 之间为代数关系,亦即这一关系可由 u-i 平面上的一条曲线所确定,并且与电压或电流的波形无关,则此二端元件称为电阻元件,这条表示元件电压与电流关系的曲线称为 VAR 曲线。图 1-4-1(a)、(b) 是两种不同类型的电阻元件的 VAR 曲线,其 u、i 采用一致的参考方向。

在图 1-4-1(a) 中,电阻元件的 VAR 曲线是通过坐标原点的一条直线,其 u 与 i 成正比,故称该元件为线性电阻元件,它在电路图中的符号如图 1-4-2 所示。

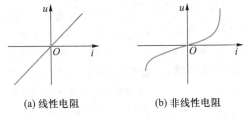

(a) 线性电阻 　　(b) 非线性电阻

图 1-4-1　电阻元件的 VAR 曲线

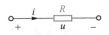

图 1-4-2　线性时不变电阻元件的符号

在图 1-4-1(b) 中,电阻元件的 VAR 曲线不是通过坐标原点的一条直线,则称该元件为非线性电阻元件。例如,电子电路中的二极管的模型就是非线性电阻元件。

VAR 曲线不随时间而变化的电阻元件称为时不变电阻元件,否则称为时变电阻元件,例如电阻式传声器在有语音信号时就是时变电阻。图 1-4-3 为线性时变电阻元件的 VAR 曲线。

本书着重介绍线性时不变电阻元件,因为在通常的应用条件下,工程实际中遇到的大部分电阻器具都可以用它作为其模型。关于非线性电阻元件将在附录 I 中作简单介绍。

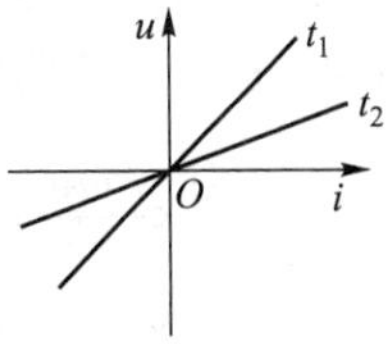

图 1-4-3　线性时变电阻元件的 VAR 曲线

2. 电阻元件的 VAR

由图 1-4-1(a) 可知,线性时不变电阻元件的 VAR 为

$$u = Ri \qquad\qquad (1\text{-}4\text{-}1a)$$

式(1-4-1)便是著名的欧姆定律,它表明线性电阻元件的端电压与通过它的电流成正

---

① **重点提示**:电阻元件是实际电阻器具的模型。需熟练掌握电阻元件的 VAR(即著名的欧姆定律)及功率计算等内容。注意,当电阻元件选取不同的 u、i 参考方向时,其 VAR 有两种表示式。

比,比例常数 R 称为电阻,它亦是图1-4-1(a)中直线的斜率,是表征电阻元件的参数。在国际单位制中,当 u 的单位为伏[特](V)、i 的单位为安[培](A)时,电阻 R 的单位为欧[姆](Ω),较大的单位为千欧(kΩ)、兆欧(MΩ),1 MΩ = 10^6Ω。习惯上也常把电阻元件简称为电阻。所以,"电阻"[①]这个名词及其相应符号 R,既表示为电阻元件,又表示为电阻元件的参数(电阻值)。并且,除非特别指明,电阻均指线性时不变电阻元件。

式(1-4-1a)是在 u、i 参考方向一致下得出的,若 u、i 的参考方向不一致,则

$$u = -Ri \qquad (1-4-1b)$$

线性电阻元件的 VAR 还可以用下式表示

$$i = Gu \quad 或 \quad i = -Gu \qquad (1-4-2)$$

式中,$G = \dfrac{1}{R}$,称为电导,单位为西[门子](S)。

比较式(1-4-1)和式(1-4-2),可见它们很相似,将式(1-4-1)中的 u 与 i 互换,再将 G 代替 R,则得到式(1-4-2);用类似的方法,也可将式(1-4-2)变换为式(1-4-1)。这种性质称为"对偶性",其中 u 与 i,R 与 G 称为对偶量。在电路分析中,诸如变量、元件、定律、定理以及公式间等,都存在着某种对偶关系,利用对偶关系来进行电路分析,将收到事半功倍的效果,在后面的电路分析中将经常提到它。

乔治·西蒙·欧姆(Georg Simon Ohm,1787—1854),德国物理学家,家庭出身贫寒。从 1820 年起,他开始研究电磁学。1826 年,欧姆发现了电动势与电阻之间的依存关系,这被后人称为欧姆定律。欧姆定律的发现,给电学的计算带来了很大的方便。人们为纪念他,将电阻的单位定为欧姆。

线性电阻有两种特殊工作状态:开路和短路。一个电阻元件,当 $R = \infty$($G = 0$)时,由式(1-4-1)和式(1-4-2)可知,无论施加于电阻两端的电压为多大,流经其电流恒为零,则此时,电阻为开路状态,如图 1-4-4(a)所示。开路的VAR 曲线见图 1-4-4(b)。类似的,一个电阻元件,当 $R = 0$($G = \infty$)时,无论流经电阻的电流为多大,其端电压恒为零,则此时,电阻为短路状态,如图 1-4-5(a)所示。图 1-4-5(b)是短路的 VAR 曲线。

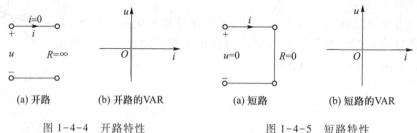

(a) 开路　　　(b) 开路的VAR　　　　(a) 短路　　　(b) 短路的VAR

图 1-4-4　开路特性　　　　　图 1-4-5　短路特性

任何一个二端元件(或电路)开路时,均相当于 $R = \infty$;任何一个二端元件(或电路)短路

---

① 习惯上,"电阻"也指实际电阻器,如"绕线电阻器"亦称为"绕线电阻"。在第三章中介绍的电容元件、电感元件等也存在类似的情况。

时,均相当于 $R=0$。

3. 电阻元件的功率和能量

在采用 u、i 一致的参考方向时,电阻元件功率计算式为

$$p = ui = Ri^2 = \frac{u^2}{R} \qquad (1-4-3)$$

若采用 u、i 不一致的参考方向时,其计算结果相同。

电阻元件的能量计算式为

$$w(t) = \int_{-\infty}^{t} p(\tau)\,\mathrm{d}\tau \qquad (1-4-4)$$

对于实际电阻器的模型,通常 $R>0$,p 为正值,根据式(1-2-3)的判定原则,这类电阻元件是吸收功率(消耗功率)的,称为耗能元件,它将吸收的全部电能转化为热能,因此这类电阻元件是无源元件。大多数电阻元件都属于这种情况。

利用电子电路可实现负电阻,即 $R<0$;某些电子器件也表现出负电阻特性,如图 1-4-6 所示的隧道二极管的 VAR 曲线的 AB 段。由于 $R<0$,则由式(1-4-3)可得 $p<0$,说明该元件是发出功率的。这类电阻元件属于有源元件,它们对外电路提供的能量,来自工作时的电源。负阻器在电子电路中是很重要的,它们可用于晶闸管和计算机等电路中。

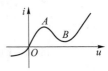

图 1-4-6 隧道二极管的 VAR 曲线

4. 电阻器的使用常识

电阻器是电子电路中使用最多的元器件之一。工程上常利用电阻器来实现限流、分压和分流等,常用的这类电阻器有碳膜电阻器、金属膜电阻器、绕线电阻器及电位器等。工程上还常用电阻器消耗电能转化为热能的效应,做成各种电热器,如电烙铁、电炉和电灯等。图 1-4-7 展示了几种常用的电阻器件的外形图。不同的电阻器,往往不能从外表识别,而应根据型号区分。电阻器型号命名很有规律,一般由四部分组成,第一个字母表示产品的名字,如 R 表示电阻器,W 表示电位器;第二个字母表示电阻体用什么材料组成,例如:T(碳膜),J(金属),X(线绕),这些符号是汉语拼音的第一个字母;第三部分和第四部分分别表示分类和序号,一般用数字表示。片状的贴片元件(如贴片电阻)是一类无引线或短引线的微型元件,可直接安装于印制电路板表面,在微型收录机、移动通信设备、微型计算机等领域得到广泛应用。

在实际使用电气设备和器件时,为了使其安全、可靠和经济地工作,制造厂家都对每个电气设备和器件规定了工作时允许的最大电流、最高电压和最大功率,这些数值统称为额定值,如额定电流、额定电压和额定功率,分别用 I_N、U_N 和 P_N 表示。在选用电气设备和器件时,应使其工作时的电流、电压和功率不超过额定值,但一般也不要低于它。由于电流、电压和功率之间存在一定的关系,故 I_N、U_N 和 P_N 也不需要全部标出。例如,白炽灯只给出 U_N 和 P_N(如 220 V,100 W),电阻器只标出 R 和 P_N(如 1 kΩ,2 W)。

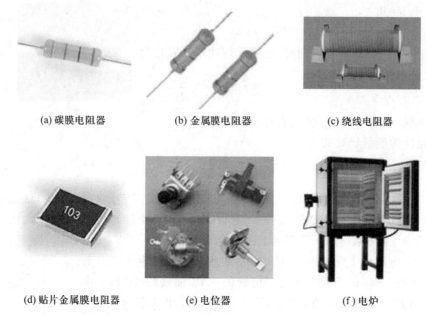

(a) 碳膜电阻器　　　　　(b) 金属膜电阻器　　　　　(c) 绕线电阻器

(d) 贴片金属膜电阻器　　　(e) 电位器　　　　　(f) 电炉

图 1-4-7　几种电阻器件的外形图

例 1-4-1　有一个 400 Ω、1 W 的电阻,试问该电阻使用时,电流、电压不得超过多大数值?

解　因为 $P = RI^2$,故

$$I_N = \sqrt{\frac{P}{R}} = \sqrt{\frac{1}{400}} \text{ A} = \frac{1}{20} \text{ A} = 50 \text{ mA}$$

$$U_N = RI_N = 400 \times 50 \times 10^{-3} \text{ V} = 20 \text{ V}$$

所以在使用时,电流不得超过 50 mA,电压不得超过 20 V。

【评析】电阻值和额定功率是电阻器件的基本参数,也是选择电阻器的基本依据。而电阻值和功率是由电阻器所处实际工作状态的电压和电流决定的。本例题是已知电阻器的电阻值和功率,计算其允许的工作电压和电流。反之,若已知电阻器工作时的电压和电流,也容易计算其电阻值和功率,选取适当的电阻器。

思考与练习题

1-4-1　(选择填空)在电路中,若通过电阻器的电流为零,则电阻器两端的电压(　　)。

(A. 为零;　B. 不能确定)

[B]

1-4-2　计算题 1-4-2 图所示各电路中的电压 U 或电流 I 或电阻 R。

[2 A,-2 V,5 Ω,2 V]

1-4-3　某教学楼有 10 间大教室,每个教室有 12 盏额定值为 220 V、40 W 的日光灯,平均每天用电 4 h(小时),问该教学楼每月(按 30 天计算)用多少电?

[576 kW·h]

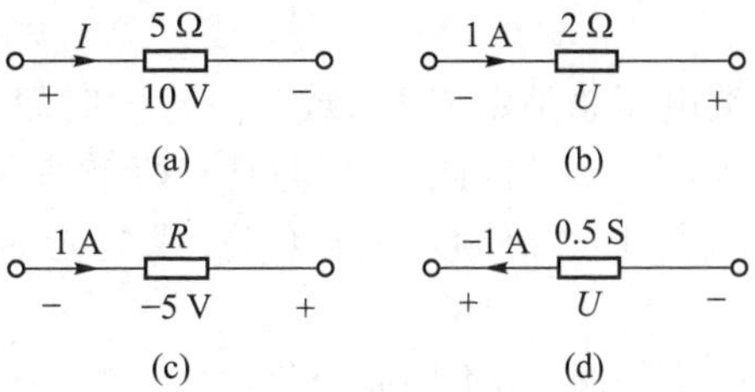

题 1-4-2 图

1-4-4　KCL 和 KVL 具有对偶性吗? 若具有对偶性,那么对偶量是指哪些?

1-4-5　若要购置一个实际的电阻器,至少应提供哪些参数?

二、独立源①

　　独立(电)源同样是一种集总电路元件,是从实际电源中抽象出来的模型,它为实际工作的电路提供能量,属于有源二端元件。独立源包括电压源和电流源。

　　1. 电压源

　　电压源是从电池、发电机[参见图 1-4-8(a)、(b)]等一类实际电源中抽象出来的模型。对于这类实际电源,如果忽略其内阻,则其输出电压将基本保持一定,不受负载变化的影响,故可以将这类实际电源近似地看作电压源。电压源也可以用电子电路来实现,如三极管稳压电源[参见图 1-4-8(c)]。

(a) 蓄电池　　　　　　　　(b) 柴油发电机　　　　　　　(c) 稳压电源

(d) 太阳能光电池　　　　　　(e) 恒流电源

图 1-4-8　几种实际电源的外形图

---

　　①　**重点提示**:独立(电)源是实际电源的模型,包括电压源和电流源。电压源的端电压、电流源的输出电流是"独立"的,与外接电路无关;但是,电压源的输出电流、电流源的端电压,由外接电路决定,这是独立源的重要性质。需熟练掌握独立源的 VAR 及功率计算等内容。

（1）电压源

一个二端元件,如果其端电压总是定值 U_S,或是一定的时间函数 $u_S(t)$,而与通过它的电流无关,则该二端元件称为电压源。因此,电压源具有两个基本性质:

① 其端电压 u 在任意时刻 t 与外接电路无关,或是定值 U_S,或是一定的时间函数 $u_S(t)$。

② 其输出电流 i 的大小随外接电路不同而变化。

电压源在电路图中的符号如图 1-4-9 所示,其中图(a)表示直流电压源,图(b)是电压源一般符号(含直流电压源)。由于电压源是向外供给能量的元件,所以习惯上采用电压、电流非一致的参考方向。

（2）电压源的 VAR

直流电压源的 VAR 曲线是一条平行于 i 轴且 $u = U_S$ 的直线,如图 1-4-10(a)所示;如果 u_S 是随时间变化的,则电压源的 VAR 曲线是一族平行于 i 轴的直线,且 $u(t_1) = u_S(t_1)$,$u(t_2) = u_S(t_2)$,…,如图 1-4-10(b)所示。VAR 曲线表明了电压源的端电压与它的电流大小无关。

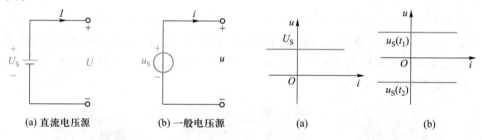

图 1-4-9　电压源的符号　　　　　图 1-4-10　电压源的 VAR 曲线

电压源的 VAR 用数学式表示为

$$\begin{cases} u = u_S(t) \\ i = 任意值 \end{cases} \tag{1-4-5}$$

（3）电压源的功率

由于电压源采用电压、电流非一致的参考方向(参见图 1-4-9),此时计算功率的公式为

$$p = -ui = -u_S i$$

当 $p < 0$ 时,表示产生功率;$p > 0$ 时,表示吸收功率(电压源作为负载)。

例 1-4-2　求图 1-4-11 所示电路中的电压 U 和电流 I。

解　在图 1-4-11(a)电路中,根据电压源的特性,得

$$U = 10 \text{ V}$$

由于 a、b 两端开路,故

$$I = 0$$

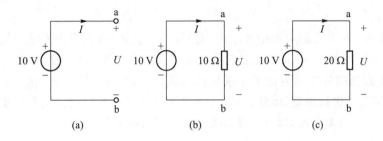

图 1-4-11 例 1-4-2 的电路

在图 1-4-11(b)电路中,根据电压源的特性,得

$$U = 10 \text{ V}$$

根据欧姆定律及 a、b 两端电压、电流采用一致的参考方向,得

$$I = \frac{10}{10} \text{ A} = 1 \text{ A}$$

在图 1-4-11(c)电路中,根据电压源的特性,得

$$U = 10 \text{ V}$$

根据欧姆定律及 a、b 两端电压、电流采用一致的参考方向,得

$$I = \frac{10}{20} \text{ A} = 0.5 \text{ A}$$

【评析】由本例题可见,虽然外接负载不同,但电压源的端电压总保持不变,而输出电流却不一样,这是由电压源的性质决定的。

思考与练习题

1-4-6 求题 1-4-6 图所示电路中的 I、U 和电压源的功率 P,设电压源为直流电压源。

[1 A,10 V,-10 W]

1-4-7 题 1-4-7 图(a)中所示的两个同值同极性的电压源能并联吗? 若能,求其端电压。题1-4-7图(b)中所示的两个不同值的电压源能并联吗? 为什么?

[能,5 V;不能]

1-4-8 电压源能短路吗? 为什么? 反之,电压源能开路吗?

[不能;能]

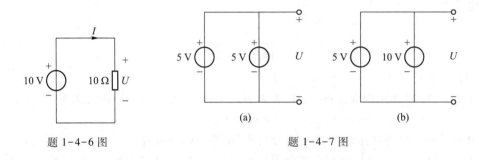

题 1-4-6 图   题 1-4-7 图

2. 电流源

电流源是另一种从实际电源中抽象出来的模型。例如,由大面积光电二极管构成的太阳能光电池[参见图 1-4-8(d)],它是将太阳能转换成电能的发电装置,它所发出的电流大小主要取决于光能的强度和电池采光极板的面积,而与外接电路无关,在一定的电压范围内,其输出电流基本保持恒定,因此,可以将光电池这类实际电源近似地看作电流源。电流源也可以用电子电路来实现,如三极管恒流电流[参见图 1-4-8(e)]。

(1)电流源

一个二端元件,如果其输出电流总是保持定值 I_S,或是一定的时间函数 $i_s(t)$,而与其端电压无关,则该二端元件称为电流源。因此,电流源具有两个基本性质:

① 其输出电流 i 在任意时刻 t 与外接电路无关,或是定值 I_S,或是一定的时间函数 $i_s(t)$。

② 其端电压 u 的大小随外接电路不同而变化。

电流源在电路图中的符号如图 1-4-12 所示,其中图 1-4-12(a)表示直流电流源,图 1-4-12(b)是电流源的一般符号(含直流电流源),与电压源一样,电流源采用的电压、电流参考方向是一致的。

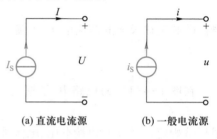

(a) 直流电流源   (b) 一般电流源

图 1-4-12   电流源的符号

(2)电流源的 VAR

直流电流源的 VAR 曲线是一条平行于 u 轴且 $i=I_S$ 的直线,如图 1-4-13(a)所示;如果 i_s 是随时间变化的,则电流源的 VAR 曲线是一族平行于 u 轴的直线,且 $i(t_1)=i_s(t_1)$,$i(t_2)=i_s(t_2)$,$\cdots$,如图 1-4-13(b)所示。VAR 曲线表明了电流源的输出电流与它的端电压大小无关。

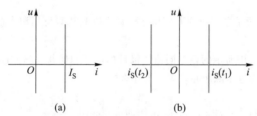

(a)   (b)

图 1-4-13   电流源的 VAR 曲线

电流源的 VAR 用数学式表示为

$$\begin{cases} i=i_s(t) \\ u=任意值 \end{cases} \tag{1-4-6}$$

(3)电流源的功率

在图 1-4-12 所示的 u、i 非一致的参考方向下,电流源的功率计算公式为

$$p=-ui=-ui_s$$

当 $p<0$ 时表示产生功率;$p>0$ 时表示吸收功率(电流源作为负载)。

从以上讨论可见,电压源与电流源也是对偶元件,借助其对偶性,可以更好地掌握这两种电源元件的特性。

　　电压源和电流源被称为独立(电)源,"独立"二字是相对于随后介绍的"受控"电源而言的。电路中的电压和电流是在独立源作用下产生的,因此,独立源又称为激励;由激励在电路中产生的电压和电流则称为响应。根据激励和响应之间的因果关系,有时把激励称为输入,响应称为输出。

例 1-4-3　求图 1-4-14 所示电路中的电流 I 和电压 U。

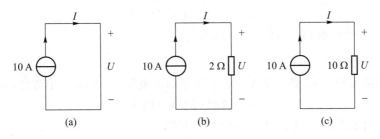

图 1-4-14　例 1-4-3 图

解　在图 1-4-14(a)电路中,根据电流源的特性,得

$$I = 10 \text{ A}$$

根据欧姆定律及 U、I 采用一致的参考方向,得

$$U = 0 \text{ V}$$

　　在图 1-4-14(b)电路中,根据电流源的特性,得

$$I = 10 \text{ A}$$

根据欧姆定律及 U、I 采用一致的参考方向,得

$$U = 2 \text{ Ω} \times 10 \text{ A} = 20 \text{ V}$$

　　在图 1-4-14(c)电路中,根据电流源的特性,得

$$I = 10 \text{ A}$$

根据欧姆定律及 U、I 采用一致的参考方向,得

$$U = 10 \text{ Ω} \times 10 \text{ A} = 100 \text{ V}$$

　　【评析】通过本例题可见,由于外接负载不同,同一电流源的端电压也不同,但其输出电流均为10 A,这是由电流源的性质所决定的。

例 1-4-4　求图 1-4-15 所示电路中 5 Ω 电阻及 2 V 电压源、2 A 电流源的功率。

解　根据电流源的性质,得

$$I = 2 \text{ A}$$

由于 5 Ω 电阻采用电压、电流非一致的参考方向

故

$$U_R = -2 \text{ A} \times 5 \text{ Ω} = -10 \text{ V}$$

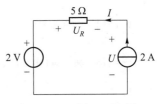

图 1-4-15　例 1-4-4 图

① 5 Ω 电阻的功率
$$P = -(-10 \text{ V} \times 2 \text{ A}) = 20 \text{ W} > 0$$
由于 $P>0$，故为吸收功率，即电阻消耗功率。

② 2 V 电压源的功率

为求出电压源的功率，必须首先计算电压源的电流，本题前面已计算出 $I = 2$ A。由于电压源采用电压、电流一致的参考方向
故
$$P = 2 \text{ V} \times 2 \text{ A} = 4 \text{ W} > 0$$
由于 $P>0$，故为吸收功率，即该电压源为负载。

③ 2 A 电流源的功率

为求出电流源的功率，必须首先计算电流源的端电压，由 KVL 得电流源的端电压为
$$U = (2 \times 5 + 2) \text{ V} = 12 \text{ V}$$
由于电流源采用电压、电流非一致的参考方向
故
$$P = -12 \text{ V} \times 2 \text{ A} = -24 \text{ W} < 0$$
由于 $P<0$，故为产生功率，即该电流源为整个电路提供功率。

【评析】在电路中，电源一般向电路提供功率（能量），为有源元件。但当有多个电源时，有的电源也可能吸收功率（能量），成了负载，本例题的电压源就是吸收功率的，该功率是由电流源供给。例如实际电源的蓄电池充电时就是吸收功率。

还从本例题可见，电流源虽然对电压源的端电压无影响，但对它的电流、功率有影响，在计算电压源的功率时，必须首先计算电压源的电流。同样，电压源对电流源的输出电流无影响，但对它的端电压和功率却有影响，在计算电流源的功率时，必须首先计算电流源的端电压。

思考与练习题

1-4-9　求题 1-4-9 图所示电路中的 I、U 和电流源的功率 P，设电流源为直流电流源。

[5 A, 50 V, -500 W]

1-4-10　题 1-4-10 图（a）中的两个同值同方向的电流源能串联吗？若能，求 I；题 1-4-10 图（b）中的两个不同值的电流源能串联吗？为什么？

[能, 10 A; 不能]

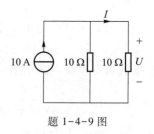

题 1-4-9 图

1-4-11　求题 1-4-11 图所示电路中电压源和电流源的功率。

[30 W, -50 W]

1-4-12　电流源能开路吗？为什么？电流源能短路吗？

[不能; 能]

1-4-13　独立源（电压源、电流源）是线性元件吗？为什么？

[不是]

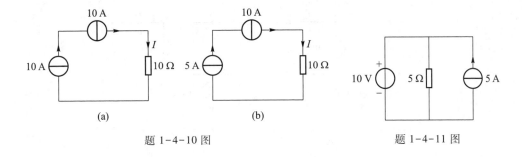

题 1-4-10 图　　　　　　　　　题 1-4-11 图

三、受控源[①]

受控（电）源是从电子器件中抽象出来的一种模型。有一些电子器件,具有输出端的电压或电流受输入端的电压或电流控制的特性,例如,三极管的集电极电流受基极电流的控制,场效应管的漏极电流受栅极电压的控制。为了近似表征这类电子器件的特性,提出了受控源这一理想电路元件。

1. 受控源

与独立源不同,受控源是一种四端元件,它含有两条支路,一条是控制支路,另一条是受控支路。受控支路为一个电压源或一个电流源,它的输出电压或输出电流（称为受控量）,受另一条支路的电压或电流（称为控制量）的控制,该电压源、电流源分别称为受控电压源、受控电流源,统称为受控源。

根据控制支路的控制量不同,受控源分为四种:电压控制电压源（VCVS[②]）、电流控制电压源（CCVS）、电压控制电流源（VCCS）、电流控制电流源（CCCS）,它们在电路图中的符号如图1-4-16所示。为了与独立源相区别,受控源采用了菱形符号表示。图中控制支路为开路或短路,分别对应于受控源的控制量是电压或电流。图中显示了受控源是四端元件,但在一般的电路图中,不一定要标出控制量所在处的端子,而只在受控源的符号旁边标明控制关系。

2. 受控源的 VAR

由于受控源是四端元件,其 VAR 需由两个代数方程来描述。四种受控源的 VAR 分别为

$$\text{VCVS:} \quad i_1 = 0 \quad\quad u_2 = \mu u_1 \tag{1-4-7}$$

$$\text{CCVS:} \quad u_1 = 0 \quad\quad u_2 = r i_1 \tag{1-4-8}$$

$$\text{VCCS:} \quad i_1 = 0 \quad\quad i_2 = g u_1 \tag{1-4-9}$$

$$\text{CCCS:} \quad u_1 = 0 \quad\quad i_2 = \beta i_1 \tag{1-4-10}$$

各式中的 μ、r、g、β 为相应受控源的参数,其中 μ 称为转移电压比或电压放大系数,是一个无量纲的参数;r 称为转移电阻,是具有电阻量纲的参数;g 称为转移电导或跨导,是具有电导

[①] **重点提示**:重点掌握受控源中受控量与控制量之间的关系及受控源与独立源的本质区别。

[②] VCVS 是 voltage controlled voltage source 的缩写,其他三种受控源的英文名称亦是全称的缩写。

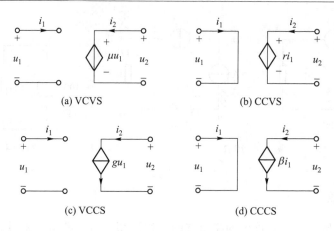

图 1-4-16　受控源的符号

量纲的参数;β 称为转移电流比或电流放大系数,是一个无量纲的参数。当 μ、r、g、β 为常数且不随时间而变化时,则该受控源为线性时不变受控源。本书只讨论线性时不变受控源。

3. 受控源的功率

在 u、i 采用一致参考方向的条件下,受控源的功率计算公式为

$$p = u_2 i_2 \qquad\qquad (1\text{-}4\text{-}11)$$

即受控源的功率由受控支路来计算。

综上所述,受控源可以输出电压、电流和功率,是有源元件。但是,它和前述的独立源有本质的区别。独立源可以独立存在,它是电路中的"激励",电路中的电压和电流(响应)是由它产生的。而受控源的输出电压(电流)是由其本身电路中的其他支路(控制支路)的电压或电流按一定的关系"转移"过来的,它的大小和方向由控制支路的电压(电流)控制,当控制支路的电压(电流)为零时,受控源的输出电压(电流)也将为零,所以,受控源不能独立存在,它在电路中不能起激励作用,从本质上讲,它不是电源。但是,为了叙述上的方便,许多教材上常把受控源归类为电源,在分析含受控源的电路时,一般可以把受控源作为独立源处理,但是要注意受控量与控制量之间的关系。

还要提及的是,VCVS 与 CCCS 互为对偶,前者转移电压比 μ 与后者的转移电流比 β 互为对偶;CCVS 与 VCCS 互为对偶,前者的转移电阻 r 与后者的转移电导 g 互为对偶。

例 1-4-5　图 1-4-17 为一个场效应管放大电路的简化电路模型。设场效应管的转移电导 $g = 5$ mS,求该放大电路的电压放大倍数 $\dfrac{u_O}{u_1}$。

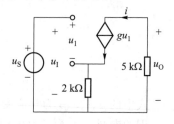

图 1-4-17　例 1-4-5 图

解　求解含受控源的电路时,仍需根据两类约束列出所需要的方程,并把受控源作为独立源来对待。图中受控源为电压控制电流源。

由电阻元件的 VAR 可知

$$u_O = -5 \times 10^3 i$$

而

$$i = gu_1$$

则

$$u_O = -5 \times 10^3 \times gu_1 = -5 \times 10^3 \times 5 \times 10^{-3} u_1 = -25u_1$$

由 KVL 可得

$$u_1 = u_1 + 2 \times 10^3 gu_1 = u_1 + 2 \times 10^3 \times 5 \times 10^{-3} u_1 = 11u_1$$

故电压放大倍数

$$\frac{u_O}{u_1} = \frac{-25u_1}{11u_1} = -2.27$$

例 1-4-6 在图 1-4-18 所示电路中,已知 5 Ω 电阻上的电压为 5 V,求电压源的电压 u_S。

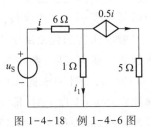

图 1-4-18 例 1-4-6 图

解 这是一个含受控源的电路,宜先求出控制量 i。该受控源为电流控制电流源,由电阻元件的 VAR 可知

$$5\ V = 5\ Ω \times 0.5i$$

故

$$i = 2A$$

由 KCL 求出 1 Ω 支路的电流

$$i_1 = i - 0.5i = 2A - 0.5 \times 2A = 1A$$

选定左边回路的绕行方向为顺时针方向,列 KVL 方程得

$$6\ Ω \times i + 1\ Ω \times i_1 - u_S = 0$$

故

$$u_S = 6\ Ω \times 2\ A + 1\ Ω \times 1\ A = 13\ V$$

【评析】通过以上两例题可见,在求解含受控源的电路时,仍是根据两类约束(KCL、KVL 及元件的 VAR)写电路方程求解,且一般把受控源作为独立源处理,但是要注意受控量(受控电压源的电压、受控电流源的电流)与控制量(控制支路的电压、电流)之间的关系,适时求出受控电压源的电压、受控电流源的电流,并且在求解过程中,切忌将受控源的控制量消除掉。

思考与练习题

1-4-14 求题 1-4-14 图所示电路中的电阻、受控源和电流源的功率。

[36 W,72 W,-108 W]

1-4-15 在题 1-4-15 图所示电路中,已知 $i_1 = 2$ A,$r = 0.5$ Ω,求 i_S。

[7 A]

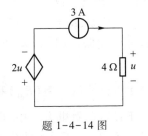

题 1-4-14 图

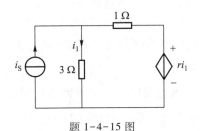

题 1-4-15 图

*§1-5   应 用 实 例

一、安全用电与人体电路模型

在用电过程中,安全用电是一项十分重要的工作。安全用电包括人身安全和设备安全,其中防止触电事故发生,是攸关生命的大事。

触电对人体的伤害,分为电伤和电击两种。电伤是指由于电弧或熔丝熔断时飞溅出的金属沫对人体皮肤的烧伤等,是电流对人体表面的伤害;电击是指因电流流过人体而使人体内部器官受到伤害的现象,它是危险的伤害,往往导致严重的后果。

触电伤害的程度决定于通过人体电流的大小、频率、途径、持续时间及人体的身体状况等因素。研究表明:频率为 40 ~ 60 Hz 的交流电对人体是最危险的。通过人体的电流为 1 mA 时,人有针刺感觉;10 mA 时,人感到不能忍受;20 mA 时,人的肌肉收缩,长久通电会引起死亡;50 mA 以上时,即使通电时间很短,也有生命危险。电流通过头部、中枢神经及心脏等部位时,后果最为严重。而最危险的电流路径是从手到脚,从一只手到另一只手;从脚到脚则危险性较小。目前,根据国际电工委员会(IEC)标准,不论男女老少,均采用 10 mA 作为安全电流值。

在一定的电压作用下,通过人体电流的大小与人体电阻有关。一般认为,人体电阻由两部分组成:体内电阻和皮肤电阻。体内电阻可以认为是恒定的,其数值为 500 Ω 左右,并与接触电压无关。皮肤电阻与皮肤的潮湿程度、工作环境和接触电压的高低等有关。当人工作在隧道、涵洞和矿井等高度潮湿的场所,皮肤又出汗时,这时的皮肤电阻低到可以认为接近于零;而接触电压升高时,皮肤电阻则随之下降。因此,皮肤电阻变化较大,其变化范围为几十欧至几千欧。在一般的估算中,可取人体电阻为 1 000 Ω 左右。

为了研究触电时人体流经电流的大小,可使用如图 1-5-1 所示的人体简化电路模型。其中 R_1 表示头颈部的电阻,R_2 表示臂部的电阻,R_3 表示胸腹部的电阻,R_4 表示脚部的电阻,它们各有典型的电阻值。

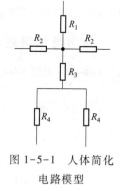

图 1-5-1   人体简化电路模型

例 1-5-1   假定某工厂安装了一些单相电气设备,工作环境较差,若发生了手臂接触漏电设备外壳的触电事故,试应用如图 1-5-1 所示的人体简化电路模型分析这种触电事故的危险性。已知单相电气设备的工作电压为 220 V,人体简化电路模型中的电阻 $R_2 = 350\ \Omega$,$R_3 = 50\ \Omega$,$R_4 = 200\ \Omega$,而手部的皮肤电阻(R_{p1})为 50 Ω,脚部的皮肤电阻(R_{p2})为 100 Ω。

解   这种触电发生在一个手臂和双脚之间,计及手部的皮肤电阻(R_{p1})和脚部的皮肤电阻(R_{p2})后的人体电路模型如图 1-5-2(a)所示。由于在这种触电方式中,电流不经过头颈部和另一臂,可将图 1-5-2(a)所示的电路简化为图 1-5-2(b)所示的计算电路。

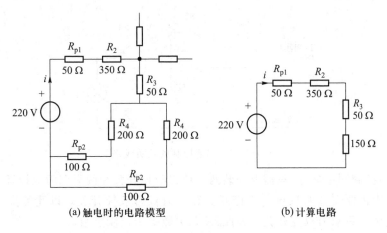

(a) 触电时的电路模型   (b) 计算电路

图 1-5-2 安全用电实例

应用欧姆定律和 KVL,对如图 1-5-2(b)所示的计算电路列出方程

$$(50+350+50+150)i-220=0$$

故

$$i=\frac{220}{50+350+50+150}\ A=0.367\ A=367\ mA$$

【评析】通过本例题可见,当在工作电压 220 V 的情况下发生触电事故,流经人体的电流远远超过安全电流值 10 mA,且当电流流经人体心脏部位时,将导致严重的危及生命安全的电击伤害事故!

二、多地点控制的照明线路

多地点控制的照明线路,是实际照明线路的单元线路。在家庭或办公等公共场所,一盏照明灯具经常需要在两个或多个地点可以进行通断控制。也就是说,在不同地点安装开关,可以任意地操作其中的一个,来控制同一盏灯的亮灭。例如,一楼门厅的照明灯,要求在楼下、楼上和卧室三处均可随意地控制其亮灭,这就是三地控制照明线路。

图 1-5-3 所示为两地控制的照明线路,安装了两个单刀双投开关(S1 和 S2)。若线路中的灯是亮着的,则改变其中的任何一个开关的状态,灯为暗,再改变任何一个开关的位置,灯又亮了,这就实现了两地的通断控制。

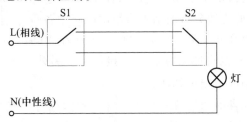

图 1-5-3 两地控制的照明线路

图 1-5-4 所示为三地控制的照明线路,S1 和 S3 是单刀双控并关,S2 是双刀双控开关。同样,拨动线路中的任何一个开关(S1、S2 或 S3),都可以打开或关掉所控制的灯,从而实现同一盏灯的三地控制。

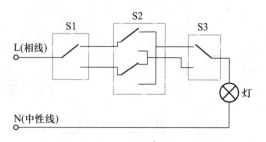

图 1-5-4　三地控制的照明线路

　　若需四地控制同一盏灯,只需要安装两只单刀双控开关和两只双刀双控开关;若五地控制同一盏灯,则需要安装两只单刀双控开关和三只双刀双控开关。以此类推,增加一地控制,则需多安装一只双刀双控开关。如此,总开关数等于控制点数。

　　从图 1-5-4 所示的双刀双控开关 S2 可见,用两个单刀双控开关可以代替一个双刀双控开关。

*§1-6　计算机仿真分析简单直流电路

　　本节运用 Multisim 13 软件分析简单直流电路,Multisim 13 继承了 EWB 软件的界面形象直观、操作方便、易学易用等突出优点,同时在功能和操作方面做了较大规模的改动。Multisim 13 的操作方法详见附录。本节介绍 Multisim 13 提供的两种分析方法:直流工作点分析(DC Operating Point Analysis)和参数扫描分析(Parameter Sweep Analysis),以及利用虚拟仪器仪表直接测量电路中电压、电流的方法。下面将通过例题来学习如何使用这些分析方法。

　　例 1-6-1　求图 1-6-1 所示电路中流过两个电压源的电流。

　　解　本题可采用 Multisim 13 提供的直流工作点分析方法来求解。Multisim 13 的直流工作点分析,是分析电路的直流工作状态。若电路中有交流电源则其将被自动置零,且电容器被开路,电感器被短路。此方法分析的结果将给出电路中各节点对地的电压数值及含电压源支路的电流数值。因此在 Multisim 13 软件工作区中建立的电路必须有一个接地点。另外,直流分析的结果常作为中间值用于其他分析。

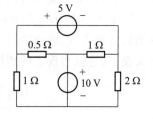

图 1-6-1　例 1-6-1 电路图

　　Multisim 13 中部分元件的图形符号及文字符号和国标有一些差别,读者可以对照原理图和 Multisim 13 中建立的电路进行识别。

　　首先在 Multisim 13 的工作区建立仿真电路,从元件栏中选出要用的元件,将其拖放在下方绘图区;选中元件后,点击右键,选中"Rotate"选项,可以旋转元件;双击元件,在弹出的菜单中,设定元件的值及元件的标号;连接元件,建好的仿真电路如图 1-6-2 所示。

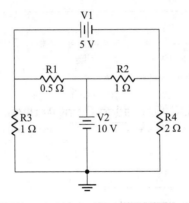

图 1-6-2 例 1-6-1 的仿真分析电路

选择菜单命令 Simulate/Analysis/DC Operating Point,弹出 DC Operating Point Analysis 对话框,如图 1-6-3 所示。

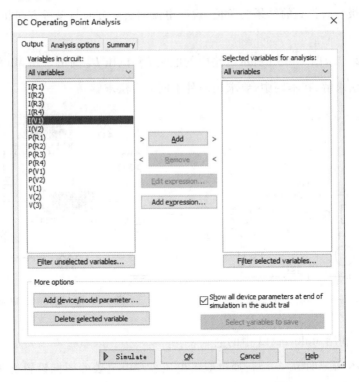

图 1-6-3 DC Operating Point Analysis 对话框

在"Variables in circuit"列表中选择"I(V1)",单击"Add"按钮,可以看到在"Selected variables for analysis"列表中列出了"I(V1)",同样的方法,选中"I(V2)",指明需要对 I(V1) 和 I(V2)网络进行直流工作点分析。单击"Simulate"按钮,开始直流工作点的分析。分析结束,弹出"Grapher View"窗口,如图 1-6-4 所示。

从"Grapher View"窗口中可以看出,流经 5 V 电压源的电流为 5 A,流经 10 V 电压源的

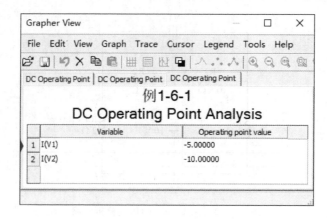

图 1-6-4   "Grapher View"窗口

电流为 10 A。仿真电路中电压和电流采用的是一致的参考方向,即电流的参考方向为电源的正极指向负极。所得到的结果为负值,说明电流的实际方向与参考方向相反,电流由电源的正极流出。

例 1-6-2   求图 1-6-5 所示电路中的电流 I 和电压 U_{be} 的值。在 Multisim 中,同一电路可用不同方法求解,在本题中,要求用两种不同的方法求解。

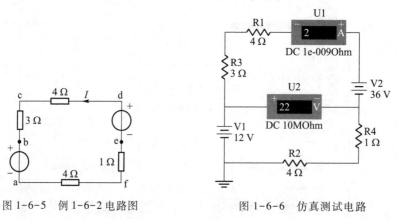

图 1-6-5   例 1-6-2 电路图   图 1-6-6   仿真测试电路

解法一   利用 Multisim 13 中的电压表、电流表、万用表直接测出要求的物理量。首先建立如图 1-6-6 所示的仿真电路;通过双击电压表和电流表的图标设置好工作方式(Mode 有直流 DC 和交流 AC 两个选项,Multisim 中默认为 DC 方式)和表的内阻 Resistance。图 1-6-7所示为电流表设置对话框。在没有特别指定内阻大小的情况下,均可以使用软件默认参数,注意内阻设置不合理(电压表内阻设置过小,电流表内阻设置过大),输出将会有很大的偏差。单击 Multisim 13 的运行按钮▶,即可由虚拟电压表、电流表上读出要求的数据。虚拟电压表、电流表读数的正负和表的接入有关。图 1-6-6 中电压表的读数为 22 V,表示左侧 b 点电位比右侧 e 点电位高 22 V,即 U_{be} = 22 V。电流表接入时,为了读出的电流和图 1-6-5所示电路中标明的 I 的方向一致,应选择电流表的极性为左负右正。由虚拟电流表

的读数可知 $I = 2$ A。

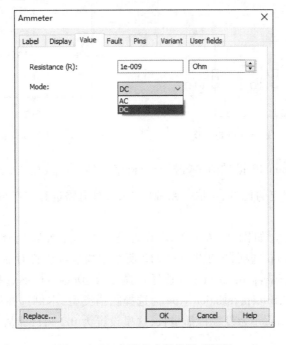

图 1-6-7　电流表参数设置对话框

解法二　求 U_{be} 可以设 e 点为接地的参考点。利用 Multisim 13 提供的直流工作点分析,可以得出各节点对地电压及电路中各电压源中流过的电流。首先在 Multisim 13 工作区内建立如图 1-6-8 所示的仿真电路,再在 Simulate/Analysis 中单击 DC Operating Point,得到图 1-6-9 的分析结果。由于仿真电路中电压和电流采用的是一致的参考方向,因此仿真得到的电流值与所求电流值相差一个负号。故节点 3 对地电压 $U_{be} = 22$ V 和 $I = 2$ A。

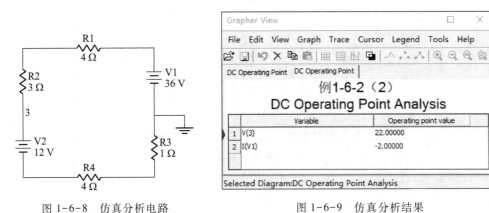

图 1-6-8　仿真分析电路　　　　　　　图 1-6-9　仿真分析结果

例 1-6-3　绘出图 1-6-10 电路中电阻 R_1 在 1 kΩ 和 10 kΩ 变化时的伏安特性曲线。

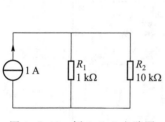

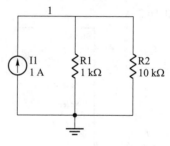

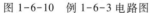

　　图 1-6-10　例 1-6-3 电路图　　　　　　图 1-6-11　例 1-6-3 的仿真分析电路

　　解　利用 Multisim 13 提供的参数扫描分析来处理。参数扫描分析是元件参数在一定范围内变化时,按照固定的比例,选取一系列的参数,对电路进行多次分析,从而得出参数变化对电路的影响。

　　首先在工作区建立如图 1-6-11 所示的仿真电路,然后选择菜单命令 Simulate/Analysis/Parameter Sweep 选项,出现图 1-6-12 所示扫描参数设置对话框。首先对"Analysis parameters"进行设置:Sweep parameter 为选择扫描参数,Device type 选择电阻,Name 为 R1,Parameter 为 resistance;Sweep variation type 为选择扫描类型,本例选择线性,R1 的变化范围设定为 1~10 kΩ,Increment 为设置扫描步长,这里设置为 0.2 kΩ,即从 1 kΩ 起每隔 0.2 kΩ

图 1-6-12　扫描参数设置对话框

选择一个参数值对电路进行分析,共 46 个参数值;Analysis to sweep 为选择扫描形式,本例选择直流工作点。然后对"Output"进行设置:选择输出节点 1 对地的电压,即电阻元件 R1 两端的电压。最后点击"Simulate"按钮,输出分析结果,如图 1-6-13 所示。

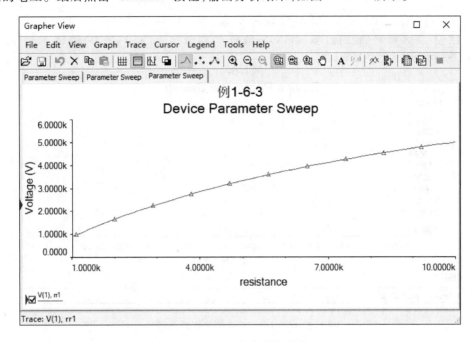

图 1-6-13 伏安特性曲线

例 1-6-4 用 Multisim 13 分析如图 1-6-14 所示电路。已知 $i_1 = 2\ A$,$r = 0.5\ \Omega$,求 i_s。

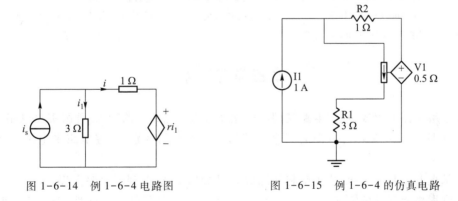

图 1-6-14 例 1-6-4 电路图　　　　　　图 1-6-15 例 1-6-4 的仿真电路

解 本题要求解电流源电流的大小,因此可采用参数扫描分析,让电流源电流变化,看什么时候满足已知条件。首先在电路的仿真工作区建立如图 1-6-15 所示的仿真电路。选择菜单命令 Simulate/Analysis/Parameter Sweep 选项,出现图 1-6-12 所示扫描参数设置对话框。设置扫描对象为 I1;选择扫描参数为电流,变化范围为 1~12 A;选择扫描类型为线性;设置步长为 0.2 A;输出选择节点 2 对地的电压,即 V(2)。设置好后,点击"Simulate"按钮,输出分析结果,如图 1-6-16 所示。由题意及电路图可知,V(2) 的输出电压为 6 V。故由输出结果可以读出电流源电流为 7 A,即 $i_s = 7$ A。

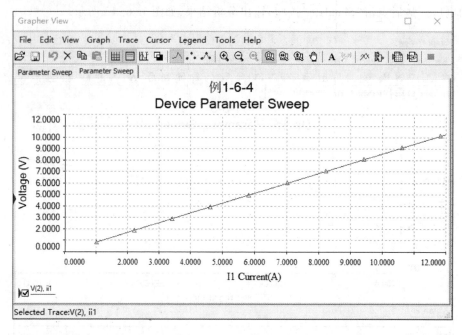

图 1-6-16　例 1-6-4 的仿真输出结果

思考与练习题

1-6-1　为什么在 Multisim 13 中建立的仿真电路都必须有一个接地点?

1-6-2　Multisim 13 中电压表、电流表的内阻设置有何要求? 设置不当对分析结果有何影响?

1-6-3　可否利用 Multisim 13 中的直流工作点分析,对含交流信号的电路进行分析?

本章学习要求

1. 了解电路的组成,理解电路模型的概念及理想电路元件的特点,理解集总电路假设。

2. 掌握电压、电流参考方向的概念及其与实际方向的区别;掌握电路中电位的概念与计算。

3. 掌握基尔霍夫定律,能正确和熟练地应用 KCL 和 KVL 列写电路方程。

4. 掌握电阻元件的定义、伏安关系和功率的计算;了解线性与非线性、非时变与时变的概念;了解电路中的开路、短路的概念。

5. 掌握电压源、电流源和受控源的定义、基本性质及其伏安关系和功率的计算。

6. 理解电路中"两类约束"的概念。

习　题

1-1　进入习题 1-1 图(a)元件 A 端的正电荷 q 随时间而变化的曲线如习题 1-1 图(b)所示,试确定 t 等于 1.5 s、2.5 s、3.5 s 时流过元件的电流,并标出它们的实际方向。

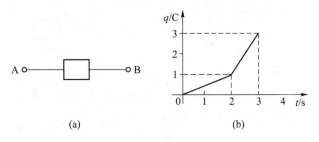

习题 1-1 图

1-2　标出习题 1-2 图所示各元件的电压、电流的实际方向,并计算它们的功率,说明它们是吸收功率还是产生功率。

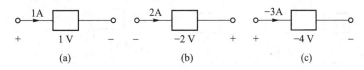

习题 1-2 图

1-3　各元件的情况如习题 1-3 图所示。(1) 若元件 1 吸收的功率为 20 W,求 U;(2) 若元件 2 产生的功率为 20 W,求 I;(3) 若元件 3 产生的功率为 10 W,求 I。

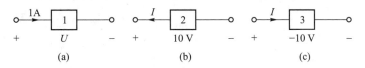

习题 1-3 图

1-4　某元件电压 u 和电流 i 的波形如习题 1-4 图(a)、(b)所示,为一致参考方向,试绘出该元件吸收功率的波形,并计算该元件 $t=0$ 至 $t=3$ s 期间所吸收的能量。

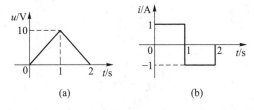

习题 1-4 图

1-5　习题 1-5 图所示为某电路的一部分,求电流 i_1 及 i_2。

1-6　求习题 1-6 图所示电路中的 I_6 和 U_5。

1-7　试计算习题 1-7 图所示电路中各元件的功率,并检验这些解答是否满足功率平衡(即元件产生的总功率应等于其他元件吸收的功率之和)。

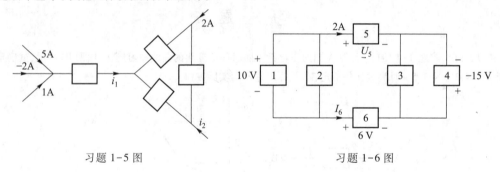

习题 1-5 图　　　　　　　　　　　习题 1-6 图

1-8　在习题 1-8 图所示电路中,以 d 为参考点,试求电位 V_a、V_f、V_g 和电流 I_{cd}。

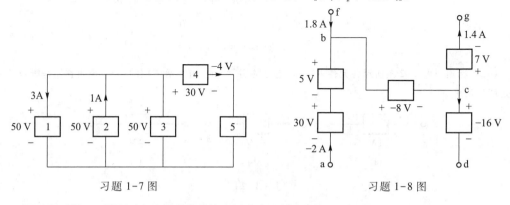

习题 1-7 图　　　　　　　　　　　习题 1-8 图

1-9　求习题 1-9 图所示各电阻元件的端电压或流过的电流。

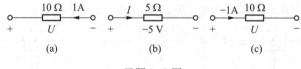

习题 1-9 图

1-10　一个 40 kΩ、10 W 的碳膜电阻用于直流电路,在使用时,电压、电流不得超过多大数值?

1-11　电路如习题 1-11 图所示。(1) 图(a)中已知 $i = 10\sin 5t$ A,求 u;(2) 图(b)中已知 $u = 8e^{-6t}$ V,$i = 2e^{-6t}$ A,求 R;(3) 图(c)中已知 $u = 6\sin 5t$ V,求 2 Ω 和 3 Ω 电阻的功率。

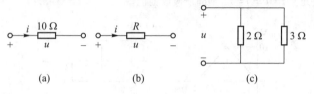

习题 1-11 图

1-12　求习题 1-12 图(a)所示开路电压 U_{ab} 和图(b)3 Ω 电阻支路的电压 U 和电流 I。

1-13　求习题 1-13 图所示电路中的电流 I_a、I_b、I_c。

1-14　在习题 1-14 图所示电路中:(1) 当开关 S 断开时,求 ab 两端的电压 U_{ab} 及中间支路的电流 I;(2) 当开关 S 闭合时,中间支路的电流是否变化? 为什么?

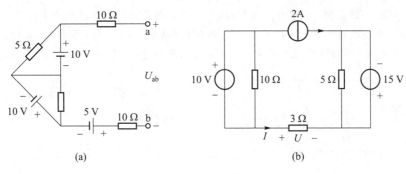

(a)　　　　　　　　　　　　(b)

习题 1-12 图

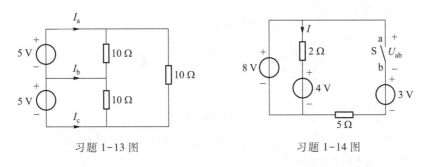

习题 1-13 图　　　　　　　　　　习题 1-14 图

1-15　求习题 1-15 图(a)、(b)所示电路中各电源的功率。

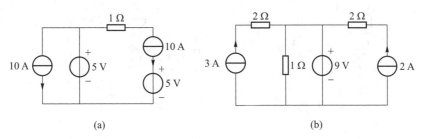

(a)　　　　　　　　　　　　(b)

习题 1-15 图

1-16　设习题 1-16 图所示电路中的参考节点为 0,若已知节点 1、2、3 的电位为 $V_1 = 28$ V、$V_2 = 16$ V、$V_3 = 36$ V,求各支路电流和电源的功率。

1-17　已知习题 1-17 图所示电路中 $I = 0$,试求 R 及 4 V 电压源的功率 P。

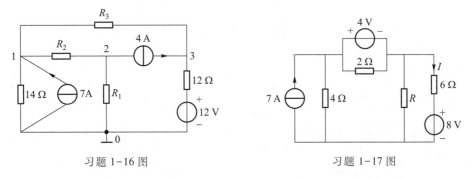

习题 1-16 图　　　　　　　　　　习题 1-17 图

1-18　在习题 1-18 图所示电路中,已知受控电压源的控制系数 $k=2$ 时,求图中电流 i_1。

1-19　在习题 1-19 图所示电路中,试求:(1) 各电阻的功率;(2) 各独立源和受控源的功率。

1-20　试求习题 1-20 图所示电路中的各独立源、受控源和各电阻的功率。

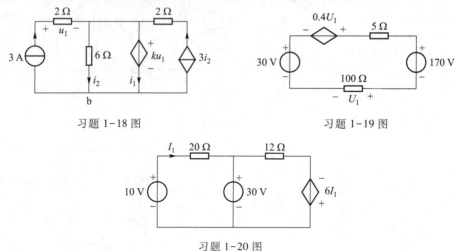

习题 1-18 图　　　　　　　　　　　习题 1-19 图

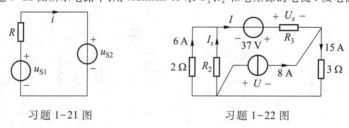

习题 1-20 图

1-21　在习题 1-21 图所示电路中,已知 $u_{S1}=24$ V,$u_{S2}=1$ V,$R=12$ Ω,用 Multisim 13 求电流 i,并计算两电源产生的功率以及电阻 R 吸收的功率。

1-22　在习题 1-22 图所示电路中,用 Multisim 13 求 U_x,I_x 和电压源的电流 I 及电流源的电压 U。

习题 1-21 图　　　　　　　　　　　习题 1-22 图

第二章 线性电路分析的基本方法

本章介绍电路分析的几种基本方法。所谓电路分析,是指在已知电路结构和元件参数的条件下,分析计算电路中的电流、电压和功率等。

本书研究的电路除第六章外,都是由线性时不变元件和独立电源组成的线性时不变电路。本章介绍的线性电路的基本分析方法是:等效分析法,它是利用等效的概念将复杂结构的电路化为简单结构的电路而求解;方程分析法,它是选择不同的电压和电流作为求解变量,利用系统的方法列出描述电路的方程而求解,如支路电流分析法、网孔电流分析法、节点电压分析法等;而叠加定理(含齐性定理)、置换定理、戴维宁定理和诺顿定理等,是利用电路定理求解电路的方法。"两类约束",即电路的拓扑约束和元件约束是这些分析方法的基本依据。

本章以直流电阻电路为例介绍上述内容。直流电阻电路分析中涉及的理论和方法,只要稍加引申,即可用于包含其他元件的线性电路的分析。

§2-1 电路的等效变换①

"等效"是电路理论中的一个十分重要的概念,也是电路分析中的一个重要方法。它可以将结构复杂的电路化为结构简单的电路,使之便于分析和计算。本节和§2-3节中的戴维宁定理和诺顿定理等讨论的内容,都是利用等效的概念分析线性电路的等效分析法。

首先来讨论简单二端网络的等效。所谓网络,在本书中就是电路的别称。二端网络是指具有两个端子与外电路相连接的电路,且进出这两个端子的电流是同一个电流;满足这个条件的这一对端子称为端口(或简称口),该条件也称为端口条件。二端网络亦称为单口网络。在第一章中讨论的二端元件,是最简单的二端网络。根据二端网络内部是否含有独立电源,可将网络分为不含独立源的二端网络和含独立源的二端网络,图 2-1-1 所示两个二端网络就是不含独立源的二端网络和含独立源的二端网络的例子。

在图 2-1-2 所示的两个二端网络 N_1 和 N_2 中,具有相同 u、i 参考方向,如果二端网络 N_1 端口的 VAR 和二端网络 N_2 端口的 VAR 完全相同,亦即它们在 u-i 平面上的 VAR 曲线完全重叠,则这两个二端网络便是等效的。N_1 和 N_2 互为等效电路。

---

① **重点提示**:"等效"是电路理论中一个十分重要的概念,它可以将结构复杂的电路化为一个简单电路进行分析计算。等效电路端口的 VAR 和被等效电路的 VAR 必须完全相同,此时两个电路才互为等效。注意,等效电路和电路模型是两个完全不同的概念,不能混用。

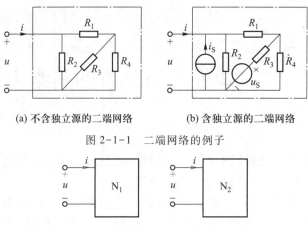

(a) 不含独立源的二端网络　　　　(b) 含独立源的二端网络

图 2-1-1　二端网络的例子

图 2-1-2　等效电路

应当注意的是,N_1 和 N_2 的内部结构和能量分配可能完全不一样,但对任一外电路,它们的端口都有相同的电压和电流。因此等效只是对任意的外电路而言,而不是指对某一特定的外电路等效。假若两个二端网络仅仅连接到相同的某一外电路时,它们端口的 u、i 分别相等,只能说它们对这一外电路是等效的,也就是说,这两个二端网络只是对该外电路所做的相互置换,而与上述所讨论的"等效"是不同的。§2-3 节所讨论的置换定理就是属于这种情况。

一、不含独立源的二端网络的等效变换

1. 电阻串联及分压公式

图 2-1-3(a)所示的串联电阻电路,可等效为一个电阻 R_{eq}[①],如图 2-1-3(b)所示,其等效电阻

$$R_{eq} = R_1 + R_2 + \cdots + R_n = \sum_{k=1}^{n} R_k \qquad (2-1-1)$$

式(2-1-1)便是图 2-1-3 所示两个二端网络互为等效的条件。

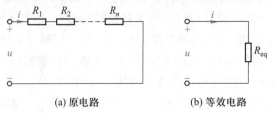

(a) 原电路　　　　　　　(b) 等效电路

图 2-1-3　串联电阻的等效

因为,对于图 2-1-3(a)所示串联电路,根据 KVL 有

$$u = R_1 i + R_2 i + \cdots + R_n i = (R_1 + R_2 + \cdots + R_n) i$$

---

① 等效电阻的下标"eq"是 equivalence 的简写。

而对于图 2-1-3(b)所示电路有

$$u = R_{\text{eq}}i$$

显然,当满足式(2-1-1)条件时,图 2-1-3(a)、(b)两电路端口的 VAR 完全相同,所以,这两个二端网络等效。

串联电阻一般用于"分压",其分压公式为

$$u_k = \frac{R_k}{\sum\limits_{k=1}^{n} R_k} u \tag{2-1-2}$$

式中,u_k 为 n 个电阻串联时第 k 个电阻的电压。

例 2-1-1　电路如图 2-1-4 所示,用一个满刻度偏转电流为 50 μA、电阻 R_g 为 2 kΩ 的表头制成 10 V 量程的直流电压表,应串联多大的附加电阻 R_k?

解　满刻度时表头电压为

$$U_g = R_g I = (2 \times 10^3 \times 50 \times 10^{-6})\,\text{V} = 0.1\,\text{V}$$

附加电阻电压为

$$U_k = (10 - 0.1)\,\text{V} = 9.9\,\text{V}$$

代入式(2-1-2),得

$$9.9 = \frac{R_k}{2 + R_k} \times 10$$

解之得

$$R_k = 198\,\text{k}\Omega$$

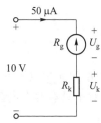

图 2-1-4　例 2-1-1 图

【评析】电压表一般都是用较灵敏的电流表(表头)与附加电阻(分压电阻)串联组成的。本例题利用分压公式求出分压电阻的大小(还可以通过其他方式求出)。在电流表量限一定的情况下,串联的分压电阻越大,电压表的量程就越大。当被测电压相同时,若电压表的总电阻(含表头电阻和分压电阻)越大,则流入电压表的电流和功率就越小,对被测电路的影响就越小,这种表也就越好。例如有的晶体管电压表其流入的电流几乎等于零。

2. 电阻并联及分流公式

如图 2-1-5(a)所示的并联电阻电路,可等效为一个电阻 R_{eq},如图 2-1-5(b)所示,等效电阻

$$\frac{1}{R_{\text{eq}}} = \frac{1}{R_1} + \frac{1}{R_2} + \cdots + \frac{1}{R_n} = \sum_{k=1}^{n} \frac{1}{R_k} \tag{2-1-3a}$$

或

$$G_{\text{eq}} = G_1 + G_2 + \cdots + G_n = \sum_{k=1}^{n} G_k \tag{2-1-3b}$$

式(2-1-3)便是图 2-1-5 所示两个二端网络互为等效的条件。

对于图 2-1-5(a)所示并联电路,根据 KCL 有

$$i = G_1 u + G_2 u + \cdots + G_n u = (G_1 + G_2 + \cdots + G_n) u$$

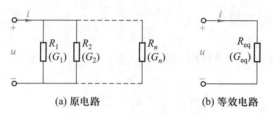

(a) 原电路　　　　　(b) 等效电路

图 2-1-5　并联电阻的等效

而对于图 2-1-5(b)所示电路有

$$i = G_{eq}u$$

显然,当满足式(2-1-3)的条件时,图 2-1-5(a)、(b)所示两电路端口的 VAR 完全相同,所以,这两个二端网络等效。

并联电阻一般用于"分流",其分流公式为

$$i_k = \frac{G_k}{\sum\limits_{k=1}^{n} G_k} i \tag{2-1-4}$$

式中,i_k 为 n 个电阻并联时第 k 个电阻的电流。

对于只有两个电阻 R_1 和 R_2 并联的电路(参见图 2-1-6),等效电阻

$$R_{eq} = \frac{R_1 R_2}{R_1 + R_2}$$

此时,分流公式为

$$i_1 = \frac{R_2}{R_1 + R_2} i \tag{2-1-5a}$$

$$i_2 = \frac{R_1}{R_1 + R_2} i \tag{2-1-5b}$$

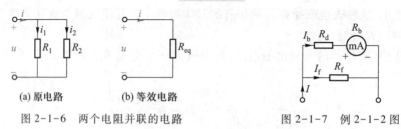

(a) 原电路　　　　(b) 等效电路

图 2-1-6　两个电阻并联的电路

图 2-1-7　例 2-1-2 图

例 2-1-2　某万用表电流测量挡的电路如图 2-1-7 所示。已知图中万用表的表头满刻度电流 $I_b = 1$ mA,内阻 $R_b = 65$ Ω,$R_d = 925$ Ω;分流电阻 $R_f = 10$ Ω。试求这一挡的电流量程(即表头指满刻度时图中 I 的数值)。

解　根据分流公式,得

$$I_b = \frac{R_f}{(R_d + R_b) + R_f}I$$

故

$$I = \frac{R_d + R_b + R_f}{R_f}I_b$$

$$= \frac{925 + 65 + 10}{10} \times 1 \times 10^{-3} \text{ A}$$

$$= 0.1 \text{ A}$$

【评析】电流表一般也是用较灵敏的电流表(表头)与附加电阻组成的,但表头是与附加电阻(分流电阻)并联。电流表的量限及分流电阻等参数可用分流公式进行计算。在表头量限一定的情况下,并联的分流电阻越小,电流表的量限就越大。当被测电流相同时,若电流表的总电阻(含表头电阻和分流电阻)越小,则电流表两端电压降就越小,对被测电路的影响就越小。本例图中与表头串联的电阻 R_d 是用来增加表头电阻的,因为若表头内阻 R_b 过小,为了扩大量限,则需选择更小的分流电阻 R_f,过小的电阻是难以找到的。

例 2-1-3 求图 2-1-8(a)所示电路中 a、b 端的等效电阻。

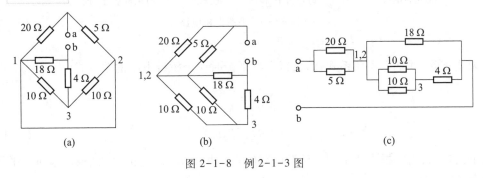

图 2-1-8   例 2-1-3 图

解   图 2-1-8(a)所示电路初看比较复杂,为了便于看清电路中各元件的连接关系,可将无电阻的支路缩短,最好缩成一点,改画为图 2-1-8(b)所示电路;然后按照串、并联形式将电路改画为图 2-1-8(c)所示电路,此时电路中各元件的串并联关系就一目了然。注意在电路的改画中不能改变各元件相互连接关系,一般可以先标出各节点代号,在电路改画中,各元件与相应节点的连接关系不变。由图 2-1-8(c)可得 a、b 两端的等效电阻

$$R_{eq} = \left[\frac{20 \times 5}{20 + 5} + \frac{\left(\frac{10 \times 10}{10 + 10} + 4\right) \times 18}{\left(\frac{10 \times 10}{10 + 10} + 4\right) + 18}\right] \Omega = [4 + 6] \Omega = 10 \Omega$$

【评析】对于串并联结构不清晰的电阻网络一般要先改画电路。本例题从 a 端出发按假设电压降落梯度改画电路,等位点连为一点,从 b 端出来。

　3. 平衡电桥

　　图 2-1-9(a)所示为电桥电路,R_1、R_2、R_3 和 R_4 为四个桥臂电阻。当对角线支路电阻 R_g 无电流通过时,电桥达到平衡状态。此时的电桥称为平衡电桥。

　　由于电桥平衡时,R_g 支路无电流,所以可将这条支路开路,得出如图2-1-9(b)所示等

效电路,则有

$$i_1 = i_2 \qquad i_3 = i_4$$

又因为电桥平衡时,R_g 中无电流,则无论 R_g 为何值(只要为有限值),该支路电压等于零,即节点 2 和 4 是等位点,所以可将这两个节点短路,得出如图2-1-9(c)所示等效电路,则有

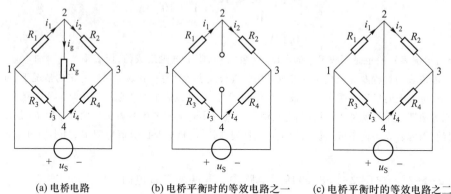

(a) 电桥电路　　　　(b) 电桥平衡时的等效电路之一　　　(c) 电桥平衡时的等效电路之二

图 2-1-9　平衡电桥电路

$$R_1 i_1 = R_3 i_3 \qquad\qquad R_2 i_2 = R_4 i_4$$

把上两式相除,并把电流关系式代入,得电桥平衡时四个桥臂电阻的关系式

$$\frac{R_1}{R_2} = \frac{R_3}{R_4}$$

即

$$R_1 R_4 = R_2 R_3 \qquad\qquad (2\text{-}1\text{-}6)$$

上式表明,当电桥中两个相对桥臂电阻的乘积相等时,该电桥达到平衡,这即是平衡电桥的条件。

通过以上的分析,可以得出如下普遍适应的两个结论:

(1) 对于电路中电流为零的支路可以开路。

(2) 对于电路中电位相等的点可以短路。

利用这两个结论来分析电路,往往可以使电路得到简化。

例 2-1-4　试计算图 2-1-10(a)所示电路 a、b 两端的等效电阻 R_{ab}。

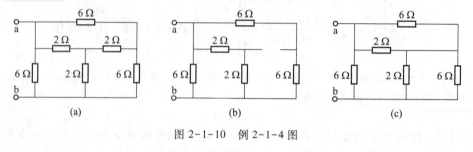

(a)　　　　　　　　　(b)　　　　　　　　　(c)

图 2-1-10　例 2-1-4 图

解　图 2-1-10(a)所示电路为电桥电路。因为两个相对桥臂电阻的乘积相等,故为

平衡电桥,因而可将对角线支路开路如图 2-1-10(b)所示,或将对角线支路短路如图 2-1-10(c)所示,而后求出等效电阻 R_{ab}。

根据图 2-1-10(b)求得

$$R_{ab} = 6\ \Omega /\!/ (2+2)\ \Omega /\!/ (6+6)\ \Omega = 2\ \Omega$$

或根据图 2-1-10(c)求得

$$R_{ab} = 6\ \Omega /\!/ (2\ \Omega /\!/ 6\ \Omega + 2\ \Omega /\!/ 6\ \Omega) = 2\ \Omega$$

【评析】对于电桥结构电路的分析,一般要先根据两个相对桥臂电阻乘积是否相等来判断其是否为平衡电桥[参见式(2-1-6)]。如果是平衡电桥,则可以将电路中的对角线支路以开路或短路代替,从而等效为串并联简单结构的电路进行求解。

4. 含受控源的二端网络的等效电路

由上述分析可知,对于只含电阻的二端网络,它可以等效为一个电阻。同样,对于仅含电阻和受控源的二端网络,其等效电路也是一个电阻,该电阻 R_{eq} 等于该二端网络的输入电阻 R_{in}[1]。R_{in} 可以采用"外加电源法"求得。例如对于图 2-1-11(a)所示的仅含电阻和受控源的二端网络 N_0,在端口 1-1'处加一个电压源[参见图 2-1-11(b)],或在端口 1-1'处加一个电流源[参见图 2-1-11(c)],写出端口的 VAR 方程式,则

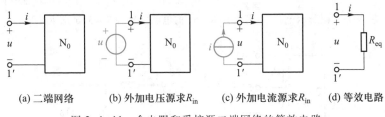

| (a)二端网络 | (b)外加电压源求R_{in} | (c)外加电流源求R_{in} | (d)等效电路 |

图 2-1-11 含电阻和受控源二端网络的等效电路

$$R_{eq} = R_{in} = \frac{u}{i} \tag{2-1-7}$$

对于仅含电阻的二端网络,若不能用串并联的方法求得其等效电阻,亦可以采用"外加电源法",根据式(2-1-7)求得。

例 2-1-5 求图 2-1-12 所示电路的等效电阻 R_{eq}。

解 该电路为含电阻和受控源的二端网络,不能通过电阻串并联等效化简的方法求其等效电阻,而必须采用"外加电源法"。

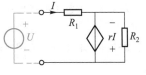

图 2-1-12 例 2-1-5 图

在端口加一个电压源 U,由 KVL 得出端口的 VAR 方程式为

$$U = R_1 I - rI$$

即

$$U = (R_1 - r)I$$

---

[1] 对于不含独立源的二端网络,其端口电压与端口电流之比称为输入电阻 R_{in}。

所以

$$R_{eq} = R_{in} = \frac{U}{I} = R_1 - r$$

由上式可知,当 $r<R_1$ 时,R_{eq} 为正电阻;当 $r>R_1$ 时,R_{eq} 为负电阻;当 $r=R_1$ 时,$R_{eq}=0$。这里出现负电阻和 $R_{eq}=0$ 的原因是网络中含有受控源。在 §1-4 中已知,受控源是一个有源元件,它可以提供能量。但并不是所有含受控源的网络都可以等效为一个负电阻,只有当受控源提供的能量大于网络中所有电阻消耗的能量时,才会出现负电阻。

【评析】运用等效的概念,可以把一个结构复杂的不包含独立源的二端网络(包括含受控源的二端网络)用只有一个电阻构成的二端网络去等效代替,从而简化电路的计算。在随后讨论的内容中,要继续运用等效的概念去简化电路。

思考与练习题

2-1-1　额定电压为 110 V 的两只白炽灯可否串联到 220 V 电源上使用?什么条件下可以这样使用?

[两白炽灯功率相同]

2-1-2　要设计一个如题 2-1-2 图所示的电压衰减器。衰减器的输入电压为 10 V,而输出电压分别为 10 V、5 V 及 1 V,电阻中流过的电流为 20 mA,试计算电阻 R_1、R_2 和 R_3 的阻值。

[250 Ω,200 Ω,50 Ω]

2-1-3　在题 2-1-3 图所示电路中,若流过 R_1、R_2 的电流之比为 2∶3,试求 R_1、R_2。

[15 Ω,10 Ω]

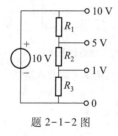

题 2-1-2 图

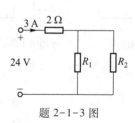

题 2-1-3 图

2-1-4　求题 2-1-4 图所示二端网络的等效电阻 R_{AB}。

[12.5 Ω]

2-1-5　求题 2-1-5 图所示电桥电路中的电流 I。

[2.5 A]

2-1-6　求题 2-1-6 图所示二端网络的等效电阻 R_{AB}。

[20 Ω]

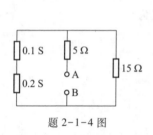

题 2-1-4 图

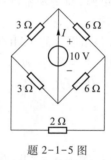

题 2-1-5 图

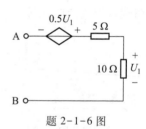

题 2-1-6 图

二、星形联结与三角形联结的电阻电路的等效变换

星形联结与三角形联结的电阻电路属三端电路,当这两个电路相应端子的 VAR 完全相同时,也可以等效互换。

如图 2-1-13(a)所示,将三个电阻元件的一端连接在一起,另一端分别连接到三个不同的端子上,称为星形联结或 T 形联结。若将三个电阻依次接在三个端子的每两个之间,使三个电阻本身连成一个三角形,则称为三角形联结或 Π 形联结,如图 2-1-13(b)所示。

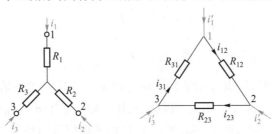

(a) 星形联结的电阻电路   (b) 三角形联结的电阻电路

图 2-1-13 星形联结与三角形联结的等效变换

在电路分析中,为了将含星形联结或三角形联结的电阻电路变成串、并联电路来求解,经常需要将星形联结的电阻电路等效变换成三角形联结的电阻电路,或反之,这种等效变换简称为星-三角变换。下面从等效电路的概念来推导星-三角变换的等效互换条件。

设图 2-1-13 所示电路中:

1. 2 端子间的电压为 u_{12};

2. 3 端子间的电压为 u_{23};

3. 1 端子间的电压为 u_{31}。

对于图 2-1-13(a)所示电路,根据 KCL 和 KVL 可列出端子的 VAR 方程为

$$i_1+i_2+i_3=0 \tag{2-1-8}$$

$$\left. \begin{aligned} R_1i_1-R_2i_2=u_{12} \\ R_2i_2-R_3i_3=u_{23} \\ R_3i_3-R_1i_1=u_{31} \end{aligned} \right\} \tag{2-1-9}$$

从式(2-1-9)的方程中取适当的两个方程(因为三个方程彼此不独立),与式(2-1-8)联立解出电流为

$$\left. \begin{aligned} i_1 &= \frac{R_3u_{12}}{R_1R_2+R_2R_3+R_3R_1} - \frac{R_2u_{31}}{R_1R_2+R_2R_3+R_3R_1} \\ i_2 &= \frac{R_1u_{23}}{R_1R_2+R_2R_3+R_3R_1} - \frac{R_3u_{12}}{R_1R_2+R_2R_3+R_3R_1} \\ i_3 &= \frac{R_2u_{31}}{R_1R_2+R_2R_3+R_3R_1} - \frac{R_1u_{23}}{R_1R_2+R_2R_3+R_3R_1} \end{aligned} \right\} \tag{2-1-10}$$

对于图 2-1-13(b)所示电路,各电阻中的电流为

$$i_{12} = \frac{u_{12}}{R_{12}} \qquad i_{23} = \frac{u_{23}}{R_{23}} \qquad i_{31} = \frac{u_{31}}{R_{31}}$$

根据 KCL,可求出各端子电流分别为

$$\left.\begin{aligned} i'_1 &= i_{12} - i_{31} = \frac{u_{12}}{R_{12}} - \frac{u_{31}}{R_{31}} \\ i'_2 &= i_{23} - i_{12} = \frac{u_{23}}{R_{23}} - \frac{u_{12}}{R_{12}} \\ i'_3 &= i_{31} - i_{23} = \frac{u_{31}}{R_{31}} - \frac{u_{23}}{R_{23}} \end{aligned}\right\} \qquad (2-1-11)$$

为了保证图 2-1-13(a)的星形联结电路与图 2-1-13(b)的三角形联结电路等效,两者对应端子的 VAR 关系必须完全相同。因此,在相应端子电压 u_{12}、u_{23} 和 u_{31} 作用下,端子电流 i_1、i_2、i_3 和 i_1'、i_2'、i_3' 应相等,即 u_{12}、u_{23} 和 u_{31} 前面的系数应分别相等,得

$$\left.\begin{aligned} R_{12} &= \frac{R_1 R_2 + R_2 R_3 + R_3 R_1}{R_3} \\ R_{23} &= \frac{R_1 R_2 + R_2 R_3 + R_3 R_1}{R_1} \\ R_{31} &= \frac{R_1 R_2 + R_2 R_3 + R_3 R_1}{R_2} \end{aligned}\right\} \qquad (2-1-12)$$

式(2-1-12)就是由星形联结电阻电路等效变换为三角形联结的电阻电路的条件。

由式(2-1-12)可解得

$$\left.\begin{aligned} R_1 &= \frac{R_{12} R_{31}}{R_{12} + R_{23} + R_{31}} \\ R_2 &= \frac{R_{23} R_{12}}{R_{12} + R_{23} + R_{31}} \\ R_3 &= \frac{R_{31} R_{23}}{R_{12} + R_{23} + R_{31}} \end{aligned}\right\} \qquad (2-1-13)$$

式(2-1-13)就是由三角形联结的电阻电路等效变换为星形联结的电阻电路的条件。

当星形联结电路的三个电阻相等,即 $R_1 = R_2 = R_3 = R_\curlyvee$ 时,称为对称星形联结的电阻电路;当三角形电路的三个电阻相等,即 $R_{12} = R_{23} = R_{31} = R_\triangle$ 时,称为对称三角形联结的电阻电路。由式(2-1-12)和式(2-1-13)可知,对称星形电路经星-三角变换后得到一个对称三角形电路,反之亦然。并且

$$R_\triangle = 3R_\curlyvee \qquad (2-1-14a)$$

$$R_\curlyvee = \frac{1}{3}R_\triangle \qquad (2-1-14b)$$

图 2-1-14 所示为对称星形电阻电路和对称三角形电阻电路的等效变换示例。

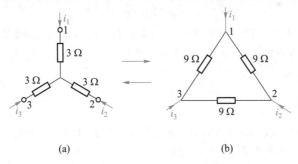

(a)	(b)

图 2-1-14 对称星形联结和对称三角形联结的等效变换

例 2-1-6 求图 2-1-15(a)所示电路的等效电阻 R_{ab}。

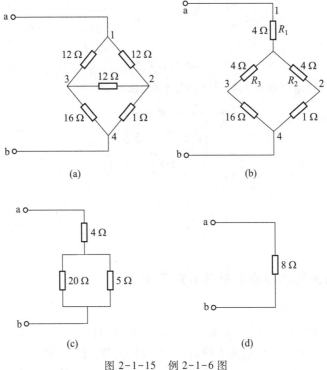

图 2-1-15 例 2-1-6 图

解 可利用星-三角等效变换把电路变换为串、并联的电路,然后用串、并联等效化简方法求解。对于图 2-1-15(a)电路可以有四种变换方式:将节点 1、2、3 之间或节点 2、3、4 之间的三角形电路等效变换为星形电路;将与节点 2 相连或与节点 3 相连的星形电路变换为三角形电路。

现将节点 1、2、3 之间的三角形电路等效变换为星形电路,如图 2-1-15(b)电路所示,由式(2-1-14b)可得

$$R_1 = R_2 = R_3 = \frac{12}{3} \ \Omega = 4 \ \Omega$$

再用电阻串、并联电路的等效化简方法得到图 2-1-15(c)、(d)所示电路,可见

$$R_{ab} = 8\ \Omega$$

【评析】利用星形联结和三角形联结的等效变换,常常可以把较复杂的电路变换为结构较简单串、并联的电路,然后用串、并联等效化简方法求解。至于采用星形等效变换为三角形,还是三角形等效变换为星形,则应根据其具体情况选择。

思考与练习题

2-1-7　将题 2-1-7 图(a)所示星形联结的电路等效变换为三角形联结的电路;将题 2-1-7 图(b)所示三角形联结的电路等效变换为星形联结的电路。

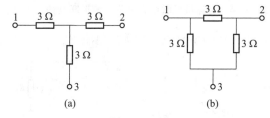

(a)   (b)

题 2-1-7 图

2-1-8　试计算题 2-1-8 图示电路 a、b 两端的等效电阻 R_{ab}。

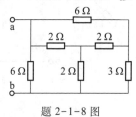

题 2-1-8 图

$$\left[\frac{15}{8}\ \Omega\right]$$

三、实际电源的电路模型及其等效变换

1. 实际电源的两种电路模型

在第一章中讨论过的电压源、电流源都是理想电源,但实际电源的特性与理想电源的特性是有区别的。例如对于一个电池来说,如果没有接负载,处于开路状态,其端电压最高;随着负载电流的增大,其端电压要逐渐下降,而且不成线性关系,其端口的 VAR 曲线(亦称为电源的外特性)如图 2-1-16(a)所示。但是,在一定的负载电流范围内,这个下降的 VAR 曲线,可以近似认为是一条直线,如图 2-1-16(b)所示。该直线与 u 轴的交点,相当于 $i=0$ 时的电压,即开路电压 u_{OC};与 i 轴的交点,相当于 $u=0$ 时的电流,即短路电流 i_{SC},这是一种假想的工作状态,此时,电流值已远远超过电源的额定电流值,这是不允许的。为了更精确地表征实际电源,根据图 2-1-16(b)VAR 曲线,可以建立实际电源的两种电路模型。

由图 2-1-16(b),写出该直线的方程为

$$u = u_{OC} - \Delta u \qquad\qquad (2-1-15a)$$

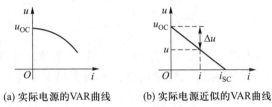

(a) 实际电源的VAR曲线　　　(b) 实际电源近似的VAR曲线

图 2-1-16　实际电源的 VAR 曲线

式中,Δu 为开路电压 u_{OC} 与电压 u 之差,它是由电源内阻 R_s 引起的,故可知

$$\Delta u = R_s i$$

将上式代入式(2-1-15a),得

$$u = u_{OC} - R_s i \tag{2-1-15b}$$

令 $u_s = u_{OC}$,由式(2-1-15b)作出实际电源的一种电路模型,如图 2-1-17(a)所示。它由电压源 u_s 和电阻 R_s 的串联组成,称为实际电源的电压源模型,其端口的 VAR 为

$$u = u_s - R_s i \tag{2-1-15c}$$

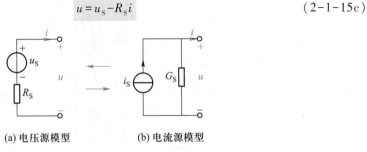

(a) 电压源模型　　　　　　(b) 电流源模型

图 2-1-17　实际电源的模型及其等效变换

将式(2-1-15c)改写为

$$i = \frac{u_s}{R_s} - \frac{1}{R_s} u \tag{2-1-16a}$$

令 $i_s = \dfrac{u_s}{R_s}$ 及 $G_s = \dfrac{1}{R_s}$ 代入上式得

$$i = i_s - G_s u \tag{2-1-16b}$$

由式(2-1-16b)可作出实际电源的另一种电路模型,如图 2-1-17(b)所示。它由电流源 i_s 和电导 G_s 的并联组成,称为实际电源的电流源模型。

在处理工程问题时,当实际电源内阻 R_s 与外界的负载电阻 R_L 相比可以忽略不计(即 $R_s \ll R_L$)时,就可以将实际电源近似为电压源;反之,若内阻 R_s 远大于负载电阻 $R_L (R_s \gg R_L)$,即 $G_s \ll G_L$ 时,则可以将实际电源近似为电流源。在一般情况下,采用图2-1-17所示的两种电路模型中的哪一种都是可以的。

实际电源的两种模型的参数可以通过实验测出。将实际电源不接负载,即处于开路状态,测出其端口开路电压 u_{OC},则 $u_s = u_{OC}$。

如果允许将实际电源端口短路,则只要测出短路电流 i_{SC},便可得出实际电源的内阻

$$R_s = \frac{u_{oc}}{i_{sc}}$$

但是对于一般的实际电源来说是不允许短路的。为测定内阻 R_s，可将实际电源接上大小适当的负载（产生的电流不能超过电源的额定电流），同时测出实际电源的端电压 u 及电流 i，由式(2-1-15b)得

$$R_s = \frac{u_{oc} - u}{i}$$

2. 两种电路模型的等效变换

由以上讨论可知，图 2-1-17 所示的实际电源的两种电路模型——电压源模型和电流源模型，其端口的 VAR[参见式(2-1-15)和式(2-1-16)]，在一定的条件下是完全相同的，因此这两种电路模型可以等效变换，其等效条件为

$$\left.\begin{array}{l} i_s = \dfrac{u_s}{R_s} \\[2mm] G_s = \dfrac{1}{R_s} \end{array}\right\} \tag{2-1-17a}$$

或

$$\left.\begin{array}{l} u_s = \dfrac{1}{G_s} i_s \\[2mm] R_s = \dfrac{1}{G_s} \end{array}\right\} \tag{2-1-17b}$$

两种实际电源的电路模型的等效变换用图 2-1-17 的"$\rightleftarrows$"表示。请注意变换前后电压源 u_s 与电流源 i_s 的参考方向！它们两者采用的是不一致的参考方向。

需指出，实际电源的两种电路模型的等效变换，是指在满足式(2-1-17)的条件下，它们对外部电路的作用等效，即在外部电路相同的情况下，它们的输出电压、电流和功率相同，而对它们内部并无等效可言。例如，由图 2-1-17 可知，当两种电路模型都不接外电路（即开路）时，它们对外均不输出功率，此时电压源产生的功率为零，而电流源产生的功率为 $\frac{i_s^2}{G_s}$；反之，短路时，两种电路对外均不输出功率，而电压源产生的功率为 $\frac{u_s^2}{R_s}$，电流源产生的功率却为零。正如本节前言所述，电路的"等效"仅是对外部电路而言。

实际电源的两种电路模型的等效变换，为进行电路分析带来许多方便。在有些情况下，可以将一个电压源模型等效变换为一个电流源模型；而在另外一些情况下，可以将一个电流源模型变换为一个电压源模型。而且，上述电源模型的等效变换可以推广至含独立源支路的等效变换，即一个电压源与电阻相串联的组合和一个电流源与电阻相并联的组合也可以进行等效变换，而这个电阻不一定就是电源的内阻。

具有串联电阻的电压源常称为"有伴电压源"，具有并联电阻的电流源常称为"有伴电流源"。有伴电压源和有伴电流源才能进行等效变换。以上实际电源两种电路模型的等效

变换,可以简称为有伴电源的等效变换。

受控电压源与电阻相串联的组合和受控电流源与电阻相并联的组合,也可以用上述方法进行等效变换。此时,把受控源当作独立源处理,但应注意在变换过程中,不要将控制量所在支路消掉。

四、含独立源支路的串联与并联的等效电路

1. 电压源的串联

设一个二端网络由 n 个电压源串联组成[参见图 2-1-18(a)],可以等效为一个电压源,如图 2-1-18(b) 所示。由 KVL 得出等效条件为

$$u_S = u_{S1} - u_{S2} + \cdots + u_{Sn} = \sum_{k=1}^{n} u_{Sk} \tag{2-1-18}$$

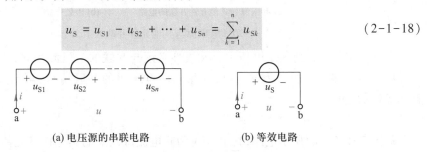

(a) 电压源的串联电路　　　　　(b) 等效电路

图 2-1-18　电压源的串联及其等效电路

在式(2-1-18)中,当 u_{Sk} 的参考方向与 u_S 的参考方向一致时,u_{Sk} 的前面取"+"号,否则取"-"号。

2. 电流源的并联

设一个二端网络由 n 个电流源并联组成[参见图 2-1-19(a)],可以等效为一个电流源,如图 2-1-19(b) 所示。由 KCL 得出等效条件为

$$i_S = i_{S1} - i_{S2} + \cdots + i_{Sn} = \sum_{k=1}^{n} i_{Sk} \tag{2-1-19}$$

在式(2-1-19)中,当 i_{Sk} 的参考方向与 i_S 的参考方向一致时,i_{Sk} 的前面取"+"号,否则取"-"号。

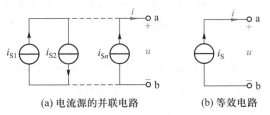

(a) 电流源的并联电路　　　　(b) 等效电路

图 2-1-19　电流源的并联及其等效电路

3. 电压源与其他元件的并联

如图 2-1-20(a) 所示电路,其中 N' 可为除电压源以外的其他任意元件。根据 §1-4 介绍的电压源的特性,图 2-1-20(a) 电路中的电压源端口电压恒为一定值,即

$$u = u_S \quad (\text{对所有的电流 } i) \tag{2-1-20}$$

因此整个并联组合可等效为一个电压为 u_S 的电压源,如图 2-1-20(b) 所示。N′的存在与否并不能影响端口的 VAR,所以从端口等效观点来看,N′称为多余元件,在电路分析中可将其断开或取走,而对外部电路没有影响。但是,应注意图 2-1-20(b) 中的电压源和图 2-1-20(a) 中的电压源的电流和功率是不相等的。

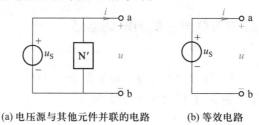

(a) 电压源与其他元件并联的电路　　　　(b) 等效电路

图 2-1-20　电压源与其他元件并联及其等效电路

若 N′为电压源,则其端电压大小和极性必须与并联的电压源相同,否则不满足 KVL,不能并联。对于多个电压同为 u_S 且极性相同的电压源的并联组合,可等效为一个电压为 u_S 且同极性的电压源。

4. 电流源与其他元件的串联

如图 2-1-21(a) 所示电路,其中 N′可为除电流源以外的其他任意元件。根据 §1-4 介绍的电流源的特性,图 2-1-21(a) 电路中的电流源端口电流恒为一定值,即

$$i = i_S \quad (对所有的电压 u) \tag{2-1-21}$$

因此整个串联组合可等效为一个电流为 i_S 的电流源,如图 2-1-21(b) 所示。N′的存在与否

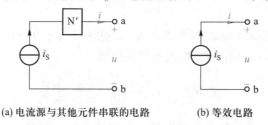

(a) 电流源与其他元件串联的电路　　　　(b) 等效电路

图 2-1-21　电流源与其他元件串联及其等效电路

并不能影响端口的 VAR,所以从端口等效观点来看,N′亦称为多余元件,在电路分析中可将其短路,而对外部电路没有影响。但是,应注意图(b) 中的电流源亦和图(a) 中的电流源的电压和功率不相等。

若 N′为电流源,则其电流大小和方向必须与串联的电流源相同,否则不满足 KCL,不能串联。对于多个电流同为 i_S 且方向相同的电流源的串联组合,可等效为一个电流为 i_S 且同方向的电流源。

例 2-1-7　求图 2-1-22(a) 所示电路的电压 U。

解　根据前述的电压源与其他元件并联、电流源与其他元件串联的等效变换;有伴电源的等效变换;电流源并联的等效变换;电阻串、并联的等效变换等知识,图 2-1-22(a) 所示电路依次化简为电路图 2-1-22(b)、(c)、(d) 所示电路。

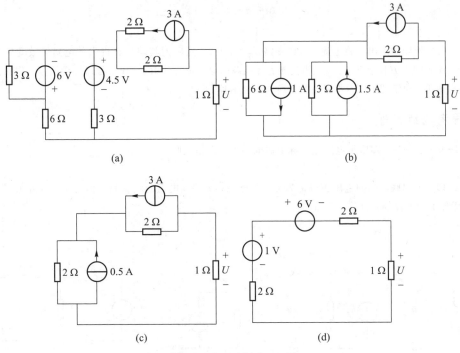

图 2-1-22 例 2-1-7 图

由图 2-1-22(d)得

$$U = \left(\frac{-6+1}{2+2+1} \times 1 \right) \text{ V} = -1 \text{ V}$$

【评析】本例题将待求电压的电阻支路视为外电路,而把端口以左电路等效化简。在等效化简中,除了用到前述的有伴电源的等效变换、电流源并联的等效变换、电阻串并联的等效变换等知识外,还要特别注意电压源与其他元件并联可等效为同值同方向的电压源、电流源与其他元件串联可等效为同值同方向的电流源。

例 2-1-8 求图 2-1-23(a)所示电路的电流 i。

解 利用等效变换,把受控电流源与电阻相并联的组合变换为受控电压源与电阻相串联的组合,如图 2-1-23(b)所示电路。其中 $u_c = R_2 i_c = 2R_2 i$,根据 KVL,有

$$R_1 i + R_2 i + u_c = u_S$$

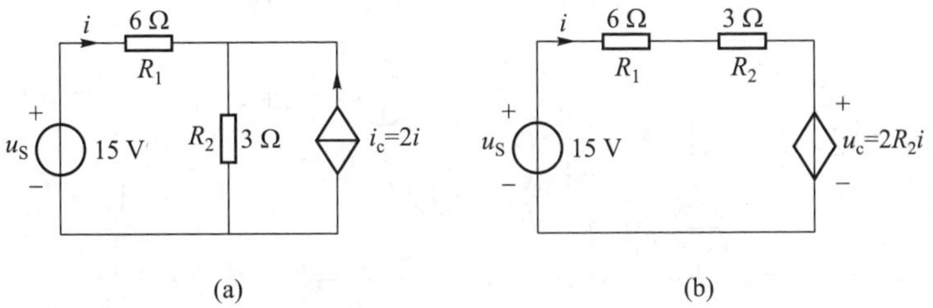

图 2-1-23 例 2-1-8 图

即
$$6i+3i+3\times2i=15$$
$$i=1\ \text{A}$$

【评析】本例题为求出 i，将电流 i 所在支路视为外电路，然后把其端口看进去的电路等效变换为一简单串联回路列 KVL 方程求解。注意，当把含有受控源的电路进行等效变换时，可以把受控源当作独立源处理，但应注意在变换过程中，不要将控制量所在支路消掉。

思考与练习题

2-1-9 题 2-1-9 图所示电路是实际电源的两种电路模型吗？

[不是]

2-1-10 无串联电阻的电压源可称为无伴电压源。无并联电阻的电流源可称为无伴电流源。无伴电压源与无伴电流源能等效互换吗？

[不能]

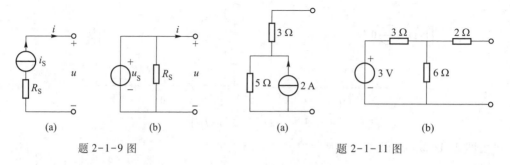

题 2-1-9 图　　　　　　　　　题 2-1-11 图

2-1-11 求题 2-1-11 图(a)、(b)所示含独立源电路的等效电路。

[10 V,8 Ω;2 V,4 Ω]

2-1-12 求题 2-1-12 图(a)、(b)、(c)、(d)所示电路的等效电路。

[5 V;2 A;2 A;10 V]

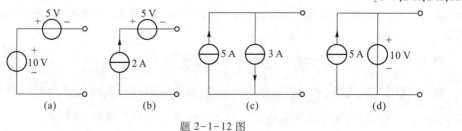

题 2-1-12 图

2-1-13 求题 2-1-13 图(a)、(b)、(c)、(d)所示电路的等效电路。

[5 V;1 A;2 A;10 V]

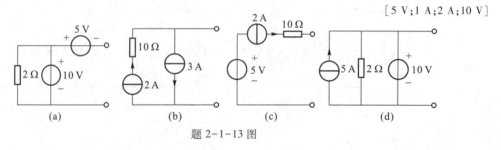

题 2-1-13 图

2-1-14　利用电源的等效变换,求题 2-1-14 图所示电路中的电压 u_0.

[3 V]

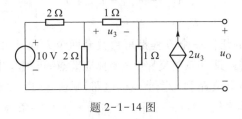

题 2-1-14 图

§2-2　电路的方程分析法

一、支路电流分析法

以支路电流为求解变量,根据两类约束列出数目足够且独立的方程组求解电路的方法称为支路电流分析法。

现以图 2-2-1 所示电路为例说明支路电流法。把电压源 u_{S1} 和电阻 R_1 的串联组合、电压源 u_{S2} 和电阻 R_2 的串联组合各作为一条支路。则该电路的节点数 $n=2$,支路数 $b=3$,各支路电流的参考方向和编号如图 2-2-1 所示。

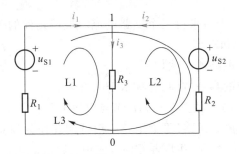

图 2-2-1　支路电流分析法示例图

首先,根据 KCL 对节点 1 和节点 0 列写节点电流方程,有

$$节点 1 \quad -i_1-i_2+i_3=0 \tag{2-2-1a}$$

$$节点 0 \quad i_1+i_2-i_3=0 \tag{2-2-1b}$$

可以看出,若将式(2-2-1a)两端同乘以(-1),则可得式(2-2-1b)。所以,这两个方程中只有一个是独立的。可以证明,具有 n 个节点的电路,只能列出 $(n-1)$ 个独立的节点电流方程[①]。这 $(n-1)$ 个节点称为独立节点,其选取是任意的。

然后,根据 KVL 和元件的 VAR 对回路 L1、L2 和 L3 列写回路电压方程,回路的绕行方向均为顺时针方向,则有

---

① 参见主要参考文献[3] §1-9。

$$
\left.
\begin{array}{ll}
\text{回路 L1} & R_1 i_1 + R_3 i_3 - u_{S1} = 0 \\
\text{回路 L2} & - R_2 i_2 - R_3 i_3 + u_{S2} = 0 \\
\text{回路 L3} & R_1 i_1 - R_2 i_2 - u_{S1} + u_{S2} = 0
\end{array}
\right\}
\tag{2-2-2}
$$

显然,这三个方程中的任何一个方程都可由其余两个方程导出。这表明,三个方程中只有两个是独立的。这个电路具有三条支路,一个独立节点,可列写出两个独立的回路电压方程。推广而言,对于具有 b 条支路和 n 个节点的电路,则独立的回路电压方程数为 $[b-(n-1)]$ 个,这 $[b-(n-1)]$ 个回路称为独立回路。当一个回路至少有一条为其他回路未包含的支路,则该回路是独立回路。对于平面电路①,不难看出,网孔必然是独立回路。所以,通常选取网孔来列写回路电压方程。

现在可以看出,为分析图 2-2-1 所示电路能列出的独立方程有三个:一个节点电流方程和两个回路电压方程,恰好等于电路的支路数,即等于电路的未知支路电流的个数。

由式(2-2-1)和式(2-2-2)中选取三个独立方程如下:

$$
\left.
\begin{array}{ll}
\text{节点 1} & -i_1 - i_2 + i_3 = 0 \\
\text{回路 L1} & R_1 i_1 + R_3 i_3 - u_{S1} = 0 \\
\text{回路 L2} & -R_2 i_2 - R_3 i_3 + u_{S2} = 0
\end{array}
\right\}
\tag{2-2-3}
$$

联立求解上述方程组,即可求得三个支路电流。根据元件的 VAR 和功率计算式,则不难计算各元件(支路)电压和功率。

支路电流分析法分析电路的步骤如下:

(1) 选定各支路电流的参考方向,并标示于电路图中。

(2) 根据 KCL 对 $(n-1)$ 个独立节点列出节点电流方程。

(3) 选取 $(b-n+1)$ 个独立回路(平面电路一般选网孔作为独立回路),指定回路的绕行方向,根据 KVL 列回路电压方程,并将各元件电压用支路电流表示。

(4) 联立求解方程组得出各支路电流,根据需要求出其他待求量。

例 2-2-1　用支路电流分析法列写图 2-2-2 所示电路中各支路电流的方程。

解　此电路的支路数 $b=6$,需列出六个独立方程求解各支路电流。

设各支路电流参考方向如图 2-2-2 所示。选取节点 1,2,3 为独立节点,用 KCL 列节点电流方程,得

$$
\left.
\begin{array}{l}
-I_1 + I_4 + I_5 = 0 \\
-I_2 - I_5 + I_6 = 0 \\
I_3 - I_4 - I_6 = 0
\end{array}
\right\}
$$

---

① 所谓平面电路是可以画在平面不出现交叉(不相连接)的电路。如果在平面上无论将电路怎样画,总有支路相互交叉,则该电路就是非平面电路。

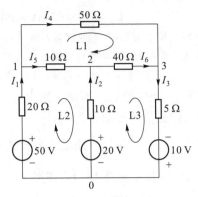

图 2-2-2 例 2-2-1 图

选取 L1、L2、L3 网孔为独立回路,设各独立回路的绕行方向为顺时针方向,根据 KVL 列回路电压方程,得

$$\left.\begin{aligned} 50I_4-10I_5-40I_6&=0 \\ 20I_1-10I_2+10I_5-50+20&=0 \\ 10I_2+5I_3+40I_6-10-20&=0 \end{aligned}\right\}$$

联立求解上述六个方程,即可求得六条支路的电流。

【评析】本例题用来说明利用支路电流分析法求解电路时列写电路方程的方法。支路电流分析法是直接利用拓扑约束(KCL、KVL)和元件约束(VAR),即两类约束求解电路的方法。这种方法可以用来求解任意复杂的电路,所列方程数等于支路数,对于支路数较多的电路,用手工方法求解较繁,可借助计算机求解。

当用支路电流分析法分析含电流源电路时,其含电流源支路的电流已知,故可以少列一个方程。由于电流源的端电压是未知的,因而在选取独立回路时,应避开含该电流源支路的网孔。以下举一例说明。

例 **2-2-2** 电路如图 2-2-3 所示,试求流经 15 Ω 电阻的电流 I 和 10 Ω 电阻的端电压 U_1。

解 先选定各支路电流的参考方向如图2-2-3所示。I_2 即为电流源的电流值,所以

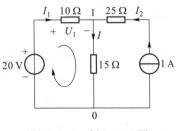

图 2-2-3 例 2-2-2 图

$$I_2 = 1 \text{ A}$$

对节点 1 列 KCL 方程,有

$$-I_1-I_2+I=0$$

以顺时针方向为网孔的绕行方向,对左面的网孔列 KVL 方程,有

$$10I_1+15I=20$$

解上述两方程可得

$$I=1.2 \text{ A}$$
$$I_1=0.2 \text{ A}$$

则
$$U_1 = (10 \times 0.2) \text{ V} = 2 \text{ V}$$

【评析】对于含电流源电路,在列写 KVL 方程时,一般宜避开含电流源支路的回路;但是,若对含电流源支路的回路列写 KVL 方程,必须把电流源的端电压作为未知量列入 KVL 方程。

如果电路中含有受控源,<u>需将受控源视为独立源列写电路方程</u>;当其控制量是支路电流时,列写支路电流方程的方法不变;当其控制量不是支路电流时,则在列写出支路电流方程后,应补列一个用支路电流表示控制量的辅助方程。

例 2-2-3   电路如图 2-2-4 所示,试用支路电流分析法求解各支路电流。

解   选取支路电流 i_1、i_2、i_3 和独立回路 L1、L2 如图 2-2-4 所示。本题含有一个 VCVS,其控制量为 u_1。用支路电流法列出的方程含 i_1、i_2、i_3 和 u_1 四个未知量,所以必须补列一个用支路电流表示控制量 u_1 的辅助方程。

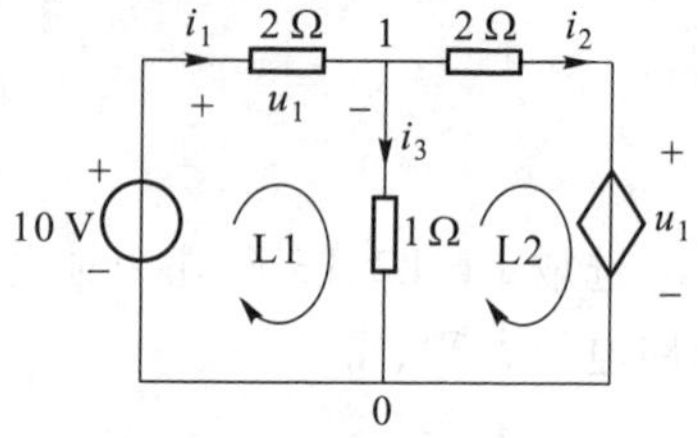

图 2-2-4   例 2-2-3 图

首先,对节点 1 列 KCL 方程,有
$$-i_1 + i_2 + i_3 = 0$$

然后,按 L1、L2 的绕行方向,分别对回路 L1、L2 列 KVL 方程,有
$$2i_1 + i_3 - 10 = 0$$
$$2i_2 - i_3 + u_1 = 0$$

最后,补列辅助方程
$$u_1 = 2i_1$$

联立上述方程,解得
$$i_1 = 3 \text{ A}, \quad i_2 = -1 \text{ A}, \quad i_3 = 4 \text{ A}$$

【评析】本例题为用支路电流分析法分析含受控源电路。对于含受控源电路的分析原则,一般均是把受控源当作独立源对待。例题中为受控电压源,若为受控电流源,应避开含受控电流源支路的回路。

思考与练习题

2-2-1 对于题 2-2-1 图所示电路,当用支路电流分析法求取各支路电流时,需列几个方程?为什么?

2-2-2 用支路电流法求题 2-2-2 图所示电路的受控源支路电流 I。

[1.33 A]

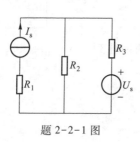

题 2-2-1 图

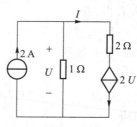

题 2-2-2 图

二、网孔电流分析法

1. 网孔电流①

网孔电流是一种沿网孔边界流动的假想电流,如图 2-2-5 所示电路中的 i_{M1}②和 i_{M2} 便是网孔电流。支路电流具有实际意义,并且可以测量,而网孔电流没有物理意义,它的引入是为了简化计算。

如果已知网孔电流,就可以求得各支路电流,进而可以求得电路的各支路电压、功率。例如对于图 2-2-5 所示电路,各电流的参考方向如图所示,则各支路电流与网孔电流的关系分别为

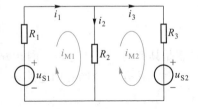

图 2-2-5　网孔电流法示例图

$$i_1 = i_{M1}$$
$$i_2 = i_{M1} - i_{M2}$$
$$i_3 = i_{M2}$$

可见,支路电流等于流经该支路的网孔电流的代数和,与支路电流参考方向一致的网孔电流取"+"号,反之,取"-"号。

由于流入节点的网孔电流一定流出该节点,所以每个节点的网孔电流自动满足 KCL,亦即网孔电流不受 KCL 约束。所以,用网孔电流作为求解变量时,只需按 KVL 列写方程。

2. 网孔电流分析法

以网孔电流为求解变量,根据 KVL 和元件 VAR 对网孔列出电压方程求解电路的方法称为网孔电流分析法。由于全部网孔是一组独立回路,故这组方程是独立的。

在图 2-2-5 所示电路中,设网孔的绕行方向与网孔电流方向相同,根据 KVL 和元件 VAR 列写网孔的电压方程如下:

网孔 1 　　　　　　 $R_1 i_{M1} + R_2(i_{M1} - i_{M2}) - u_{S1} = 0$

网孔 2 　　　　　　 $R_3 i_{M2} - R_2(i_{M1} - i_{M2}) + u_{S2} = 0$ 　　　　(2-2-4)

上述方程组,简称为网孔方程。为了便于求解,将求解变量按顺序排列并加以整理得

$$(R_1 + R_2) i_{M1} - R_2 i_{M2} = u_{S1}$$
$$-R_2 i_{M1} + (R_2 + R_3) i_{M2} = -u_{S2}$$
　　　　(2-2-5)

从式(2-2-5)可知,i_{M1} 前的系数 $(R_1 + R_2)$ 正好是网孔 1 的所有电阻之和,称为网孔 1 的自阻,用 R_{11} 表示。而 i_{M2} 前的系数 $(-R_2)$ 是网孔 1 和网孔 2 之间的公共支路上的电阻,称为互阻,用 R_{12} 表示。同理,网孔 2 的自阻 $R_{22} = R_2 + R_3$,网孔 2 和网孔 1 之间的互阻 $R_{21} = -R_2$。由于网孔绕行方向和网孔电流方向取为一致,故 R_{11} 和 R_{22} 恒为正值。互阻为负值,是因为流经公共支路的两个网孔电流方向相反;若流过公共支路的两个网孔电流方向相同,则互阻为

---

① **重点提示**:网孔电流是假想的电流,没有物理意义,它是为了简化计算而引入的未知量,列写方程时支路电流用网孔电流或网孔电流的代数和来表示。

② 网孔电流 i_{M1} 的下标 M 为 mesh(网孔)的第一个字母。

正值。可见,当各网孔电流的方向和网孔的绕行方向均设为顺时针方向时,则互阻总是负值。若两个网孔的公共支路上的电阻为零(例如公共支路仅有电压源),则互阻为零。在本电路中,$R_{12} = R_{21} = -R_2$,而对于含受控源的电路,有些互阻 $R_{jk} \neq R_{kj}$。式(2-2-5)右边项分别是网孔 1、网孔 2 各电压源电压升的代数和;当电压源由负极到正极的参考方向与网孔绕行方向一致时取"+"号,否则,取"-"号,可分别记为 u_{S11},u_{S22};本电路中的 $u_{S11} = u_{S1}$,$u_{S22} = -u_{S2}$。

为便于列写电路的网孔方程,将方程组(2-2-5)写成

$$\left.\begin{array}{l} R_{11}i_{M1} + R_{12}i_{M2} = u_{S11} \\ R_{21}i_{M1} + R_{22}i_{M2} = u_{S22} \end{array}\right\} \qquad (2\text{-}2\text{-}6)$$

这就是具有两个网孔电路的网孔方程的一般形式。

对于具有 m 个网孔的电路,其网孔方程的一般形式可参照式(2-2-6)得出为

$$\left.\begin{array}{l} R_{11}i_{M1} + R_{12}i_{M2} + \cdots + R_{1m}i_{Mm} = u_{S11} \\ R_{21}i_{M1} + R_{22}i_{M2} + \cdots + R_{2m}i_{Mm} = u_{S22} \\ \quad\vdots \\ R_{m1}i_{M1} + R_{m2}i_{M2} + \cdots + R_{mm}i_{Mm} = u_{Smm} \end{array}\right\} \qquad (2\text{-}2\text{-}7)$$

网孔电流分析法分析电路的步骤如下:

(1)选定各网孔电流的参考方向,并将网孔电流的方向认定为列网孔 KVL 方程的网孔绕行方向,一般习惯于取顺时针方向并标示于电路图中。

(2)按照式(2-2-7)网孔方程的一般形式列写网孔方程,而不必写出推导过程。注意自阻恒为正值,而互阻的正负,由相关的两个网孔电流流过互阻时,视其参考方向是否相同而定,并注意方程式右边项取代数和时各有关电压源前面的"+""-"符号。

(3)联立求解网孔方程,解得各网孔电流。

(4)选定各支路电流的参考方向,求解支路电流,支路电流是有关网孔电流的代数和,根据需要求出其他待求量。

例 2-2-4　用网孔电流分析法求图 2-2-6 所示电路的各支路电流。

解　(1)在图 2-2-6 所示电路中,选取三个网孔电流分别为 i_{M1}、i_{M2}、i_{M3},它们的参考方向如图所示。

(2)设定网孔绕行方向与网孔电流方向相同,根据 KVL,列出三个网孔的网孔方程为

$$(1+2.5+1)i_{M1} - i_{M2} - 2.5i_{M3} = 12$$
$$-i_{M1} + (1+5+1)i_{M2} - 5i_{M3} = 12$$
$$-2.5i_{M1} - 5i_{M2} + (2.5+5+5)i_{M3} = 0$$

(3)联立求解上述方程,得

$$i_{M1} = 5.25 \text{ A} \qquad i_{M2} = 4.5 \text{ A} \qquad i_{M3} = 2.85 \text{ A}$$

(4)选取该电路的各支路电流的参考方向如图 2-2-6 所示,由于支路电流是有关网孔电流的代数和,得各支路电流

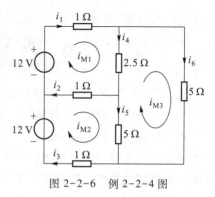

图 2-2-6　例 2-2-4 图

$$i_1 = i_{M1} = 5.25 \text{ A} \qquad i_2 = i_{M1} - i_{M2} = 0.75 \text{ A} \qquad i_3 = i_{M2} = 4.5 \text{ A}$$

$$i_4 = i_{M1} - i_{M3} = 2.4 \text{ A} \qquad i_5 = i_{M2} - i_{M3} = 1.65 \text{ A} \qquad i_6 = i_{M3} = 2.85 \text{ A}$$

【评析】本例题用来说明利用网孔电流分析法求解各支路电流的方法。注意,在对每个网孔列写网孔方程(KVL 方程)时,一般应将网孔电流的参考方向与列 KVL 方程的绕行方向保持一致,且各网孔的网孔电流方向一致,则网孔方程中的互阻为负值(自阻恒为正值)。一般情况下,相邻网孔的互阻相等,即 $R_{jk} = R_{kj}$。

3. 含电流源支路时的分析方法

当电路中含有伴电流源时,可以按照式(2-1-17)将其等效变换为有伴电压源,然后列网孔方程。

当电路中含无伴电流源且单独属于一个网孔时,则该网孔的网孔电流已知,该网孔的 KVL 方程可以不列。若含无伴电流源的支路处于两网孔的公共支路上,即属于两个网孔时,在列网孔方程时需要考虑电流源的端电压(初学者往往容易忘记),一般可以假设电流源的端电压为 u,在列网孔方程时把电流源视同为端电压等于 u 的电压源,由于 u 是未知量,故必须增补一个独立的辅助方程,一般把电流源电流表示成流经该电流源的网孔电流的代数和。

例 2-2-5 试列写图 2-2-7(a)所示直流电路的网孔方程。

解 将 2 A 电流源、5 Ω 电阻并联组合的有伴电流源等效变换为电压源与电阻串联支路;1 A 无伴电流源为网孔 2 和网孔 3 共有,设该电流源的端电压为 u;如图 2-2-7(b)所示。

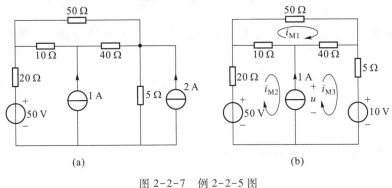

图 2-2-7 例 2-2-5 图

(1)选取网孔电流 i_{M1}、i_{M2}、i_{M3},并设定网孔绕行方向与网孔电流方向相同,如图 2-2-7(b)所示。

(2)对各网孔列 KVL 方程为

$$\left.\begin{array}{l} (50+40+10)i_{M1} - 10i_{M2} - 40i_{M3} = 0 \\ -10i_{M1} + (10+20)i_{M2} = 50 - u \\ -40i_{M1} + (40+5)i_{M3} = u - 10 \end{array}\right\}$$

由于上述三个方程有四个未知量 i_{M1}、i_{M2}、i_{M3} 和 u,故还需增加一个方程,为此,对 1 A 电流源列辅助方程为

$$i_{M3} - i_{M2} = 1$$

【评析】当用网孔电流分析法分析含无伴电流源电路时,由于电流源的端电压是未知的,因此在列写网孔方程(KVL 方程)时,一定要把电流源的端电压作为未知量列入 KVL 方程。由于增加了一个未知量,须增加一个辅助方程,此辅助方程一般利用含电流源支路的电流(等于电流源电流)与相关网孔电流的关系列出。

4. 含受控源支路时的分析方法

如果电路中含有受控源,可将受控源按独立源处理,列写方程的方法不变,但应设法将控制量用网孔电流表示,当受控源是受控电流源时,可参照前面处理独立电流源的方法进行。

例 2-2-6　已知图 2-2-8 所示含受控电压源电路中的 $U_d = r I_a, r = 5$ kΩ,试用网孔电流法求电压 U_d。

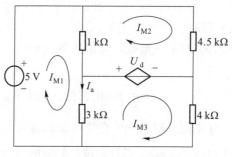

图 2-2-8　例 2-2-6 图

解　选取网孔电流 I_{M1}、I_{M2}、I_{M3} 如图 2-2-8 所示,网孔的绕行方向与网孔电流方向相同,列网孔方程为

$$\left. \begin{array}{r} (1+3)I_{M1} - I_{M2} - 3I_{M3} = 5 \\ -I_{M1} + (1+4.5)I_{M2} = U_d \\ -3I_{M1} + (3+4)I_{M3} = -U_d \end{array} \right\}$$

将受控源的控制量用网孔电流表示,增补如下方程

$$U_d = r I_a = 5 I_a$$

$$I_a = I_{M1} - I_{M3}$$

将上述两个方程代入网孔方程中消去 U_d,得出只含网孔电流变量的网孔方程为

$$\left. \begin{array}{r} 4I_{M1} - I_{M2} - 3I_{M3} = 5 \\ -6I_{M1} + 5.5I_{M2} + 5I_{M3} = 0 \\ 2I_{M1} + 2I_{M3} = 0 \end{array} \right\}$$

解方程组求得

$$I_{M1} = 1 \text{ mA} \qquad I_{M2} = 2 \text{ mA} \qquad I_{M3} = -1 \text{ mA}$$

因此

$$I_a = I_{M1} - I_{M3} = 2 \text{ mA}$$

受控电压源的电压

$$U_d = rI_a = (5 \times 10^3 \times 2 \times 10^{-3}) \text{ V} = 10 \text{ V}$$

【评析】当用网孔电流分析法分析含受控源电路时,受控源仍以独立源对待,一般情况下,在编写网孔方程时,相邻网孔的互阻不相等,即 $R_{jk} \neq R_{kj}$。但是,本例题中网孔 2 和网孔 3 的公共支路是受控电压源支路,没有电阻,所以这两网孔间没有互阻。

由上述讨论可见,对于具有 b 条支路和 n 个节点的电路,网孔电流分析法较支路电流法省去了 $(n-1)$ 个 KCL 方程,只需列写 $[b-(n-1)]$ 个 KVL 方程,从而简化了电路计算。由于网孔的概念只是用于平面电路,因此,网孔电流分析法只适用于平面电路。

思考与练习题

2-2-3 与支路电流分析法相比,网孔电流分析法为什么可以省去 $(n-1)$ 个方程?

2-2-4 对于题 2-2-4 图所示电路,用网孔电流分析法求取各支路电流时,只需列一个方程,为什么?试求解之。

$$[-0.4 \text{ A}, 1.6 \text{ A}]$$

2-2-5 题 2-2-5 图所示电路为三极管共基放大电路的等效电路,试用网孔电流分析法求电压放大倍数 $K(K = u_o/u_s)$。

$$\left[\frac{\alpha R_L}{r_e + r_{bb'}(1-\alpha)} \right]$$

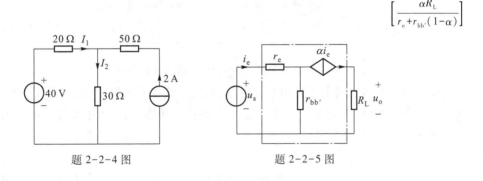

题 2-2-4 图   题 2-2-5 图

三、节点电压分析法

1. 节点电压

在电路中任意选择某一节点为参考节点,则其他节点为独立节点。各独立节点与参考节点之间的电压称为节点电压,显然,对于具有 n 个节点的电路,就有 $(n-1)$ 个节点电压。通常规定节点电压的参考方向是由独立节点指向参考节点。

由于任一支路都连接在两个节点上,所以支路电压等于节点电压或相关两个节点电压之差。例如图 2-2-9 所示电路,电路的节点数为 3,支路数为 6。以 0 节点为参考节点,1、2 节点为独立节点。节点电压分别用 u_{N1}[①]、u_{N2} 表示,支路电压分别用 u_1、u_2、u_3、u_4、u_5、u_6 表

---

① 节点电压的下标 N 为 node(节点)的第一个字母。

示,支路电流分别用 i_1、i_2、i_3 和 i_{S1}、i_{S2}、i_{S3} 表示,支路电压和支路电流的参考方向如图2-2-9 所示。则可知

$$u_1 = u_4 = u_{N1}$$
$$u_2 = u_5 = u_{N2}$$
$$u_3 = u_6 = u_{N1} - u_{N2}$$

因此,在求出各节点电压后就可以求得支路电压,进而根据元件的 VAR 可求得各支路电流,得

$$\left.\begin{array}{l} i_1 = G_1 u_1 = G_1 u_{N1} \\ i_2 = G_2 u_2 = G_2 u_{N2} \\ i_3 = G_3 u_3 = G_3 (u_{N1} - u_{N2}) \end{array}\right\} \tag{2-2-8}$$

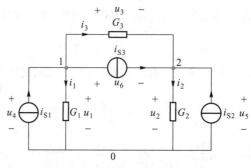

图 2-2-9　节点电压分析法示例图

任一回路中各支路电压若用节点电压表示,其代数和恒等于零,因此节点电压对所有回路均自动满足 KVL,亦即节点电压不受 KVL 约束。所以,用节点电压作为电路求解变量时,只需按 KCL 列出电流方程。

2. 节点电压分析法[①]

以节点电压为求解变量,根据 KCL 和元件 VAR 对独立节点列出电流方程求解电路的方法称为节点电压分析法。由于是对独立节点列 KCL 方程,故这组方程是独立的。

在图 2-2-9 所示电路中,根据 KCL 列写节点 1、2 的电流方程,得

$$\left.\begin{array}{l} i_1 + i_3 - i_{S1} + i_{S3} = 0 \\ i_2 - i_3 - i_{S2} - i_{S3} = 0 \end{array}\right\} \tag{2-2-9}$$

将式(2-2-8)代入式(2-2-9),则有

$$\left.\begin{array}{l} G_1 u_{N1} + G_3 (u_{N1} - u_{N2}) - i_{S1} + i_{S3} = 0 \\ G_2 u_{N2} - G_3 (u_{N1} - u_{N2}) - i_{S2} - i_{S3} = 0 \end{array}\right\} \tag{2-2-10}$$

上述方程组简称为节点方程。为了便于求解方程,将求解变量按顺序排列并加以整理,得

---

① **重点提示**:网孔电流分析法只适用于平面电路,而节点电压分析法还可用于非平面电路,对节点较少的电路尤其适用,因此,节点电压分析法是被广泛应用的电路分析方法。电路的计算机辅助分析中大多应用节点电压分析法。

$$\left.\begin{array}{l}(G_1+G_3) u_{N1} - G_3 u_{N2} = i_{S1} - i_{S3} \\ -G_3 u_{N1} + (G_2+G_3) u_{N2} = i_{S2} + i_{S3}\end{array}\right\} \qquad (2\text{-}2\text{-}11)$$

对于式（2-2-11），可令 $G_{11}=G_1+G_3$，$G_{22}=G_2+G_3$，分别称为节点 1、2 的自导，它等于连接于该节点的各支路的电导之和；令 $G_{12}=-G_3$，它称为 1、2 节点间的互导，它等于连接于两节点间的各支路电导之和的负值。自导恒为正值，互导恒为负值。这是由于设定的节点电压的参考方向均由独立节点指向参考节点，所以，各节点电压在自导中所引起的电流总是流出该节点，在该节点电流方程中，这些电流前取"+"号，因而自导恒为正值。但是，另一个节点电压通过互导所引起的电流总是流入本节点的，所以在本节点的电流方程中，这些电流前应取负号，因而互导恒为负值。在本电路中互导 $G_{12}=G_{21}=-G_3$，但对于含受控源的电路，有些互导 $G_{jk}\neq G_{kj}$。式（2-2-11）右方的 $(i_{S1}-i_{S3})$、$(i_{S2}+i_{S3})$ 分别表示流入节点 1、2 的电流源电流的代数和，流入取"+"号，流出取"-"号，可分别计为 i_{S11}、i_{S22}，即

$$i_{S11}=i_{S1}-i_{S3}$$

$$i_{S22}=i_{S2}+i_{S3}$$

与网孔电流分析法相似，为便于写出节点方程，将方程组（2-2-11）写成

$$\left.\begin{array}{l}G_{11}u_{N1}+G_{12}u_{N2}=i_{S11} \\ G_{21}u_{N1}+G_{22}u_{N2}=i_{S22}\end{array}\right\} \qquad (2\text{-}2\text{-}12)$$

这就是具有两个独立节点的电路的节点方程的一般形式。

对于具有 $(n-1)$ 个独立节点的电路，仿照式（2-2-12）可得出节点方程的一般形式为

$$\left.\begin{array}{l}G_{11}u_{N1}+G_{12}u_{N2}+\cdots+G_{1(n-1)}u_{N(n-1)}=i_{S11} \\ G_{21}u_{N1}+G_{22}u_{N2}+\cdots+G_{2(n-1)}u_{N(n-1)}=i_{S22} \\ \vdots \\ G_{(n-1)1}u_{N1}+G_{(n-1)2}u_{N2}+\cdots+G_{(n-1)(n-1)}u_{N(n-1)}=i_{S(n-1)(n-1)}\end{array}\right\} \qquad (2\text{-}2\text{-}13)$$

节点电压分析法分析电路的步骤如下：

（1）选定参考节点，标出节点电压，其参考方向通常是独立节点指向参考节点。

（2）按照式（2-2-13）节点方程的一般形式列写节点方程，而不必写出推导过程。注意：自导恒为正值，互导恒为负值；并注意方程式右边项取代数和时各有关电流源电流前面的"+""-"符号；联立求解节点方程，解得各节点电压。

（3）选定各支路电流的参考方向，求解支路电流；根据需要求出其他待求量。

例 2-2-7　试用节点电压分析法求图 2-2-10 所示电路中的各支路电流。

解　取节点 0 为参考节点，设节点 1、2 的节点电压 u_{N1}、u_{N2} 为求解变量，按式（2-2-13）列出节点方程为

$$\left(\frac{1}{1}+\frac{1}{2}\right)u_{N1}-\frac{1}{2}u_{N2}=3$$

$$-\frac{1}{2}u_{N1}+\left(\frac{1}{2}+\frac{1}{3}\right)u_{N2}=7$$

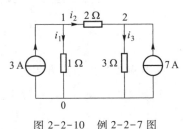

图 2-2-10　例 2-2-7 图

解上述方程得

$$u_{N1} = 6 \text{ V} \qquad u_{N2} = 12 \text{ V}$$

所以

$$i_1 = \frac{u_{N1}}{1} = \frac{6}{1} \text{ A} = 6 \text{ A}$$

$$i_2 = \frac{u_{N1} - u_{N2}}{2} = \frac{6-12}{2} \text{ A} = -3 \text{ A}$$

$$i_3 = \frac{u_{N2}}{3} = \frac{12}{3} \text{ A} = 4 \text{ A}$$

【评析】本例题用来说明利用节点电压分析法求解电路的方法。在列写节点方程时,应首先对电路的节点进行编号并选取参考节点,选取参考节点的原则是,应使列写的节点方程数目尽量少,一般选取连接支路最多的节点为参考节点。注意,节点方程中的自导恒为正,互导恒为负;自导和互导的单位是西(S),而不是欧(Ω)。

3. 含电压源支路时的分析方法

当电路中含有伴电压源时,可以按式(2-1-17)将其等效变换为有伴电流源,然后列节点方程。

当电路中含无伴电压源时,一般应尽量取电压源支路的负极性端为参考节点,这时该支路的另一端电压成为已知的节点电压,故不必再对该节点列写节点方程;若无伴电压源两端均不能成为参考节点时,在列写节点方程时,需要考虑电压源的电流(初学者往往容易忘记),一般可以假设电压源的电流为i,在列写节点方程时,把电压源视同为电流等于i的电流源,由于i是未知量,故必须增补一个独立的辅助方程,一般把电压源的电压表示为两节点电压之差。

例 2-2-8　试用节点电压分析法,求图 2-2-11(a)所示电路的节点电压。

解　图 2-2-11(a)所示电路中含有三个有伴电压源,分别等效为有伴电流源,如图 2-2-11(b)所示,选取节点 0 为参考节点,1 为独立节点,设其节点电压为 U_{N1}。

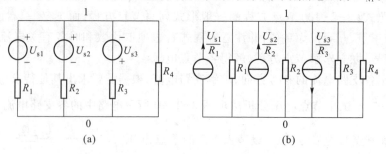

图 2-2-11　例 2-2-8 图

对节点 1 列出节点方程为

$$\left(\frac{1}{R_1} + \frac{1}{R_2} + \frac{1}{R_3} + \frac{1}{R_4} \right) U_{N1} = \frac{U_{s1}}{R_1} + \frac{U_{s2}}{R_2} - \frac{U_{s3}}{R_3}$$

则
$$U_{N1} = \frac{\dfrac{U_{s1}}{R_1} + \dfrac{U_{s2}}{R_2} - \dfrac{U_{s3}}{R_3}}{\dfrac{1}{R_1} + \dfrac{1}{R_2} + \dfrac{1}{R_3} + \dfrac{1}{R_4}}$$

所以,对于只有一个独立节点的电路,计算节点电压可用如下公式

$$U_{N1} = \frac{\sum \dfrac{U_s}{R_s}}{\sum \dfrac{1}{R}} = \frac{\sum(G_s U_s)}{\sum G} \qquad (2\text{-}2\text{-}14)$$

式(2-2-14)也称为弥尔曼定理。

【评析】本例题引出了弥尔曼定理[式(2-2-14)]。当应用节点电压分析法求解只有两个节点的电路时,可直接应用弥尔曼定理列写节点方程。

例 **2-2-9** 试列出图 2-2-12(a)所示电路的节点方程。

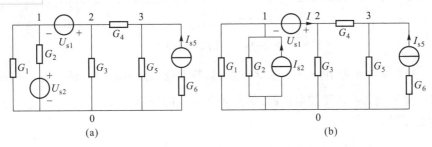

图 2-2-12 例 2-2-9 图

解 将图 2-2-12(a)所示电路的 U_{s2}、G_2 串联组合的有伴电压源等效为有伴电流源,其中 $I_{s2} = G_2 U_{s2}$;U_{s1} 为无伴电压源,设其电流为 I,如图 2-2-12(b)所示。选取节点 0 为参考节点,则 1、2、3 为独立节点,其节点电压分别为 U_{N1}、U_{N2}、U_{N3}。

对节点 1,2,3 列出节点方程为
$$(G_1 + G_2)U_{N1} = I_{s2} - I$$
$$(G_3 + G_4)U_{N2} - G_4 U_{N3} = I$$
$$-G_4 U_{N2} + (G_4 + G_5)U_{N3} = I_{s5}$$

辅助方程
$$U_{N2} - U_{N1} = U_{s1}$$
$$I_{s2} = G_2 U_{s2}$$

注意,在列写节点方程中,没有计入与 I_{s5} 电流源相串联的电导 G_6,其原因是因为节点方程实质上是以节点电压为未知量,对节点所列的 KCL 电流方程。对于与电流源串联的电导(或电阻),不论其值为多少,均不影响该支路电流的大小,故不应计入自导和互导之中,对此,初学者必须注意!

【评析】通过本例题,掌握列写节点方程的几个注意点:① 对于由电压源和电导(电阻)串联的有伴电压源,一般应等效为由电流源和电导(电阻)并联的有伴电流源;② 对于无伴电压源,一般要设其支路电流

为 I，但也可以将无伴电压源 U_{s1} 的负端设为参考节点，这样 U_{s1} 正端所在节点的节点电压即为 U_{s1}，故不需要设支路电流 I；③ 对于与电流源串联的电导（电阻）不论其值大小，均不要计入自导、互导中。

4. 含受控源支路时的分析方法

当电路中含有受控源时，可将受控源按独立源处理，列写方程的方法不变，但应设法将控制量用节点电压表示。当受控源是受控电压源时，可参照前面处理独立电压源的方法进行。

例 2-2-10 已知图 2-2-13（a）所示含受控源电路中的 $U_s = 20$ V，$I_s = 2$ A，$R_1 = R_2 = 5\ \Omega$，$R_3 = 6\ \Omega$，$R_4 = 4\ \Omega$，$\alpha = 2$，$\beta = 0.5$。试用节点电压分析法求节点 1、0 之间的电压 U_{10}。

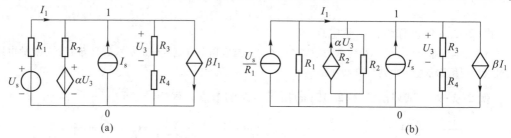

图 2-2-13　例 2-2-10 图

解　选取 0 为参考节点，1 为独立节点，其节点电压为 U_{N1}。将 αU_3、R_2 串联组合的有伴受控电压源等效为有伴受控电流源，如图 2-2-13（b）所示。

列节点方程为

$$\left(\frac{1}{R_1}+\frac{1}{R_2}+\frac{1}{R_3+R_4}\right)U_{N1} = \frac{U_s}{R_1}+\frac{\alpha U_3}{R_2}+I_s-\beta I_1$$

增补将电路中两个受控源的控制量用电压 U_{N1} 表示的方程

$$I_1 = \frac{1}{R_1}(U_s-U_{N1})$$

$$U_3 = \frac{R_3}{R_3+R_4}U_{N1}$$

将增补方程代入节点方程，并代入数值，得

$$\left(\frac{1}{5}+\frac{1}{5}+\frac{1}{6+4}\right)U_{N1} = \frac{20}{5}+2\times\frac{6}{6+4}\times\frac{1}{5}U_{N1}+2-\frac{0.5}{5}(20-U_{N1})$$

整理得

$$0.16U_{N1} = 4$$

$$U_{N1} = 25\ \text{V}$$

则

$$U_{10} = U_{N1} = 25\ \text{V}$$

【评析】用节点电压分析法求解电路时，受控源同样应作为独立源对待。在处理电路时，勿将受控源的控制量消掉。本例题的 I_1 为受控源的控制量，是有伴受控源支路的电流，不能把其混淆成电流源电流。

以上介绍的支路电流分析法、网孔电流分析法、节点电压分析法，是线性电路分析中的方程分析法，它们可以通过系统的步骤列出电路方程。但就方程数目来说，支路电流分析法为支路数 b，网孔电流分析法为网孔数 $[b-(n-1)]$，节点电压分析法为独立节点数 $(n-1)$。

由于网孔电流分析法和节点电压分析法较支路电流分析法方程数目少,所以手算时通常被采用。如果独立节点数目少于网孔数目,则宜选用节点电压分析法;反之,则选用网孔电流分析法。但是,还要考虑其他一些因素,例如电路中的电源种类:若已知的电源是电压源,则网孔电流分析法较为方便;如果电源是电流源,则节点电压分析法较为方便。网孔电流分析法只适用于平面电路,因此,节点电压分析法使用更为普遍。

对于大规模电路的分析,必须采用系统化的方法建立电路方程,并借助计算机软件来进行分析或仿真。用计算机作辅助分析时,节点电压分析法用得最为广泛,它的最大优点是便于编制程序。

思考与练习题

2-2-6　与支路电流分析法相比,节点电压分析法为什么可省去 $b-(n-1)$ 个方程?其中 b 为电路的支路数,n 为节点数。

2-2-7　为什么与电流源串联的电阻(电导)不能列入节点方程中,而与电压源串联的电阻(电导)却要列入?

2-2-8　试列出题 2-2-8 图所示电路的节点方程。

2-2-9　电路如题 2-2-9 图所示,已知 $G_1=G_2=0.1\,\text{S}$,$G_3=0.2\,\text{S}$,$u_S=10\,\text{V}$,$i_S=2\,\text{A}$,用节点电压分析法求各支路电流。

$$[-3\,\text{A},-1\,\text{A},-2\,\text{A},0]$$

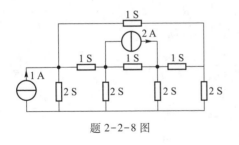

题 2-2-8 图

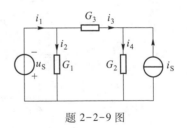

题 2-2-9 图

§2-3　电路定理及应用

一、叠加定理[①]

叠加定理是线性电路的一个重要定理,叠加性是线性电路的根本属性。叠加定理作为线性电路的一个基本分析方法,不仅可使多个激励的电路问题化为简单激励的电路问题来研究,而且更重要的作用是,它为推导、引出一些重要的定理和分析方法提供了理论依据。

1. 叠加定理

叠加定理表述为:在线性电路中,当有多个独立源作用时,任一支路的电流(或电压)都

---

① **重点提示**:叠加定理是分析线性电路的一个十分重要的定理,它包含两部分内容:可加性,即在多个激励的电路中,电路的响应是各个激励产生的响应的代数和;齐次性(又称为齐性定理),即电路的响应与激励成正比。

是电路中各独立源单独作用时,在该支路产生的电流(或电压)的代数和。当某一电源单独作用时,其他电源应置零。电压源置零用"短路"代替,这样才能保证其端电压为零;电流源置零用"开路"代替,这样才能保证其电流为零。

叠加定理的正确性可用下例说明[①]。

电路如图 2-3-1(a)所示,设各元件参数已知,求 R_3 支路的电流 i_{R3}。

用网孔电流法进行分析,网孔电流 i_{M1}、i_{M2} 的参考方向如图 2-3-1(a)所示,网孔绕行方向与网孔电流方向相同,列网孔方程和辅助方程为

$$\left.\begin{array}{l}(R_1+R_3)i_{M1}-R_3 i_{M2}=u_S\\i_{M2}=-i_S\end{array}\right\} \tag{2-3-1}$$

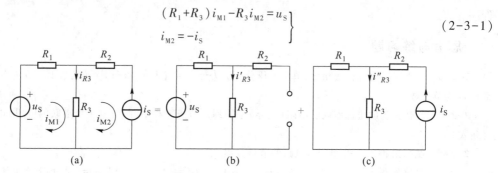

图 2-3-1 叠加定理示例图

解得

$$i_{M1}=\frac{1}{R_1+R_3}u_S-\frac{R_3}{R_1+R_3}i_S$$

则

$$i_{R3}=i_{M1}-i_{M2}=\frac{1}{R_1+R_3}u_S-\frac{R_3}{R_1+R_3}i_S+i_S$$

$$=\frac{1}{R_1+R_3}u_S+\frac{R_1}{R_1+R_3}i_S=i'_{R3}+i''_{R3} \tag{2-3-2}$$

式中

$$i'_{R3}=\frac{1}{R_1+R_3}u_S \qquad i''_{R3}=\frac{R_1}{R_1+R_2}i_S$$

式(2-3-2)表明,支路电流 i_{R3} 由两个分量合成:一个分量是由电压源 u_S 单独激励所产生的电流 i'_{R3},如图2-3-1(b)所示;另一个是由电流源 i_S 单独激励所产生的电流 i''_{R3},如图2-3-1(c)所示。正如叠加定理所指出的

$$i_{R3}=i'_{R3}+i''_{R3}$$

例 2-3-1 试用叠加定理计算图 2-3-2(a)中的电压源电流 I 和电流源端电压 U。

解 电压源单独作用时,电流源置零(a、b 端开路),电路如图 2-3-2(b)所示,由图可得

$$I'_1=\frac{6}{3+1}\text{ A}=1.5\text{ A}$$

---

① 关于叠加定理的证明参见主要参考文献[2]§4-1。

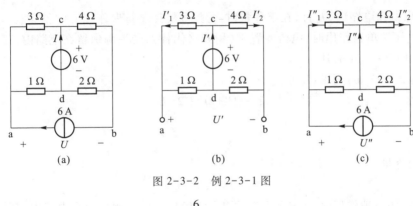

图 2-3-2 例 2-3-1 图

$$I'_2 = \frac{6}{4+2} \text{ A} = 1 \text{ A}$$

由 KCL 得
$$I' = I'_1 + I'_2 = 2.5 \text{ A}$$

则
$$U' = -3I'_1 + 4I'_2 = (-3 \times 1.5 + 4 \times 1) \text{ V} = -0.5 \text{ V}$$

电流源单独作用时,电压源置零(c、d 端短路),电路如图 2-3-2(c)所示,由图可得

$$I''_1 = \frac{1}{1+3} \times 6 \text{ A} = 1.5 \text{ A}$$

$$I''_2 = \frac{2}{4+2} \times 6 \text{ A} = 2 \text{ A}$$

由 KCL 得
$$I'' = I''_2 - I''_1 = 0.5 \text{ A}$$

则
$$U'' = 3I''_1 + 4I''_2 = (3 \times 1.5 + 4 \times 2) \text{ V} = 12.5 \text{ V}$$

根据叠加定理,当电压源和电流源共同作用时,则图 2-3-2(a)所示电路的电压源中的电流 I 和电流源的端电压 U 分别为

$$I = I' + I'' = (2.5 + 0.5) \text{ A} = 3 \text{ A}$$
$$U = U' + U'' = (-0.5 + 12.5) \text{ V} = 12 \text{ V}$$

【评析】在应用叠加定理求解电路时,当某一电源(指独立源)作用时,其他电源(指独立源)不作用,即对于电压源短路,对于电流源开路,其他元件参数和电路结构均不变。

例 2-3-2 试用叠加定理计算图 2-3-3(a)所示电路中的 I、U 和 R_1 的功率。

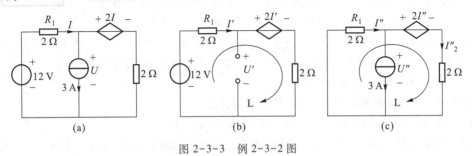

图 2-3-3 例 2-3-2 图

解 该电路中含有受控源。由于受控源的电压或电流是取决于控制支路的电压或电流,它不能独立存在,故在运用叠加定理时,受控源不能像独立源那样单独作用,而应和电阻

一样,始终保留在电路内,并且,在求分量时,受控源的控制量要作相应的改变。

12 V 电压源单独作用时,电流源置零(用开路代替),受控源保留在电路内,其控制量由 I 变为 I',如图 2-3-3(b)所示。

根据图 2-3-3(b)列 KVL 方程

$$2I'+2I'+2I'-12=0$$

解得

$$I'=2 \text{ A}$$

故电压 U 的分量

$$U'=2I'+2I'=8 \text{ V}$$

3 A 电流源单独作用时,电压源置零(用短路代替),受控源保留在电路内,其控制量由 I 变为 I'',如图 2-3-3(c)所示。

根据图 2-3-3(c)列 KVL 方程

$$2I''+2I''+2I_2''=0$$

由 KCL 得

$$I_2''=I''-3$$

联立求解上两方程得

$$I''=1 \text{ A}$$

由 KVL 得

$$U''=-2I''=-2 \text{ V}$$

根据叠加定理,可得图 2-3-3(a)中的 I 和 U 分别为

$$I=I'+I''=(2+1) \text{ A}=3 \text{ A}$$
$$U=U'+U''=(8-2) \text{ V}=6 \text{ V}$$

R_1 的功率为

$$P_{R1}=R_1 I^2=2\times3^2 \text{ W}=18 \text{ W}$$

功率一般不能应用叠加定理来计算。若本例运用叠加定理来计算,则为

$$P_{R1}=R_1 I'^2+R_1 I''^2=(2\times2^2+2\times1^2) \text{ W}=10 \text{ W}$$

比较上述两个结果差别很大,这是因为功率是电流(电压)的二次函数,而不是线性关系,即

$$P_{R1}=R_1 I^2=R_1(I'+I'')^2=R_1 I'^2+2R_1 I'I''+R_1 I''^2 \neq R_1 I'^2+R_1 I''^2$$

【评析】在运用叠加定理分析电路时,电路中的受控电源不能单独作用,在每个分电路中应如电阻元件一样予以保留,其控制量所在的支路与总电路保持一致,而控制量是分电路中的电压或电流。此外,叠加定理一般不能直接应用于电路功率的计算。

综上所述,应用叠加定理时,以下几点值得注意:

(1)叠加定理仅适用于线性电路,不能用于非线性电路。

(2)当某一独立源单独作用时,其他独立源应置零,即电压源短路,电流源开路;电路中的其他元件和电路的连接方式均不允许改动。

(3)电路中的受控源不能像独立源那样单独作用,而应作为电阻元件对待,保留在各分电路中,并且受控源的电压(电流),随各分电路中控制支路的电压(电流)的变化而变化。

(4) 原电路的电压(电流)是各分电路电压(电流)的代数和;若各分量电压(电流)的参考方向和原电路的电压(电流)参考方向一致,则分量前面取"+"号,反之取"-"号。

(5) 叠加定理适用于计算电压、电流,一般不能用于功率的计算。在计算功率时,可先用叠加定理求出总电压、总电流,然后根据总电压、总电流来计算功率。

(6) 为简化分析计算,在叠加时,可以让独立源一个一个地单独作用,也可以一次让多个独立源同时作用。

2. 齐性定理

齐次性是线性电路的另一基本性质。齐性定理的内容是:在线性电路中,当所有激励都增大或缩小 k 倍(k 为实常数)时,其响应也将同样增大或缩小 k 倍。它不难从叠加定理推得,例如对于图 2-3-1 所示电路,若激励 u_S 和 i_S 均增大 k 倍,则由式(2-3-2)可见,其响应 i_{R3} 也增大 k 倍。应注意,这里激励是指独立源,并且对于同一电路来说,必须全部激励同时增大或缩小 k 倍,否则将导致错误的结果。

作为这一现象的一种特殊情形,当电路中只有一个独立源(激励)时,响应必与激励成正比。它特别适用于梯形电路的分析。

例 2-3-3 试用齐性定理计算图 2-3-4 所示梯形电路中的电流 i。

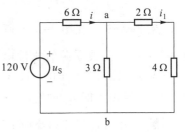

图 2-3-4 例 2-3-3 图

解 利用齐性定理计算,一般可采用"倒推法",即从梯形电路最远离电源的一端开始,对电压或电流设一便于计算的值,倒推算至电源处,最后按齐性定理予以修正。

在图 2-3-4 所示电路中,先假定输出端的电流响应 i_1 为一个便于计算的值,设

$$i_1 = i_1' = 1 \text{ A}$$

则

$$u_{ab}' = (2 \times 1 + 4 \times 1) \text{ V} = 6 \text{ V}$$

$$i' = \left(\frac{6}{3} + 1\right) \text{ A} = 3 \text{ A}$$

$$u_S' = (6 \times 3 + 6) \text{ V} = 24 \text{ V}$$

根据齐性定理,有

$$\frac{u_S}{i} = \frac{u_S'}{i'}$$

即

$$i = \frac{u_S i'}{u_S'} = \frac{120 \times 3}{24} \text{ A} = 15 \text{ A}$$

【评析】线性电路具有可加性(叠加性)和齐次性两类基本性质。前面的例题就是利用可加性求解电路;本例题是利用齐次性求解电路,即电路的响应与激励(独立源)成正比。

例 2-3-4 在例 2-3-2 中,若电压源的电压由 12 V 变化至 36 V,再求图2-3-3(a)所

示电路中的 I 和 U。

解　若本题直接列方程求解比较烦琐,可利用齐性定理和叠加定理求解。在图2-3-3(b)中,电压源的电压由 12 V 变成 36 V,则增大的倍数为

$$k = \frac{36}{12} = 3$$

由齐性定理可知,由电压源单独作用产生的响应均应增大 3 倍,即

$$I' = 3 \times 2 \text{ A} = 6 \text{ A}$$

$$U' = 3 \times 8 \text{ V} = 24 \text{ V}$$

图 2-5-3(c)电路的激励未变,故响应也未变,即

$$I'' = 1 \text{ A}$$

$$U'' = -2I'' = -2 \text{ V}$$

根据叠加定理,可得

$$I = I' + I'' = 6 + 1 \text{ A} = 7 \text{ A}$$

$$U = U' + U'' = [24 + (-2)] \text{ V} = 22 \text{ V}$$

例 2-3-5　在图 2-3-5 所示电路中,方框 N_0 内部(黑箱中)为不含有独立源的线性电路,内部结构不详。若已知 $U_s = 1$ V,$I_s = 1$ A 时,$U_2 = 0$ V;$U_s = 10$ V,$I_s = 0$ A 时,$U_2 = 1$ V。求 $U_s = 0$ V,$I_s = 10$ A 时 U_2 的值。

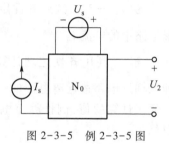

图 2-3-5　例 2-3-5 图

解　由齐性定理和叠加定理可知

$$U_2 = k_1 U_s + k_2 I_s$$

代入已知条件,得

$$0 = k_1 \times 1 + k_2 \times 1$$

$$1 = k_1 \times 10 + k_2 \times 0$$

解得　　　　　　　　$k_1 = 0.1$　　　　$k_2 = -0.1$

当 $U_s = 0$ V,$I_s = 10$ A 时,则有

$$U_2 = k_1 U_s + k_2 I_s = (0.1 \times 0 - 0.1 \times 10) \text{ V} = -1 \text{ V}$$

【评析】上例题和本例题是联合应用线性电路的可加性和齐次性求解电路。

思考与练习题

2-3-1　有人说"在运用叠加定理解题中,当只让某一电源作用,对其他电源作置零处理时,可用短路代替电流源,用开路代替电压源。"这种说法对吗?

2-3-2　有一减法模拟电路如题 2-3-2 图所示,已知电压 $U = Au_{S1} - Bu_{S2}$,试求此电路中的 A 和 B。

$$[0.545, 0.273]$$

2-3-3　用叠加定理计算题 2-3-3 图所示电路中的电位 V_a。

$$[50 \text{V}]$$

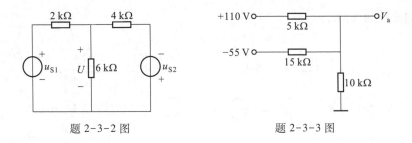

題 2-3-2 图　　　　　　題 2-3-3 图

二、置换定理[①]

置换定理又称替代定理,它既可用于线性电路,又可用于非线性电路。

置换定理的内容为:若已知电路中任一支路的电压 u_k 或电流 i_k,且该支路与电路中的其他支路无耦合,那么这一条支路可以用一个电压等于 u_k 的电压源、或用一个电流等于 i_k 的电流源、或用一个阻值为 u_k/i_k 的电阻置换,置换后电路中各支路电压和电流保持不变。

图 2-3-6 为置换定理的示意图。图中 N_s 为线性或非线性的电路,N' 为被置换的支路,也可推广为任意二端网络。

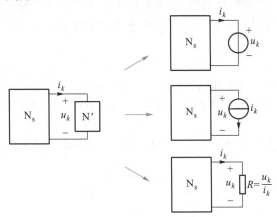

图 2-3-6　置换定理示意图

下面通过一个具体例子来验证这一定理的正确性。

例 2-3-6　　在例 2-2-2 中,已经求得图 2-3-7(a)所示电路中 15 Ω 电阻的电流为 $I=1.2$ A,10 Ω 电阻的电压 $U_1=2$ V。现将 15 Ω 电阻用 1.2 A 的电流源置换,重新计算 U_1,验证置换定理。

解　　将 15 Ω 电阻用 1.2 A 的电流源置换,得图 2-3-7(b)所示电路。根据 KCL 列节点 1 方程,得

$$I_1 = (1.2-1) \text{ A} = 0.2 \text{ A}$$

---

① **重点提示**:要区分置换与等效的区别。要注意置换后的电路要有唯一解,被置换的电路与电路其他部分无耦合。置换定理适用于线性电路和非线性电路。

由电阻元件的 VAR,得

$$U_1 = 10I_1 = (10 \times 0.2) \text{ V} = 2 \text{ V}$$

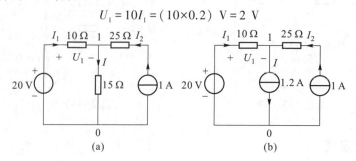

图 2-3-7   例 2-3-6 图

可见,10 Ω 电阻的电压 U_1 和前已算出的值相同,验证了置换定理的正确性。

【评析】"置换"(又称"替代")与"等效"不同。当电路外部情况变化后,可能会引起各处电压、电流变化,置换处的电压、电流值也会跟着变化。但当电路进行等效变换时,无论外部情况如何,等效电路中的各参数总是不变的。

置换定理的用途很多,在推论其他线性电路定理时,可能用到,也可根据具体情况用以简化线性电路的分析。在非线性电路中,当确定了非线性元件的响应以后,将此响应以电压源或电流源置换,则电路其余响应的分析计算便可按线性电路处理。

思考与练习题

2-3-4   有人说"电流源与电压源不能等效互换,但对某一确定的电路,若已知某电流源的端电压为 1 V,则可以用一个电压为 1 V 的电压源置换,这种置换不改变原电路的工作状态。"这种说法对吗?

[对]

2-3-5   在题 2-3-5 图所示电路中,20 Ω 电阻支路用多大的电流源置换不影响电路的工作状态。

[0.6 A]

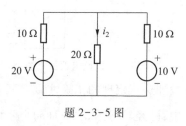

题 2-3-5 图

三、戴维宁定理和诺顿定理

在 §2-1 中已讨论了比较简单的含独立源的二端网络的等效电路,其最简等效电路是电压源与电阻的串联组合或电流源与电导的并联组合,它是通过有伴电源的等效变换和电阻的串、并联等效化简等方法得到的(见例 2-1-7)。

本节讨论的戴维宁定理和诺顿定理,提供了一般含独立源的线性二端网络求最简等效电路的另一种方法,这种方法具有更广泛的适用性。戴维宁定理和诺顿定理是以后经常用到的重要定理,是本章的学习重点。

1. 戴维宁定理[①]

（1）戴维宁定理的内容

任何一个含独立源和线性电阻、受控源的二端网络 N_s[②]［参见图 2-3-8(a)］，对于外部电路来说，可以用一个电压源和一个电阻的串联电路来等效［参见图 2-3-8(b)］。其中电压源电压等于有源二端网络 N_s 的端口开路电压 u_{OC}［参见图 2-3-8(c)］，电阻等于有源二端网络 N_s 内部全部独立电源置零后所得网络 N_0 的等效电阻 R_{eq}［参见图 2-3-8(d)］。

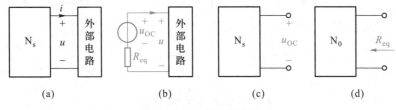

图 2-3-8　戴维宁定理

（2）戴维宁定理的证明

如图 2-3-9(a)所示，设线性有源二端网络 N_s 端口电压为 u，电流为 i。首先，用置换定理将外部电路用 $i_s = i$ 的电流源置换［参见图 2-3-9(b)］；然后，根据叠加定理，分别求出有源二端网络 N_s 内部全部独立源作用而外部的电流源置零（即电流源开路）时的端口电压 $u' = u_{OC}$［参见图 2-3-9(c)］，以及电流源单独作用而 N_s 中全部独立源置零（即电压源短路，电流源开路）时的端口电压 $u'' = -R_{eq}i$，其中 R_{eq} 为有源二端网络 N_s 内部电源置零时所得 N_0 网络的等效电阻［参见图 2-3-9(d)］，这样，线性有源二端网络 N_s 的端口电压叠加为

$$u = u' + u'' = u_{OC} - R_{eq}i \tag{2-3-3}$$

根据式(2-3-3)画出的电路，就是图 2-3-9(e)所示的电压为开路电压 u_{OC} 的电压源与阻值为等效电阻 R_{eq} 的电阻串联的电路，可见该电路和线性有源二端网络 N_s 的 VAR 完全相同，证明戴维宁定理是正确的。

图 2-3-9(e)所示电压源 u_{OC} 与电阻 R_{eq} 串联的电路称为戴维宁等效电路。其中，R_{eq} 称为戴维宁等效电阻，在电子电路中亦称为"输出电阻"，记为 R_o。

（3）应用戴维宁定理分析电路的步骤

① 把待求支路以外的部分作为有源二端网络。断开待求支路，计算有源二端网络的开路电压 u_{OC}。可视具体电路，从已学过的两类约束、等效变换法、叠加分析法、方程分析法中选取一个较简便的方法求解 u_{OC}。

② 求有源二端网络的等效电阻 R_{eq}。一般有三种方法：

---

① **重点提示**：戴维宁定理是分析线性电路的一个十分重要的定理，它是利用等效概念求取有源二端网络最简单等效电路的一种常用方法，其关键是求取 u_{OC} 和 R_{eq} 两个参数；被等效的电路必须是线性电路。注意含有受控源的有源二端网络的 R_{eq} 求取方法；注意受控源的控制量和被控制量应在同一部分电路中，即在被等效的那一部分电路中，或在余下的那一部分电路中。

② 为叙述方便，今后对含独立源和线性电阻、受控源的二端网络称为线性有源二端网络。这里"有源"是专指含独立源。

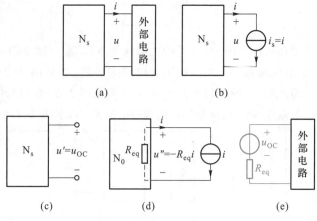

图 2-3-9　戴维宁定理的证明

（a）等效化简法。若二端网络内部不含受控源,可将网络内的所有独立源置零,然后用串、并联或星-三角等效变换化简求 R_{eq}。

（b）外加电源法。将二端网络内所有独立源置零,受控源仍保留,在其端口外加电源(电压源或电流源),求端口的 VAR[参见图 2-3-10(a)],则 $R_{eq}=u/i,u、i$ 参考方向如图所示。

（c）开路-短路法。在求得二端网络的开路电压 u_{OC} 后,将端口的两端短路,应用所学的任何方法求出短路电流 i_{SC}[参见图 2-3-10(b)],i_{SC} 的参考方向如图所示,u_{OC} 与 i_{SC} 对外电路的参考方向一致,则 $R_{eq}=u_{OC}/i_{SC}$。

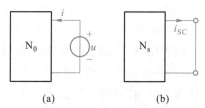

图 2-3-10　求戴维宁等效电阻的两种方法

u_{OC} 和 i_{SC} 也可以通过实验方法求得。

③ 画出戴维宁等效电路,接上待求支路,求解需求量。

（4）戴维宁定理使用要点

① 在戴维宁定理中,被等效化简的二端网络必须是线性的,但是对外电路而言却无限制,既可以是线性的也可以是非线性的;可以是纯电阻,也可以是由其他元件构成的,甚至可以是一个有源二端网络。

② 在戴维宁定理中,被等效化简的线性有源二端网络含有受控源时,其受控源只能受端口电压、电流和端口内部支路的电压、电流的控制;同时,端口内部支路的电压、电流也不能是端口以外电路(外部电路)中的受控源的控制量。

在求含受控源的线性有源二端网络的戴维宁等效电阻 R_{eq} 时,必须采用"外加电源法"或"开路-短路法"。在采用外加电源法时,独立源置零,而受控源应像电阻元件那样保留在电路中,不能将其短路或开路。

③ 戴维宁定理对以下情况特别有用:计算某一支路的电压和电流;分析某一参数变动时对电路的影响;分析含有一个非线性元件的电路等。

例 2-3-7 在图 2-3-11(a)所示电路中,已知 $U_s = 10$ V,$R_1 = 3$ Ω,$R_2 = 2$ Ω,$R_3 = 4$ Ω,$R_4 = 1$ Ω,$R_5 = 2$ Ω。求电流 I_5。

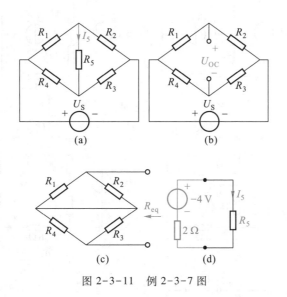

图 2-3-11 例 2-3-7 图

解 将电阻 R_5 移去,如图 2-3-11(b)所示,计算线性有源二端网络的开路电压 U_{OC};然后,根据图 2-3-11(c)求等效电阻 R_{eq}。

(1)求开路电压

$$U_{OC} = \left(\frac{U_s}{R_1 + R_2} R_2 - \frac{U_s}{R_3 + R_4} R_3 \right) = \left(\frac{10}{3+2} \times 2 - \frac{10}{4+1} \times 4 \right) \text{ V} = -4 \text{ V}$$

(2)将电压源置零(电压源短路)如图(c)所示,求端口等效电阻

$$R_{eq} = \frac{R_1 R_2}{R_1 + R_2} + \frac{R_3 R_4}{R_3 + R_4} = \left(\frac{3 \times 2}{3+2} + \frac{4 \times 1}{4+1} \right) \text{ Ω} = 2 \text{ Ω}$$

根据已求得的 U_{OC} 和 R_{eq} 画出戴维宁等效电路,将移去的电阻 R_5 接上,得图 2-3-11(d)所示电路,则

$$I_5 = \frac{U_{OC}}{R_{eq} + R_5} = \frac{-4}{2+2} \text{ A} = -1 \text{ A}$$

【评析】一般来说,如果要求解电路中某一支路的电压、电流,不论该支路是线性的还是非线性的(但被等效化简的电路必须是线性的),应优先选择戴维宁定理求解。本例题列举了应用戴维宁定理求解电路的步骤方法,重点是首先如何求取戴维宁定理等效电路的两个基本参数 u_{OC} 和 R_{eq}。

例 2-3-8 试用戴维宁定理计算图 2-3-12(a)所示电路中的电压 U_0。

解 从 a、b 端移去 4 Ω 电阻,得如图 2-3-12(b)所示有源二端网络。

(1)求 U_{OC}:可以运用叠加定理求得,将 3 V 的电压源和 3 A 的电流源分别置零如图 2-3-12(c)、(d)所示。

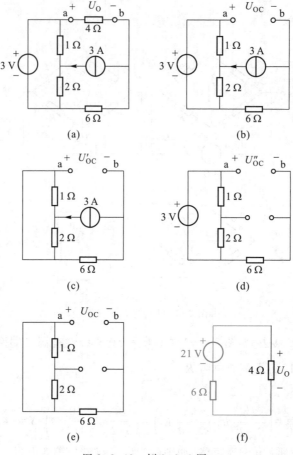

图 2-3-12　例 2-3-8 图

由图(c)求得

$$U'_{OC} = 6 \times 3 \text{ V} = 18 \text{ V}$$

由图(d)求得

$$U''_{OC} = 3 \text{ V}$$

故

$$U_{OC} = U'_{OC} + U''_{OC} = 21 \text{ V}$$

(2) 求 R_{eq}：将图 2-3-12(b)所示电路中的独立源置零(电压源短路,电流源开路),得到图 2-3-12(e)所示无源二端网络。由该网络求得

$$R_{eq} = R_{ab} = 6 \text{ Ω}$$

根据已求得的 U_{OC} 和 R_{eq} 画出戴维宁等效电路,将 a、b 端移去的 4 Ω 电阻接上,得图 2-3-12(f)所示电路。由该电路可求得

$$U_{O} = \frac{21}{6+4} \times 4 \text{ V} = 8.4 \text{ V}$$

【评析】在运用戴维宁定理求解电路时,为求取端口的 u_{OC},可以运用以前学习过的各种分析法,如电路的等效变换、支路电流分析法、网孔电流分析法、节点电压分析法等,本例题是运用叠加定理求取;为求取端口的 R_{eq},则是将有源二端网络内的独立源置零(电压源短路、电流源开路),然后用串、并联或 Y-△等效化简等求得,但这要求有源二端网络中不含受控源。此外,也可以通过实验的办法求 u_{OC} 和 R_{eq}。

例 2-3-9 已知图 2-3-13(a)所示电路中 N_s 为含独立源的二端网络,开关 S 断开时,测得电压 $U_{ab} = 13$ V;开关 S 闭合时,测得电流 $I_{ab} = 3.9$ A。求线性有源二端网络 N_s 的戴维宁等效电路。

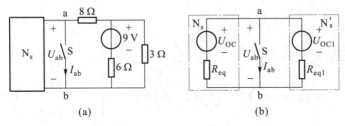

图 2-3-13 例 2-3-9 图

解 作出等效电路,如图 2-3-13(b)所示,其中点画线框 N_s 是原含源二端网络 N_s 的戴维宁等效电路,点画线框 N'_s 是开关 S 以右部分的戴维宁等效电路,且可求得

$$U_{OC1} = \frac{9 \times 3}{6+3} \text{ V} = 3 \text{ V}$$

$$R_{eq1} = \left(8 + \frac{6 \times 3}{6+3} \right) \ \Omega = 10 \ \Omega$$

由题目给定条件:开关 S 断开时,$U_{ab} = 13$ V;开关 S 闭合时,$I_{ab} = 3.9$ A。可以列出求网络 N_s 的戴维宁等效电路的等效参数 U_{OC} 和 R_{eq} 的方程如下:

开关 S 断开时

$$U_{ab} = \frac{U_{OC} - U_{OC1}}{R_{eq} + R_{eq1}} \times R_{eq1} + U_{OC1}$$

开关 S 闭合时

$$I_{ab} = \frac{U_{OC}}{R_{eq}} + \frac{U_{OC1}}{R_{eq1}}$$

代入数据,整理得

$$\frac{U_{OC} - 3}{R_{eq} + 10} \times 10 + 3 = 13$$

$$\frac{U_{OC}}{R_{eq}} + \frac{3}{10} = 3.9$$

解得

$$U_{OC} = 18 \text{ V} \qquad R_{eq} = 5 \ \Omega$$

【评析】从本例可见,当电路某一支路的工作状态(参数)变化时,电路其他部分的戴维宁等效电路不变。因此,更宜于运用戴维宁定理求出变化支路的电压、电流。此外,对于较为复杂的电路,可将电路分为

几个子电路,然后求出每个子电路的戴维宁等效电路来分析计算。

例 2-3-10 试用戴维宁定理求图 2-3-14(a)所示电路中的电流 I。

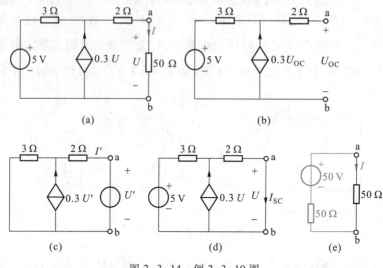

图 2-3-14 例 2-3-10 图

解 从 a、b 端移去 50 Ω 电阻,得如图 2-3-14(b)所示含受控源的有源二端网络。注意,受控源的控制量已作相应变化。

(1) 求开路电压 U_{oc}。对图 2-3-14(b)所示电路,求开路电压 U_{oc},因为

$$U_{oc} = 3 \times 0.3 U_{oc} + 5$$

所以

$$U_{oc} = 50 \text{ V}$$

(2) 用两种方法求等效电阻 R_{eq}。

① 外加电源法

对图 2-3-14(b)将独立源置零,并在端口施加电压为 U' 的电压源(注意受控源控制量的变化),得图 2-3-14(c)所示含受控源的电路。求端口的 VAR,得

$$U' = 2I' + 3(I' + 0.3U')$$

即

$$0.1U' = 5I'$$

故等效电阻为

$$R_{eq} = \frac{U'}{I'} = \frac{5}{0.1} \text{ Ω} = 50 \text{ Ω}$$

② 开路-短路法

对图 2-3-14(a)所示电路,将 a、b 端短路,得图 2-3-14(d)所示含受控源的电路,求短路电流 I_{SC}。因为 $U = 0$,则受控电流源的电流亦为零,受控电流源用开路代替,故

$$I_{SC} = \frac{5}{3+2} \text{ A} = 1 \text{ A}$$

而前已求出了 $U_{oc} = 50$ V,故

$$R_{eq} = \frac{U_{oc}}{I_{sc}} = \frac{50}{1} \ \Omega = 50 \ \Omega$$

根据已求得的 U_{oc} 和 R_{eq} 画出戴维宁等效电路,将 a、b 端移去的 50 Ω 电阻接上,得图 2-3-14(e)所示电路。由该电路可求得

$$I = \frac{50}{50+50} \ A = 0.5 \ A$$

【评析】在求取含受控源的有源二端网络端口的 R_{eq} 时,必须使用外加电源法或开路-短路法求得,本例题分别应用了这两种方法。注意,含有受控源的有源二端网络,在运用戴维宁定理求解电路时,其受控源的控制量必须是有源二端网络端口内(内电路)的支路电压、电流,或端口的电压、电流,而不能是端口外(外电路)的支路电压、电流。

2. 诺顿定理

诺顿定理的内容:任何一个线性有源二端网络 N_s[参见图 2-3-15(a)],对于外部电路来说,可以用一个电流源和一个电阻(电导)的并联电路来等效[参见图 2-3-15(b)]。其中电流源的电流等于有源二端网络的端口短路电流 i_{SC}[参见图 2-3-15(c)];电阻(电导)等于有源二端网络内部全部独立电源置零时所得网络 N_0 的等效电阻 R_{eq}(等效电导 G_{eq})[参见图2-3-15(d)]。

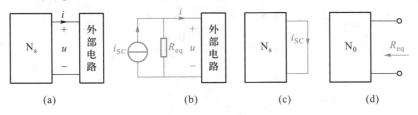

(a)　　　　　　(b)　　　　　　　(c)　　　　　(d)

图 2-3-15　诺顿定理

图 2-3-15(b)所示的电流源和电阻并联的电路称为诺顿等效电路。该电路也可以利用戴维宁等效电路的等效变换得到。在一般情况下,这两个等效电路可以等效互换。但是,当有源二端网络内部含受控源时,戴维宁等效电阻可能为零或为无限大。当 $R_{eq} = 0$ 时,戴维宁等效电路为一个电压源,在这种情况下,对应的诺顿等效电路就不存在;同理,如果 $R_{eq} = \infty$,即 $G_{eq} = 0$,则诺顿等效电路为一个电流源,在这种情况下,对应的戴维宁等效电路就不存在。

需指出,有源二端网络的戴维宁定理与诺顿定理是互为对偶的网络定理,戴维宁等效电路与诺顿等效电路也是互为对偶的。

例 2-3-11　　已知如图 2-3-16(a)所示二端网络中的受控电流源 $i_c = 0.5i_1$,试求该二端网络的戴维宁等效电路和诺顿等效电路。

解　(1)求 u_{oc}

如图 2-3-16(a)1-1′端口开路,对节点 1 列节点方程和辅助方程,得

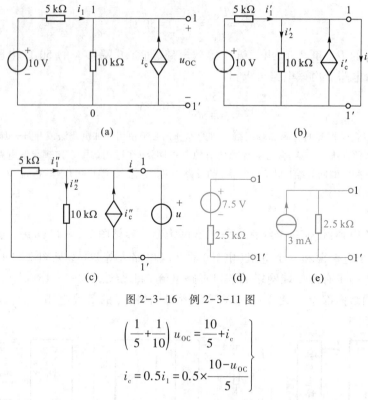

图 2-3-16 例 2-3-11 图

$$\left.\begin{array}{c}\left(\dfrac{1}{5}+\dfrac{1}{10}\right)u_{OC}=\dfrac{10}{5}+i_c \\[3mm] i_c=0.5i_1=0.5\times\dfrac{10-u_{OC}}{5}\end{array}\right\}$$

联立解方程,得

$$u_{OC}=7.5\text{ V}$$

(2) 求 i_{SC}

如图 2-3-16(b),由于 1-1′端口短路,有

$$i_1'=\frac{10}{5}\text{ mA}=2\text{ mA}$$

$$i_2'=0$$

根据 KCL 得 $i_{SC}=i_1'+i_c'-i_2'=i_1'+0.5i_1'-i_2'=(2+0.5\times2-0)\text{ mA}=3\text{ mA}$

(3) 求 $R_{eq}(G_{eq})$

① 利用外加电源法求解,将图 2-3-16(a)电路电压源置零,在端口 1-1′处外加一电压源 u,求 i,如图 2-3-16(c)所示,有

$$i=-i_1''+i_2''-i_c''=-\left(-\frac{u}{5}\right)+\frac{u}{10}-0.5\times\left(-\frac{u}{5}\right)=\frac{4}{10}u$$

故

$$R_{eq}=\frac{u}{i}=\frac{10}{4}\text{ k}\Omega=2.5\text{ k}\Omega$$

② 利用开路-短路法求解,得

$$R_{eq}=\frac{u_{OC}}{i_{SC}}=\frac{7.5}{3}\text{ k}\Omega=2.5\text{ k}\Omega$$

对应的戴维宁等效电路、诺顿等效电路如图 2-3-16(d)、(e)所示。

【评析】诺顿定理与戴维宁定理是互为对偶的网络定理。诺顿定理的适用范围与应用时应注意的问题与戴维宁定理相同。但是,并非所有的有源二端网络都存在诺顿等效电路,例如,由电压源与电阻并联构成的有源二端网络,就不存在诺顿等效电路。

思考与练习题

2-3-6 "如果线性有源二端网络的戴维宁等效电阻为 R_{eq},则二端网络内部消耗的功率就是 R_{eq} 上消耗的功率。"这种说法对吗? 为什么?

[不对]

2-3-7 戴维宁定理适用范围是线性有源二端网络,那么,被移去的支路是否也必须是线性的呢?

[不必须]

2-3-8 求题 2-3-8 图所示电路的戴维宁等效电路和诺顿等效电路。

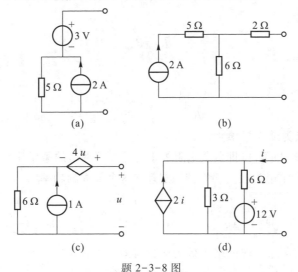

题 2-3-8 图

[13 V,2.6 A,5 Ω; 12 V,1.5 A,8 Ω; −2 V,1 A,−2 Ω;4 V,0.67 A,6 Ω]

四、戴维宁定理的 MOOC 教学案例

视频:电路定理及应用(戴维宁定理)

PPT:电路定理及应用(戴维宁定理)

五、最大功率传输定理

对于一个给定的线性含源二端网络,当接在它两端的负载电阻变化时,它传输给负载的功率就不一样。在什么条件下,负载获得的功率最大? 这个最大的功率又是多少呢?

为了研究这个问题,首先,将给定的线性含源二端网络等效为戴维宁等效电路,如图

2-3-17所示。由图示电路求得

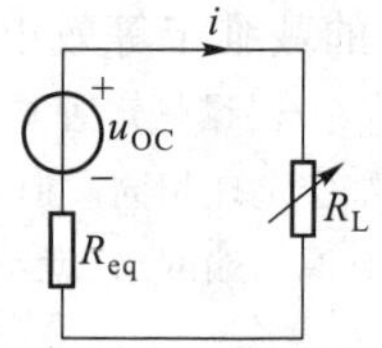

$$i = \frac{u_{OC}}{R_{eq} + R_L}$$

负载 R_L 的功率为

$$P_L = R_L i^2 = R_L \left(\frac{u_{OC}}{R_{eq} + R_L} \right)^2$$

图 2-3-17   戴维宁
等效电路

根据数学中函数求极值可知，要使 P_L 最大，应令

$$\frac{dP_L}{dR_L} = 0$$

即

$$\frac{dP_L}{dR_L} = u_{OC}^2 \frac{(R_{eq} + R_L)^2 - 2R_L(R_{eq} + R_L)}{(R_{eq} + R_L)^4} = 0$$

解上式得

$$\boxed{R_L = R_{eq}} \qquad\qquad (2-3-4)$$

又由于

$$\left. \frac{d^2 P_L}{dR_L^2} \right|_{R_L = R_{eq}} = -\frac{u_{OC}^2}{8R_{eq}^3} < 0$$

故上述所求的极值点为最大极值点。

所以满足式(2-3-4)条件，即负载电阻等于含源二端网络的戴维宁等效电阻时，负载获得最大功率，一般称这个结论为最大功率传输定理。这个最大的功率为

$$\boxed{P_{Lmax} = \frac{u_{OC}^2}{4R_{eq}}} \qquad (2-3-5)$$

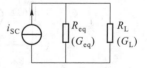

若将给定的线性含源二端网络等效为诺顿等效电路(参见图 2-3-18)。同理，当 $R_L = R_{eq}(G_L = G_{eq})$ 时，线性含源二端网络传输给负载的功率最大。这个最大功率为

图 2-3-18   诺顿等效电路

$$\boxed{P_{Lmax} = \frac{i_{SC}^2}{4G_{eq}} = \frac{1}{4} R_{eq} i_{SC}^2} \qquad\qquad (2-3-6)$$

工程上，常称 $R_L = R_{eq}$ 为最大功率匹配条件，这个条件应用于 R_{eq} 固定，R_L 可以改变的情况。但应注意的是，不要把最大功率传输定理理解为：要使负载功率最大，戴维宁等效电阻 R_{eq} 必须等于负载电阻 R_L。如果负载电阻 R_L 一定，而等效电阻 R_{eq} 可以改变的话，则应使 R_{eq} 尽量减少，当 $R_{eq} = 0$ 时，R_L 获得的功率最大。另外，由于二端网络与其戴维宁等效电路或诺顿等效电路就内部功率而言一般是不等效的，所以不能将 R_{eq} 上消耗的功率当作二端网络内部消耗的功率。

例 2-3-12   电路参数如图 2-3-19(a)所示。求 R_L 为多少时，它可获得最大功率？其最大功率的值是多少？

解   (1) 将图 2-3-19(a)点画线框内电路用戴维宁定理等效变换。

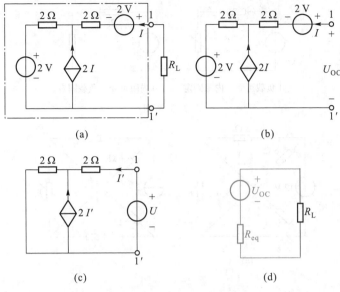

图 2-3-19　例 2-3-12 图

将点画线框内电路于端子 1-1′处开路,得图 2-3-19(b)。因为 $I=0$,受控电流源用开路代替,故开路电压

$$U_{\text{OC}} = (2+2)\ \text{V} = 4\ \text{V}$$

将点画线框内电路中的独立电源置零后,在端口加电压为 U 的电压源,求端口的 VAR [参见图 2-3-19(c)],则有

$$U = 2I' + 2 \times (I' + 2I') = 8I'$$

故

$$R_{\text{eq}} = \frac{U}{I'} = \frac{8I'}{I'} = 8\ \Omega$$

画出图 2-3-19(a)所示电路的戴维宁等效电路如图 2-3-19(d)所示。

(2) 根据最大功率传输定理,知 $R_{\text{L}} = R_{\text{eq}} = 8\ \Omega$ 时,P_{L} 最大。且

$$P_{\text{Lmax}} = \frac{U_{\text{OC}}^2}{4R_{\text{eq}}} = \frac{4^2}{4 \times 8}\ \text{W} = 0.5\ \text{W}$$

【评析】本节介绍的最大功率传输定理,得出 $R_{\text{L}} = R_{\text{eq}}$ 时负载获得最大功率,是在 R_{eq} 不变、R_{L} 可变情况下得出的。若 R_{eq} 可变而 R_{L} 不变,则应使 R_{eq} 尽量减小,才能使 R_{L} 获得的功率增大。当 $R_{\text{eq}} = 0$ 时,R_{L} 获得最大功率。

思考与练习题

2-3-9　试分析题 2-3-9 图(a)、(b)所示两种电路,当负载获得最大功率时,电路中的可变电阻 R_{L}、R_{S} 应各为何值?R_{L} 为电路中负载电阻,R_{S} 为电源内阻。

2-3-10　电路如题 2-3-10 图所示。若 R_{L} 电阻可变,试分别求 R_{L} 为多少时,可获得最大功率。获得的最大功率分别是多少?

[4 Ω,1 W;4.5 Ω,0.5 W]

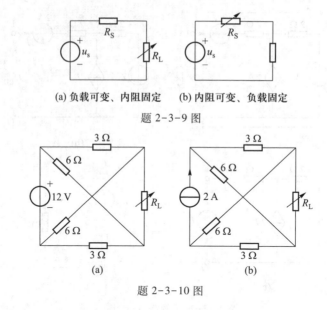

(a) 负载可变、内阻固定　　(b) 内阻可变、负载固定

题 2-3-9 图

题 2-3-10 图

*§2-4　不含独立源的双口网络的等效电路

一、双口网络

在电子技术飞速发展的今天,越来越多的实用电路被集成在很小的芯片上,经封装、外露若干引脚制成集成电路块,使用在电器、电子设备中,这犹如将整个网络装在"黑盒"内,只引出若干端子与其他网络或电源相连接。当这种装在"黑盒"内的网络具有四个外引端子,且四个端子正好组成两个端口时,则可以不要管电路内部情况,而用一个方框把两个端口之间的电路框起来,称为双口网络（又称二端口网络）,如图 2-4-1 所示。其中 1-1′端口通常称为输入端口,而 2-2′端口通常称为输出端口。值得注意的是:如果四端网络的四个端子上通过的电流不是成对相等,即从端子 1 流入方框的电流不等于从端子 1′流出的电流,从端子 2 流入方框的电流不等于从端子 2′流出的电流,则不能称为双口网络。

图 2-4-1　双口网络

本节所讨论的双口网络,内部不含独立电源,仅含线性时不变电阻和受控源。

对双口网络的研究,一般是将它作为一个整体来研究它对外部的作用或呈现的特性。由于双口网络仅通过它的两个端口与外部电路相联系,所以它对外部的作用就可由它的两个端口的 VAR 来描述。这种 VAR 可以通过一些参数方程来表示,而这些方程的参数只取决于构成双口网络本身的元件及其连接方式。对于一个给定的双口网络,一旦这样的方程得出后,就可以用它描述该双口网络的特性,而无需再考虑网络内部电路的工作情况。双口网络两个端口的电压、电流共计有四个变量,分别为 u_1、i_1 和 u_2、i_2。每一个端口有一个由外部电路决定的约束关系,所以双口网络由两个约束关系来确定它的四个变量之间的函数关系。在这两个约束关系中,可以选四个变量中的任意两个作为自变量(已知量),而其他两个量作为因变量(待求量)。自变量和因变量的组合共有六种不同方式,当自变量不同时,得到的网络参数也不同,因而可以构成六组不同的网络参数。本节只介绍其中最常用的电导参数、电阻参数和混合参数。

二、双口网络的电导参数方程及其等效电路

图 2-4-2 所示为一个不含独立源的线性双口网络,在端口 1-1′处和端口 2-2′处的电流和电压的参考方向如图所示。设端口电压 u_1、u_2 是自变量(已知量),端口电流 i_1、i_2 是因变量(待求量),求用 u_1、u_2 来表示 i_1、i_2 的方程。

图 2-4-2 不含独立源的线性双口网络的电压电流关系

利用置换定理把电压 u_1 和 u_2 分别用电压源置换(参见图 2-4-2),根据叠加定理,i_1、i_2 应分别等于各电压源单独作用时产生的电流之和,即

$$\left.\begin{array}{l} i_1 = g_{11}u_1 + g_{12}u_2 \\ i_2 = g_{21}u_1 + g_{22}u_2 \end{array}\right\} \tag{2-4-1}$$

式(2-4-1)为电导参数方程,式中的 g_{11}、g_{12}、g_{21}、g_{22} 具有电导性质,称为双口网络的 g 参数,即电导参数,单位为 S,它们只与网络内部的电阻和受控源及其连接方式有关。

g_{11}、g_{12}、g_{21}、g_{22} 可以用下面的方法来计算或测试确定。

在输入端口 1-1′上外施电压 u_1,而把输出端口 2-2′短路,这时 $u_2 = 0$,由式(2-4-1)得

$$\left.\begin{array}{l} g_{11} = \left.\dfrac{i_1}{u_1}\right|_{u_2=0} \\[3mm] g_{21} = \left.\dfrac{i_2}{u_1}\right|_{u_2=0} \end{array}\right\} \tag{2-4-2}$$

同理,在输出端口 2-2′上外施电压 u_2,而把输入端口 1-1′短路,这时 $u_1 = 0$,由式(2-4-1)得

$$\left.\begin{array}{l} g_{12} = \left.\dfrac{i_1}{u_2}\right|_{u_1=0} \\[3mm] g_{22} = \left.\dfrac{i_2}{u_2}\right|_{u_1=0} \end{array}\right\} \tag{2-4-3}$$

g_{11} 为输出端口短路时,输入端口的输入电导;g_{21} 为输出端口短路时的转移电导;g_{12} 为输入端口短路时的转移电导;g_{22} 为输入端口短路时,输出端口的输出电导。

由于这四个参数可以在一个端口短路条件下计算或测定出来,所以 g 参数又称为短路参数。

下面讨论用电导参数表示的双口网络的等效电路。

当双口网络中含受控源时,式(2-4-1)中的 $g_{12} \neq g_{21}$,该式可改写成如下形式

$$
\left.
\begin{aligned}
i_1 &= (g_{11}+g_{12}-g_{12})u_1+g_{12}u_2 = (G_{13}+G_{12})u_1-G_{12}u_2 \\
i_2 &= g_{12}u_1+(g_{22}+g_{12}-g_{12})u_2+(g_{21}-g_{12})u_1 \\
&= -G_{12}u_1+(G_{23}+G_{12})u_2+Gu_1
\end{aligned}
\right\} \tag{2-4-4}
$$

式(2-4-4)为节点方程形式,作出对应的等效电路如图 2-4-3(a)所示。其等效参数与被等效双口网络的电导参数的关系为

$$
\left.
\begin{aligned}
G_{13} &= g_{11}+g_{12} \\
G_{12} &= -g_{12} \\
G_{23} &= g_{22}+g_{12} \\
G &= g_{21}-g_{12}
\end{aligned}
\right\} \tag{2-4-5}
$$

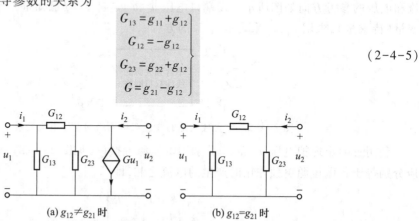

(a) $g_{12} \neq g_{21}$ 时   (b) $g_{12}=g_{21}$ 时

图 2-4-3　电导参数形式的双口网络等效电路

当双口网络中只含电阻元件时,式(2-4-1)中的 $g_{12}=g_{21}$,图 2-4-3(a)中的受控源的转移电导 G 等于零,则所得的等效电路如图 2-4-3(b)所示,称为∏形等效电路,即三角形等效电路。

注意,用电导参数表示的双口网络的等效电路不是唯一的。

例 2-4-1　试求图 2-4-4 所示双口网络的 g 参数。

解　这个双口网络是一个比较简单的∏形电路。求它的 g_{11}、g_{21} 时,把端口 2-2′短路,在端口 1-1′处外施电压 u_1,可得

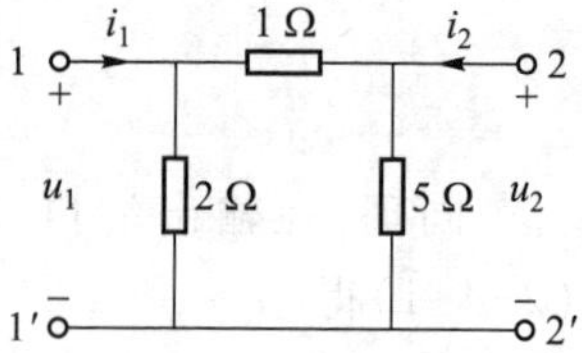

$$
u_1 = \frac{1 \times 2}{1+2}i_1 = \frac{2}{3}i_1
$$

$$
u_1 = 1 \times (-i_2) = -i_2
$$

故

$$
g_{11} = \frac{i_1}{u_1}\bigg|_{u_2=0} = \frac{3}{2} \text{ S} = 1.5 \text{ S}
$$

$$
g_{21} = \frac{i_2}{u_1}\bigg|_{u_2=0} = -1 \text{ S}
$$

图 2-4-4　例 2-4-1 图

同理,把端口 1-1′短路,在端口 2-2′处外施电压 u_2,可得

$$
u_2 = 1 \times (-i_1) = -i_1
$$

$$
u_2 = \frac{1 \times 5}{1+5}i_2 = \frac{5}{6}i_2
$$

故
$$g_{12} = \frac{i_1}{u_2}\bigg|_{u_1=0} = -1 \text{ S}$$

$$g_{22} = \frac{i_2}{u_2}\bigg|_{u_1=0} = \frac{6}{5} \text{ S} = 1.2 \text{ S}$$

g 参数也可以通过另一种方法求得。列出图 2-4-4 所示电路的节点方程为

$$i_1 = \left(\frac{1}{2}+1\right) u_1 - \frac{1}{1} u_2 = \frac{3}{2} u_1 - u_2$$

$$i_2 = -\frac{1}{1} u_1 + \left(\frac{1}{1}+\frac{1}{5}\right) u_2 = -u_1 + \frac{6}{5} u_2$$

对照式(2-4-1),得

$$g_{11} = \frac{3}{2} \text{ S} = 1.5 \text{ S}$$

$$g_{12} = g_{21} = -1 \text{ S}$$

$$g_{22} = \frac{6}{5} \text{ S} = 1.2 \text{ S}$$

由此可见,由于 $g_{12} = g_{21}$,表明该双口网络只需三个参数来表征。对于只含电阻的双口网络,都具有这样的性能。

例 2-4-2 已知双口网络的电导参数 $g_{11} = 1 \text{ S}$, $g_{12} = -0.25 \text{ S}$, $g_{21} = -0.25 \text{ S}$, $g_{22} = 0.5 \text{ S}$。试求该双口网络的等效电路。

解 从给定的参数可见 $g_{12} = g_{21}$,则该双口网络中只含电阻元件,等效电路可由三个电导构成 Π 形等效电路,如图 2-4-5 所示,其参数可由式(2-4-5)得

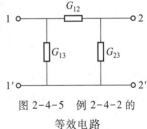

图 2-4-5 例 2-4-2 的
等效电路

$$G_{13} = g_{11}+g_{12} = (1-0.25) \text{ S} = 0.75 \text{ S}$$

$$G_{12} = -g_{12} = 0.25 \text{ S}$$

$$G_{23} = g_{22}+g_{12} = (0.5-0.25) \text{ S} = 0.25 \text{ S}$$

三、双口网络的电阻参数方程及其等效电路

在图 2-4-1 所示不含独立源的线性双口网络中,设端口电流 i_1、i_2 是自变量(已知量),端口电压 u_1、u_2 是因变量(待求量),求用 i_1、i_2 来表示 u_1、u_2 的方程。根据对偶原理,可得出与式(2-4-1)相对应的端口 VAR 方程

$$\left.\begin{array}{l} u_1 = r_{11}i_1 + r_{12}i_2 \\ u_2 = r_{21}i_1 + r_{22}i_2 \end{array}\right\} \tag{2-4-6}$$

上式为电阻参数方程,式中 r_{11}、r_{12}、r_{21}、r_{22} 具有电阻性质,称为双口网络的 r 参数,即电阻参数,单位为 Ω。可以用下面的方法来计算或测试确定 r 参数。

在输入端口 1-1' 上输入电流 i_1,而把输出端口 2-2' 开路,这时 $i_2 = 0$,由式(2-4-6)得

$$r_{11} = \frac{u_1}{i_1}\bigg|_{i_2=0}$$
$$r_{21} = \frac{u_2}{i_1}\bigg|_{i_2=0}$$

$$(2-4-7)$$

同理,在输出端口 2-2′ 上输入电流 i_2,而把输入端口 1-1′ 开路,这时 $i_1 = 0$,由式(2-4-6)得

$$r_{12} = \frac{u_1}{i_2}\bigg|_{i_1=0}$$
$$r_{22} = \frac{u_2}{i_2}\bigg|_{i_1=0}$$

$$(2-4-8)$$

r_{11} 为输出端口开路时,输入端口的输入电阻;r_{21} 为输出端口开路时的转移电阻;r_{12} 为输入端口开路时的转移电阻;r_{22} 为输入端口开路时,输出端口的输出电阻。

由于这四个参数可以在一个端口开路条件下计算或测定出来,所以 r 参数又称为开路参数。

下面讨论用电阻参数表示的双口网络的等效电路。

当双口网络中含受控源时,式(2-4-6)中的 $r_{12} \neq r_{21}$,该式可改写成如下形式

$$u_1 = (r_{11} - r_{12} + r_{12})i_1 + r_{12}i_2 = (R_1 + R_3)i_1 + R_3 i_2$$
$$u_2 = r_{12}i_1 + (r_{22} - r_{12} + r_{12})i_2 + (r_{21} - r_{12})i_1$$
$$= R_3 i_1 + (R_2 + R_3)i_2 + R i_1$$

$$(2-4-9)$$

式(2-4-9)为网孔方程形式,作出对应的等效电路,如图 2-4-6(a)所示。其等效参数与被等效的双口网络的电阻参数的关系为

$$R_1 = r_{11} - r_{12}$$
$$R_2 = r_{22} - r_{12}$$
$$R_3 = r_{12}$$
$$R = r_{21} - r_{12}$$

$$(2-4-10)$$

(a) $r_{12} \neq r_{21}$　　　　　　(b) $r_{12} = r_{21}$

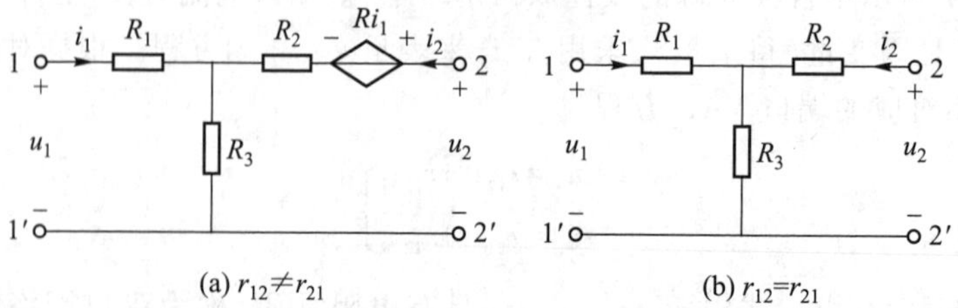

图 2-4-6　电阻参数形式的双口网络的等效电路

当双口网络中只含电阻元件时,式(2-4-9)中的 $r_{12} = r_{21}$,图 2-4-6(a)中的受控源的转移电阻 R 等于零,则所得的等效电路,如图 2-4-6(b)所示,称为 T 形等效电路,即星形等效电路。

同样,用电阻参数表示的双口网络的等效电路也不是唯一的。

例 2-4-3   试求图 2-4-7 所示双口网络的 r 参数。

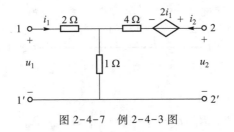

图 2-4-7   例 2-4-3 图

解   这是一个含受控源的线性双口网络,可用两种方法求 r 参数。

解法一   在端口 1-1′上输入电流 i_1,把端口 2-2′开路,即 $i_2 = 0$,求得

$$u_1 = (2+1)i_1 = 3i_1$$
$$u_2 = 2i_1 + 1 \times i_1 = 3i_1$$

故

$$r_{11} = \frac{u_1}{i_1}\bigg|_{i_2=0} = 3\ \Omega$$

$$r_{21} = \frac{u_2}{i_1}\bigg|_{i_2=0} = 3\ \Omega$$

在端口 2-2′上输入电流 i_2,把端口 1-1′开路,即 $i_1 = 0$,求得

$$u_1 = 1 \times i_2 = i_2$$
$$u_2 = (4+1)i_2 = 5i_2$$

故

$$r_{12} = \frac{u_1}{i_2}\bigg|_{i_1=0} = 1\ \Omega$$

$$r_{22} = \frac{u_2}{i_2}\bigg|_{i_1=0} = 5\ \Omega$$

解法二   对图 2-4-7 所示电路列网孔方程,设电流 i_1 和 i_2 为网孔电流,其参考方向即为 i_1 和 i_2 的参考方向,得

$$u_1 = (2+1)i_1 + 1 \times i_2 = 3i_1 + i_2$$
$$u_2 = 2i_1 + (4+1)i_2 + 1 \times i_1 = 3i_1 + 5i_2$$

对照式(2-4-6),得

$$r_{11} = 3\ \Omega, \qquad r_{12} = 1\ \Omega, \qquad r_{21} = 3\ \Omega, \qquad r_{22} = 5\ \Omega$$

例 2-4-4   某一双口网络的电阻参数为 $r_{11} = \dfrac{3}{7}\ \Omega, r_{12} = \dfrac{1}{7}\ \Omega, r_{21} = -\dfrac{4}{7}\ \Omega, r_{22} = \dfrac{8}{7}\ \Omega$,求此双口网络的等效电路。

解   从给定的参数可见 $r_{12} \neq r_{21}$,则该双口网络中含有受控源,等效电路可由三个电阻和一个 CCVS 构成,如图 2-4-8 所示。由式(2-4-10)可知

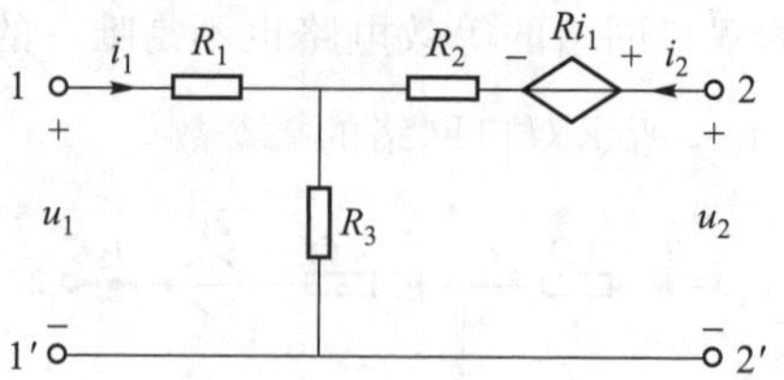

图 2-4-8　例 2-4-4 的等效电路

$$R_1 = r_{11} - r_{12} = \left(\frac{3}{7} - \frac{1}{7}\right) \ \Omega = \frac{2}{7} \ \Omega$$

$$R_3 = r_{12} = \frac{1}{7} \ \Omega$$

$$R_2 = r_{22} - r_{12} = \left(\frac{8}{7} - \frac{1}{7}\right) \ \Omega = 1 \ \Omega$$

$$R = r_{21} - r_{12} = \left(-\frac{4}{7} - \frac{1}{7}\right) \ \Omega = -\frac{5}{7} \ \Omega$$

四、双口网络的混合参数方程及其等效电路

在电子电路常用的双口网络中，i_1、u_2 为已知量（自变量），而 u_1、i_2 为待求量（因变量），这样，常需将端口的 VAR 用以下的方程来描述

$$\left.\begin{array}{l} u_1 = h_{11}i_1 + h_{12}u_2 \\ i_2 = h_{21}i_1 + h_{22}u_2 \end{array}\right\} \tag{2-4-11}$$

式（2-4-11）为混合参数方程，其中 h_{11}、h_{12}、h_{21}、h_{22} 为混合参数，又称 h 参数。h 参数可以由下式确定

$$\left.\begin{array}{ll} h_{11} = \dfrac{u_1}{i_1}\bigg|_{u_2=0} & h_{21} = \dfrac{i_2}{i_1}\bigg|_{u_2=0} \\ h_{12} = \dfrac{u_1}{u_2}\bigg|_{i_1=0} & h_{22} = \dfrac{i_2}{u_2}\bigg|_{i_1=0} \end{array}\right\} \tag{2-4-12}$$

h_{11} 为输出端口短路时输入端口的输入电阻，单位为 Ω；h_{12} 为输入端口开路的转移电压比，无量纲；h_{21} 为输出端口短路时的转移电流比，无量纲；h_{22} 为输入端口开路时输出端口的输出电导，单位为 S。由于这四个参数量纲不同，所以称为混合参数。

由式（2-4-11）可以得出用 h 参数表示的等效电路，如图 2-4-9 所示。

例 2-4-5　图 2-4-10(a)所示为一个三极管在小信号工作条件下的简化等效电路。

(1)试求电路的混合参数；(2)当 $R_1 = 1 \ \text{k}\Omega$，$\beta = 100$，$\dfrac{1}{R_2} = 0.1 \ \text{S}$，且 $i_1 = 0.1 \ \text{mA}$，$u_2 = 0.5 \ \text{V}$ 时，求 u_1、i_2 的值。

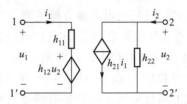

图 2-4-9 h 参数形式的双口网络的等效电路

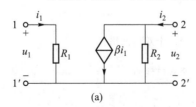

(a)

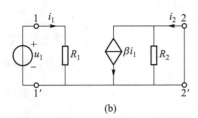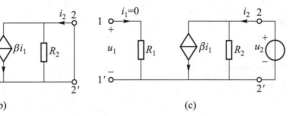

(b)   (c)

图 2-4-10 例 2-4-5 图

解 (1) 将 2-2′短路,在 1-1′端口加电压 u_1,如图 2-4-10(b)所示,求得

$$u_1 = R_1 i_1 \qquad\qquad i_2 = \beta i_1$$

故

$$h_{11} = \left.\frac{u_1}{i_1}\right|_{u_2=0} = R_1 \qquad \text{为三极管的输入电阻}$$

$$h_{21} = \left.\frac{i_2}{i_1}\right|_{u_2=0} = \beta \qquad \text{为三极管的电流放大系数}$$

将 1-1′开路,在 2-2′端口加电压 u_2,如图 2-4-10(c)所示电路,求得

$$u_1 = R_1 i_1 = 0$$

$$u_2 = R_2(i_2 - \beta i_1) = R_2 i_2$$

故

$$h_{12} = \left.\frac{u_1}{u_2}\right|_{i_1=0} = 0$$

$$h_{22} = \left.\frac{i_2}{u_2}\right|_{i_1=0} = \frac{1}{R_2} \qquad \text{为三极管的输出电导}$$

(2) 根据混合参数方程,代入已知电流、电压,则

$$u_1 = h_{11}i_1 + h_{12}u_2 = (1 \times 10^3 \times 0.1 \times 10^{-3}) \text{ V} = 0.1 \text{ V}$$

$$i_2 = h_{21}i_1 + h_{22}u_2 = (100 \times 0.1 \times 10^{-3} + 0.1 \times 0.5) \text{ A} = 60 \text{ mA}$$

【评析】混合参数等效电路(又称 h 参数等效电路),是在电子技术电路中,分析小信号放大电路动态工作情况的等效电路,该电路在电子技术中称 h 参数微变等效电路。

通过上述分析可知,电导参数方程、电阻参数方程和混合参数方程都能表征双口网络端口 VAR。电导参数、电阻参数和混合参数之间能够互相转换,请读者自行推导。但值得提出的是,对于一个双口网络并不一定同时存在六组参数,有的无电导参数(g 参数),有的既无电导参数(g 参数)又无电阻参数(r 参数)。而且对于双口网络来说,其等效电路也不是唯一的。在工程中常根据不同的场合采用不同的参数和等效电路。

思考与练习题

2-4-1 一个三端网络能否构成一个双口网络?

[能]

2-4-2 受控源能否看成是一个双口网络?

[能]

2-4-3 试求题 2-4-3 图所示电路的 g、r、h 参数。

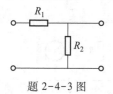

题 2-4-3 图

$$\left[\, g \,参数:\frac{1}{R_1}, -\frac{1}{R_1}, -\frac{1}{R_1}, \frac{R_1+R_2}{R_1 R_2} \right.$$
$$r \,参数:(R_1+R_2), R_2, R_2, R_2$$
$$\left. h \,参数:R_1, 1, -1, \frac{1}{R_2} \right]$$

2-4-4 双口网络的等效电路不是唯一的,试作出用 g 参数、r 参数表示的不同于教材中的另一种形式的等效电路。

*§2-5   应 用 实 例

一、单臂直流电桥测量电阻

测量电阻可以采用多种方法,如用万用表测量,用伏安法测量等。采用单臂直流电桥测量电阻可以精确地测量一定范围的电阻值,测量范围从 $1\ \Omega$ 到 $1\ \text{M}\Omega$,精确度可以达到±0.1%。单臂电桥又称为惠斯通电桥,图 2-5-1 所示为它的原理电路。电桥中的四个桥臂接入四个电阻 R_1、R_2、R_3 和 R_x,其中 R_1、R_2 称为比例臂,在使用时需根据被测电阻阻值范围调节这两个阻值的比值;R_3 为可变电阻,称为比较臂;R_x 为外接的被测电阻,称为待测臂。a、b 顶点接直流电源 U_S,通常为内接电池,也可外接直流稳压源;c、d 顶点接检流计 G,它是一个微安级的电流测量机构。

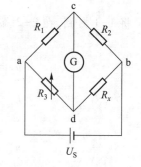

图 2-5-1   单臂电桥测量电阻原理电路

为了求得 R_x,调节可变电阻 R_3,直到检流计指针指到中点时表示无电流通过,电桥达到平衡状态。根据电桥平衡时四个桥臂电阻的关系式(2-1-6)可计算被测电阻值为

$$R_x = \frac{R_2}{R_1} R_3$$

如果 R_2/R_1 等于 1,则被测电阻 R_x 等于 R_3。在这种情况下,电桥电阻 R_3 的变化范围必须覆盖被测电阻 R_x 的值。例如,如果被测电阻 R_x 是 10 000 Ω,而可变电阻 R_3 只能从 0 变化到 9999 Ω,那么,电桥就永远不会平衡。因此,为了能在很宽的范围内覆盖被测电阻 R_x,必须能够改变 R_2/R_1。在单臂电桥中通常由切换开关控制 R_2/R_1 的变换范围从 0.001 到 1 000,可变电阻 R_3 一般从 0 到 9999 Ω 变化。而且,为了保证测量精度,当被测电阻 R_x 小于 1 000 Ω 时,可变电阻 R_3 一般要选择 1 000 Ω 以上,而 R_2/R_1 选择小于 1 的比例臂。

理论上,尽管 R_x 可以在 0 到无穷大范围内变化,但是 R_x 实际范围大约是 1 Ω 到 1 MΩ。太小的电阻用单臂电桥测量非常困难,因为产生在不同的金属连接点上的热电压,会产生热效应,所以小于 1 Ω 的电阻通常要用另一种电桥——双臂电桥来测量。太大的电阻要用单臂电桥测量也很困难,这是因为 R_x 太大,电绝缘体的泄漏电流与电桥电路的分支电流数值会不相上下,所以测量 1 MΩ 以上的高阻值电阻,如检查电动机、电器及线路的绝缘情况,要用特殊的兆欧表来测量。

二、数模转换梯形 DAC 解码网络

在数字计算机控制的信号传输与处理系统中,计算机处理的是数字信号。这些经过处理后的数字信号往往需要转换成模拟信号(连续信号),然后直接输出或控制执行机构。例如,数字电视信号、移动通信信号等记录和处理的是数字信号,但输出的是人眼、人耳能感知的模拟信号。将数字信号转换为模拟信号要通过数模转换器(DAC)。数模转换器有多种不同的电路结构,这里介绍采用 $R-2R$ 梯形电阻电路实现 DAC 的一种电路。

数模转换梯形 DAC 解码网络如图 2-5-2 所示。其中,2^0、2^1、2^2、2^3 对应开关状态表示输入的 4 位二进制数(数字信号),当二进制数某位为 **1** 时,对应开关就接在电压源 u_S 上;当二进制数某位为 **0** 时,对应开关就接地。图中开关的接法对应的二进制代码为 **1101**,根据二进制数与十进制数的换算关系,相应的十进制数为

$$1 \times 2^3 + 1 \times 2^2 + 0 \times 2^1 + 1 \times 2^0 = 13$$

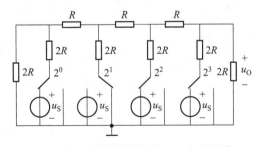

图 2-5-2 数模转换梯形 DAC 解码网络

下面应用叠加定理来分析输入二进制代码 **1101** 时,对应的输出电压 u_O 为多少?

(1) 当 2^3 对应开关接在电压源 u_S 上,其他开关接地时,电路如图 2-5-3(a)所示。应用齐性定理,采用倒推法,设 $u'_{O(3)} = 1$ V,其等效计算电路如图 2-5-3(b)所示,可求得

$$u'_{S(3)} = 3 \text{ V}$$

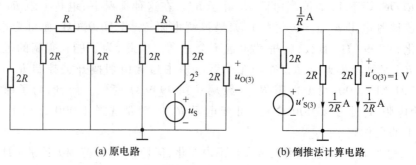

(a) 原电路   (b) 倒推法计算电路

图 2-5-3 2^3 对应开关接在电压源 u_S 上

（2）当 2^2 对应开关接在电压源 u_S 上，其他开关接地时，电路如图 2-5-4(a) 所示。应用齐性定理，采用倒推法，设 $u'_{O(2)} = 1$ V，其等效计算电路如图 2-5-4(b) 所示，可求得

$$u'_{S(2)} = 6 \text{ V}$$

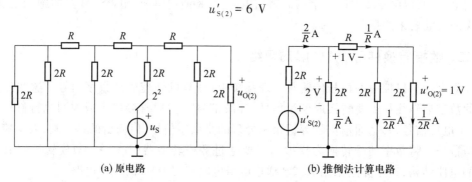

(a) 原电路   (b) 推倒法计算电路

图 2-5-4 2^2 对应开关接在电压源 u_S 上

（3）当 2^0 对应开关接在电压源 u_S 上，其他开关接地时，电路如图 2-5-5(a) 所示。应用齐性定理，采用倒推法，设 $u'_{O(0)} = 1$ V，其等效计算电路如图 2-5-5(b) 所示，可求得

$$u'_{S(0)} = 24 \text{ V}$$

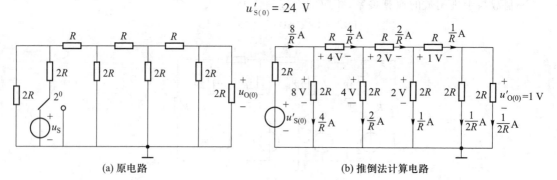

(a) 原电路   (b) 推倒法计算电路

图 2-5-5 2^0 对应开关接在电压源 u_S 上

根据叠加定理和齐性定理可得：若设 $u_S = 24$ V，当输入二进制代码 **1101** 时，$R-2R$ 梯形电阻电路的输出电压

$$u_O = \frac{24}{3} \times 1 \text{ V} + \frac{24}{6} \times 1 \text{ V} + 0 + \frac{24}{24} \times 1 \text{ V} = 13 \text{ V}$$

这就是对应于二进制代码 **1101** 时的输出电压数值(模拟量),与其所表示的十进制数值完全相同。同理,如果将数字输入依次设为 **0000** 到 **1111**,且设 $u_S = 24$ V,则对应的模拟输出电压数值将从 0 到 15 V。

*§2-6 计算机仿真分析线性电阻电路

Multisim13 软件提供了多种分析方法,对于线性电阻电路可以灵活采用直流工作点分析、参数扫描分析和传输函数分析(Transfer Function Analysis)等分析方法。关于具体操作的方法结合例题来进行介绍。

例 2-6-1 计算图 2-6-1 所示电路中电阻 R_1 和 R_3 吸收的功率。

解 本例采用直流工作点分析法。在工作区建立如图 2-6-2 所示的仿真分析电路。为求出电阻 R_1 和 R_3 吸收的功率,需要求出流过 R_1 和 R_3 的电流。点击菜单命令 Simulate/Analysis/DC Operating Point,选择分析参数 I(R1)和 I(R2),点击"Simulate"按钮,即可得到仿真结果如图 2-6-3 所示。由于功率等于 $I^2 R$,因此 R_1 和 R_3 吸收的功率分别是 4.096 W 和 40 W。

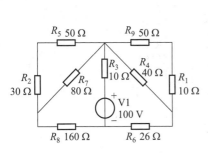

图 2-6-1 例 2-6-1 电路图

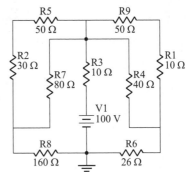

图 2-6-2 例 2-6-1 的仿真分析电路

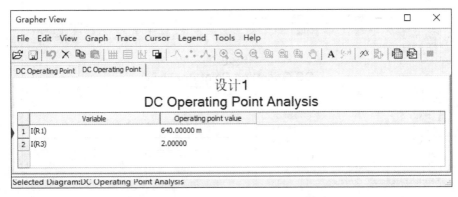

图 2-6-3 例 2-6-1 的仿真分析结果

例 2-6-2   求如图 2-6-4 所示电路中各节点电压。

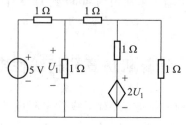

图 2-6-4   例 2-6-2 电路图

解   本题为含受控源电路,仍采用直流工作点分析法。对于含受控源电路的分析也要注意受控电源的内阻设置和分析参数的设置,在没有特殊要求时,最好采用 Multisim 13 提供的默认参数。随意设置参数会使分析结果产生极大偏差。

首先在 Multisim 13 软件工作区建立如图 2-6-5 所示的仿真分析电路,注意图中受控源的连接,包括控制支路的连接和被控支路电源部分的连接,其中正负方向不可接错。然后按照例 2-6-1 所述相同的操作步骤,点击直流工作点分析选项,得出如图 2-6-6 所示结果,可知各节点电压分别为 $V_1 = 5$ V,$V_2 = 2.5$ V,$V_3 = 2.5$ V,$V_7 = 5$ V。

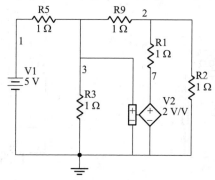

图 2-6-5   例 2-6-2 仿真分析电路

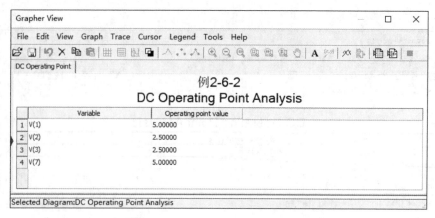

图 2-6-6   例 2-6-2 仿真分析结果

例 2-6-3 求如图 2-6-7(a)所示电路的戴维宁等效电路。

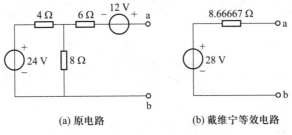

(a) 原电路   (b) 戴维宁等效电路

图 2-6-7 例 2-6-3 电路图

解法一 利用直流工作点分析和小信号传输函数分析,分别求出电路的开路电压和戴维宁等效电阻。

小信号传输函数分析是指定电路中的一个独立电源作为激励,其他独立源自动置零,某个支路的电压或电流作为响应。分析时,软件首先计算电路的直流工作点,再计算响应和激励在工作点附近的比值,即传输函数。同时它还给出从指定激励看进去的输入电阻和指定变量所在位置的输出电阻(戴维宁等效电阻)。所有的分析是建立在线性基础上的,因此只适用于对小信号进行分析。

首先在软件工作区内建立如图 2-6-8 所示仿真电路,选择直流工作点分析,得出如图 2-6-9 所示结果,其中节点 4 的电压为 28 V,即开路电压为 28 V。再选择小信号传输函数分析戴维宁等效电阻,选择同一分析菜单下的"Transfer Function"选项,弹出设置对话框如图 2-6-10 所示。设置输出电压节点为节点 4,激励源为 V1,点击 Simulate 得到图 2-6-11 分析结果,其中节点 4 输出的电阻值为 8.66667 Ω,此即为戴维宁等效电阻。由此可得戴维宁等效电路如图 2-6-7(b)所示。

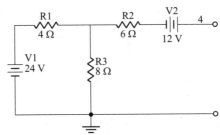

图 2-6-8 例 2-6-3 仿真分析电路

解法二 利用参数扫描分析,外加测试源(本例外加电流源 I1),求出端口的 VAR 曲线,从而可得戴维宁等效电路。

首先建立参数扫描分析电路,如图 2-6-12 所示;然后选择参数扫描分析,设置扫描参数(参见例 1-6-3),此处选择电流源 I1 为扫描对象,为得到较多的数据,可选择稍宽的扫描范围和较小的步长,在此设置 I1 的变化范围为-3~3 A,步长为 0.1 A,选择输出节点 4,运行得到如图 2-6-13 所示结果。

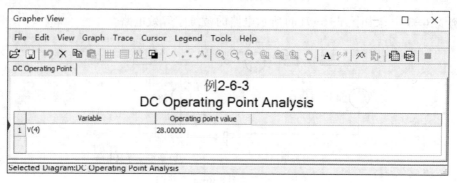

图 2-6-9　例 2-6-3 的直流工作点分析结果

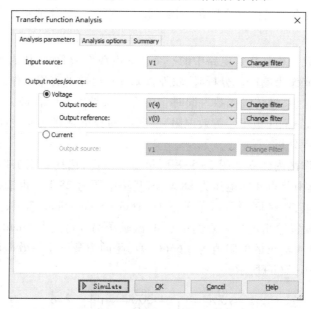

图 2-6-10　例 2-6-3 传输函数分析设置对话框

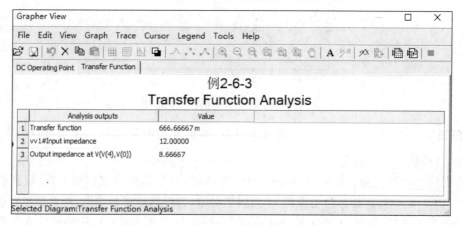

图 2-6-11　例 2-6-3 传输函数分析结果

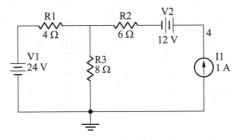

图 2-6-12 例 2-6-3 参数扫描分析电路

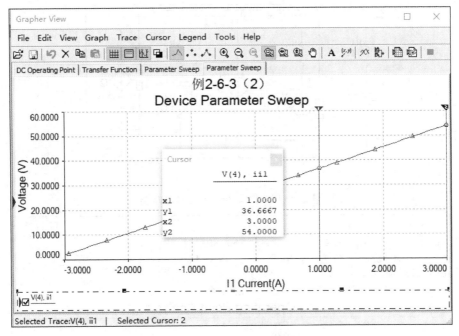

图 2-6-13 例 2-6-3 参数扫描分析结果

由图 2-6-13 可知,当电流源 I1 电流为 1 A 时,端口电压为 36.6667 V;当电流源 I1 电流为 3 A 时,端口电压为 54 V。于是可分别建立方程

$$U_{\text{OC}} + R_{\text{eq}} = 36.6667$$
$$U_{\text{OC}} + 3R_{\text{eq}} = 54$$

联立求解上方程组得

$$U_{\text{OC}} = 28\text{V} \qquad R_{\text{eq}} = 8.66667 \ \Omega$$

与解法一结果相同。

例 2-6-4   用 Multisim 13 分析图 2-6-14 所示电路。已知 $U_{\text{s}} = 20$ V, $I_{\text{s}} = 2$ A, $R_1 = R_2 = 5 \ \Omega$, $R_3 = 6 \ \Omega$, $R_4 = 4 \ \Omega$, $\alpha = 2$, $\beta = 0.5$。试用节点电压法求电压 U_{ab}。

解   首先在电路工作区建立如图 2-6-15 所示仿真电路,然后点击分析菜单下的直流工作点分析,得如图 2-6-16 所示分析结果。从图中看出节点 3 的电压为 25 V,即 $U_{\text{ab}} = 25$ V。

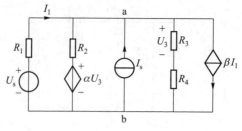

图 2-6-14　例 2-6-4 电路图

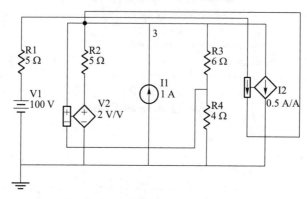

图 2-6-15　例 2-6-4 的仿真电路图

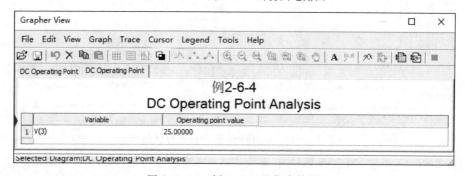

图 2-6-16　例 2-6-4 的仿真结果

思考与练习题

2-6-1　小信号传输函数分析为什么只适用于分析小信号?

2-6-2　用参数扫描分析,扫描对象和步长应该怎么设置?

本章学习要求

1. 掌握等效与等效电路的概念;掌握几种常用的等效变换:电阻的串并联、混联等效电阻的求取,含受控源电路的等效变换,星形联结与三角形联结电阻电路的等效变换,含独立源支路的等效变换。

2. 掌握用支路法、网孔法和节点法分析、计算电路的方法,以及这三种分析方法的适用场合。

　　3. 掌握叠加定理、戴维宁定理和诺顿定理的适用条件、内容以及实际应用;掌握最大功率传输定理。

　　* 4. 了解不含独立电源的双口网络的三种参数(电导参数、电阻参数、混合参数)方程及其等效电路,以及各种参数之间的换算关系。

习　　题

2-1　试计算习题 2-1 图(a)、(b)所示各电路的等效电阻 R_{ab}。

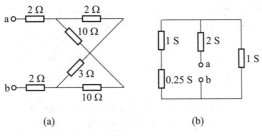

(a)　　　　　　　　　　　(b)

习题 2-1 图

2-2　试计算习题 2-2 图所示各电路 a、b 两端的等效电阻 R_{ab}。〔提示:习题 2-2 图(b)电路可利用其对称性找出等位点,进行等效化简。〕

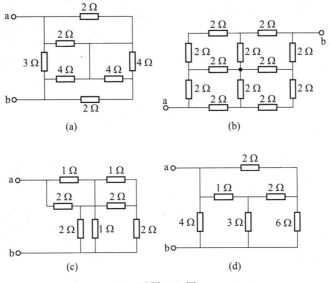

(a)　　　　　　　　　　　(b)

(c)　　　　　　　　　　　(d)

习题 2-2 图

2-3　电路如习题 2-3 图所示。试求以下三种情况下电压 u_2 和电流 i_2、i_3。(1) $R_3 = 8$ kΩ;(2) $R_3 = \infty$(R_3 处开路);(3) $R_3 = 0$(R_3 处短路)。

2-4　分别计算习题 2-4 图(a)、(b)所示电路 a、b 两端的等效电阻 R_{ab}。

2-5　试计算习题 2-5 图所示电路 a、b 两端的等效电阻 R_{ab}。

2-6　应用电阻的星形-三角形等效变换法,求习题 2-6 图所示电路的电流源端电压 u_{ab}。

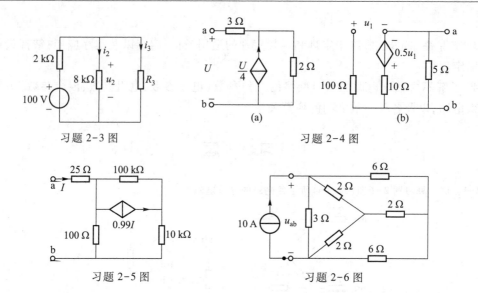

习题 2-3 图

习题 2-4 图

习题 2-5 图

习题 2-6 图

2-7　应用电阻的星形-三角形等效变换法,求习题 2-7 图所示电路的对角线电压 U。

2-8　试用有伴电源等效变换法将习题 2-8 图所示电路化简为最简形式,并写出端口的 VAR。

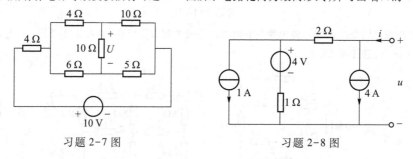

习题 2-7 图

习题 2-8 图

2-9　试用有伴电源等效变换法求习题 2-9 图所示受控源支路的电压 u_{ab}。

2-10　电路如习题 2-10 图所示,试用电源等效变换法求电流 I。

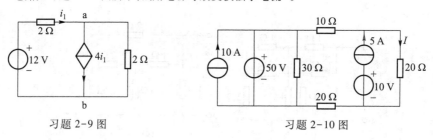

习题 2-9 图

习题 2-10 图

2-11　电路如习题 2-11 图所示,试用支路电流法求各支路电流。

2-12　试用支路电流法列写求习题 2-12 图所示电路中各支路电流所需的方程。

2-13　试用支路电流法列写求习题 2-13 图所示电路中各支路电流所需的方程。

2-14　试用网孔电流法求习题 2-14 图所示电路中的电流 i 和电压 u_{ab}。

2-15　试用网孔电流法求习题 2-15 图所示电路中的各支路电流。

2-16　试用网孔电流法求习题 2-16 图所示电路中的电压 U_o。

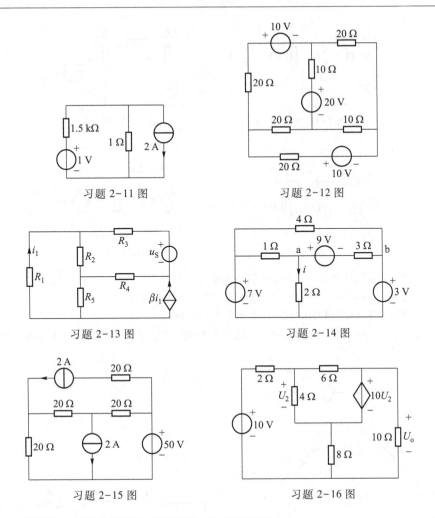

习题 2-11 图

习题 2-12 图

习题 2-13 图

习题 2-14 图

习题 2-15 图

习题 2-16 图

2-17　试用网孔电流法求习题 2-17 图所示电路中的电压 U。

2-18　试用节点电压法求习题 2-18 图所示电路中的电压 U_1、U_2、U_3。

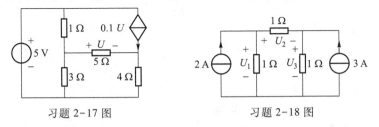

习题 2-17 图

习题 2-18 图

2-19　试用节点电压法求习题 2-19 图所示电路中的电流 i。

2-20　试用节点电压法求习题 2-20 图所示电路中的电压 u_{ab}。

2-21　试用节点电压法求习题 2-21 图所示电路中各节点电压。

2-22　试用节点电压法求习题 2-22 图所示电路中的 U 和 I。

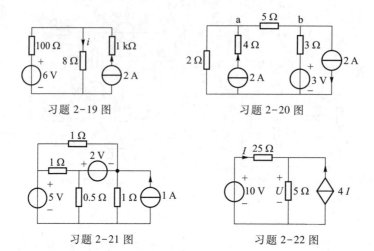

习题 2-19 图   习题 2-20 图

习题 2-21 图   习题 2-22 图

2-23   试用节点电压法列出习题 2-23 图所示电路中的节点方程。

2-24   在习题 2-24 图所示电路中,当左边电流源电流 I_s 为多大时,电压 U_o 为零。

2-25   电路如习题 2-25 图所示,试应用叠加定理求电压 U_o。

2-26   如习题 2-26 图所示电路,300 V 电源不稳定,设它突然升到 360 V 时,问电压 U_o 有何变化?

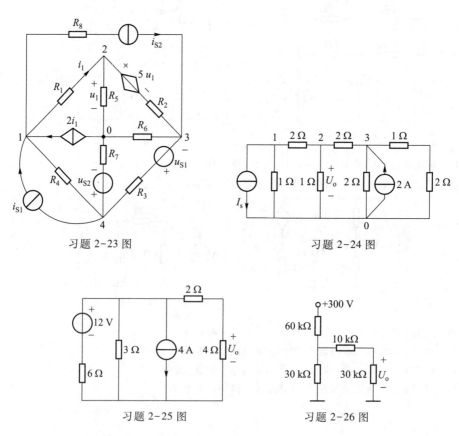

习题 2-23 图   习题 2-24 图

习题 2-25 图   习题 2-26 图

2-27　电路如习题 2-27 图所示,当 $U_s = 10$ V,$I_s = 2$ A 时,$I_A = 4$ A;当 $U_s = 5$ V,$I_s = 4$ A 时,$I_A = 6$ A。当 $U_s = 15$ V,$I_s = 3$ A 时,电流 I_A 是多少?

2-28　试应用叠加定理求习题 2-28 图所示电路的输出电压 u_O。

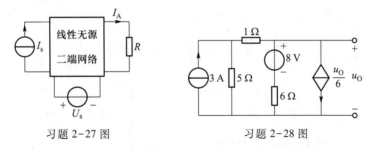

习题 2-27 图　　　　　　　　　　　习题 2-28 图

2-29　一个线性有源二端网络,测得其端口开路电压为 18 V;当输出端接一个 9 Ω 电阻时,流过的电流为 1.8 A。试求出该线性有源网络的戴维宁等效电路。

2-30　习题 2-30 图(a)所示线性有源二端网络的伏安特性如习题 2-30 图(b)所示,试求其开路电压 U_{OC}、短路电流 I_{SC} 和等效电阻 R_{eq}。

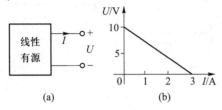

(a)　　　　　　　(b)

习题 2-30 图

2-31　试求习题 2-31 图所示各电路的戴维宁等效电路。

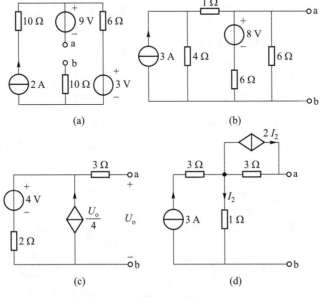

(a)　　　　　　　　　　　　　(b)

(c)　　　　　　　　　　　　　(d)

习题 2-31 图

2-32 电路如习题 2-32 图所示,试求线性有源二端网络 N 的戴维宁等效电路。已知:开关 S 打开时,a、b 端的电压为 12 V;开关 S 闭合时,电流表读数为 0.5 mA。

2-33 用戴维宁定理和诺顿定理计算习题 2-33 图所示电路中的电流 I_3。

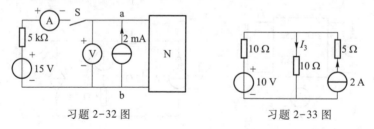

习题 2-32 图　　　　　　　　习题 2-33 图

2-34 试用戴维宁定理求习题 2-34 图所示电路中的电流 I。

2-35 试应用戴维宁定理求习题 2-35 图所示电路中流过电阻 R_5 的电流 I_5。

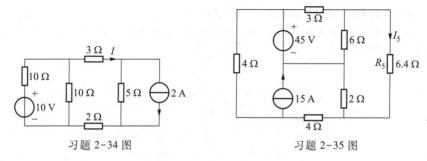

习题 2-34 图　　　　　　　　习题 2-35 图

2-36 试求习题 2-36 图所示电路的戴维宁等效电路和诺顿等效电路。

2-37 试求习题 2-37 图所示电路的戴维宁等效电路。

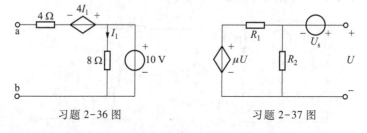

习题 2-36 图　　　　　　　　习题 2-37 图

2-38 用戴维宁定理求习题 2-38 图所示电路中 5 Ω 电阻的端电压 U_{ab}。

2-39 电路参数如习题 2-39 图所示。若 R 电阻可变,当 R 为何值时,它可获得最大功率? 其最大功率是多少?

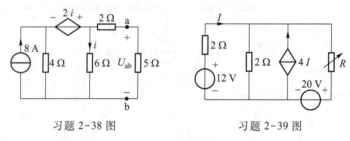

习题 2-38 图　　　　　　　　习题 2-39 图

2-40 试求习题 2-40 图所示双口网络的 g、r 参数。

2-41　试求习题 2-41 图所示双口网络的 g 参数。

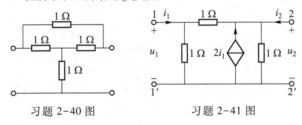

习题 2-40 图　　　　　　　习题 2-41 图

2-42　试求习题 2-42 图所示双口网络的 r 参数。

2-43　试求习题 2-43 图所示双口网络的 h 参数。

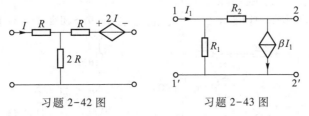

习题 2-42 图　　　　　　　习题 2-43 图

2-44　已知双口网络的参数如下,试分别求它们的等效电路(只求一种)。(1) $r_{11} = \dfrac{60}{9}$ Ω, $r_{12} = \dfrac{40}{9}$ Ω, $r_{21} = \dfrac{40}{9}$ Ω, $r_{22} = \dfrac{100}{9}$ Ω; (2) $g_{11} = 5$ S, $g_{12} = -2$ S, $g_{21} = 0$, $g_{22} = 3$ S; (3) $h_{11} = 40$ Ω, $h_{12} = 0.4$, $h_{21} = 10$, $h_{22} = 0.1$ S。

2-45　用 Multisim 13 求习题 2-45 图所示电路的电流 I。

2-46　在习题 2-46 图所示电路中,负载电阻 R_L 可调节,试用 Multisim 13 分析 R_L 等于多少时,负载可获得最大功率,并求此功率的量值。

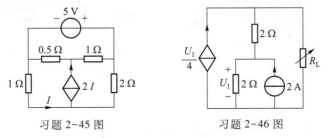

习题 2-45 图　　　　　　　习题 2-46 图

自 测 题 一

一、填空题

1. 电桥电路如图 1-1 所示,开关 S 合上时,$R_{ab} = $ _____;开关 S 打开时,$R_{ab} = $ _____。此时的电桥称为_____电桥。

2. 图 1-2(a)所示线性有源电阻网络的伏安特性如图 1-2(b)所示,则其开路电压 $U_{OC} = $ _____;

短路电流 I_{sc} = _____;等效电阻 R_{eq} = _____。

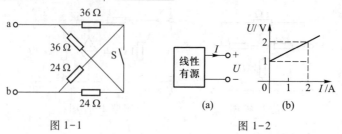

图 1-1　　　　　　　　　图 1-2

3. 在图 1-3 所示电路中,受控电流源两端电压 u = _____;受控电流源的功率为 _____ W;电压源的功率为 _____;产生功率的元件为 _____。

4. 在图 1-4 电路中,开关 S 打开时,电位 V_A = _____;开关 S 闭合时,电位 V_A = _____。

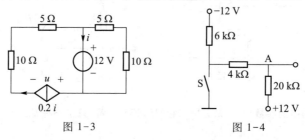

图 1-3　　　　　　　　　图 1-4

5. 电路如图 1-5 所示,已知 $\alpha = 3, R_1 = R_2 = R_3 = 1\ \Omega$,输入电阻 R_{in} = _____。

6. 电路如图 1-6 所示,已知电阻 R 消耗的功率为 2 W,则 R = _____ 或 R = _____。

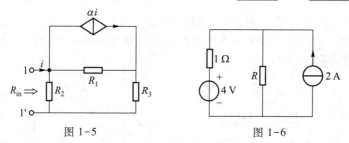

图 1-5　　　　　　　　　图 1-6

二、计算题

1. 求图 1-7 所示电路各元件的功率,并说明是吸收功率还是产生功率。

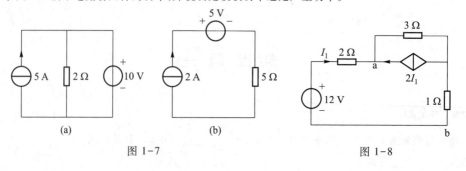

(a)　　　　　　　　(b)

图 1-7　　　　　　　　　图 1-8

2. 利用电源的等效变换,求图 1-8 所示电路中的 U_{ab}。

3. 电路如图 1-9 所示,已知 $I_1>0$,要求 2 Ω 电阻消耗的功率不超过 50 W,试求 r 值。

4. 用节点电压法求图 1-10 所示电路电压 U。

5. 列写图 1-11 所示电路的网孔电流方程和节点电压方程。

6. 试求图 1-12 所示网络的戴维宁等效电路。

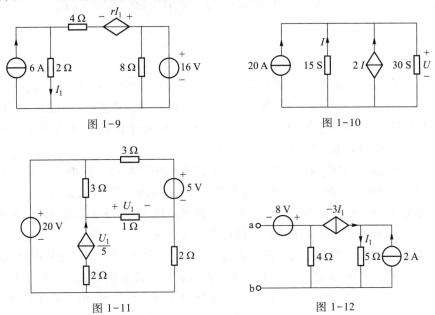

图 1-9　　　　　　　　　　　　　　　　图 1-10

图 1-11　　　　　　　　　　　　　　　　图 1-12

7. 在图 1-13 所示电路中,测得线性有源二端网络 N_s 的端口电压 $U=12.5$ V[参见图 1-13(a)];当二端网络 N_s 端口短路时,测得短路电流 $I=10$ A[参见图 1-13(b)]。求从线性二端网络 N_s 的 a、b 端看进去的戴维宁等效电路。

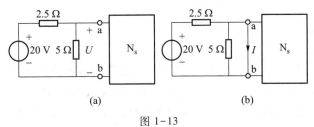

(a)　　　　　　　　　　　　　　(b)

图 1-13

8. 电路如图 1-14 所示。(1) 求电路中的电流 I;(2) 若 R_L 电阻可变,则 R_L 为何值时,它可获得最大功率? (3) 求最大功率 P_{Lm}。

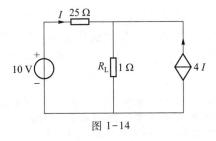

图 1-14

第三章　动态电路的时域分析法

前面讨论了由独立源、受控源和电阻元件构成的电阻电路。实际上,在许多电路中,除了上述元件外,还常用到电容元件和电感元件。与电阻元件消耗能量不同,电容元件和电感元件不消耗能量,而是储存能量,称为储能元件。这两种元件的电压、电流关系都不是代数形式,而是微分或积分形式,故又称为动态元件。

含有动态元件的电路称为动态电路,这类电路的激励与响应之间的关系是用微分方程来描述的,所以,对动态电路的分析要涉及对微分方程的求解。如果动态电路是只含一个动态元件的线性时不变电路,则用线性一阶微分方程来描述,称为一阶电路。而包含两个动态元件,且用二阶微分方程来描述的动态电路称为二阶电路。

本章讨论线性、时不变动态电路的经典分析方法。主要介绍一阶电路的零输入响应、零状态响应和全响应,其中,重点介绍一种分析一阶电路的简便实用方法——三要素法。

与分析电阻电路一样,两类约束即电路的拓扑约束和元件约束,仍然是分析动态电路的基本依据。

§3-1　动 态 元 件

一、电容元件[①]

电容元件也是一种集总电路元件,是从实际电容器抽象出来的模型。实际电容器通常由两块金属极板中间充满绝缘介质(如空气、云母、绝缘纸等)构成。当电容器两端加电压后,极板上聚集着等量异号电荷,于是在两块极板间形成一个电场而储存电场能量。当忽略电容器的漏电阻和介质损耗时,可将其抽象为只具有储存电场能量特性的电容元件。

1. 电容元件

一个二端元件,如果在任一时刻 t,它所储存的电荷 q 同它的端电压 u 之间为代数关系,亦即这一关系可由 q-u 平面上一条曲线确定,则此二端元件称为电容元件,这条曲线称为电容元件的特性曲线。如果 q-u 平面上的特性曲线是通过原点的一条直线,且不随时间而变化[参见图 3-1-1(a)],则此电容元件称为线性时不变电容元件;反之,如果不是通过原

---

① **重点提示**:电容元件是实际电容器的模型。电容元件称为动态元件,是记忆元件、储能元件、无源元件,请读者分别理解它们的含义。电容元件有隔断直流的作用;在电容电流为有限值的条件下,电容电压不能跃变,这个特性是本章分析动态电路的一个重要依据。需熟练掌握电容元件的 VAR 及能量计算等内容。

点的一条直线[参见图 3-1-1(b)],则此电容元件称为非线性电容元件。二极管中的变容二极管就是一种非线性电容元件。本书只介绍线性时不变电容元件。图 3-1-1 所示特性曲线中的 q、u 是采用一致的参考方向,即在假定为正电位的极板上的电荷也为正。

线性时不变电容元件在电路图中的符号如图 3-1-2 所示。

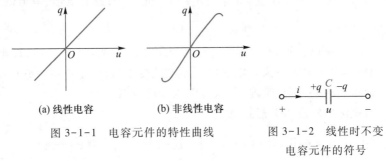

(a) 线性电容   (b) 非线性电容

图 3-1-1 电容元件的特性曲线   图 3-1-2 线性时不变
电容元件的符号

2. 电容元件的 VAR

电容元件虽然是根据 q-u 关系定义的,但电路元件的 VAR 是电路分析的基本依据之一,故电容元件的 VAR 是人们感兴趣的问题。

由图 3-1-1(a)可知,线性时不变电容元件的 q 与 u 的关系式为

$$q = Cu \tag{3-1-1}$$

式中,比例常数 C 称为电容,它就是图 3-1-1(a)中直线的斜率,是表征电容元件的参数。在国际单位制(SI)中,当 q 的单位为库(C),u 的单位为伏(V)时,电容 C 的单位为法[拉](F)。实际电容器的电容量通常很小[1],故常用较小的微法(μF)或皮法(pF)为单位。$1\ \mu F = 10^{-6}\ F$,$1\ pF = 10^{-12}\ F$。习惯上,也常把电容元件简称为电容,因此,电容这个名词及其相应符号 C,既表示为电容元件,又表示为电容元件的参数(电容值)。并且,除非特别指明,电容均指非时变线性电容元件。

当电容的端电压 u 发生变化时,极板上的电荷 q 也相应发生变化,因而在导线上形成电流[2],当 u、i 为一致的参考方向时(参见图 3-1-2),则有

$$i = \frac{dq}{dt}$$

将式(3-1-1)代入上式,得

$$i = \frac{d(Cu)}{dt} = C\frac{du}{dt} \tag{3-1-2a}$$

这就是电容元件的 VAR。

电容元件的 VAR 与电阻元件的 VAR 不同,是导数关系,而不是代数关系,因此,电容元件是动态元件。

当电容中的 u、i 参考方向不一致时,则电容元件的 VAR 为

---

① 现采用碳纳米管可制作超大容量电容器,可望达数百法。
② 按照电磁场理论,电流是以位移电流的形式通过介质的。介质中的电场强度发生变化时才能产生位移电流。

$$i = -C \frac{\mathrm{d}u}{\mathrm{d}t} \tag{3-1-2b}$$

由式(3-1-2)表明,i 与 u 的变化率成正比,只有当电容元件的端电压随时间变化时,电容中才有电流通过。如果电压不变化(直流电压),即 $\frac{\mathrm{d}u}{\mathrm{d}t} = 0$,虽有电压,电流却为零,这时电容相当于开路。所以电容元件有隔断直流的作用。

由式(3-1-2)还可以看到,对于有限电流值来说,电容电压不能跃变,即电容电压变化需要时间,否则电容电流为无穷大。电容电压不能跃变的特性,是本章中分析动态电路的一个重要依据。但是,在某些理想情况下,电容电压却可以跃变①。

式(3-1-2)也可以写成积分形式,即

$$u = \frac{1}{C} \int_{-\infty}^{t} i(\tau)\,\mathrm{d}\tau = \frac{1}{C} \int_{-\infty}^{t_0} i(\tau)\,\mathrm{d}\tau + \frac{1}{C} \int_{t_0}^{t} i(\tau)\,\mathrm{d}\tau$$

$$= u(t_0) + \frac{1}{C} \int_{t_0}^{t} i(\tau)\,\mathrm{d}\tau \tag{3-1-3}$$

式(3-1-3)说明在某一时刻 t 的电容电压不仅和 $[t_0, t]$ 时间间隔内的电流有关,还和电容的初始电压 $u(t_0)$ 有关,亦即和电流作用的全部历史有关。因此,电容元件具有"记忆"电流的作用,电容元件是一种"记忆元件"。电阻元件却没有这种记忆作用,因为电阻元件的电压完全由同一时刻的电流而决定。

3. 电容元件的电场能量

当 u、i 为一致的参考方向时,电容元件的瞬时功率计算式为

$$p = ui = Cu \frac{\mathrm{d}u}{\mathrm{d}t} \tag{3-1-4}$$

在时间间隔 $[t_0, t]$ 内,电容电压由 $u(t_0)$ 变化到 $u(t)$,则电容元件吸收的能量为

$$w(t) = \int_{t_0}^{t} p(\tau)\,\mathrm{d}\tau = \int_{u(t_0)}^{u(t)} Cu\,\mathrm{d}u$$

$$= \frac{1}{2} C [u^2(t) - u^2(t_0)] \tag{3-1-5}$$

此能量全部储存在电容两极板的电场中。

如果初始时刻 $u(t_0) = 0$(即初始时刻电容未充电),则

$$w(t) = \frac{1}{2} Cu^2(t) \tag{3-1-6}$$

式(3-1-6)表明,电容在某一时刻储存的电场能量与该时刻端电压的平方成正比。当电压增加时,电容从电源吸收能量,储存在电场中的能量增加,这个过程称为电容的充电过程。当电压减小时,电容向外电路释放电场能量,这个过程称为电容的放电过程。电容元件在充、放电过程中并不消耗能量,因此,电容元件与电阻元件不同,它是一种储能元件。同时,

---

① 参见主要参考文献[3]第九章。

由于电容元件不产生能量,故亦属于无源元件。

电容元件除了作为实际电容器的模型外,也是电路中电容效应的模型。电容效应在许多场合存在,例如在二极管和三极管的电极之间,在电子仪器中的导线和金属外壳之间,甚至在一个线圈的匝与匝之间等,都存在着电容。虽然它们的数值都较小,但在工作频率很高时,一般不应忽略它们的作用。

4. 电容器的使用常识

电容器在电子、通信、计算机、控制系统和电力等工程中被广泛应用,是最基础也是最重要的元器件之一,基本上在所有的电子设备中,小到闪盘、数码相机,大到航天飞机、火箭中都可以见到它的身影。电容器的主要用途有:隔直流、耦合、旁路、滤波、振荡、调谐、储能和无功功率补偿等。

电容器的种类很多,按结构形式分为固定电容器、半可变(微调)电容器和可变电容器。电容器按其介质材料分类,可分为空气电容器、纸介电容器、云母电容器、瓷介电容器、电解电容器、玻璃釉电容器等。图3-1-3展示了几种常用电容器的外形图。在电容器中,只有电解电容器为有极性电容器,它的两条引线,分别引出正极和负极,在使用时不能接错,否则将失去电容器的功能。现在已经可以制造无极性的电解电容器,主要用于交流电路。电解电容器的容量可以做得非常大(几万 μF 甚至几 F),一般 1 μF 以上的电容均为电解电容。贴片电容器与贴片电阻器一样,是一类无引线或短引线的微型元器件,可直接安装于印制电路板表面,在一些微型电子设备中得到广泛应用。

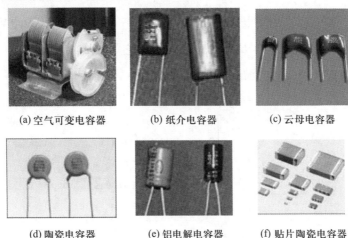

(a) 空气可变电容器　　　(b) 纸介电容器　　　(c) 云母电容器

(d) 陶瓷电容器　　　(e) 铝电解电容器　　　(f) 贴片陶瓷电容器

图 3-1-3　几种常用电容器的外形图

电容器的型号命名,与电阻器基本相同,一般也由四部分组成,第一个字母表示产品的名字,电容器用 C;第二个字母表示介质所用的材料,例如:Y(云母)、Z(纸介);第三部分和第四部分分别表示分类和序号,一般用数字表示。

在选用电容器时,除了选择合适的电容值外,还需注意实际工作电压与电容器的额定电压是否相等。如果实际工作电压过高,介质就会被击穿,电容器就会损坏。电容器上所标明的额定电压,通常指的是直流电压。如果电容器工作在交流电路中,应使交流电压的最大值不超过它的额定电压。

　　电容器的本质特征是储存电场能量,因此在一般的情况下,用电容元件 C 作为它的理想化模型。但是,若电容器中的介质绝缘性能不太好时,需计其损耗(包括漏电损耗和在交流电压作用下的极化损耗)时,这时电容器的模型除了电容元件 C 外,还应增添电阻元件 R,由于电容器的能量损耗与外加电压直接相关,因此用并联电阻 R 来表示,如图3-1-4所示。

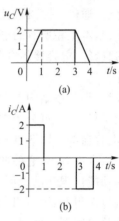

(a)

(b)

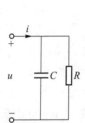

图 3-1-4　电容器的非理想化模型　　　　图 3-1-5　例 3-1-1 图

　　例 3-1-1　　若电容 C 的端电压 u_C 的波形如图 3-1-5(a)所示,设电容的 u 和 i 为一致参考方向,已知 $C=1$ F,求电容 C 中电流 i_C,并画出它的波形。

　　解　　根据图 3-1-5(a)先写出 u_C 的函数式如下:

$$u_C(t)=\begin{cases}0 & t<0 \\ 2t & 0\leqslant t\leqslant 1\text{ s} \\ 2\text{V} & 1\text{ s}\leqslant t\leqslant 3\text{ s} \\ (8-2t) & 3\text{ s}\leqslant t\leqslant 4\text{ s} \\ 0 & t\geqslant 4\text{ s}\end{cases}$$

根据 $i=C\dfrac{\mathrm{d}u_C}{\mathrm{d}t}$,求得 $i_C(t)$ 的表达式如下

$$i_C(t)=\begin{cases}0 & t<0 \\ 2\text{A} & 0<t<1\text{ s} \\ 0 & 1\text{ s}<t<3\text{ s} \\ -2\text{A} & 3\text{ s}<t<4\text{ s} \\ 0 & t>4\text{ s}\end{cases}$$

其波形如图 3-1-5(b)所示。

　　【评析】通过本例题可见,电容的电压波形和电流波形是不相同的,这一情况和电阻元件所表现的情况

完全不同。在电容元件中,当两端电压不变时,虽有电压,但电容中并没有电流,这是由于电容元件的 VAR 为微分(积分)关系;而电阻元件两端只要有电压(不论是否变化),电阻中就一定有电流,这是由于电阻元件的 VAR 为代数关系。

思考与练习题

3-1-1 电容元件的主要物理特性有哪些?电阻元件有这些特性吗?为什么?

3-1-2 (选择填空)在电路中,若电容元件两端的电压为零,则通过它的电流(   )。

(A. 为零; B. 不能确定)

[B]

3-1-3 已知电容 $C = 8\ \mu F$,电容的端电压为 $u = 100e^{-100t}\ mV$, u、i 的参考方向一致,求电容电流 i,并指出其实际方向。

$[-80e^{-100t}\ \mu A]$

3-1-4 若要购置一个实际的电容器,至少应提供哪些参数?

二、电感元件[①]

电感元件也是一种集总电路元件,是从实际电感器抽象出来的模型。实际电感器通常由导线绕成的线圈制成(参见图 3-1-6),故电感器又称电感线圈,如电子电路中的扼流线圈等。当电感线圈中通电流后,将产生磁通 Φ,在其内部和周围建立磁场,从而储存磁场能量。当忽略导线电阻及线圈匝与匝之间的电容时,可将其抽象为只具有储存磁场能量特性的电感元件。

若线圈有 N 匝,则电流产生的总磁通为 $N\Phi$,称为磁链 Ψ,即 $\Psi = N\Phi$,单位与磁通一样。

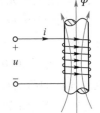

图 3-1-6 电感线圈

1. 电感元件

一个二端元件,如果在任一时刻 t,它的磁链 Ψ 和它的电流 i 之间存在代数关系,亦即这一关系可由 Ψ-i 平面上的一条曲线所确定,则此二端元件称为电感元件,这条曲线称为电感元件的特性曲线。如果 Ψ-i 平面上的特性曲线是通过原点的一条直线,且不随时间而变化,则此电感元件称为线性时不变电感元件[参见图 3-1-7(a)];反之,如果不是通过原点的一条直线,则此电感元件称为非线性电感元件[参见图 3-1-7(b)]。空心电感线圈可用线性电感元件来表征,具有铁心的电感元件一般要用非线性元件来表征,这是因为铁心的导磁性能是非线性的。本书只介绍线性时不变电感元件。图 3-1-7 所示的特性曲线的 Ψ、i 的参考方向符合右手螺旋定则。

线性时不变电感元件在电路图中的符号,如图 3-1-8 所示。

---

① **重点提示**:电感元件是实际电感器的模型。电感元件称为动态元件,是记忆元件、储能元件、无源元件,请读者分别理解它们的含义。对直流而言,电感元件相当于短路;在电感电压为有限值的条件下,电感电流不能跃变,这个特性是本章分析动态电路的一个重要依据。需熟练掌握电感元件的 VAR 及能量计算等内容。

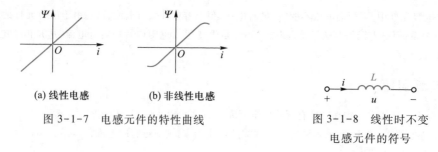

(a) 线性电感　　　　(b) 非线性电感

图 3-1-7　电感元件的特性曲线

图 3-1-8　线性时不变
电感元件的符号

2. 电感元件的 VAR

与电容元件一样,电感元件的 VAR 也是人们感兴趣的问题。

由图 3-1-7(a)可知,线性时不变电感元件 Ψ 与 i 的关系式为

$$\Psi = Li \tag{3-1-7}$$

式中,比例常数 L 称为电感或自感[1],它就是图 3-1-7(a)中直线的斜率,是表征电感元件的参数。在国际单位制(SI)中,当 Ψ 的单位为韦(Wb),i 的单位为安(A)时,电感 L 的单位为亨[利](H)。较小的单位为毫亨(mH)、微亨(μH)。1 mH = 10^{-3} H、1 μH = 10^{-6} H。习惯上,也常把电感元件简称为电感。因此,电感这个名词及其相应的符号 L,既表示为电感元件,又表示为电感元件的参数(电感值)。并且,除非特别指明,电感均指非时变线性电感元件。

当电感中的电流 i 发生变化时,它的磁链 Ψ 也相应地发生变化,由电磁感应定律可知,电感元件的两端将产生感应电压 u,若选定感应电压 u 的参考方向与磁链 Ψ 的参考方向也满足右手螺旋定则,则有

$$u = \frac{\mathrm{d}\Psi}{\mathrm{d}t} \tag{3-1-8}$$

将式(3-1-7)代入式(3-1-8),得

$$u = \frac{\mathrm{d}(Li)}{\mathrm{d}t} = L\frac{\mathrm{d}i}{\mathrm{d}t} \tag{3-1-9a}$$

这就是电感元件的 VAR,式中的感应电压 u 称为自感电压[2]。电感元件的 VAR 是导数关系,因此,称电感元件是动态元件。

由于 Ψ 和 i 的参考方向符合右手螺旋定则,u 和 Ψ 的参考方向也符合右手螺旋定则,故式(3-1-9a)中的 u、i 为一致参考方向,如图 3-1-8 所示;若 u、i 的参考方向不一致时,则电感元件的 VAR 为

$$u = -L\frac{\mathrm{d}i}{\mathrm{d}t} \tag{3-1-9b}$$

---

[1]　为了与 §5-1 的内容衔接,宜称自感。

[2]　式(3-1-9)的两个式子正确反映了楞次定律,例如对于式(3-1-9a),当电流增加时,感应电压为正,其作用是阻碍电流的增加;反之,感应电压为负,其作用是阻碍电流的减少。

由式(3-1-9)表明,u 与 i 的变化率成正比,只有当电感元件中的电流随时间变化时,才有感应电压;电流变化越大,则电压越大。如果电流不变化(直流电流),即 $\mathrm{d}i/\mathrm{d}t = 0$,虽有电流,电压却为零,这时电感相当于短路。

式(3-1-9)写成积分形式为

$$i = \frac{1}{L} \int_{-\infty}^{t} u(\tau)\mathrm{d}\tau = \frac{1}{L} \int_{-\infty}^{t_0} u(\tau)\mathrm{d}\tau + \frac{1}{L} \int_{t_0}^{t} u(\tau)\mathrm{d}\tau \tag{3-1-10}$$

$$= i(t_0) + \frac{1}{L} \int_{t_0}^{t} u(\tau)\mathrm{d}\tau$$

3. 电感与电容的对偶性

比较电容元件和电感元件的 VAR,不难发现,将式(3-1-2)和式(3-1-3)中的 i 换以 u,u 换以 i,将 C 换以 L,则得到式(3-1-9)和式(3-1-10);用类似的方法,也可将后式变换为前式。因此,电容和电感是对偶元件,利用它们的对偶关系,可以得到电感元件和电容元件相类似的几个性质:

(1)对于有限电压值来说,电感电流不能跃变[①]。它是本章中分析动态电路的一个重要依据。

(2)电感元件是一种"记忆元件",具有"记忆"电压的作用。

(3)电感元件是储能元件,它在某时刻储存的磁场能量为

$$w(t) = \frac{1}{2} L i^2(t) \tag{3-1-11}$$

(4)电感元件是无源元件。

4. 电感器的使用常识

电感器在电力、电子、通信、计算机、控制系统等工程中被广泛应用,它是构成振荡、调谐、耦合、滤波、储能、电磁偏转等电路的主要器件之一。此外,人们还利用电感的特性,制造了扼流圈、镇流器、变压器、互感器、继电器等。

电感器的种类很多,按结构形式分为空心电感器(空心线圈)与实心电感器(实心线圈);实心电感器是为了增加电感量、提升其他技术指标并缩小体积,将线圈绕制在铁心、磁心上。铁心材料主要有硅钢片、坡莫合金等;磁心材料一般采用镍锌铁氧体(NX 系列)或锰锌铁氧体(MX 系列)等。图 3-1-9 展示了几种电感器的外形图。贴片电感器与贴片电容器一样,是一类无引线或短引线的微型元器件,可直接安装于印制电路板表面。

电感器的型号命名一般也由四部分组成,第一部分表示产品的名字,用字母表示,电感器用 L;第二部分表示特征,用字母表示,其中 G 表示高频;第三部分表示型式,用字母表示,其中 X 表示小型;第四部分表示代号,用字母表示。

在选用电感器时,除了选择合适的电感量和工作频率外,还需注意实际的工作电流不能超过电感器的额定电流。否则电流过大,线圈会由于发热而被烧毁。

电感器的本质特征是储存磁场能量,因此在一般的情况下,它可用电感元件 L 作为它的

---

① 在某些理想情况下,电感电流可以跃变,参见主要参考文献[3]第九章。

(a) 空心电感器　　　　　　　　　(b) 铁心电感器

(c) 磁心电感器　　　　　　　　　(d) 贴片电感器

图 3-1-9　几种电感器的外形图

理想化模型。但若计及电感线圈导线电阻的能量损耗时,这时电感器的模型可用电感元件 L 和电阻元件 R 的串联来表示,如图 3-1-10 所示。此处用串联电阻 R 来表征电感器的能量损耗,是因为该损耗主要取决于电感器中流过的电流。

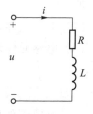

图 3-1-10　电感器的非理想化模型

例 3-1-2　已知通过电感 L 的电压 u 的波形,如图 3-1-11(a)所示。设电感的 u 和 i 为一致参考方向,且 $L = 1$ H,$i(0) = 0$,求电感 L 中电流 i,并画出它的波形。

解　根据图 3-1-11(a),先写出 u 的函数式如下:

$$u = \begin{cases} 2\text{ V} & 0 < t < 1\text{ s} \\ -2\text{ V} & 1\text{ s} < t < 2\text{ s} \\ 2\text{ V} & 2\text{ s} < t < 3\text{ s} \end{cases}$$

由式(3-1-10)求得 i 的表达式如下:

在 $0 \leqslant t \leqslant 1$ s 期间内,因 $i(0) = 0$,得

$$i(t) = \int_0^t 2\mathrm{d}\tau = 2t$$

则

$$i(1) = 2\text{ A}$$

在 1 s $\leqslant t \leqslant 2$ s 期间内,因 $i(1) = 2$ A,得

$$i(t) = i(1) + \int_1^t -2\mathrm{d}\tau = (4 - 2t)$$

则

$$i(2) = 0\text{ A}$$

在 2 s $\leqslant t \leqslant 3$ s 期间内,因 $i(2) = 0$ A,得

$$i(t) = i(2) + \int_2^t 2\mathrm{d}\tau = (2t - 4)$$

电流 i 的波形如图 3-1-11(b)所示。

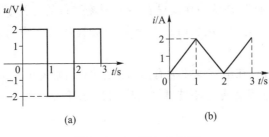

(a)　　　　(b)

图 3-1-11　例 3-1-2 图

　　【评析】由于电感元件的 VAR 与电容元件一样,为微分(积分)关系,故电感元件的电流波形和电压波形是不相同的。在电感元件中,由电压求电流需利用其积分关系,在求解过程中,注意电流的初始值,即某一时刻 t 的电感电流不仅和 $[t_0, t]$ 时间间隔内的电压有关,还和电感的初始电流 $i(t_0)$ 有关,也就是和电压作用的全部历史有关。因此,电感元件具有"记忆"电压的作用,电感元件是一种"记忆元件"。利用对偶关系,可知电容元件也是一种"记忆元件",具有"记忆"电流的作用。

思考与练习题

3-1-5　电感元件的主要物理特性有哪些? 如何理解这些性质?

3-1-6　(判断正误)当电感元件两端的电压为零,电感中没有储存的磁场能量。

3-1-7　已知电感 $L = 1$ H,流过直流电流 $I = 2$ A,试求电感两端的电压 u 和储存的能量 W。

[0,2 J]

3-1-8　若要购置一个实际的电感器,至少应提供哪些参数?

§3-2　电压和电流初始值的计算

一、换路定则

　　凡电路中的响应(电压、电流)或是恒定不变,或是按周期规律变化,则称电路的这种工作状态为稳定状态,简称稳态。前面讨论的电阻电路就是工作在这种状态之中。而动态电路的一个特征是当电路的结构或元件的参数发生变化时,可能使电路改变原来的工作状态(稳态),转变到另一个工作状态(稳态)。由于动态电路中存在储能元件,这种转变通常不可能在瞬刻完成,需要经历一个过程,在工程上称为过渡过程,从工程角度讲这个过程是短暂的,故称为暂态过程。例如,图 3-2-1 所示电路,开关 S 与"2"合上时,电容电压 $u_C = 0$,这是一种稳态。当开关 S 由"2"合向"1",经过一定时间后,电容电压 $u_C = U_S$,电路就处于新的稳态。电容电压从 $u_C = 0$ 变化到 U_S 需要一个过程,这个过程就是暂态过程。

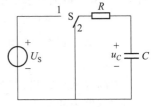

图 3-2-1　电路暂态
与稳态的示例图

　　动态电路稳态的改变,是由电路的接通、断开、改接及电路元件的突然变化等原因引起的,这些变化统称为"换路",并认为换路是在 $t=0$ 时刻进行的。为了叙述方便,把换路前的一瞬间记为 $t=0_-$,它表示时间 t 从负值趋近于零;把换路后的一瞬间记为 $t=0_+$,它表示时间 t 从正值趋近于零。

　　在§3-1中曾经指出,在电容电流为有限值的条件下,电容电压 u_C 不能跃变;在电感电压为有限值的条件下,电感电流 i_L 不能跃变,即在换路瞬间,u_C 和 i_L 保持不变,用数学式表述为

$$\left. \begin{array}{l} u_C(0_+) = u_C(0_-) \\ i_L(0_+) = i_L(0_-) \end{array} \right\} \qquad (3-2-1)$$

式(3-2-1)称为换路定则。

　　应当指出,虽然电容电压、电感电流不能跃变,但电容电流、电感电压以及电阻的电压和电流是可以跃变的。上述变量是否跃变,需视具体电路而定,它们不遵循式(3-2-1)的规律。而且,换路定则仅在电容电流 i_C 和电感电压 u_L 为有限值的条件下才成立。在某些理想情况下,电容电流和电感电压可以是无限大,这时电容电压和电感电流将发生跃变,$u_C(0_+)$、$i_L(0_+)$ 将用其他方法确定[①]。

　　综上所述,由于在动态电路中含有动态元件,它们是储能元件,在换路时其能量不能跃变,就有可能产生暂态过程。电阻元件是耗能元件,在纯电阻电路中各部分的电压和电流是可能跃变的,换路时不会产生暂态过程。所以,可以说,换路是电路产生暂态过程的外因,而电路中含有储能元件是引起暂态过程的内因。

　　研究暂态过程具有重要的实际意义。例如,在电子电路中广泛应用的 RC 电路的充、放电过程,就是工作在暂态之中。分析电路的暂态过程,还可以了解电路中可能出现的过电压和大电流,以便采取适当措施防止电器设备受到破坏。

二、初始值的计算

　　分析线性时不变动态电路的暂态过程的方法之一,是根据 KCL、KVL 和元件的 VAR 建立以 u 或 i 为求解变量的线性常微分方程,在已知求解变量的初始条件的情况下,求解常微分方程,从而得到所求的电压或电流的变化规律。这是一种直接求解微分方程的方法,称为经典法。因为它是以时间 t 作为自变量来分析电路中响应和激励关系的方法,所以又称为时域分析法。在本书的附录Ⅱ中,还将介绍动态电路暂态过程的另一种分析方法——复频域分析法。

　　由高等数学已知,求解微分方程时,为了使方程有确定的解,必须根据给定的初始条件来确定解答中的积分常数。在暂态电路分析中,设描述动态电路的微分方程为 n 阶,则电路微分方程的初始条件是相应求解变量及其一阶至 $(n-1)$ 阶导数在 $t=0_+$ 时的值,这些值也称为初始值。因此,初始值的计算,在暂态分析中是十分重要的。本节只讨论一阶电路的初始

---

　　① 　参见主要参考文献[3]§9-3。

值计算。

初始值计算的一般方法是:根据 $t=0_-$ 时刻的等效电路,求出 $u_c(0_-)$、$i_L(0_-)$,则初始值 $u_c(0_+)$、$i_L(0_+)$ 便可以通过换路定则求出。至于电路中其他电压和电流的初始值[例如 $i_c(0_+)$、$u_L(0_+)$、$i_R(0_+)$、$u_R(0_+)$],可根据 $t=0_+$ 时刻的等效电路,应用两类约束求出。其具体计算步骤,通过例题说明如下。

例 3-2-1　电路如图 3-2-2(a)所示,$t=0$ 时开关 S 闭合,开关 S 闭合前电路已处于稳定状态,求开关 S 闭合后各元件的 $u_c(0_+)$、$i_L(0_+)$ 和 $i_1(0_+)$、$i_2(0_+)$、$i_c(0_+)$、$u_L(0_+)$。

解　第一步:绘出开关 S 闭合前 $t=0_-$ 时的等效电路,计算 $u_c(0_-)$、$i_L(0_-)$。

根据已知条件,电路在换路前已处于直流稳态,由§3-1 可知,电容支路中电流为零 $\left(i_c=C\dfrac{\mathrm{d}u_c}{\mathrm{d}t}=0\right)$,电感两端电压为零 $\left(u_L=L\dfrac{\mathrm{d}i_L}{\mathrm{d}t}=0\right)$,故在 $t=0_-$ 时的等效电路中,电容代之以开路,电感代之以短路,其他电路元件不变,得 $t=0_-$ 时的等效电路如图 3-2-2(b)所示。由图可知

$$u_c(0_-)=10\times\frac{2\times10^3}{(3+2)\times10^3}\ \mathrm{V}=4\ \mathrm{V}$$

$$i_L(0_-)=\frac{10}{(3+2)\times10^3}\ \mathrm{A}=2\ \mathrm{mA}$$

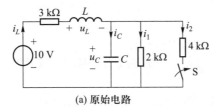

(a) 原始电路

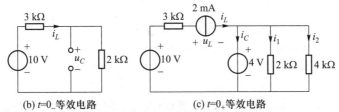

(b) $t=0_-$ 等效电路　　　　　(c) $t=0_+$ 等效电路

图 3-2-2　例 3-2-1 图

第二步:绘出开关 S 闭合后瞬间 $t=0_+$ 时的等效电路。

由换路定则可知

$$u_c(0_+)=u_c(0_-)=4\ \mathrm{V}$$

$$i_L(0_+)=i_L(0_-)=2\ \mathrm{mA}$$

因此,在 $t=0_+$ 时刻,运用置换定理,将电路中电容代之以电压源,其大小和参考方向与 $u_c(0_+)$ 相同[若 $u_c(0_+)=0$,则电容代之以短路];将电路中电感代之以电流源,其大小和参

考方向与 $i_L(0_+)$ 相同［若 $i_L(0_+)=0$，则电感代之以开路］，其他电路元件不变，得 $t=0_+$ 时的等效电路如图 3-2-2(c) 所示。

第三步：根据图 3-2-2(c) 电路，运用电阻电路的分析方法，计算 $t=0_+$ 时所需各电压值、电流值，即

$$i_1(0_+) = \frac{4}{2 \times 10^3} \text{ A} = 2 \text{ mA}$$

$$i_2(0_+) = \frac{4}{4 \times 10^3} \text{ A} = 1 \text{ mA}$$

$$i_C(0_+) = i_L(0_+) - i_1(0_+) - i_2(0_+) = (2-2-1) \text{ mA} = -1 \text{ mA}$$

$$u_L(0_+) = (-3 \times 10^3 \times 2 \times 10^{-3} + 10 - 4) \text{ V} = 0$$

【评析】$u_C(0_+) = u_C(0_-)$，$i_L(0_+) = i_L(0_-)$ 仅在电容电流 i_C 和电感电压 u_L 为有限值的情况下才能成立。在某些理想情况下电容电流和电感电压可为无限大，这时电容电流和电感电压将发生跃变，$u_C(0_+)$ 和 $i_L(0_+)$ 的确定要用其他方法。

从以上例子可以看出，为了求出各变量的初始值，第一步只需计算 $u_C(0_-)$ 或 $i_L(0_-)$ 的值，而无需计算 $t=0_-$ 时其他的电压与电流值，因为只有 u_C 和 i_L 不能跃变，具有"承前启后"的作用。在动态电路中，各独立电容电压与各独立电感电流的初始值的集合称为电路的初始状态，它反映了电路初始时刻的储能状况。初始状态是动态电路中的一个很重要概念，它和输入一道，可以唯一地确定 $t \geq 0$ 任一时刻电路的响应。

思考与练习题

3-2-1 电路产生暂态过程的原因是什么？

3-2-2 在电路的暂态分析中，电容和电感有时看作开路，有时又看作短路，试说明作这样处理的条件和依据。

3-2-3 动态电路的初始状态与初始值是否相同？它们之间有什么联系和区别？

3-2-4 已知题 3-2-4 图所示电路中，$u_S = 10$ V，$u_C(0_-) = 0$，$i_L(0_-) = 0$。开关 S 原处于断开位置，如突然闭合，试问，$u_C(0_+) = ?$，$u_L(0_+) = ?$

[0，10 V]

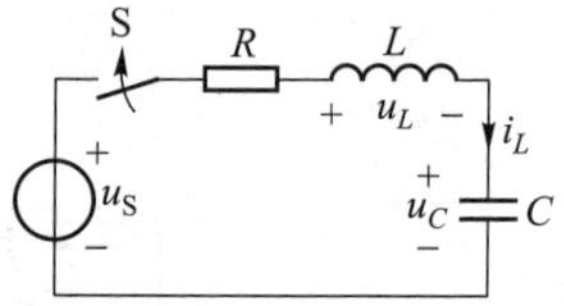

题 3-2-4 图

§3-3 一阶电路的零输入响应和零状态响应

动态电路换路后，没有外施激励，仅由电路中动态元件的初始储能引起的响应称为零输入响应。

动态电路在零初始状态下，即 $u_C(0_+) = u_C(0_-) = 0$，$i_L(0_+) = i_L(0_-) = 0$ 时，由外施激励引起的响应称为零状态响应。

以最简单的 RC 电路（含有一个电容和一个电阻的动态电路）和 RL 电路（含有一个电感和一个电阻的动态电路）为例，讨论一阶电路的零输入响应和零状态响应的分析方法，因为对于任何只含一个动态元件的复杂电路，均可运用戴维宁定理或诺顿定理等效为 RC 或

RL 这两种最简单的一阶电路。

一、一阶电路的零输入响应

1. RC 电路的零输入响应

在图 3-3-1 所示 RC 电路中,开关 S 闭合前,电容电压已充电至 U_0,即电压 $u_c(0_-) = U_0$,表示电容已储存电场能量。当开关闭合后,电容储存的能量将通过电阻以热能的形式释放出来,直到其电压 u_c 等于零,这个过程称为电容的放电过程。

设 $t = 0$ 时开关 S 闭合。按图 3-3-1 中所标明的电压和电流的参考方向,根据 KVL 可得

$$u_R - u_c = 0 \qquad (3-3-1)$$

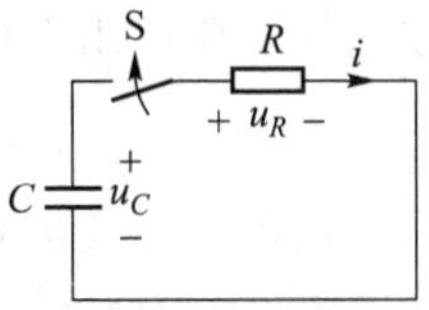

而根据元件的 VAR 可知

$$u_R = Ri$$

$$i = -C\frac{\mathrm{d}u_c}{\mathrm{d}t}$$

图 3-3-1　RC 电路的零输入响应

电容电流方程中出现负号是因为 u_c 与 i 的参考方向相反。

将上两式代入式(3-3-1),得

$$RC\frac{\mathrm{d}u_c}{\mathrm{d}t} + u_c = 0 \qquad t \geq 0 \qquad (3-3-2)$$

由换路定则得初始条件,有

$$u_c(0_+) = u_c(0_-) = U_0$$

式(3-3-2)是一阶线性齐次微分方程。由高等数学可知,此方程的通解形式为

$$u_c = Ae^{Pt} \qquad t \geq 0 \qquad (3-3-3)$$

其中,P 为特征方程的根,A 为积分常数。可以利用微分方程的特征方程和未知量 u_c 的初始条件分别求得,分析如下:

将式(3-3-3)代入式(3-3-2),得

$$(RCP + 1)Ae^{Pt} = 0$$

相应的特征方程为

$$RCP + 1 = 0$$

故特征方程的根为

$$P = -\frac{1}{RC}$$

令式(3-3-3)中的 $t = 0_+$,将初始条件 $u_c(0_+) = U_0$ 代入,可得

$$A = u_c(0_+) = U_0$$

将 P 和 A 的值代入式(3-3-3),求得满足初始条件的微分方程的解为

$$u_c = u_c(0_+)e^{-\frac{1}{RC}t} = U_0 e^{-\frac{1}{RC}t} \qquad t \geq 0 \qquad (3-3-4)$$

这就是零输入响应电容电压,即电容放电过程中电容电压 u_c 的表达式。

电路中的零输入响应电流为

$$i = -C\frac{\mathrm{d}u_C}{\mathrm{d}t} = -C\frac{\mathrm{d}}{\mathrm{d}t}(U_0\mathrm{e}^{\frac{1}{RC}t}) = -C\left(-\frac{1}{RC}\right)U_0\mathrm{e}^{\frac{1}{RC}t}$$

$$=\frac{U_0}{R}\mathrm{e}^{-\frac{1}{RC}t} \qquad\qquad\qquad t>0^① \qquad\qquad (3-3-5)$$

或
$$i = \frac{u_C}{R} = \frac{U_0}{R}\mathrm{e}^{-\frac{1}{RC}t} \qquad\qquad t>0$$

零输入响应电阻电压为

$$u_R = Ri = U_0\mathrm{e}^{-\frac{1}{RC}t} \qquad\qquad t>0 \qquad\qquad (3-3-6)$$

从以上三式可知,在零输入响应中,电路中各电压、电流都是按同样的指数规律衰减至零,这是因为储能元件的初始储能被电阻逐渐消耗转化为热能,直到消耗殆尽。衰减的快慢取决于指数中的 RC 的大小。令

$$\tau = RC \qquad\qquad\qquad (3-3-7)$$

τ 越大,u_C 衰减越慢;反之,τ 越小,u_C 衰减越快。由于

$$[\tau] = [R][C] = \text{欧} \cdot \frac{\text{库}}{\text{伏}} = \text{欧} \cdot \frac{\text{安}\cdot\text{秒}}{\text{伏}} = \text{秒}$$

具有时间的量纲,所以把 τ 称为一阶电路的时间常数。时间常数 τ 仅仅由电路的结构和元件参数的大小决定,而与电路的储能状况无关。

将式(3-3-7)代入式(3-3-4)、式(3-3-5)和式(3-3-6)可得

$$u_C = U_0\mathrm{e}^{-\frac{t}{\tau}} \qquad t\geqslant 0 \qquad\qquad (3-3-8)$$

$$i = \frac{U_0}{R}\mathrm{e}^{-\frac{t}{\tau}} \qquad t>0 \qquad\qquad (3-3-9)$$

$$u_R = U_0\mathrm{e}^{-\frac{t}{\tau}} \qquad t>0 \qquad\qquad (3-3-10)$$

u_C、u_R 和 i 随时间变化的曲线,如图 3-3-2(a)、(b)所示。

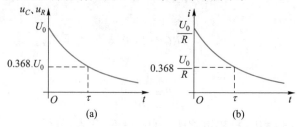

图 3-3-2　零输入响应中 u_C、u_R、i 随时间变化的曲线

由式(3-3-8)可得

---

① 对于在 $t=0$ 时发生跃变的变量,其定义的时间域为 $t>0$,如式(3-3-5)中的 i;对于在 $t=0$ 时连续的变量,其定义的时间域为 $t\geqslant 0$,如式(3-3-4)中的 u_C。以下均同。

$$t = 0 \text{ 时}, u_C(0) = U_0 e^0 = U_0$$

$$t = \tau \text{ 时}, u_C(\tau) = U_0 e^{-1} = 0.368\ U_0$$

所以,时间常数 τ 是电路零输入响应衰减到初始值36.8%所需要的时间。对于 $t = 2\tau$, $t = 3\tau$, $t = 4\tau \cdots$ 时刻的电容电压值,同样可以计算得出,列于表 3-3-1 中。

表 3-3-1　不同时刻的 u_C 值

t	0	τ	2τ	3τ	4τ	5τ	$\cdots$	∞
$u_C(t)$	U_0	$0.368U_0$	$0.135U_0$	$0.05U_0$	$0.018U_0$	$0.0067U_0$	$\cdots$	0

从表 3-3-1 可见,在理论上要经过无限长的时间 u_C 才能衰减为零值。但是在工程上,一般经过 $3\tau \sim 5\tau$ 的时间就可以认为零输入响应衰减到零。

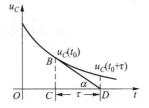

图 3-3-3　用几何方法求 τ

时间常数 τ 可以通过两种方法从响应的变化曲线上求得,下面以 u_C 零输入响应曲线为例说明:一是在 u_C 变化曲线上,当 u_C 从初始值衰减至初始值的 36.8% 时所需的时间即为 τ,如图 3-3-2(a)所示;二是在 u_C 零输入响应曲线上任意点 B 作切线 BD(参见图 3-3-3),则图中次切距

$$CD = \frac{BC}{\tan \alpha} = \frac{u_C(t_0)}{-\dfrac{\mathrm{d}u_C}{\mathrm{d}t}\bigg|_{t = t_0}} = \frac{U_0 e^{-\frac{t_0}{\tau}}}{\dfrac{1}{\tau} U_0 e^{-\frac{t_0}{\tau}}} = \tau$$

即在时间坐标上次切距的长度等于时间常数 τ。这说明,对于曲线上任一点,如果以该点的斜率为固定变化率衰减,经过 τ 时间后为零值。

例 3-3-1　在图 3-3-4(a)所示电路中,开关 S 原在位置 1,且电路已达稳态。$t = 0$ 时开关由 1 合向 2,试求 $t > 0$ 时的 u_C、i、i_C,并画出它们的波形。

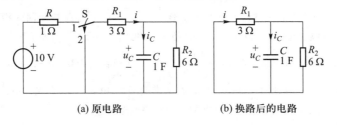

(a) 原电路　　　　　　　　　(b) 换路后的电路

图 3-3-4　例 3-3-1 图

解　本例在 $t > 0$ 后是零输入响应[参见图 3-3-4(b)],因此,可以利用零输入响应的分析结论来求解,无需列写和求解微分方程。在开关 S 由 1 合向 2 前,即换路前,电路已处于直流稳态,故电容电流为零,电容相当于开路,由图 3-3-4(a)可求得

$$u_C(0_-) = \frac{10 \times 6}{1 + 3 + 6} \text{ V} = 6 \text{ V}$$

根据换路定则可知

$$u_C(0_+) = u_C(0_-) = 6 \text{ V}$$

换路后[参见图 3-3-4(b)]，电容通过电阻 R_1、R_2 放电，由于 R_1、R_2 为并联，设从电容两端看进去的电路的等效电阻为 R'，有

$$R' = \frac{R_1 R_2}{R_1 + R_2} = \frac{3 \times 6}{3 + 6} \text{ Ω} = 2 \text{ Ω}$$

则时间常数

$$\tau = R'C = 2 \times 1 \text{ s} = 2 \text{ s}$$

据式(3-3-4)可得

$$u_C = u_C(0_+) \mathrm{e}^{-\frac{t}{\tau}} = 6\mathrm{e}^{-0.5t} \text{ V} \qquad t \geq 0$$

由图 3-3-4(b)可求出

$$i = -\frac{u_C}{3} = -2\mathrm{e}^{-0.5t} \text{ A} \qquad t > 0$$

根据电容元件的 VAR 可得

$$i_C = C \frac{\mathrm{d}u_C}{\mathrm{d}t} = 1 \times \frac{\mathrm{d}}{\mathrm{d}t}\left[6\mathrm{e}^{-0.5t}\right] \text{ A} = -3\mathrm{e}^{-0.5t} \text{ A} \qquad t > 0$$

u_C、i 与 i_C 随时间变化的曲线，如图 3-3-5(a)、(b)、(c)所示。

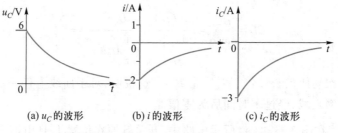

(a) u_C 的波形　　　(b) i 的波形　　　(c) i_C 的波形

图 3-3-5　例 3-3-1 中 u_C、i 与 i_C 的波形

【评析】这是一个电容的放电过程。由本例波形可见，u_C、i 和 i_C 都是按相同的指数规律逐渐衰减至零。u_C 不能跃变，是连续变化的，$u_C(0_+) = u_C(0_-) = 6 \text{ V}$[参见图 3-3-5(a)]；而 i 和 i_C 在 $t = 0$ 时发生了跃变。在换路前由图 3-3-4(a)求得 $i(0_-) = \frac{10}{1+3+6} \text{ A} = 1 \text{ A}$，而换路后 $i(0_+) = -2 \text{ A}$[参见图 3-3-5(b)]；$i_C(0_-) = 0$，而 $i_C(0_+) = -3 \text{ A}$[参见图 3-3-5(c)]。在动态电路中，电容电压(和电感电流)不能跃变，而其他电压、电流可能跃变，这是分析动态电路应掌握的一个重要概念。

2. RL 电路的零输入响应

如图 3-3-6 所示 RL 电路中，开关 S 动作前，电路已达直流稳态，电感 L 中有电流 $i_L(0_-) = \frac{U_0}{R_0} = I_0$，它说明换路前电感已储存了磁场能量。当开关与 2 闭合后，电感储存的能量将通过电阻以热能的形式释放出来，直到其电流 i_L 等于零。

设 $t = 0$ 时，开关 S 由 1 合到 2，具有初始电流 I_0 的电感 L

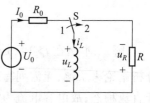

图 3-3-6　RL 电路的
零输入响应

与电阻 R 相连接,构成一个闭合回路。在图 3-3-6 所示的电压和电流的参考方向下,根据 KVL 可得

$$u_R + u_L = 0 \qquad t \geqslant 0 \qquad (3-3-11)$$

根据元件的 VAR 可知

$$u_R = Ri_L$$

$$u_L = L \frac{\mathrm{d}i_L}{\mathrm{d}t}$$

将上两式代入式(3-3-11),得

$$L \frac{\mathrm{d}i_L}{\mathrm{d}t} + Ri_L = 0 \qquad t \geqslant 0 \qquad (3-3-12)$$

初始条件为

$$i_L(0_+) = i_L(0_-) = I_0$$

式(3-3-12)也是一阶线性齐次微分方程。此方程的通解为

$$i_L = A\mathrm{e}^{Pt} \qquad t \geqslant 0 \qquad (3-3-13)$$

相应的特征方程为

$$LP + R = 0$$

则

$$P = -\frac{R}{L}$$

令式(3-3-13)中的 $t = 0_+$,将初始条件 $i_L(0_+) = I_0$ 代入,可得

$$A = i_L(0_+) = I_0$$

这样,求得满足初始条件的微分方程的解为

$$i_L = i(0_+)\mathrm{e}^{-\frac{R}{L}t} = I_0\mathrm{e}^{-\frac{R}{L}t} \qquad t \geqslant 0$$

电感电压为

$$u_L = L \frac{\mathrm{d}i_L}{\mathrm{d}t} = -RI_0\mathrm{e}^{-\frac{R}{L}t} \qquad t > 0$$

电阻电压为

$$u_R = Ri_L = RI_0\mathrm{e}^{-\frac{R}{L}t} \qquad t > 0$$

与 RC 电路类似,令 $\tau = \dfrac{L}{R}$,称为 RL 一阶电路的时间常数,则上面三个解可写为

$$i_L = i(0_+)\mathrm{e}^{-\frac{t}{\tau}} = I_0\mathrm{e}^{-\frac{t}{\tau}} \qquad t \geqslant 0 \qquad (3-3-14)$$

$$u_L = -RI_0\mathrm{e}^{-\frac{t}{\tau}} \qquad t > 0 \qquad (3-3-15)$$

$$u_R = RI_0\mathrm{e}^{-\frac{t}{\tau}} \qquad t > 0 \qquad (3-3-16)$$

图 3-3-7 所示为电流 i_L 和电感电压 u_L、u_R 随时间变化的曲线。

由式(3-3-14)、式(3-3-15)、式(3-3-16)和图 3-3-7 可见:电感电流 i_L 是连续变化的,从它的初始值 I_0 开始,随着时间的增长按指数规律逐渐衰减至零;在 $t = 0$ 时,电感电压

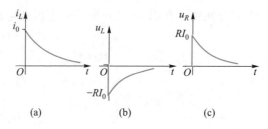

图 3-3-7　i_L 和 u_L、u_R 随时间变化的曲线

u_L 发生了跃变,即由 $u_L(0_-)=0$ 跃变到 $u_L(0_+)=-RI_0$,其值为负值,是因为当电感电流减少时,根据楞次定律可知电感的感应电压力图阻止电流的减少,故感应电压的实际方向和参考方向相反,因而为负值,u_L 也是按相同的指数规律逐渐衰减至零;u_R 也发生了跃变,按相同的指数规律逐渐衰减至零。它们衰减的快慢均取决于电路的时间常数 τ。不过,在 RL 电路中 $\tau=\dfrac{L}{R}$。

例 3-3-2　图 3-3-8 所示电路是电机励磁电路,其中励磁绕组的电阻 $R=40\ \Omega$,电感 $L=1.5\ \mathrm{H}$。直流电源电压 $U_\mathrm{S}=120\ \mathrm{V}$,VD 为理想二极管,正向导通时其电阻为零。电压表内阻 $R_\mathrm{V}=10\ \mathrm{k}\Omega$。在开关 S 断开前电路已处于稳态,$t=0$ 时将开关 S 断开。试求:(1)若不接二极管,励磁绕组中的电流 i_{RL} 及电压表承受的最大电压;(2)若接二极管,重求电流 i_{RL}。

解　这是一个求解零输入响应的问题。

(1)若不接二极管,开关 S 断开前电路已处于稳态,电感相当于短路,由图 3-3-8 得

$$i_{RL}(0_-)=\frac{U_\mathrm{S}}{R}=\frac{120}{40}\ \mathrm{A}=3\ \mathrm{A}$$

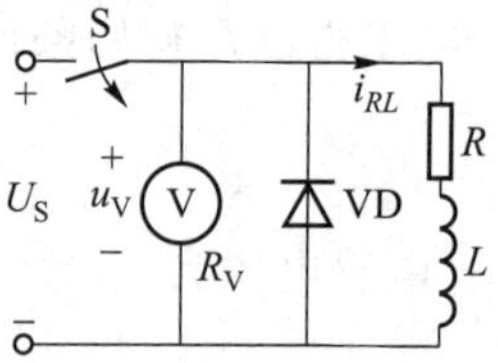

开关 S 断开瞬间,根据换路定则[参见式(3-2-3)],得

$$i_{RL}(0_+)=i_{RL}(0_-)=3\ \mathrm{A}$$

且电流以电压表形成回路,故电路的时间常数

$$\tau_1=\frac{L}{R+R_\mathrm{V}}=\frac{1.5}{40+10\times10^3}\ \mathrm{s}\approx\frac{3}{2\times10^4}\ \mathrm{s}$$

由式(3-3-14)得

$$i_{RL}=i_{RL}(0_+)\mathrm{e}^{-\frac{t}{\tau_1}}=3\mathrm{e}^{-\frac{2\times10^4}{3}t}\ \mathrm{A}\qquad t\geqslant0$$

$t=0_+$ 时,电压表承受的电压为最大值,其值为

$$u_\mathrm{V}(0_+)=-R_\mathrm{V}i_{RL}(0_+)=-10\times10^3\times3\ \mathrm{V}=-30\ \mathrm{kV}$$

其实际极性为下"+"上"−"。

(2)若接二极管,开关 S 断开前,二极管反向偏置(二极管阳极电位低于阴极电位),二极管不能导通。故 $i_{RL}(0_-)$ 与前面一样,即

$$i_{RL}(0_-)=3\ \mathrm{A}$$

图 3-3-8　例 3-3-2 图

开关 S 断开瞬间,有

$$i_{RL}(0_+) = i_{RL}(0_-) = 3 \text{ A}$$

在开关 S 断开后,由前面分析可知,二极管正向偏置,二极管导通,将电压表短接,电路的时间常数

$$\tau_2 = \frac{L}{R} = \frac{1.5}{40} \text{ s} = \frac{3}{80} \text{ s}$$

则

$$i_{RL} = i(0_+)\,\mathrm{e}^{-\frac{t}{\tau_2}} = 3\mathrm{e}^{-\frac{80}{3}t} \qquad t \geqslant 0$$

【评析】从本例分析可见,当未接二极管 VD 时,开关 S 打开的瞬间,电压表两端承受的电压高达 3 kV,这是由于电感电流不能跃变,从而在电压表的高电阻两端产生高电压,同时使开关 S 两端承受高电压,并产生电弧。接入二极管 VD 后,开关 S 打开的瞬间,二极管导通,从而解决了电感磁场能量释放的问题,起到了保护电压表和开关 S 两端不承受高电压、触点不被电弧烧毁的作用。该二极管 VD 一般称为续流二极管。

思考与练习题

3-3-1 试说明题 3-3-1 图(a)、(b)所示电路是一阶电路还是二阶电路,为什么? 设图(a)电路在 $t = 0$ 时开关 S 打开;题 3-3-1 图(b)电路在 $t = 0$ 时开关 S 合上。

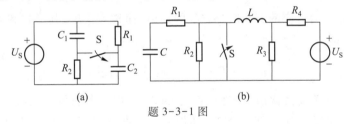

题 3-3-1 图

[一阶电路]

3-3-2 为什么在 RC 电路中时间常数与电阻成正比,而在 RL 电路中时间常数与电阻成反比? 试从物理概念上解释。

3-3-3 RC 电路的放电响应波形如题 3-3-3 图所示。问:(1)当电容电压为 u_{C1} 波形时,若 $R_1 = 10 \text{ k}\Omega$,$C_1 = ?$ (2)当电容电压为 u_{C2} 波形时,若 $C_2 = 2C_1$,$R_2 = ?$

3-3-4 电路如题 3-3-4 图所示,开关 S 闭合时,电路已稳定。$t = 0$ 时,将开关 S 打开,求 $t>0$ 时,电容端电压 u_C 和电路的电流 i。

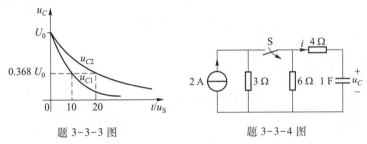

题 3-3-3 图   题 3-3-4 图

[1000 μF,10 kΩ]   [$4\mathrm{e}^{-0.1t}$ V,$-0.4\mathrm{e}^{-0.1t}$ A]

二、一阶电路的零状态响应

本节讨论在直流激励下的一阶电路的零状态响应。

1. RC 电路的零状态响应

$t=0$ 时开关 S 闭合,按照图 3-3-9 所示电路的电压、电流参考方向,根据 KVL 可得

$$Ri+u_C=U_S \qquad t\geqslant 0$$

而

$$i=C\frac{\mathrm{d}u_C}{\mathrm{d}t}$$

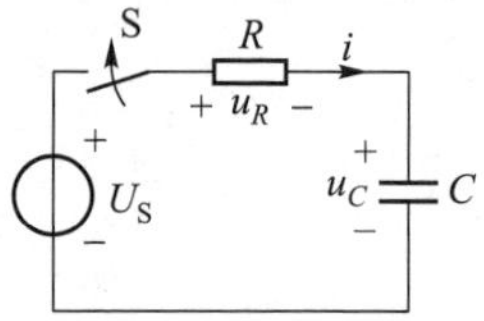

图 3-3-9　RC 电路的
零状态响应

代入上式得

$$RC\frac{\mathrm{d}u_C}{\mathrm{d}t}+u_C=U_S \qquad t\geqslant 0 \tag{3-3-17}$$

初始条件为

$$u_C(0_+)=u_C(0_-)=0$$

式(3-3-17)是一阶线性非齐次微分方程,由高等数学可知,该方程的完全解为

$$u_C=u_{Ch}+u_{Cp} \qquad t\geqslant 0 \tag{3-3-18}$$

式(3-3-18)中,u_{Ch}[1]为对应的齐次微分方程的通解,简称齐次解,其形式和 RC 电路的零输入响应形式相同,即

$$u_{Ch}=Ae^{Pt}=Ae^{-\frac{t}{RC}}=Ae^{-\frac{t}{\tau}} \qquad t\geqslant 0 \tag{3-3-19}$$

式(3-3-18)中,u_{Cp}[2]为非齐次微分方程[参见式(3-3-17)]的特解。从数学中可知,特解是满足非齐次微分方程的任一解。显然,换路后 u_C 的稳态值($t=\infty$ 时的值),必满足式(3-3-17),是它的一个特解。由图 3-3-9 所示电路,可求得 $u_C(\infty)=U_S$,则

$$u_{Cp}=u_C(\infty)=U_S \tag{3-3-20}$$

将式(3-3-19)及式(3-3-20)代入式(3-3-18),得非齐次微分方程的完全解为

$$u_C=Ae^{-\frac{t}{\tau}}+U_S \qquad t\geqslant 0 \tag{3-3-21}$$

式(3-3-21)中积分常数 A 由初始条件来确定。令式(3-3-21)中 $t=0_+$,并将初始条件代入,则有

$$u_C(0_+)=A+U_S=0$$

故

$$A=-U_S$$

将积分常数 A 代入式(3-3-21),得

$$u_C=U_S(1-e^{-\frac{t}{\tau}}) \qquad t\geqslant 0 \tag{3-3-22}$$

---

① u_{Ch} 的下标 h 为 homogeneous(齐次)的第一个字母。

② u_{Cp} 的下标 p 为 particular(特别)的第一个字母。

$$i = C \frac{\mathrm{d}u_C}{\mathrm{d}t} = \frac{U_s}{R} \mathrm{e}^{-\frac{t}{\tau}} \qquad t > 0 \qquad\qquad (3-3-23)$$

$$u_R = Ri = U_s \mathrm{e}^{-\frac{t}{\tau}} \qquad t > 0 \qquad\qquad (3-3-24)$$

它们随时间变化的曲线如图 3-3-10 所示。

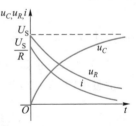

从函数式和曲线可以看出,电容电压 u_C 从起始的零值按指数规律上升,随着时间增长,最后趋近于 U_s,这个过程是电容充电过程,实质上是动态元件的储能从无到有逐渐增加的过程。而电流 i 则是从它的初始值开始,按指数规律衰减至零。u_R 变化亦是如此。u_C、u_R、i 的变化快慢同样取决于电路时间常数 τ,它与零输入响应的 τ 的计算方法相同。注意,u_C 是连续变化的,而 $t=0$ 时 i 发生了跃变,u_R 亦发生了跃变。

图 3-3-10　零状态响应中 u_C、u_R、i 随时间变化的曲线

例 3-3-3　如图 3-3-11(a)所示,开关 S 闭合前电路已经稳定,电容无初始储能。$t=0$ 时开关闭合,求 $t>0$ 时的 u_C 和 i_C。

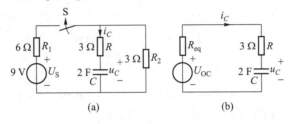

(a)　　　　　　　　(b)

图 3-3-11　例 3-3-3 图

解　在开关 S 闭合后,首先将图 3-3-11(a)所示电路中 RC 支路以外的部分,等效变换为戴维宁等效电路,得出图 3-3-11(b)所示电路。图中

$$R_{eq} = \frac{R_1 R_2}{R_1 + R_2} = \frac{6 \times 3}{6+3} \ \Omega = 2 \ \Omega$$

$$U_{OC} = \frac{U_s}{R_1 + R_2} R_2 = \frac{9}{6+3} \times 3 \ V = 3 \ V$$

电路的时间常数

$$\tau = (R_{eq} + R) C = (2+3) \times 2 \ s = 10 \ s$$

由式(3-3-22)求得零状态响应电压

$$u_C = U_{OC}(1 - \mathrm{e}^{-\frac{t}{\tau}}) = 3(1 - \mathrm{e}^{-0.1t}) \ V \qquad t \geqslant 0$$

据元件的 VAR,得

$$i_C = C \frac{\mathrm{d}u_C}{\mathrm{d}t} = -2 \times 3 \times (-0.1) \mathrm{e}^{-0.1t} \ A = 0.6 \mathrm{e}^{-0.1t} \ A \qquad t > 0$$

【评析】本例是求解 RC 电路的零状态响应,这是一个电容的充电过程,电容电压 u_C 是按指数规律增长的,其他变量则可能是按指数规律衰减的。

2. RL 电路的零状态响应

$t=0$ 时开关 S 闭合,根据两类约束,列出图 3-3-12 所示电路的电压方程为

$$L\frac{\mathrm{d}i_L}{\mathrm{d}t}+Ri_L=U_\mathrm{s} \qquad t\geqslant 0 \tag{3-3-25}$$

初始条件为 $\qquad i_L(0_+)=i_L(0_-)=0$

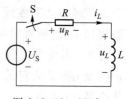

图 3-3-12　RL 电路的零状态响应

式(3-3-25)也是一阶线性非齐次微分方程。

仿照式(3-3-17)的求解过程,可得出此方程的完全解为

$$i_L=\frac{U_\mathrm{s}}{R}(1-\mathrm{e}^{-\frac{t}{\tau}}) \qquad t\geqslant 0 \tag{3-3-26}$$

式中,$\dfrac{U_\mathrm{s}}{R}$ 为该电路 i_L 的稳态值,即 $i_L(\infty)=\dfrac{U_\mathrm{s}}{R}$;$\tau$ 为电路的时间常数,

$\tau=\dfrac{L}{R}$。

电感电压

$$u_L=L\frac{\mathrm{d}i_L}{\mathrm{d}t}=U_\mathrm{s}\mathrm{e}^{-\frac{t}{\tau}} \qquad t>0 \tag{3-3-27}$$

电阻电压

$$u_R=Ri_L=U_\mathrm{s}(1-\mathrm{e}^{-\frac{t}{\tau}}) \qquad t>0 \tag{3-3-28}$$

i_L、u_L、u_R 随时间变化的曲线,如图 3-3-13 所示。

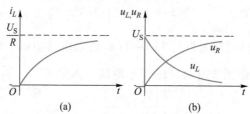

图 3-3-13　i_L、u_L、u_R 随时间变化的曲线

例 3-3-4　在图 3-3-14 所示电路中,已知 $I_\mathrm{s}=10$ mA,$L=2$ H,$R_1=80$ Ω,$R_2=200$ Ω,$R_3=300$ Ω,$R_4=50$ Ω。开关 S 原来是闭合的,电路已稳定。在 $t=0$ 时将开关 S 打开,求 S 断开后 i_L、u_L 和 i 随时间变化的规律。

解　在开关 S 打开前,电路已处于稳态,由图 3-3-14(a)可知

$$i_L(0_+)=i_L(0_-)=0$$

故本例是求解电路的零状态响应。

根据戴维宁定理,求出 S 断开后 a、b 两端的等效电路,如图 3-3-14(b)所示。其中

$$U_\mathrm{oc}=\left(R_1+\frac{R_2R_3}{R_2+R_3}\right)I_\mathrm{s}=\left(80+\frac{200\times300}{200+300}\right)\times10^{-3}\mathrm{V}=2\ \mathrm{V}$$

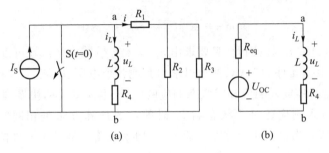

图 3-3-14　例 3-3-4 图

$$R_{eq} = R_1 + \frac{R_2 R_3}{R_2 + R_3} = \left(80 + \frac{200 \times 300}{200 + 300}\right) \; \Omega = 200 \; \Omega$$

电路的时间常数

$$\tau = \frac{L}{R_{eq} + R_4} = \frac{2}{200 + 50} \; s = 0.008 \; s$$

由式(3-3-26)求得电感电流为

$$i_L = \frac{U_{OC}}{R_{eq} + R_4}(1 - e^{-\frac{t}{0.008}}) = \frac{2}{200 + 50}(1 - e^{-\frac{t}{0.008}}) \; A$$

$$= 8(1 - e^{-125t}) \; mA \qquad t \geqslant 0$$

再根据电感的 VAR,可得电感电压

$$u_L = L\frac{di_L}{dt} = -2 \times 8 \times 10^{-3} \times (-125) e^{-125t} = 2 \; e^{-125t} \; V \qquad t > 0$$

电路电流

$$i = I_S - i_L = \left[10 - 8(1 - e^{-125t})\right] \; mA = (2 + 8e^{-125t}) \; mA \qquad t > 0$$

【评析】本例在求解 RL 电路的零状态响应中,电感电流 i_L 是按指数规律增长的,其他电流、电压却不一定如此。

通过上述一阶电路的零输入响应和零状态响应的分析可知:

(1) 一阶电路的零输入响应中各电压、电流,均以同一时间常数随时间按指数规律衰减,仅初始值不同而已。可见,它们具有共同的解答形式

$$f(t) = f(0_+) e^{-\frac{t}{\tau}} \qquad t > 0 \tag{3-3-29}$$

式中,$f(t)$ 表示零输入响应电压、电流;$f(0_+)$ 表示零输入响应电压、电流的初始值;τ 表示时间常数。

因此,只需求出初始值 $f(0_+)$ 和时间常数 τ,即可直接写出电路的零输入响应。

(2) 一阶电路的零状态响应是电路在零初始状态下,由外施激励引起的响应。在 RC 电路中,电容电压 u_C 从零开始随时间按指数规律上升到稳态值 $u_C(\infty)$(此时电容相当于开路);在 RL 电路中,电感电流 i_L 从零开始随时间按指数规律上升到稳态值 $i_L(\infty)$(此时电感相当于短路)。可见它们也有共同的解答形式

$$f(t) = f(\infty)(1 - e^{-\frac{t}{\tau}}) \qquad t>0 \tag{3-3-30}$$

式中，$f(t)$ 表示 $u_C(t)$ 或 $i_L(t)$；因此，只要求出 $u_C(\infty)$ 或 $i_L(\infty)$ 和 τ，就可以直接写出 u_C 或 i_L 的零状态响应；再根据元件的 VAR，便可以求出其他各个电压、电流。

(3) 一阶电路的零输入响应和零状态响应的电压、电流变化的快慢，取决于电路的时间常数 τ，不论是零输入响应还是零状态响应，时间常数计算方法是相同的，即 RC 电路 $\tau = RC$，RL 电路 $\tau = L/R$。当电路中有多个电阻时，R 均为换路后从动态元件两端看进去的戴维宁等效电阻。

(4) 一阶电路的零输入响应是电路初始状态的线性函数，而初始状态（可认为是电路的激励）增大 k 倍，则零输入响应也相应增大 k 倍，这是线性电路的齐次性。

一阶电路的零状态响应是外施激励的线性函数，当激励增大 k 倍时，则零状态响应也相应增大 k 倍；若由多个独立源作用于电路，则首先求出各个电源单独作用时的零状态响应，然后叠加，便可得到电路的响应。

思考与练习题

3-3-5　题 3-3-5 图所示电路电容无初始储能，$t=0$ 时开关 S 闭合，求 $t>0$ 时的电压 u 和电流 i_C。

$$\left[9(1-e^{-\frac{10^6}{9}t}) \text{ V}, \ -3e^{-\frac{10^6}{9}t} \text{ A} \right]$$

3-3-6　题 3-3-6 图所示电路电感无初始储能，$t=0$ 时开关闭合，求 $t>0$ 时的电流 i_L。

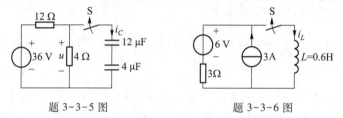

题 3-3-5 图　　　　　　题 3-3-6 图

$$\left[5(1-e^{-5t}) \text{ A} \right]$$

§3-4　一阶电路的全响应

一、一阶电路的全响应

前面讨论了一阶电路的零输入响应和零状态响应。如果一阶电路的初始状态和输入激励都不为零，即电路受到初始状态和输入共同激励时，电路的响应称为全响应。

一阶电路的全响应一般可以由两种分析方法求得。

方法一：全响应 = 暂态响应分量 + 稳态响应分量

方法二：全响应 = 零输入响应分量 + 零状态响应分量

1. RC 电路的全响应

下面以 RC 电路为例讨论上述一阶电路全响应的两种分析方法。

首先应用第一种方法分析。

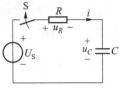

图3-4-1 所示电路在开关 S 闭合前,电容已被充电至 U_0,即 $u_C(0_-)=U_0$。在 $t=0$ 时,开关 S 闭合,将 RC 串联电路与电压为 U_s 的直流电压源接通。换路后,一阶 RC 电路既有输入激励,初始状态又不为零。按照图中电压、电流参考方向,根据 KVL 和元件的 VAR 建立电路的方程为

图3-4-1　RC 电路的
全响应

$$RC\frac{\mathrm{d}u_C}{\mathrm{d}t}+u_C=U_s \qquad t\geqslant 0 \tag{3-4-1}$$

该方程与零状态响应的方程完全相同,是一阶线性非齐次微分方程[参见式(3-3-17)],求解过程也完全一样,不过它的初始条件却不同,而是

$$u_C(0_+)=u_C(0_-)=U_0$$

该方程的完全解为齐次解和特解之和,即

$$u_C=u_{Ch}+u_{Cp}=Ae^{-\frac{t}{\tau}}+u_C(\infty)=Ae^{-\frac{t}{\tau}}+U_s \qquad t\geqslant 0$$

由初始条件可得

$$A=u_C(0_+)-u_C(\infty)=U_0-U_s$$

于是得电路的全响应电容电压为

$$u_C=[u_C(0_+)-u_C(\infty)]e^{-\frac{t}{\tau}}+u_C(\infty)=\underbrace{(U_0-U_s)e^{-\frac{t}{\tau}}}_{\text{暂态响应}}+\underbrace{U_s}_{\text{稳态响应}} \qquad t\geqslant 0 \tag{3-4-2}$$

显然,全响应电压 u_C 为两个分量之和。其中第一个分量随时间按指数规律逐渐衰减,最终趋近于零[工程上认为经过$(3\sim5)\tau$ 时间衰减至零],称为暂态响应分量。暂态响应分量的变化规律与输入激励无关,决定于电路结构和参数。第二个分量是 $t=\infty$ 时电路已进入稳态时的 u_C 值,称为稳态响应分量;稳态响应分量的变化规律是由输入激励来决定的,这里讨论的电路输入为直流,因此稳态响应分量是恒定的;如果输入是周期信号,则稳态响应分量也是同周期变化的周期函数。

电路中的全响应电流

$$i=C\frac{\mathrm{d}u_C}{\mathrm{d}t}=\frac{1}{R}(U_s-U_0)e^{-\frac{t}{\tau}} \qquad t>0 \tag{3-4-3}$$

它也是由暂态分量和稳态分量组成的,不过稳态分量等于零,因为在直流稳态时,电容相当于开路,电容中无电流。

电路中的全响应电阻电压

$$u_R=Ri=(U_s-U_0)e^{-\frac{t}{\tau}} \qquad t>0 \tag{3-4-4}$$

它也是由暂态分量和稳态分量组成,不过稳态分量也等于零。

下面应用第二种方法进行分析。

由于全响应是由电路的初始状态和输入共同产生的,即可以认为,在 $t\geqslant 0$ 时作用于电路的激励有两种:一种是电路的初始状态(动态元件的初始储能);另一种是输入激励。因

此,根据叠加定理,电路的全响应是两种激励单独作用时产生的响应之和,即零输入响应和零状态响应,如图 3-4-2 所示。

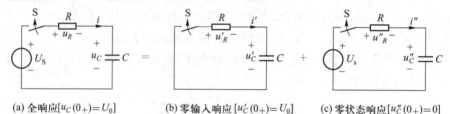

(a) 全响应$[u_C(0_+)=U_0]$　　　(b) 零输入响应$[u'_C(0_+)=U_0]$　　　(c) 零状态响应$[u''_C(0_+)=0]$

图 3-4-2　RC 电路的全响应的分解

由式(3-3-8)得图 3-4-2(b)电路的零输入响应电容电压分量为

$$u'_C = U_0 e^{-\frac{t}{\tau}} \qquad t \geqslant 0$$

由式(3-3-22)得图 3-4-2(c)电路的零状态响应电容电压分量为

$$u''_C = U_S(1-e^{-\frac{t}{\tau}}) \qquad t \geqslant 0$$

所以,电路的全响应电容电压为

$$u_C = u'_C + u''_C = \underbrace{U_0 e^{-\frac{t}{\tau}}}_{\text{零输入响应分量}} + \underbrace{U_S(1-e^{-\frac{t}{\tau}})}_{\text{零状态响应分量}} \qquad t \geqslant 0 \tag{3-4-5}$$

电路中全响应电流及全响应电阻电压,亦可由零输入响应分量和零状态响应分量叠加得到,求解过程不再赘述。

比较式(3-4-5)和式(3-4-2)可见,两种分析方法所得结果完全一致。

以上讨论了一阶电路全响应的两种分解方式。应当指出,全响应的两种分解方式,其分量不是一一对应的;还有,对于无损耗电路或者外施激励是随时间增长的函数等,就不能区分暂态响应分量和稳态响应分量,因而,不能按第一种方式分解。但是,只要是线性电路,响应的完全解都可以分解为零输入响应与零状态响应。图 3-4-3 绘出了两种分解方式的电容电压 u_C 随时间变化时的全响应曲线。

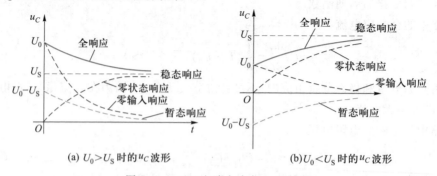

(a) $U_0 > U_S$ 时的u_C波形　　　　　(b)$U_0 < U_S$ 时的u_C波形

图 3-4-3　RC 电路全响应 u_C 的波形

从图 3-4-3 中可知,暂态响应曲线与稳态响应曲线相加或零输入响应曲线与零状态响应曲线相加,所得全响应曲线是一致的。

2. *RL* 电路的全响应

求解图 3-4-4 所示 *RL* 电路的全响应,按照图中标定的电压、电流参考方向,根据 KVL 及元件 VAR,可列出电路的微分方程

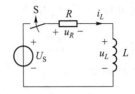

$$L\frac{\mathrm{d}i_L}{\mathrm{d}t}+Ri_L=U_S \qquad (3\text{-}4\text{-}6)$$

初始条件为 $\qquad i_L(0_+)=i_L(0_-)=I_0$

图 3-4-4 *RL* 电路的
全响应

根据对电路全响应的第一种分析方法,可得出

$$i_L=\left(I_0-\frac{U_S}{R}\right)\mathrm{e}^{-\frac{t}{\tau}}+\frac{U_S}{R} \qquad t\geqslant 0 \qquad (3\text{-}4\text{-}7)$$

$$u_L=L\frac{\mathrm{d}i_L}{\mathrm{d}t}=(U_S-RI_0)\mathrm{e}^{-\frac{t}{\tau}} \qquad t>0 \qquad (3\text{-}4\text{-}8)$$

$$u_R=Ri=(RI_0-U_S)\mathrm{e}^{-\frac{t}{\tau}}+U_S \qquad t>0 \qquad (3\text{-}4\text{-}9)$$

式中, $\tau=\dfrac{L}{R}$。

分析上述三个解可见,全响应 i_L、u_L、u_R 均由稳态响应分量和暂态响应分量组成,不过其中 u_L 的稳态分量等于零;i_L、u_L、u_R 亦可由零输入响应和零状态响应分量的叠加得到,请读者自行分析。

例 3-4-1 电路如图 3-4-5 所示,已知 $U_S=12\text{ V}$,$R_1=2\ \Omega$,$R_2=4\ \Omega$,$L=0.6\text{ H}$,开关 S 打开前电路已稳定。在 $t=0$ 时,将开关 S 断开,求开关 S 断开后电路中的电流 i 及电感电压 u_L。

解 本例题是求解电路的全响应,可以用以下两种方法求解。

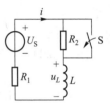

解法一 全响应=暂态响应分量+稳态响应分量

即 $\qquad\qquad i=i_h+i_p$

设电流 i 的暂态分量为

$$i_h=A\mathrm{e}^{-\frac{t}{\tau}} \qquad t\geqslant 0$$

图 3-4-5 例 3-4-1 图

换路后,电流 i 的稳态分量为

$$i_p=\frac{U_S}{R_1+R_2}=\frac{12}{2+4}\text{ A}=2\text{ A}$$

故

$$i=i_h+i_p=A\mathrm{e}^{-\frac{t}{\tau}}+2 \qquad t\geqslant 0$$

由初始值求 A。由于换路前一瞬间

$$i(0_-)=\frac{U_S}{R_1}=\frac{12}{2}\text{ A}=6\text{ A}$$

根据换路定则,有

$$i(0_+) = i(0_-) = 6 \text{ A}$$

则可知 $t = 0_+$ 时,有

$$6 = A + 2$$

得

$$A = 6 - 2 = 4$$

故暂态分量为

$$i_h = 4e^{-\frac{t}{\tau}} \qquad t \geqslant 0$$

而时间常数

$$\tau = \frac{L}{R_1 + R_2} = \frac{0.6}{2 + 4} \text{ s} = 0.1 \text{ s}$$

式中,$(R_1 + R_2)$ 是从电感 L 两端看进去的等效电阻。

全响应

$$i = i_h + i_p = (4e^{-\frac{t}{0.1}} + 2) \text{ A} = (4e^{-10t} + 2) \text{ A} \qquad t \geqslant 0$$

电感电压为

$$u_L = L\frac{\mathrm{d}i}{\mathrm{d}t} = 0.6 \times 4 \times (-10)e^{-10t} \text{ V}$$

$$= -24e^{-10t} \text{ V} \qquad t > 0$$

解法二　全响应 = 零输入响应分量 + 零状态响应分量

即

$$i = i' + i''$$

由于

$$i(0_+) = i(0_-) = 6 \text{ A}$$

而

$$\tau = 0.1 \text{ s}$$

由式(3-3-22)可得零输入响应分量

$$i' = 6e^{-10t} \text{ A} \qquad t \geqslant 0$$

由于 $i(\infty) = 2$ A,由式(3-3-26)可得零状态响应分量

$$i'' = 2(1 - e^{-10t}) \text{ A} \qquad t \geqslant 0$$

故全响应

$$i = i' + i'' = [6e^{-10t} + 2(1 - e^{-10t})] \text{ A} = (4e^{-10t} + 2) \text{ A} \qquad t \geqslant 0$$

电感电压为

$$u_L = L\frac{\mathrm{d}i}{\mathrm{d}t} = 0.6 \times 4 \times (-10)e^{-10t} \text{ V}$$

$$= -24e^{-10t} \text{ V} \qquad t > 0$$

可见,两种解法结果完全相同。

【评析】将响应分解为暂态响应分量和稳态响应分量的叠加,强调的是电路响应与其工作状态之间的关系;将响应分解为零输入响应和零状态响应的叠加,强调的是激励与响应的因果关系,这是线性系统的一个基本分析方法。上述两种分解方式是人们为了分析方便而总结的,在实际分析计算电路时,根据需要可任选其中的一种。

思考与练习题

3-4-1　"RC、RL 电路全响应的暂态分量,仅与电路的结构和参数有关,而与外施激励无关。"这句话

对吗？为什么？正确的说法应该是什么？

[不对]

3-4-2 在题 3-4-2 图所示电路中，若 $I_S = 1$ A、$i_L(0_-) = 1$ A 时的全响应为 $i_{L1}(t)$，则 $I_S = 2$ A、$i_L(0_-) = 1$ A 时的全响应 $i_{L2}(t) = 2i_{L1}(t)$。这种说法对吗？为什么？

[不对]

3-4-3 电路如题 3-4-3 图所示，已知：$U_S = 120$ V，$R_1 = 7$ kΩ，$R_2 = 5$ kΩ，$R_3 = 18$ kΩ，$R_4 = 2$ kΩ，$C = 40$ μF，$u_C(0_-) = 40$ V。在 $t = 0$ 时将开关 S 闭合。（1）求 $t \geq 0$ 时，$u_C(t)$ 的零输入响应，并画出其随时间变化的曲线；（2）求 $t \geq 0$ 时，$u_C(t)$ 的零状态响应，并画出其随时间变化的曲线；（3）求 $t \geq 0$ 时，$u_C(t)$ 的全响应，并画出其随时间变化的曲线。

$$\left[40e^{-\frac{t}{0.44}} \text{ V}, 80\left(1 - e^{-\frac{t}{0.44}}\right) \text{ V}, \left(80 - 40e^{-\frac{t}{0.44}}\right) \text{ V} \right]$$

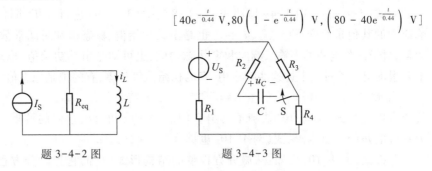

题 3-4-2 图　　　　　　　题 3-4-3 图

3-4-4 试指出式 (3-4-7) 至式 (3-4-9) 全响应 i_L、u_L、u_R 中哪些项是暂态响应分量，哪些项是稳态响应分量，并将上述三个式子分解为零输入响应分量和零状态响应分量的叠加。

二、一阶电路的三要素法[①]

在实际分析计算一阶线性时不变动态电路的全响应时，常常跳过建立电路微分方程及其求解过程，而根据一阶微分方程解的结构规律直接由给定电路求出三个要素，从而写出全响应的数学表达式，这就是本处要讨论的一阶电路的三要素法，由于这种方法简单、方便、快捷，因此得到了广泛的应用。

对于 RC 一阶电路的全响应，由式 (3-4-2) 可知

$$u_C = \left[u_C(0_+) - u_C(\infty) \right] e^{-\frac{t}{\tau}} + u_C(\infty) = (U_0 - U_S) e^{-\frac{t}{\tau}} + U_S \quad t \geq 0$$

上式表明，u_C 是由初始值 $u_C(0_+)$、稳态值 $u_C(\infty)$ 和时间常数 τ 这三个要素确定的。

对于 RL 一阶电路的全响应，由式 (3-4-7) 可知

$$i_L = \left(I_0 - \frac{U_S}{R} \right) e^{-\frac{t}{\tau}} + \frac{U_S}{R} = \left[i_L(0_+) - i_L(\infty) \right] e^{-\frac{t}{\tau}} + i_L(\infty) \quad t \geq 0$$

式中 $i_L(0_+) = I_0$，$i_L(\infty) = \dfrac{U_S}{R}$，它也是由初始值 $i_L(0_+)$、稳态值 $i_L(\infty)$ 和时间常数 τ 这三个要

---

① **重点提示**：三要素法的表达式又称为"快速公式"，它是求解一阶电路响应快捷、简便的方法，重点掌握 $f(0_+)$、$f(\infty)$ 和 τ 三个要素的求取方法。三要素不但用于求解一阶电路全响应，也可用于求解一阶电路零输入响应和零状态响应，不过求这两个响应时，有一个要素为零，即求解一阶电路零输入响应时 $f(\infty)$ 为零，求解一阶电路状态零响应时 $f(0_+)$ 为零。

素确定的。

　　总结上面分析所得到的一阶电路的全响应解答式的结构规律,可以得出一阶电路对直流激励的全响应的一般表达式为

$$f(t) = [f(0_+) - f(\infty)]e^{-\frac{t}{\tau}} + f(\infty) \qquad t>0 \qquad (3-4-10)$$

式中,$f(t)$表示电路任一求解变量电压或电流;$f(0_+)$表示该求解变量电压或电流的初始值;$f(\infty)$表示该求解变量电压或电流的稳态值;τ表示电路的时间常数。$f(0_+)$、$f(\infty)$可以为正值,也可以为负值。为负值,说明其实际方向与参考方向相反。

　　对式(3-4-3)、式(3-4-4)和式(3-4-8)、式(3-4-9)进行分析,同样可知一阶电路全响应中的其他求解变量(i_C、i_R、u_R、u_L)也是由其初始值、稳态值和时间常数三个要素确定的。而且,对于一阶电路的零输入响应和零状态响应,也可知是由其初始值、稳态值和时间常数三个要素确定。不过在上述这些响应中,有的初始值等于零,有的则是稳态值等于零。

　　因此,在分析一阶电路的所有响应时,只要知道它们的$f(0_+)$、$f(\infty)$和τ这三个要素,就能直接应用式(3-4-10)快捷地写出它们的表达式和绘出它们的波形。这种分析方法称为一阶电路的三要素法,式(3-4-10)也称为"快速公式"。

　　分析式(3-4-10)可知:从微分方程解的结构形式而言,它是微分方程的齐次解和特解之和;从动态电路的响应的结构形式而言,它是暂态响应分量和稳态响应分量之和。

　　下面进一步讨论应用三要素法分析一阶动态电路的步骤及应注意的问题。

　　(1)求初始值$f(0_+)$:按§3-2中介绍的方法求解。

　　(2)求稳态值$f(\infty)$:画出换路后$t=\infty$时的直流稳态等效电路,在此电路中电容代之以开路,电感代之以短路,其他电路元件不变。用分析电阻电路的方法,求出所要求的变量的稳态值$f(\infty)$。

　　(3)求时间常数τ:同一电路只有一个时间常数。画出换路后除源(即将电压源短路,电流源开路)的等效电路,求出从动态元件两端看进去的戴维宁等效电阻R_{eq}。对含有电容的一阶动态电路,其时间常数为$\tau = R_{eq}C$,对含有电感的一阶动态电路,其时间常数为$\tau = L/R_{eq}$。

　　(4)求响应$f(t)$:将$f(0_+)$、$f(\infty)$和τ代入"快速公式"[参见式(3-4-10)]。

　　应当指出,三要素法只适用于一阶电路,而不能用于二阶电路和高阶电路;并且式(3-4-10)只能用于直流激励的有损耗的一阶电路,如果输入是其他形式(如正弦、指数形式)或电路是无损耗的,则要对式(3-4-10)稍作修改后才能应用,有关这方面的问题就不作介绍了[①]。

　　例 3-4-2　图 3-4-6(a)所示电路中的开关 S 原来合在"1"上很久,在 $t=0$ 时 S 合向"2"端,用三要素法求 $t>0$ 时的电容两端电压 u_C 和电流 i_C,并绘出它们随时间变化的曲线。

　　解　(1)求初始值 $u_C(0_+)$

---

① 参见主要参考文献[2]P153。

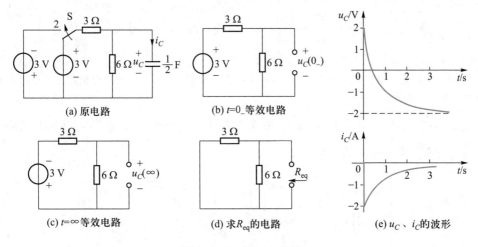

图 3-4-6 例 3-4-2 图

作 $t=0_-$ 时的等效电路,如图 3-4-6(b)所示,因为开关 S 合上前,电路已进入直流稳态,故电容代之以开路。由此求出

$$u_c(0_-)=\frac{3}{3+6}\times6 \text{ V}=2 \text{ V}$$

根据换路定则,有

$$u_c(0_+)=u_c(0_-)=2 \text{ V}$$

(2)求稳态值 $u_c(\infty)$

作换路后 $t=\infty$ 时的等效电路,如图 3-4-6(c)所示,此时电路进入直流稳态,故电容代之以开路,则可求出

$$u_c(\infty)=\frac{-3}{3+6}\times6 \text{ V}=-2 \text{ V}$$

(3)求时间常数 τ

$\tau=R_{eq}C$,R_{eq} 为换路后从电容两端看进去的戴维宁等效电阻。求 R_{eq} 的等效电路如图 3-4-6(d)所示。注意将电路中的电压源短路。求得

$$R_{eq}=\frac{6\times3}{6+3} \text{ Ω}=2 \text{ Ω}$$

电路的时间常数 τ 为

$$\tau=R_{eq}C=2\times\frac{1}{2} \text{ s}=1 \text{ s}$$

(4)求 u_c、i_c

将 $u_c(0_+)$、$u_c(\infty)$ 和 τ 代入"快速公式"式(3-4-10)可得

$$u_c=[u_c(0_+)-u_c(\infty)]e^{-\frac{t}{\tau}}+u_c(\infty)$$

$$=[2-(-2)]e^{-\frac{t}{\tau}}+(-2)=(4e^{-t}-2) \text{ V} \qquad t\geqslant0$$

$$i_C = C\frac{\mathrm{d}u_C}{\mathrm{d}t} = \frac{1}{2}\frac{\mathrm{d}}{\mathrm{d}t}(4\mathrm{e}^{-t}-2) = -2\mathrm{e}^{-t} \text{ A} \qquad t>0$$

绘出 u_C、i_C 的波形,如图 3-4-6(e)所示。

【评析】本例题是先用三要素法求 u_C,再用元件的伏安关系得 i_C。也可以分别用三要素法求 u_C 和 i_C。可参考下一个例题。

例 3-4-3　如图 3-4-7(a)所示,开关合在 1 时电路已经稳定。$t=0$ 时,开关由 1 合向 2,用三要素法求 $t>0$ 时的 i 和 u_L。

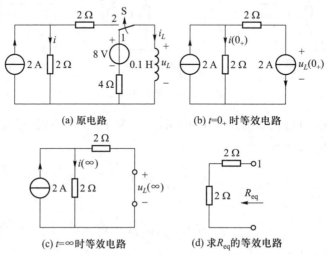

(a) 原电路　　　　　(b) $t=0_+$ 时等效电路

(c) $t=\infty$时等效电路　　　　　(d) 求R_{eq}的等效电路

图 3-4-7　例 3-4-3 图

解　(1) 求初始值 $i(0_+)$、$u_L(0_+)$

据 $t=0_-$ 的等效电路(此电路未画),求出 $i_L(0_-)$。$t=0_-$ 时,开关在 1 位置,则

$$i_L(0_-) = \frac{8}{4} \text{ A} = 2 \text{ A}$$

根据换路定则,得

$$i_L(0_+) = i_L(0_-) = 2 \text{ A}$$

作出 $t=0_+$ 的等效电路如图 3-4-7(b)所示,其中电感代之以电流源,其大小和方向与 $i_L(0_+)$ 相同,则可求出

$$i(0_+) = (2-2) \text{ A} = 0$$
$$u_L(0_+) = [-2\times2+2\times0] \text{ V} = -4 \text{ V}$$

(2) 求稳态值 $i(\infty)$、$u_L(\infty)$

$t=\infty$ 时,电路处于换路后的直流稳定状态,电感代之以短路,作出 $t=\infty$ 时的等效电路,如图 3-4-7(c)所示,可求得

$$i(\infty) = \frac{2}{2+2}\times2 \text{ A} = 1 \text{ A}$$

$$u_L(\infty) = 0$$

（3）求时间常数 τ

求 R_{eq} 的等效电路如图 3-4-7（d）所示。注意需除源，此处 2 A 电流源代之以开路。求得

$$R_{eq} = (2+2) \ \Omega = 4 \ \Omega$$

则时间常数

$$\tau = \frac{L}{R_{eq}} = \frac{0.1}{4} \ \text{s} = 0.025 \ \text{s}$$

（4）求 i、u_L

将 $i(0_+)$、$i(\infty)$ 和 $u_L(0_+)$、$u_L(\infty)$ 及 τ 代入式（3-4-10）可得

$$i = [\,i(0_+) - i(\infty)\,]\,\text{e}^{-\frac{t}{\tau}} + i(\infty)$$

$$= \left[\,(0-1)\,\text{e}^{-\frac{t}{0.025}} + 1\,\right] \ \text{A} = (1 - \text{e}^{-40t}) \ \text{A} \qquad t>0$$

$$u_L = [\,u_L(0_+) - u_L(\infty)\,]\,\text{e}^{-\frac{t}{\tau}} + u_L(\infty)$$

$$= (-4-0)\,\text{e}^{-\frac{t}{0.025}} \ \text{V} = -4\text{e}^{-40t} \ \text{V} \qquad t>0$$

【评析】本例题也可以用三要素法求 i_L，然后用 KCL 求电流 i，用元件的伏安关系求 u_L。

例 **3-4-4** 图 3-4-8 所示为 RC 延时电路，通过电压 u_{AB} 来控制一继电器，当 $u_{AB}>1$ V 时，继电器动作。已知 S 闭合前 $u_C(0_-) = 0$，现要求 S 闭合后经 5 s 继电器动作，试选择 R、C 参数。

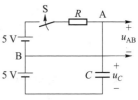

图 3-4-8　例 3-4-4 图

解 利用三要素法求 u_{AB}。

根据换路定则可知

$$u_C(0_+) = u_C(0_-) = 0$$

而

$$u_{AB}(0_+) = u_C(0_+) - 5 \ \text{V} = -5 \ \text{V}$$

由于

$$u_C(\infty) = (5+5) \ \text{V} = 10 \ \text{V}$$

则

$$u_{AB}(\infty) = u_C(\infty) - 5 = (10-5) \ \text{V} = 5 \ \text{V}$$

由三要素法求得

$$u_{AB} = [\,u_{AB}(0_+) - u_{AB}(\infty)\,]\,\text{e}^{-\frac{t}{\tau}} + u_{AB}(\infty)$$

$$= [\,(-5-5)\,\text{e}^{-\frac{t}{\tau}} + 5\,] \ \text{V} = (5 - 10\text{e}^{-\frac{t}{\tau}}) \ \text{V} \qquad t>0$$

现要求 $t=5$ s 时，$u_{AB} = 1$ V，代入上式得

$$1 = 5 - 10\text{e}^{-\frac{5}{\tau}}$$

即

$$\text{e}^{-\frac{5}{\tau}} = \frac{4}{10} = 0.4$$

故

$$\tau = RC = \frac{-5}{\ln 0.4} = 5.46 \ \text{s}$$

若选
$$C = 47 \ \mu\text{F}$$
则
$$R = 116.2 \ \text{k}\Omega$$

【评析】通过本例题可知,RC电路在自动控制等工程应用中十分重要。可通过选择合适的电容和电阻参数来控制工作时间。

例 3-4-5　电路如图 3-4-9(a)所示,已知 $U_\text{s} = 10$ V,$R_1 = R_2 = 4$ Ω,$R_3 = 2$ Ω,$C = 1$ F,$u_C(0_-) = 0$。$t = 0$ 时,开关 S 闭合,用三要素法求 $t \geqslant 0$ 时的电压 u_C。

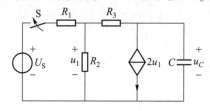

(a) 原电路

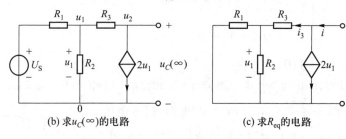

(b) 求$u_C(\infty)$的电路　　　(c) 求R_{eq}的电路

图 3-4-9　例 3-4-5 图

解　（1）求初始值 $u_C(0_+)$

根据换路定则,得
$$u_C(0_+) = u_C(0_-) = 0$$

（2）求稳态值 $u_C(\infty)$

求 $u_C(\infty)$ 的电路如图 3-4-9(b)所示。对图 3-4-9(b)所示电路列节点方程,得

$$\left.\begin{array}{c} \left(\dfrac{1}{R_1} + \dfrac{1}{R_2} + \dfrac{1}{R_3}\right)u_1 - \dfrac{1}{R_3}u_2 = \dfrac{U_\text{s}}{R_1} \\[3mm] -\dfrac{1}{R_3}u_1 + \dfrac{1}{R_3}u_2 = -2u_1 \end{array}\right\}$$

代入数据得

$$\left.\begin{array}{c} \left(\dfrac{1}{4} + \dfrac{1}{4} + \dfrac{1}{2}\right)u_1 - \dfrac{1}{2}u_2 = \dfrac{10}{4} \\[3mm] -\dfrac{1}{2}u_1 + \dfrac{1}{2}u_2 = -2u_1 \end{array}\right\}$$

联立求解上述方程组,得

$$u_2 = -3 \text{ V}$$

故求得

$$u_C(\infty) = u_2 = -3 \ \text{V}$$

（3）求时间常数 τ

求 R_{eq} 的等效电路，如图 3-4-9（c）所示。注意，独立源 U_S 需要被置零。等效电阻 R_{eq} 可用外加电源法求得。由图（c），可知

$$i_3 = \frac{u_1}{R_1} + \frac{u_1}{R_2} = \frac{u_1}{4} + \frac{u_1}{4} = \frac{u_1}{2}$$

则

$$u = R_3 i_3 + u_1 = 2\,\frac{u_1}{2} + u_1 = 2u_1$$

$$i = i_3 + 2u_1 = \frac{u_1}{2} + 2u_1 = \frac{5}{2}u_1$$

故

$$R_{\text{eq}} = \frac{u}{i} = \frac{2u_1}{\frac{5}{2}u_1} = \frac{4}{5} \ \Omega = 0.8 \ \Omega$$

时间常数

$$\tau = R_{\text{eq}} C = (0.8 \times 1) \ \text{s} = 0.8 \ \text{s}$$

（4）求 u_C

将 $u_C(0_+)$、$u_C(\infty)$ 和 τ 代入式（3-4-10）可得

$$u_C = [\,0-(-3)\,]\,\text{e}^{-\frac{t}{0.8}} - 3 = (3\text{e}^{-1.25t} - 3) \ \text{V} \qquad t \geqslant 0$$

【评析】本例题是利用三要素法求解含受控源的一阶动态电路的全响应，注意求取时间常数 τ 中的等效电阻 R_{eq} 的方法，它一般只能运用外加电源法求取，而不能运用电阻的等效变换求取。

思考与练习题

3-4-5　三要素法［参见式（3-4-10）］能否用于分析一阶电路的零输入响应和零状态响应？若三要素法用于分析一阶电路的零输入响应和零状态响应时，式中 $f(\infty)$ 和 $f(0_+)$ 各有何特点？

［能］

3-4-6　电流 i 的波形如题 3-4-6 图（a）、（b）所示，试写出函数表达式 $i(t)$。

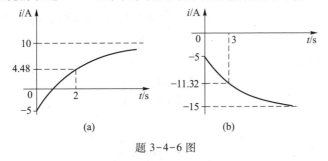

题 3-4-6 图

$$\left[\,(10-15\text{e}^{-\frac{t}{2}}) \ \text{A},\ (-15+10\text{e}^{-\frac{t}{3}}) \ \text{A}\,\right]$$

3-4-7　题 3-4-7 图所示电路，开关 S 闭合前电路已稳定。设开关在 $t=0$ 时闭合，试求 $t>0$ 时，电容电压 u_C 和电流 i_C。

$$\left[\left(\frac{10}{3}+\frac{8}{3}e^{-200t}\right)\ \text{V},-\frac{1.6}{3}e^{-200t}\ \text{mA}\right]$$

3-4-8 题 3-4-8 图所示电路,开关 S 闭合前电路已稳定。设开关在 $t=0$ 时闭合,试求 $t>0$ 时,电感电压 u_L。

$$\left[\frac{100}{3}e^{-\frac{20}{3}\times10^3 t}\ \text{V}\right]$$

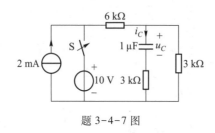
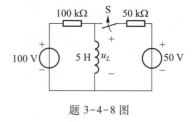

题 3-4-7 图　　　　　　　　　题 3-4-8 图

三、三要素法的 MOOC 教学案例

视频:一阶电路的全响应(三要素法
分析一阶电路的全响应)　　　　　　PPT:一阶电路的全响应(三要素法
分析一阶电路的全响应)

§3-5　阶跃信号和阶跃响应

　　在前面几节中,已经讨论了通过开关动作[①],使外施直流激励作用于一阶动态电路的响应问题。本节研究阶跃信号作用于一阶电路的响应。

一、阶跃信号

　　在数学中阶跃函数是一种奇异函数。这类函数具有不连续点(跃变点)或其导数(或积分)具有不连续点。

　　单位阶跃函数的定义为

$$\varepsilon(t)=\begin{cases}0 & t<0\\1 & t>0\end{cases} \tag{3-5-1}$$

延迟单位阶跃函数的定义为

$$\varepsilon(t-t_0)=\begin{cases}0 & t<t_0\\1 & t>t_0\end{cases} \tag{3-5-2}$$

---

① 这些开关可能只是示意的,也可能是实际的机械或电子开关。

按阶跃函数规律变化的信号是阶跃信号,单位阶跃信号和延迟单位阶跃信号的波形如图3-5-1所示。从图3-5-1(a)可见,单位阶跃信号在$t=0$处不连续,存在一个台阶形跃变,故取名"阶跃";因为跃变的幅度为1,所以称为单位阶跃信号。而延迟单位阶跃信号的跃变延迟至$t=t_0$时出现。

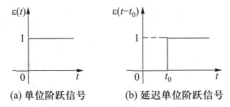

(a) 单位阶跃信号   (b) 延迟单位阶跃信号

图3-5-1   单位阶跃信号和延迟单位阶跃信号

如果单位阶跃函数$\varepsilon(t)$乘以常数K,便成为一般的阶跃函数,即

$$K\varepsilon(t)=\begin{cases}0 & t<0 \\ K & t>0\end{cases} \tag{3-5-3}$$

它在$t=0$处跃变,跃变的幅度为K。相应地,也有一般的延迟阶跃函数,即

$$K\varepsilon(t-t_0)=\begin{cases}0 & t<t_0 \\ K & t>t_0\end{cases} \tag{3-5-4}$$

它在$t=t_0$处跃变。

应用阶跃信号可以简捷地表达电路中的开关动作。例如图3-5-2(a)所示的RC电路,在$t=0$时开关由a合向b,接入电压为U_s的电压源。当此电路的激励用阶跃信号表示后,可简化成如图3-5-2(b)所示电路。图3-5-2(b)电路和图3-5-2(a)电路是等效的,即在$t<0$时$u=0$,在$t>0$时$u=U_s$。

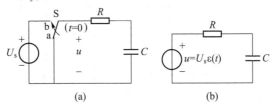

(a)   (b)

图3-5-2   用阶跃信号表示开关动作

应用单位阶跃信号还可以"起始"任意一个信号$f(t)$。设$f(t)$是对所有t都有定义的一个任意函数,欲使$f(t)$在$t=t_0$时开始作用,则可用$f(t)\varepsilon(t-t_0)$来表示,即

$$f(t)\varepsilon(t-t_0)=\begin{cases}0 & t<t_0 \\ f(t) & t>t_0\end{cases}$$

它的波形如图3-5-3所示。

利用阶跃信号可以描述更复杂的信号。例如对于一个如图3-5-4(a)所示幅度为1的矩形脉冲信号,可以把它看做是两个阶跃信号的叠加,即

$$f(t) = f_1(t) + f_2(t) = \varepsilon(t) - \varepsilon(t - t_0)$$

它们的波形如图 3-5-4(b)、(c)所示。

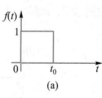

(a)

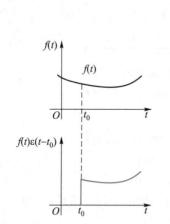

图 3-5-3   单位阶跃信号的起始作用

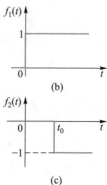

(b)

(c)

图 3-5-4   矩形脉冲的组成

同理,对于一个如图 3-5-5 所示的延迟矩形脉冲,则可写为

$$f(t) = \varepsilon(t - \tau_1) - \varepsilon(t - \tau_2)$$

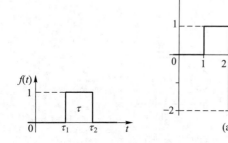

图 3-5-5   延迟矩形脉冲

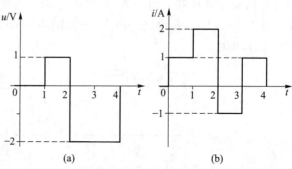

(a)

(b)

图 3-5-6   例 3-5-1 图

例 3-5-1   试用阶跃信号表示图 3-5-6(a)、(b)所示的阶梯信号。

解   根据图 3-5-6(a)和(b)的波形,可得

$$u = [\varepsilon(t-1) - 3\varepsilon(t-2) + 2\varepsilon(t-4)] \text{ V}$$

$$i = [\varepsilon(t) + \varepsilon(t-1) - 3\varepsilon(t-2) + 2\varepsilon(t-3) - \varepsilon(t-4)] \text{ A}$$

【评析】本例题图 3-5-6(a)的电压阶梯信号,视作是 3 个阶跃信号的叠加,分别发生在 $t=1$ s,$t=2$ s,$t=4$ s,幅度分别为 1 V、-3 V,2 V,从而得出题中解答。对于图 3-5-6(b)的电流阶梯信号,也可作类似的分解。这对于求取激励为复杂波形的过渡过程提供了方便。

二、一阶电路的单位阶跃响应

一阶电路的单位阶跃响应是指一阶电路在单位阶跃信号激励下的零状态响应,常用符号s(t)来表示这个响应。

求解电路的阶跃响应,其方法、步骤与求解在直流电源作用下的零状态响应一样。因为当电路的激励为单位阶跃信号ε(t) V或ε(t) A时,相当于电路在$t=0$时接通电压值为 1 V的直流电压源或 1 A 的直流电流源。

例如求图 3-5-7(a)所示 RC 串联电路的电容电压的单位阶跃响应 $s_{u_C}(t)$ 和电容电流的单位阶跃响应 $s_{i_C}(t)$,可以利用三要素法求得。其输入电压的波形如图 3-5-7(b)所示。

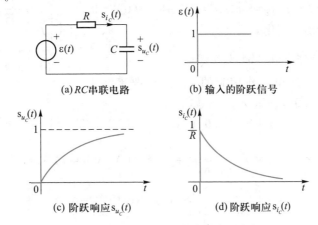

(a)RC串联电路   (b) 输入的阶跃信号

(c) 阶跃响应$s_{u_C}(t)$ (d)阶跃响应$s_{i_C}(t)$

图 3-5-7 RC 串联电路单位阶跃响应

由图 3-5-7(a)电路可知

$$u_C(\infty) = \varepsilon(t) \qquad i_C(\infty) = 0$$

由于阶跃响应是零状态,故

$$u_C(0_+) = 0 \qquad i_C(0_+) = \frac{1}{R}$$

所以

$$s_{u_C}(t) = [u_C(0_+) - u_C(\infty)] e^{-\frac{t}{\tau}} + u_C(\infty)$$

$$= [(0-1)e^{-\frac{t}{\tau}} + 1]\varepsilon(t) = (1-e^{-\frac{t}{\tau}})\varepsilon(t) \tag{3-5-5}$$

$$s_{i_C}(t) = \left[\left(\frac{1}{R} - 0\right)e^{-\frac{t}{\tau}} + 0\right]\varepsilon(t) = \frac{1}{R}e^{-\frac{t}{\tau}}\varepsilon(t) \tag{3-5-6}$$

式中,$\tau = RC$。

因为在响应的表达式中已引入ε(t),就不必再注明仅在$t>0$时成立。

阶跃响应 s_{u_C}、s_{i_C} 的波形如图 3-5-7(c)、(d)所示。

求图 3-5-8 所示 RL 并联电路的电感电流的单位阶跃响

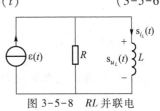

图 3-5-8 RL 并联电路单位阶跃响应

应 $s_{i_L}(t)$ 和电感电压的单位阶跃响应 $s_{u_L}(t)$，也可以利用三要素法求得，为

$$s_{i_L}(t) = \left[(0-1)e^{-\frac{t}{\tau}}+1\right]\varepsilon(t) = (1-e^{-\frac{t}{\tau}})\varepsilon(t) \tag{3-5-7}$$

$$s_{u_L}(t) = \left[(R-0)e^{-\frac{t}{\tau}}+0\right]\varepsilon(t) = Re^{-\frac{t}{\tau}}\varepsilon(t) \tag{3-5-8}$$

式中，$\tau = \dfrac{L}{R}$。

　　注意，若已知电路的单位阶跃响应为 $s(t)$，根据线性电路的齐次性，则电路对任意阶跃激励 $K\varepsilon(t)$ 的零状态响应为 $Ks(t)$；对任意延迟阶跃激励 $K\varepsilon(t-t_0)$ 的零状态响应为 $Ks(t-t_0)$。

　　例 3-5-2　电路如图 3-5-9 所示，图中 $u_S = \varepsilon(t)$ V，$i_S = \varepsilon(t-1)$ mA，$R_1 = 2$ kΩ，$R_2 = 8$ kΩ，$C = 200$ μF，$u_C(0_-) = 0$。求电容电压 u_C 并绘出其变化曲线。

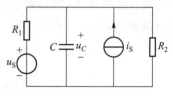

图 3-5-9　例 3-5-2 图

　　解　用叠加定理求阶跃响应 u_C。

　　先求解当阶跃电压单独作用时的 u_C'，用三要素法求解，首先分别求得 $u_C'(0_+)$、$u_C'(\infty)$ 和 τ 如下：

$$u_C'(0_+) = u_C'(0_-) = 0$$

$$u_C'(\infty) = \frac{R_2}{R_1+R_2}u_S = \frac{8}{2+8}\varepsilon(t)\ \text{V} = 0.8\,\varepsilon(t)\ \text{V}$$

$$\tau = \frac{R_1 R_2}{R_1+R_2}C = \frac{2\times8}{2+8}\times10^3\times200\times10^{-6}\ \text{s} = 0.32\ \text{s}$$

则

$$u_C' = \left[u_C'(0_+)-u_C'(\infty)\right]e^{-\frac{t}{\tau}}+u_C'(\infty)$$

$$= \left[(0-0.8)e^{-\frac{t}{0.32}}+0.8\right]\varepsilon(t)\ \text{V}$$

$$= 0.8(1-e^{-\frac{25}{8}t})\varepsilon(t)\ \text{V}$$

　　再求当阶跃电流单独作用时的 u_C''。首先求得 $u_C''(0_+)$、$u_C''(\infty)$ 如下：

$$u_C''(0_+) = u_C''(0_-) = 0$$

$$u_C''(\infty) = \frac{R_1 R_2}{R_1+R_2}i_S = \frac{2\times8}{2+8}\varepsilon(t-1)\ \text{V} = 1.6\,\varepsilon(t-1)\ \text{V}$$

则

$$u_C'' = \left[(0-1.6)e^{-\frac{t-1}{\tau}}+1.6\right]\varepsilon(t-1)\ \text{V}$$

$$= 1.6(1-e^{-\frac{25(t-1)}{8}})\varepsilon(t-1)\ \text{V}$$

式中，$\tau = 0.32$ s $= \dfrac{8}{25}$ s。

　　因此，电路的阶跃响应为

$$u_C = u'_C + u''_C$$

$$= \left[0.8 \left(1 - e^{-\frac{25t}{8}} \right) \varepsilon(t) + 1.6 \left(1 - e^{-\frac{25(t-1)}{8}} \right) \varepsilon(t-1) \right] \text{V}$$

其波形如图 3-5-10 所示。

【评析】本例题中是两个阶跃信号(激励)作用的线性一阶电路,可用叠加定理求解。电路的零状态响应即为阶跃响应,对于一阶电路,仍然可用三要素法求解。

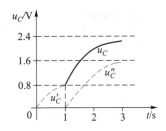

图 3-5-10 例 3-5-2 u_C 的变化曲线

思考与练习题

3-5-1 试用阶跃函数表示题 3-5-1 图所示矩形信号。

$$\{[3\varepsilon(t-1) - 5\varepsilon(t-3) + 2\varepsilon(t-4)]\text{V}\}$$

3-5-2 已知题 3-5-2 图(a)中电路的端电压波形如题 3-5-2 图(b)所示,求零状态响应电流 i。

$$\{[(1-e^{-2t})\varepsilon(t) - (1-e^{-2(t-1)})\varepsilon(t-1)]\text{A}\}$$

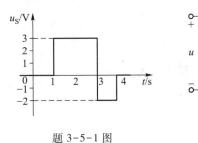

题 3-5-1 图

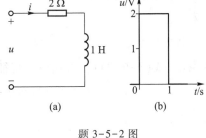

题 3-5-2 图

§3-6 二阶电路的零输入响应

凡含有两个动态元件,且用二阶微分方程描述的动态电路称为二阶电路。对于二阶电路,为了求出解答,需要有两个初始条件,它们由两个动态元件的初始值决定。含有一个电容和一个电感的 *RLC* 串联电路是这类电路的典型例子。下面将讨论这种二阶电路的零输入响应。

如图 3-6-1 所示电路为 *RLC* 串联电路,无外施激励,设换路前电容原已充电,其电压为 U_0,即 $u_C(0_-) = U_0$。电感电流为零,即 $i_L(0_-) = i(0_-) = 0$。$t = 0$ 时,将开关 S 闭合,则电路的响应是二阶电路的零输入响应。在图示的电压、电流参考方向下,由 KVL 可得

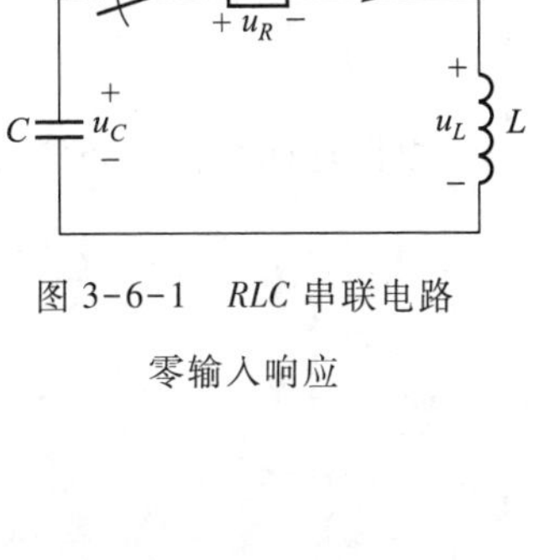

图 3-6-1 *RLC* 串联电路

$$u_R + u_L - u_C = 0 \quad t \geq 0 \qquad (3-6-1)$$

零输入响应

由元件的 VAR 可得

$$i = -C\frac{\mathrm{d}u_c}{\mathrm{d}t}$$

$$u_R = Ri = -RC\frac{\mathrm{d}u_c}{\mathrm{d}t}$$

$$u_L = L\frac{\mathrm{d}i}{\mathrm{d}t} = -LC\frac{\mathrm{d}^2 u_c}{\mathrm{d}t^2}$$

把它们代入式(3-6-1)中,得

$$LC\frac{\mathrm{d}^2 u_c}{\mathrm{d}t^2} + RC\frac{\mathrm{d}u_c}{\mathrm{d}t} + u_c = 0 \qquad t \geqslant 0 \tag{3-6-2}$$

式(3-6-2)就是以 u_c 为变量的 RLC 串联电路的二阶线性齐次微分方程。

求解这类方程时,仍然设解为 $u_c = A\mathrm{e}^{Pt}$,再代入对应的二阶微分方程,并由其初始条件来确定常数 P 和 A。

(1)确定常数 P

将 $u_c = A\mathrm{e}^{Pt}$ 代入式(3-6-2)后,得相应的特征方程为

$$LCP^2 + RCP + 1 = 0$$

解出特征方程的根为

$$P_1 = -\frac{R}{2L} + \sqrt{\left(\frac{R}{2L}\right)^2 - \frac{1}{LC}} \qquad P_2 = -\frac{R}{2L} - \sqrt{\left(\frac{R}{2L}\right)^2 - \frac{1}{LC}} \tag{3-6-3}$$

以上两特征根所决定的指数函数 $A_1\mathrm{e}^{P_1 t}$ 和 $A_2\mathrm{e}^{P_2 t}$ 都能满足齐次微分方程式(3-6-2)。因此该微分方程的通解为

$$u_c = A_1\mathrm{e}^{P_1 t} + A_2\mathrm{e}^{P_2 t} \tag{3-6-4}$$

(2)确定常数 A

两个动态元件的初始条件 $u_c(0_+) = u_c(0_-) = U_0, i(0_+) = i(0_-) = 0$。由于 $i = -C\frac{\mathrm{d}u_c}{\mathrm{d}t}$,可得

$$i(0_+) = -C\frac{\mathrm{d}u_c}{\mathrm{d}t}\bigg|_{0_+} = 0$$

根据这两个初始条件,由式(3-6-4)可得

$$\left.\begin{aligned} u_c(0_+) &= A_1 + A_2 = U_0 \\ i(0_+) &= -C\frac{\mathrm{d}u_c}{\mathrm{d}t}\bigg|_{0_+} = -C(P_1 A_1 + P_2 A_2) = 0 \end{aligned}\right\} \tag{3-6-5}$$

求解联立方程式(3-6-5)可得

$$A_1 = \frac{P_2 U_0}{P_2 - P_1} \Bigg\}$$
$$A_2 = \frac{P_1 U_0}{P_1 - P_2} \Bigg\} \tag{3-6-6}$$

将求得的常数 P_1、P_2 和 A_1、A_2 代入式(3-6-4),就可得到 RLC 串联电路的零输入响应的表示式。

由于 RLC 串联电路的 R、L、C 的参数值不同,特征根 P_1、P_2 有三种不同的情况:

① 当 $\left(\dfrac{R}{2L}\right)^2 - \dfrac{1}{LC} > 0$ 时,即 $R > 2\sqrt{\dfrac{L}{C}}$ 时,P_1、P_2 为两个不相等的负实根。

② 当 $\left(\dfrac{R}{2L}\right)^2 - \dfrac{1}{LC} < 0$ 时,即 $R < 2\sqrt{\dfrac{L}{C}}$ 时,P_1、P_2 为一对实部为负的共轭复根。

③ 当 $\left(\dfrac{R}{2L}\right)^2 - \dfrac{1}{LC} = 0$ 时,即 $R = 2\sqrt{\dfrac{L}{C}}$ 时,P_1、P_2 为一对相等的负实根。

下面分别讨论这三种情况。

1. $R > 2\sqrt{\dfrac{L}{C}}$,过阻尼情况(非振荡放电过程)

在这种情况下,特征根 P_1、P_2 为两个不相等的负实根,将式(3-6-6)代入式(3-6-4)得电容电压为

$$u_C = \frac{P_2 U_0}{P_2 - P_1} e^{P_1 t} + \frac{P_1 U_0}{P_1 - P_2} e^{P_2 t} = \frac{U_0}{P_2 - P_1}(P_2 e^{P_1 t} - P_1 e^{P_2 t}) \qquad t \geq 0 \tag{3-6-7}$$

则电流为

$$i = -C\frac{\mathrm{d}u_C}{\mathrm{d}t} = -\frac{CU_0 P_1 P_2}{P_2 - P_1}(e^{P_1 t} - e^{P_2 t})$$

$$= -\frac{U_0}{L(P_2 - P_1)}(e^{P_1 t} - e^{P_2 t}) \qquad t \geq 0 \tag{3-6-8}$$

上式利用了 $P_1 P_2 = \dfrac{1}{LC}$ 的关系。

电感电压为

$$u_L = L\frac{\mathrm{d}i}{\mathrm{d}t} = -\frac{U_0}{P_2 - P_1}(P_1 e^{P_1 t} - P_2 e^{P_2 t}) \qquad t > 0 \tag{3-6-9}$$

图 3-6-2 画出了 u_C、u_L 和 i 随时间变化的曲线。从图中可以看出,u_C 从 U_0 逐渐减小到

零,而电流 i 始终不改变方向,说明电容一直处于放电状态,因此称为非振荡放电,又称为过阻尼放电。当 $t=0_+$ 时,$i(0_+)=0$;当 $t\to\infty$ 时,放电过程结束,$i(\infty)=0$。所以,在放电过程中电流必然经历从零逐渐增大到最大值,然后逐渐减小到零的变化过程。电流达到最大值的时刻 t_m,可由 $\dfrac{\mathrm{d}i}{\mathrm{d}t}=0$ 决定,即

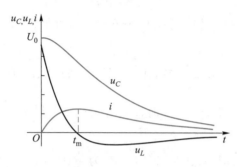

图 3-6-2　过阻尼情况中 u_C、u_L 和 i 随时间变化的曲线

$$t_m = \frac{\ln\left(\dfrac{P_2}{P_1}\right)}{P_1 - P_2}$$

$t<t_m$ 时,电感吸收电容释放的能量,储存于磁场中;$t>t_m$ 时,电感向电路释放能量,逐渐被电阻消耗,直至消耗到零;$t=t_m$ 时,正好是电感电压 u_L 过零点。

2. $R<2\sqrt{\dfrac{L}{C}}$,欠阻尼情况(振荡放电过程)

在这种情况下,特征根 P_1、P_2 是一对实部为负的共轭复根。由式(3-6-3)得

$$P_{1,2} = -\frac{R}{2L} \pm \sqrt{\left(\frac{R}{2L}\right)^2 - \frac{1}{LC}} = -\frac{R}{2L} \pm \mathrm{j}\sqrt{\frac{1}{LC} - \left(\frac{R}{2L}\right)^2} \qquad (\mathrm{j}=\sqrt{-1})$$

令

$$\frac{R}{2L} = \delta \qquad \sqrt{\frac{1}{LC} - \left(\frac{R}{2L}\right)^2} = \omega$$

则

$$P_1 = -\delta + \mathrm{j}\omega = -(\delta - \mathrm{j}\omega) = -\sqrt{\delta^2 + \omega^2}\, \mathrm{e}^{-\mathrm{j}\arctan\frac{\omega}{\delta}},$$

$$P_2 = -\delta - \mathrm{j}\omega = -(\delta + \mathrm{j}\omega) = -\sqrt{\delta^2 + \omega^2}\, \mathrm{e}^{\mathrm{j}\arctan\frac{\omega}{\delta}}$$

再令

$$\omega_0 = \sqrt{\delta^2 + \omega^2} \qquad \beta = \arctan\frac{\omega}{\delta}$$

则

$$P_1 = -\omega_0 \mathrm{e}^{-\mathrm{j}\beta}$$

$$P_2 = -\omega_0 \mathrm{e}^{\mathrm{j}\beta}$$

这样,电容电压为

$$u_C = \frac{U_0}{P_2 - P_1}(P_2 e^{P_1 t} - P_1 e^{P_2 t})$$

$$= \frac{U_0}{-\delta - j\omega - (-\delta + j\omega)}\left[-\omega_0 e^{j\beta} e^{(-\delta + j\omega)t} + \omega_0 e^{-j\beta} e^{(-\delta - j\omega)t}\right]$$

$$= \frac{U_0 \omega_0}{2j\omega} e^{-\delta t}\left[e^{j(\omega t + \beta)} - e^{-j(\omega t + \beta)}\right]$$

$$= \frac{U_0 \omega_0}{\omega} e^{-\delta t}\left[\frac{\cos(\omega t + \beta) + j\sin(\omega t + \beta) - \cos(\omega t + \beta) + j\sin(\omega t + \beta)}{2j}\right]$$

$$= \frac{U_0 \omega_0}{\omega} e^{-\delta t}\sin(\omega t + \beta) \qquad t \geqslant 0$$

上式利用了欧拉公式 $e^{j\alpha} = \cos\alpha + j\sin\alpha$。

由式(3-6-8),仿照 u_C 的推导过程,得电流为

$$i = \frac{U_0}{\omega L} e^{-\delta t}\sin\omega t \qquad t \geqslant 0$$

由式(3-6-9),同样仿照 u_C 的推导过程,得电感电压为

$$u_L = -\frac{U_0 \omega_0}{\omega} e^{-\delta t}\sin(\omega t - \beta) \qquad t > 0$$

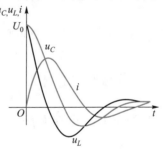

图 3-6-3 欠阻尼情况下 u_C、u_L 和 i 随时间变化的曲线

图 3-6-3 画出了 u_C、u_L 和 i 随时间变化的曲线,可见它们的振幅都是按指数规律衰减的正弦波形,在整个过程中,它们将周期性改变方向,电容元件和电感元件也将周期性交换能量,由于电阻不断消耗能量,振荡幅度逐渐减小,最终变为零,这种放电过程称为振荡放电。

3. $R = 2\sqrt{\dfrac{L}{C}}$,临界阻尼情况(临界非振荡放电过程)

在这种情况下,特征根 P_1、P_2 为一对相等的实根。由式(3-6-3)得

$$P_1 = P_2 = -\frac{R}{2L} = -\delta$$

这时,二阶微分方程的通解为

$$u_C = (A_1 + A_2 t) e^{-\delta t}$$

$$i = -C\frac{du_C}{dt} = -C(-\delta A_1 - \delta A_2 t + A_2) e^{-\delta t}$$

将初始条件 $u_C(0_+)=U_0,i(0_+)=0$ 代入以上两式,得

$$A_1=U_0$$

$$A_2=\delta A_1=\delta U_0$$

所以,电容电压为

$$u_C=U_0(1+\delta\,t)\mathrm{e}^{-\delta t}\qquad t\geqslant 0$$

电流为

$$i=-C\frac{\mathrm{d}u_C}{\mathrm{d}t}=\frac{U_0}{L}t\mathrm{e}^{-\delta t}\qquad t\geqslant 0$$

注意式中 $\delta=\dfrac{R}{2L}$,本式导出利用了 $R=2\sqrt{\dfrac{L}{C}}$ 的条件。

而电感电压为

$$u_L=L\frac{\mathrm{d}i}{\mathrm{d}t}=U_0\mathrm{e}^{-\delta t}(1-\delta\,t)\qquad t>0$$

从以上 u_C、u_L 和 i 的表达式可以看出,它们都不作振荡变化,即为非振荡放电,波形与图 3-6-2 所示相似,不另画出。但是,这种放电过程是振荡与非振荡过程的分界线,所以称为临界非振荡放电过程。这时的电阻 $R=2\sqrt{\dfrac{L}{C}}$ 称为临界电阻,并将 $R>2\sqrt{\dfrac{L}{C}}$ 称为过阻尼情况,$R<2\sqrt{\dfrac{L}{C}}$ 称为欠阻尼情况。

例 3-6-1　电路如图 3-6-4 所示,已知 $R=250\ \Omega$,$C=25\ \mu\mathrm{F}$,$L=0.25\ \mathrm{H}$。开关 S 断开前电路已稳定,$t=0$ 时将开关 S 打开,求 u_C、u_L 和 i。

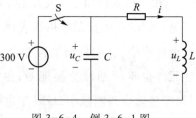

图 3-6-4　例 3-6-1 图

解　这是求零输入响应问题。

已知 $R=250\ \Omega$,而临界电阻

$$2\sqrt{\frac{L}{C}}=2\sqrt{\frac{0.25}{25\times 10^{-6}}}=200\ \Omega$$

所以 $R>2\sqrt{\dfrac{L}{C}}$,属于过阻尼情况,构成非振荡放电。

由式(3-6-3)代入参数,得特征根

$$P_1=-\frac{R}{2L}+\sqrt{\left(\frac{R}{2L}\right)^2-\frac{1}{LC}}$$

$$= -\frac{250}{2 \times 0.25} + \sqrt{\left(\frac{250}{2 \times 0.25}\right)^2 - \frac{1}{0.25 \times 25 \times 10^{-6}}}$$

$$= -200$$

同理 $$P_2 = -800$$

而初始条件

$$u_C(0_+) = u_C(0_-) = 300 \text{ V} \qquad i(0_+) = i(0_-) = \frac{300}{250} \text{ A} = 1.2 \text{ A}$$

根据这两个初始条件，由式（3-6-4）得

$$u_C(0_+) = A_1 + A_2 = 300$$

$$i(0_+) = -C\frac{\mathrm{d}u_C}{\mathrm{d}t}\bigg|_{0_+} = -C(P_1 A_1 + P_2 A_2)$$

$$= -25 \times 10^{-6} \times (-200A_1 - 800A_2)$$

$$= 1.2 \text{ A}$$

即

$$\left. \begin{array}{r} A_1 + A_2 = 300 \\ 200A_1 + 800A_2 = 480 \times 10^2 \end{array} \right\}$$

联立解以上两方程，得

$$A_1 = 320 \qquad A_2 = -20$$

由式（3-6-4）得电容电压为

$$u_C = A_1 e^{P_1 t} + A_2 e^{P_2 t} = (320e^{-200t} - 20e^{-800t}) \qquad t \geqslant 0$$

电流

$$i = -C\frac{\mathrm{d}u_C}{\mathrm{d}t} = (1.6e^{-200t} - 0.4e^{-800t}) \text{ A} \qquad t \geqslant 0$$

电感电压

$$u_L = L\frac{\mathrm{d}i}{\mathrm{d}t} = 80(-e^{-200t} + e^{-800t}) \text{ V} \qquad t > 0$$

【评析】本例题省略了电路的二阶齐次常微分方程的列写过程，而直接应用二阶齐次常微分方程解的表示式求得零输入响应 $u_C(t)$，再根据元件的伏安关系求得 i 和 u_L。在代入表示式前，必须通过计算判断该电路的电阻 R 是等于、小于、大于 $2\sqrt{\dfrac{L}{C}}$，以确定电路是临界阻尼、还是欠阻尼、还是过阻尼状态，然后代入不同的表示式。

思考与练习题

3-6-1　根据特征根的不同,对二阶电路的零输入响应的各种情况作分析比较,并说明各种情况下的能量转化过程。

3-6-2　切断 RL 串联电路的电源时,开关两端产生火花,是什么原因?为什么在开关两端并联一个电容就可以消除火花?

3-6-3　已知题 3-6-3 图所示电路的开关 S 断开前,电路已经稳定。

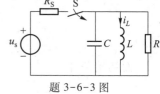

题 3-6-3 图

在 $t=0$ 时将开关 S 打开,试以 i_L 为变量建立 $t \geqslant 0$ 时电路的微分方程。

$$\left[LC\frac{\mathrm{d}^2 i_L}{\mathrm{d}t^2} + \frac{L}{R}\frac{\mathrm{d}i_L}{\mathrm{d}t} + i_L = 0 \right]$$

§3-7　应 用 实 例

一、汽车点火电路

电感电流快速变化将引起高电压,从而产生电弧或电火花,汽车点火电路就是应用这个特性来工作的。

图 3-7-1 是汽车点火电路,由汽车电池 U_s、开关 S、螺线管电阻 R、点火线圈电感 L 和火花塞组成。火花塞有一对电极,两电极间有一定的空气隙。若电极间产生一个高达几千伏的高电压,击穿火花塞两电极间空气,产生电火花,则汽车气缸中的燃料、空气混合体被点燃,汽车发动机起动。火花塞的外形如图 3-7-2 所示。

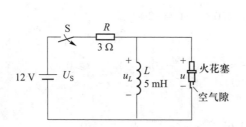

图 3-7-1　汽车点火电路图

图 3-7-2　火花塞外形图

一般汽车电池只有 12 V,怎样才能产生高达几千伏的高电压呢?如图 3-7-1 所示电路,当点火开关 S 闭合时,流过电感的电流逐渐增加而达到其终值: $i_L(\infty)=U_s/R$。电感电流要充电到其稳态值所需时间大约是电路时间常数的 5 倍,即

$$t_{充电}=5\tau=5\frac{L}{R}$$

稳态时, i_L 是常数,电感电压 $u_L=L\dfrac{\mathrm{d}i_L}{\mathrm{d}t}=0$。若开关 S 突然断开, $\dfrac{\mathrm{d}i_L}{\mathrm{d}t}$ 很大,电感两端就形成一

个很高的电压 $u_L = L\dfrac{\mathrm{d}i_L}{\mathrm{d}t}$。该电压加在火花塞电极上,在其充满燃料、空气混合体的空气隙间产生电火花使汽车气缸中的燃料、空气混合体被点燃。

例如,在图 3-7-1 所示电路中,汽车电池 $U_s = 12$ V,螺线管电阻 $R = 3$ Ω,点火线圈电感 $L = 5$ mH,开关断开时间为 1 μs。则在开关 S 未断开前线圈的稳态值电流

$$i_L(\infty) = \frac{U_s}{R} = \frac{12}{3}\mathrm{A} = 4\ \mathrm{A}$$

在开关 S 断开瞬间,线圈中的电流在 1 μs 内由 4A 变为零,则火花塞电极电压

$$u = u_L = L\frac{\Delta i_L}{\Delta t} = 5\times10^{-3}\times\frac{4}{10^{-6}}\mathrm{V} = 20\ \mathrm{kV}$$

这个电压足以击穿火花塞两电极间空气,产生电火花。

二、微分电路和积分电路[①]

在脉冲电路和自动控制中广泛应用的微分电路和积分电路,是 RC 电路在矩形脉冲信号激励下的两种应用电路。

1. RC 微分电路

所谓微分电路,是指能实现输出电压与输入电压之间近似成微分关系的电路,或者说,输入信号波形通过该电路后就可以近似地变换成其微分形式的波形。

对于一个 RC 串联电路,若输出电压从电阻两端引出,并适当选择电路的元件参数,便可实现微分电路的功能。

设图 3-7-3 所示 RC 串联电路的输出端开路,即 $i_2 = 0$ 时,则有

$$u_R = Ri_1 = RC\frac{\mathrm{d}u_C}{\mathrm{d}t}$$

说明输出电压 u_R 与电容电压 u_C 的微分成正比。若输入电压 $u_i \approx u_C$,则输出电压 u_R 近似地与输入电压 u_i 的微分成正比。

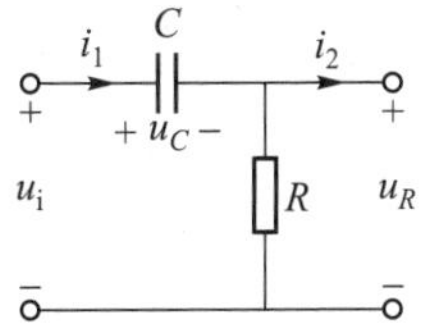

由于 $u_i = u_C + u_R$,为了使 $u_i \approx u_C$ 则应使

$$u_C \gg u_R = Ri_1$$

即

$$\frac{1}{C}\int i_1 \mathrm{d}t \gg Ri_1$$

图 3-7-3 RC 微分电路

上式成立的条件是:电阻 R 很小,电容 C 也很小,即电路的时间常数 $\tau = RC$ 很小。当满足这个条件时,则有

$$u_R \approx RC\frac{\mathrm{d}u_i}{\mathrm{d}t}$$

---

① **重点提示**:微分电路和积分电路在自动控制系统中常作调节环节。微分电路和积分电路也广泛用于波形的产生和变换。

即该电路近似地实现了"微分"功能。

在脉冲电路中,常用微分电路将矩形脉冲信号变换成尖顶脉冲信号。在图 3-7-3 所示微分电路中,输入电压 u_i 为图 3-7-4(a)所示的矩形脉冲,其幅值为 U_S,宽度为 t_0;电路的时间常数 $\tau \ll t_0$。该电路的电容电压波形 u_C 及输出电压波形 u_R 如图 3-7-4(b)、(c)所示。从波形图可以看出,当微分电路的输入电压 u_i 为矩形脉冲时,输出电压 u_R 为正、负尖顶脉冲。在数学上,常量积分为零,所以,对于图 3-7-3 所示的 RC 电路而言,除电容开始充电和放电的极短时间外,输出电压与输入电压近似地成微分关系。改变电阻 R 或电容 C 的数值,即改变电路的时间常数 τ,就可以改变输出电压 u_R 尖顶脉冲的宽度,当 R 或 C 的数值增大时,尖顶脉冲将增宽。

2. RC 积分电路

所谓积分电路,是指能实现输出电压与输入电压之间近似成积分关系的电路,或者说,输入信号波形通过该电路后,可近似地变化成其积分形式的波形。

在数学上,积分与微分互为逆运算。可想而知,RC 积分电路在结构形式上和元件选择上应与 RC 微分电路相反,即输出电压从电容两端引出;电路的时间常数 τ 要很大。现对如图 3-7-5(a)所示 RC 电路分析如下,设该电路的输出端开路,即 $i_2 = 0$ 时,则有

$$u_C = \frac{1}{C}\int i_1 \mathrm{d}t = \frac{1}{RC}\int u_R \mathrm{d}t$$

即输出电压 u_C 与电阻电压 u_R 的积分成正比。

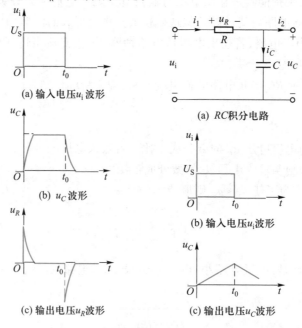

(a) 输入电压 u_i 波形

(b) u_C 波形

(c) 输出电压 u_R 波形

图 3-7-4　RC 微分电路的波形

(a) RC 积分电路

(b) 输入电压 u_i 波形

(c) 输出电压 u_C 波形

图 3-7-5　RC 积分电路

若输入电压 $u_i \approx u_R$,则由上式可见,输出电压 u_C 近似地与输入电压 u_i 的积分成正比。为了使 $u_i \approx u_R$,必须

$$u_R \gg u_C$$

即

$$Ri_1 \gg \frac{1}{C}\int i_1 \mathrm{d}t$$

上式成立的条件是:电阻 R 要大,电容 C 也要大,即电路的时间常数 $\tau = RC$ 要很大。当满足这个条件时,则有

$$u_C \approx \frac{1}{RC}\int u_i \mathrm{d}t$$

即该电路近似地实现了"积分"功能。

在脉冲电路中,常用积分电路将矩形脉冲信号变换成锯齿波信号。

在图 3-7-5(a)所示积分电路中,输入电压 u_i 为矩形脉冲,其幅值为 U_S,宽度为 t_0[参见图 3-7-5(b)];电路的时间常数 $\tau \gg t_0$。该电路输出电压波形如图 3-7-5(c)所示。当积分电路输入为连续矩形脉冲时[参见图 3-7-6(a)],则电路的稳态输出为锯齿波,如图 3-7-6(b)所示[1]。在数学上,常量积分为一次函数(斜直线),所以,对于图 3-7-5(a)所示的 RC 电路,输出电压与输入电压近似地成积分关系。改变电阻 R 或电容 C 的数值,即改变电路的时间常数 τ,可以改变输出电压锯齿波的坡度,当 R 或 C 的数值增大时,锯齿波的坡度将减小。

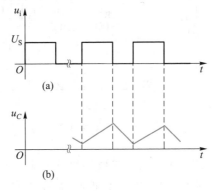

图 3-7-6　RC 积分电路将矩形脉冲变换成锯齿波

*§3-8　计算机仿真分析动态电路

Multisim13 软件中提供了大量虚拟仪表,为仿真分析带来了极大的方便,本节将通过例题来学习使用虚拟示波器对动态电路仿真分析。此外,Multisim13 中还提供了瞬态分析法(Transient Analysis),本节通过例题作一简要介绍。

例 3-8-1　在图 3-8-1 所示电路中,$t<0$ 时开关 S 在位置"1",电路已处于稳定状态;设在 $t=0$ 时,开关由"1"合向"2"。已知 $R=1\ \Omega$,$C=1\ \mathrm{F}$,$U_s=9\ \mathrm{V}$,试求 $t \geq 0$ 时的电容电压

① 参见主要参考文献[3]§7-8。

随时间变化的曲线。

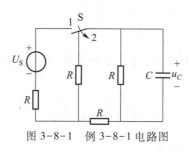

图 3-8-1   例 3-8-1 电路图

解   可以利用 Multisim 13 中的虚拟示波器直接测出电容 C 两端的电压随时间变化的曲线。

在 Multisim 13 的工作区建立如图 3-8-2 所示的仿真电路图。由图 3-8-1 容易求出电容电压的初始值为 3V,而放电的时间常数 $\tau = RC = 0.666\ 7$ s。

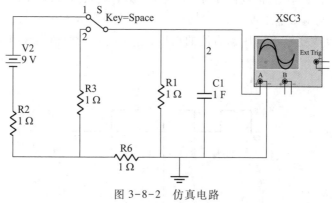

图 3-8-2   仿真电路

首先双击示波器的图标,调整示波器的参数。扫描时基"Time base"设置为 0.5s/div,即横向每格代表 0.5s。由于接线时选用的是 A 通道,而电容的电压初值为 3V,故 A 通道"Channel A"的增益设置为 1V/div,即纵向每格为 1V。按空格键设置好开关位置,设置好后点击 Multisim 13 右上角的按钮启动仿真。开始电路处于稳态(开关在位置 1 时的稳态),这时电容的电压是 3V。再扳动开关由 1 合向 2,就可以从示波器上看到电容的零输入响应曲线,如图 3-8-3 所示。从图 3-8-3 上可以看出,1 号读数指针的位置所对应的时刻 T1 是开关由 1 合向 2 的时刻,由读数栏中可以读出,它对应的电压为 3V,时间 T1 为 492.424ms,是启动仿真后到电容电压为 3V 时所经历的时间。用鼠标移动 2 号读数指针,使指针所在位置距离开始仿真的时间 T2 为 3.220s。故 T2-T1 为 2.727s,而 2 号指针所对应的时刻的电容电压为 50.615mV,说明经过 $(3 \sim 5)\tau$ 后电路处于新的稳态,电容上的电压接近于零。

例 3-8-2   在图 3-8-1 所示电路中,$t < 0$ 时开关 S 在位置"2",电路已处于稳态;设在 $t = 0$ 时,开关由"2"合向"1"。电路参数与例 3-8-1 相同,即 $R = 1\ \Omega$,$C = 1$ F,$U_S = 9$ V,试求 $t \geqslant 0$ 时的电容电压随时间变化的曲线。

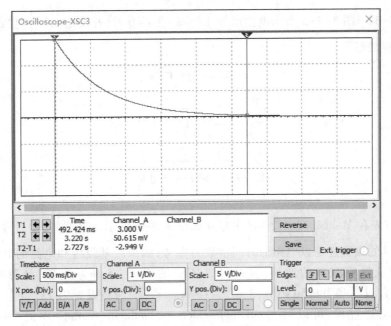

图 3-8-3 例 3-8-1 的仿真结果

解　在 Multisim 13 软件的工作区,建立图 3-8-2 所示的仿真电路。此题的时间常数 $\tau=RC=0.6667$ s。同上例一样,首先设置好示波器的时基等参数,然后启动仿真,得到图 3-8-4所示的零状态响应曲线。图中 1 号指针的位置所对应的时刻 T1 为开关由"2"合向"1"的时刻,2 号指针所对应的时刻 T2,是启动仿真后电容电压的读数为 2.948V 所经历的时间。由于 T2-T1 = 2.727s,而稳态电容电压为 3V,故经过(3~5)τ 后电路的状态接近于稳态。

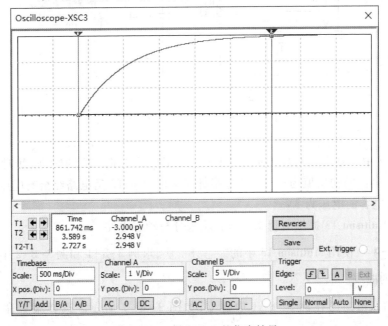

图 3-8-4 例 3-8-2 的仿真结果

例 3-8-3   图 3-8-5 所示电路已处于稳态,在 $t=0$ 时,开关由"1"合向"2",试求电容电压的全响应波形。

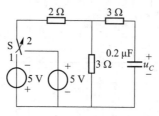

图 3-8-5   例 3-8-3 电路图

解   首先在 Multisim 13 工作区中建立如图 3-8-6 所示仿真电路,然后设置好示波器的时基。时基的设置还是以电路的时间常数为参考,如果时基设置和电路的时间常数差异过大,将难以找到要观察的波形,为此可以依据图 3-8-5 所示电路,计算时间常数为 $0.84\mu s$,故可以设时基为 $0.5\mu s/div$,A 通道"Channel A"的增益设置为 $1V/div$。为了便于用示波器观察动态过程,可以对 Simulate/Interactive Simulation Settings 中的"Maximum time step"进行设置,这里设置为 1e-011s。双击示波器的图标,打开示波器的显示界面。启动仿真,估计电路达到 S 在位置"1"时的初始稳态后,再将开关由"1"合向"2",得到图 3-8-7 所示输出结果。

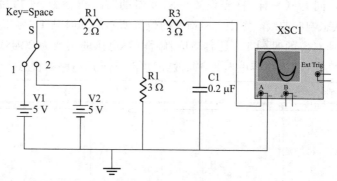

图 3-8-6   例 3-8-3 的仿真电路

图 3-8-7 中 1 号指针对应的时刻 T1 是开关由"1"合向"2"的时刻,此时电容电压为 -3 V,即电容电压的初始值为 -3 V。2 号指针对应的时刻 T2 是电路经全响应后达到稳态的时刻,稳态时电容的电压为 3V。

下面用 Multisim 13 提供的瞬态分析方法来分析动态电路。

例 3-8-4   使用 Multisim 13 中的瞬态分析法,求例 3-8-1 和例 3-8-2 中的电容电压随时间变化的曲线。

解   仿真电路已在例 3-8-1 中建立,如图 3-8-2 所示。选择菜单命令 Simulate/

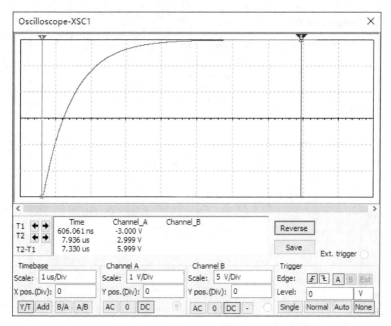

图 3-8-7 例 3-8-3 的仿真结果

Analysis/Transient Analysis 选项,弹出图 3-8-8 所示对话框。在弹出的对话框中设置瞬态分析参数,主要参数有以下几种:

(1) Initial conditions:设置初始条件,包括 Set to Zero(初始值设置为 0)、User defined(用户自定义初始值)、Calculate DC operating point(通过计算直流工作点得到初始值)和 Determine automatically(自动确定初始值)。

(2) Start time(TSTART):设置开始分析时间。

(3) End time(TSTOP):设置结束分析时间。

(4) Maximum time step(TMAX):设置最大时间步长,选取该选项后,在右边文本框内指定最大的时间间距。

(5) Initial time step(TSTEP):设置起始时间步长,选取该选项后,在右边文本框内指定时间步长设置值。

(6) 单击"Reset to default"按钮将把所有的设置恢复为默认设置。

本题的初始值设置为 0;分析起始时间设置为 0s;由于电路的零状态响应和零输入响应达到稳态所需时间之和小于 10s,留一定裕量后,终点时间设置为 15s;步长设置采用 Multisim 13 的默认值;指定 V(2)为输出变量。点击 Simulate 运行仿真,可以看出节点 2 电压随时间变化的曲线和例 3-8-2 结果一致。当输出电压基本稳定后,按下空格键使开关由"1"合向"2",输出曲线随即按例 3-8-1 的结果变化。图 3-8-9 为上述的仿真结果,图中 6.250s的位置为开关由"1"合向"2"的时刻,其前为零状态响应即例 3-8-2 的结果,其后为零输入响应即例 3-8-1 的结果。

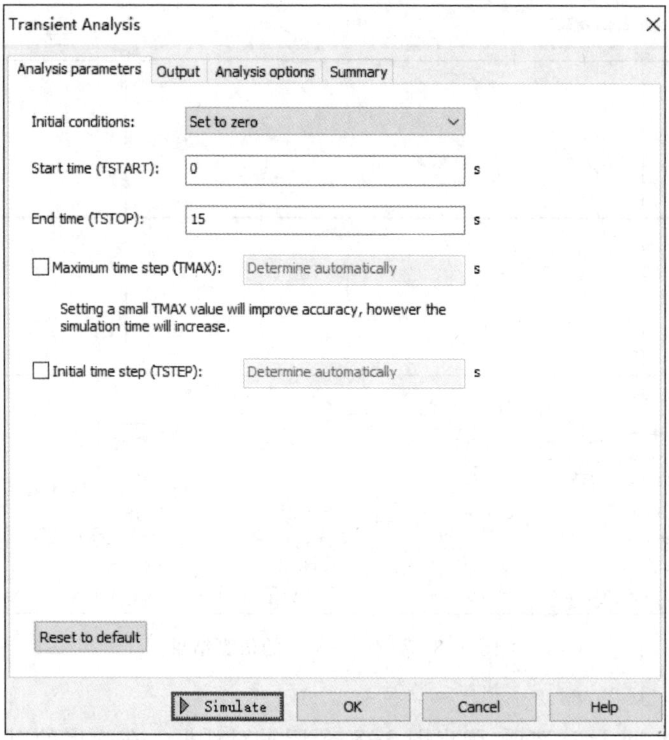

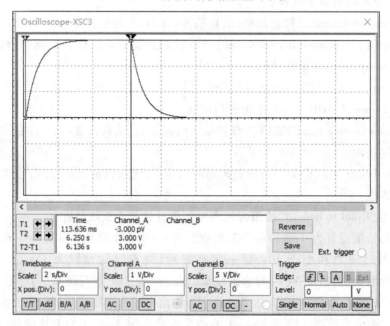

图 3-8-8　瞬态分析参数设置对话框

图 3-8-9　例 3-8-4 的瞬态分析结果

思考与练习题

3-8-1 如果用 Multisim 13 求例 3-8-1 的电容电流,应该如何操作?

3-8-2 如果将例 3-8-1 的电源换成 1A 的电流源,示波器的时基和增益要如何设置? 试比较仿真后的结果,并分析原因。

3-8-3 如果将例 3-8-1 的电容换成 1H 的电感,如何用 Multisim 13 求电感的电流波形(提示:可以通过电流控制电压源,将电流信号转换为电压信号)?

本章学习要求

1. 掌握电容元件和电感元件的定义、基本性质及其伏安关系和能量的计算。

2. 理解动态元件、动态电路、过渡过程(暂态过程)及电路的暂态和稳态的概念。

3. 掌握换路定则的应用和一阶电路初始值的计算。

4. 掌握一阶电路的零输入响应、零状态响应和全响应的分析方法,理解时间常数的物理意义;掌握应用三要素法分析一阶电路的暂态过程。

5. 了解二阶电路的零输入响应的分析方法,理解 RLC 电路过阻尼、临界阻尼、欠阻尼三种工作状态。

习 题

3-1 电压 u 施于如习题 3-1(a)图所示的电容上,其波形如习题 3-1 图(b)所示,试求 i,并绘出它的波形图。

3-2 10 μF 电容的电流为 $10\,e^{-100t}$ mA,若 $u(0)=-10$ V,在 u、i 一致的参考方向下,试求 $u(t)$,$t>0$。

3-3 习题 3-3 图(a)、(b)所示为一电容的电压和电流波形,设电压和电流为一致的参考方向。(1)求电容量 C;(2)计算电容在 $0<t<1$ ms 期间储存的电荷;(3)计算电容在 $t=2$ ms 吸收的功率;(4)计算电容在 $t=2$ ms 时储存的能量。

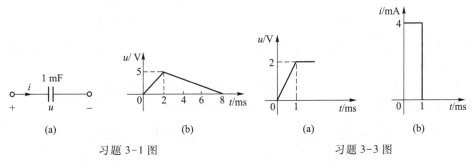

习题 3-1 图   习题 3-3 图

3-4 已知某电感元件 $L=0.5$ H,当其中流过变化率为 $\dfrac{\mathrm{d}i}{\mathrm{d}t}=20$ A/s 的电流时,该元件的端电压为多少? 设电压与电流的参考方向一致。如果通过 5 A 的直流电,其端电压又为多少?

3-5 已知某电感元件 $L=1$H,其电流波形如习题 3-5 图所示,试绘出它的电压 $u(t)$ 的波形,设定 u、i 的参考方向一致。

3-6 在习题 3-6 图所示电路中,已知 $u_C = te^{-t} \mathrm{V}$,试求 i 及 u_L、u_R。

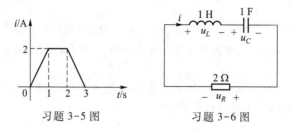

习题 3-5 图　　　　　　习题 3-6 图

3-7 在上题电路中,R、L、C 均未知。若已知 $u_L = (-5e^{-t} + 20e^{-2t})\,\mathrm{V}$,$i = (10e^{-t} - 20e^{-2t})\,\mathrm{A}$,$t \geq 0$,且在 $t = 0$ 时,电路总储能为 25 J,试求 R、L、C 之值。

3-8 求习题 3-8 图所示直流电路的 U_1、I_1 和 U_2、I_2。

3-9 电路如习题 3-9 图所示,开关 S 原已闭合了很久。$t = 0$ 时开关 S 打开,试求 i、i_C、u_C 的初始值。

3-10 电路如习题 3-10 图所示,开关 S 原闭合在 a 端且已工作了很久。$t = 0$ 时开关 S 从 a 端合向 b 端,试求 i_L、u_L 的初始值。

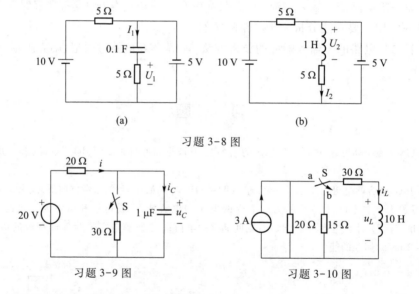

(a)　　　　　　　　　　　(b)

习题 3-8 图

习题 3-9 图　　　　　　　习题 3-10 图

3-11 电路如习题 3-11 图所示,开关 S 原已闭合了很久。$t = 0$ 时开关 S 打开,试求 $u_C(0_+)$、$i_C(0_+)$ 和 $u_L(0_+)$、$i_L(0_+)$ 值。

3-12 习题 3-12 图所示电路在开关 S 闭合前已处于稳定状态,在 $t = 0$ 时开关 S 闭合。(1)列写 $t \geq 0$ 时,以 u_C 为变量的微分方程;(2)求 $t > 0$ 时的 u_C 和 i_C,并绘出波形图。

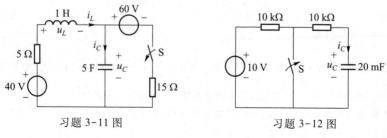

习题 3-11 图　　　　　　　习题 3-12 图

3-13 在习题 3-13 图所示电路中,开关 S 原在 1 位置已很久。$t=0$ 时开关 S 由 1 投向 2,求 $t \geqslant 0$ 时的 u_C。

3-14 在习题 3-14 图所示电路中,开关 S 闭合前电路已稳定。开关 S 在 $t=0$ 时闭合,试求 $t>0$ 时的 u_L 和 i_L,并绘出波形图。

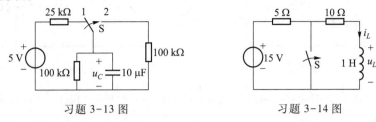

习题 3-13 图　　　　　　　　习题 3-14 图

3-15 电路如习题 3-15 图所示,开关 S 原已闭合了很久,$t=0$ 时开关 S 打开。(1) 列写 $t \geqslant 0$ 时,以 u_C 为变量的微分方程;(2) 求 $t \geqslant 0$ 时的 u_C,并绘出波形图。

3-16 电路如习题 3-16 图所示,已知 $i_L(0_-)=0$,开关 S 原打开,$t=0$ 时将开关闭合。试求 $t \geqslant 0$ 时的电流 i_L。

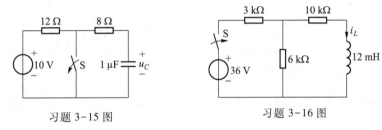

习题 3-15 图　　　　　　　　习题 3-16 图

3-17 在习题 3-17 图所示电路中,电容无初始储能,$t=0$ 时开关 S 闭合。试求 $t>0$ 时的 u 和 i_C,并绘出它们的波形。

3-18 已知习题 3-18 图所示电路在开关 S 闭合前已稳定。开关 S 在 $t=0$ 时闭合,试求 $t>0$ 时的 u_C 和 i_C。

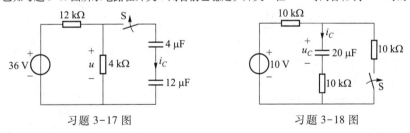

习题 3-17 图　　　　　　　　习题 3-18 图

3-19 电路如习题 3-19 图所示,$t=0$ 前电路是稳定的。$t=0$ 时开关 S 由 a 投向 b。试求 $t>0$ 时电容电压 u_C 和 1Ω 电阻中的电流 i。

3-20 已知习题 3-20 图所示电路在开关闭合前已稳定,开关 S 在 $t=0$ 时闭合。试求 $t>0$ 时的 u_C 和 u。

3-21 电路如习题 3-21 图所示,$t=0$ 前电路是稳定的。$t=0$ 时开关 S 闭合。试求 $t>0$ 时的 i_L 和 u_L。

3-22 电路如习题 3-22 图所示,开关 S 原打开已久,$t=0$ 时将开关闭合。试求 $t>0$ 时的 u_C 及 i。

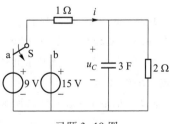

习题 3-19 图

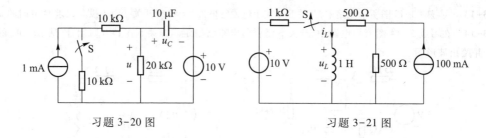

习题 3-20 图　　　　　　　　　习题 3-21 图

3-23　已知习题 3-23 图所示电路在开关闭合前已稳定,$t=0$ 时开关 S 闭合。试求 $t>0$ 时流经开关 S 的电流 i。

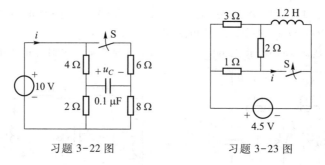

习题 3-22 图　　　　　　　　　习题 3-23 图

3-24　如习题 3-24 图所示电路原已处于稳态。$t=0$ 时开关 S 由 a 投向 b。试求 $t \geqslant 0$ 时的电压 u,并画出波形。

3-25　电路如习题 3-25 图所示,已知 $i_L(0_-)=0$,开关 S 原打开,$t=0$ 时将开关闭合。试求 $t \geqslant 0$ 时的电流 i_L。

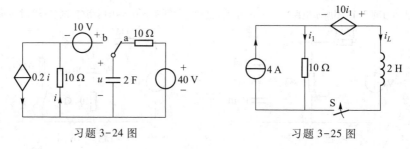

习题 3-24 图　　　　　　　　　习题 3-25 图

3-26　电路如习题 3-26 图所示,已知 $u_C(0_-)=0$。在 $t=0$ 时将开关 S1 闭合,在 $t=0.1s$ 时再将开关 S2 闭合,试求开关 S2 闭合后的电压 u。

3-27　在习题 3-27 图所示电路中,已知开关 S 闭合前电路已稳定。若开关 S 在 $t=0$ 时闭合,试求 $t>0$ 后流过开关 S 的电流 i。

3-28　电路如习题 3-28 图所示,若电路的初始状态为零,$i_S=4\varepsilon(t)$ A 时,$i_L=(2-2e^{-t})\varepsilon(t)$ A,$u_R=\left(2-\dfrac{1}{2}e^{-t}\right)\varepsilon(t)$ V。试求 $i_L(0_+)=2$ A、$i_S=2\varepsilon(t)$ A 时的 i_L 和 u_R。

3-29　对于习题 3-29 图所示电路,N 内部只含独立源及电阻,若 1 V 的直流电压于 $t=0$ 时作用于电路,输出端的零状态响应为

$$u = \left(\frac{1}{2} + \frac{1}{8} e^{-0.25t} \right) \text{ V} \qquad t > 0$$

若把电路的电容换以 2H 的电感,求输出端的零状态响应 u。

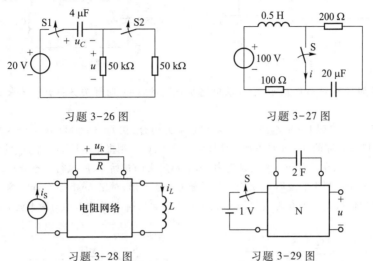

习题 3-26 图　　　　　　　　　习题 3-27 图

习题 3-28 图　　　　　　　　　习题 3-29 图

3-30　习题 3-30 图所示电路为零状态,已知 $i_S = 2 \varepsilon(t) \text{ mA}$, $u_S = 4 \varepsilon(t) \text{ V}$,试求 u_C 和 i_C。

3-31　在习题 3-31 图(a)所示电路中,已知 $u_C(0_-) = 0$, u_S 波形如习题 3-31 图(b)所示,求响应 u_C。

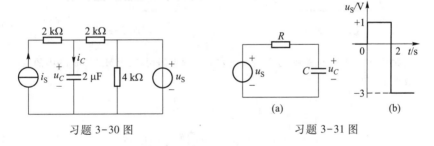

习题 3-30 图　　　　　　　　　习题 3-31 图

3-32　在习题 3-32 图所示电路中,电容原未充电。若 $i_S = 25 \varepsilon(t) \text{ mA}$,求响应 u_C。

3-33　电路如习题 3-33 图所示,当 $u_S = 4 \varepsilon(t) \text{ V}$, $u_C(0_-) = 4 \text{ V}$ 时,求全响应 u_C。

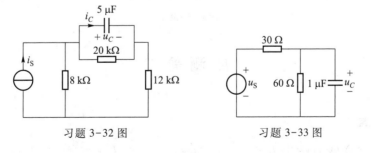

习题 3-32 图　　　　　　　　　习题 3-33 图

3-34　在习题 3-34 图(a)所示电路中,已知 $i(0_-) = 0$, u 波形如图(b),求电流 i。

3-35　在习题 3-35 图所示电路中,已知电容原已充电,且 $u_C(0_-) = U_0 = 6 \text{ V}$, $i(0_-) = 0$。试求:(1) 开关 S 闭合后的 u_C 和 i;(2) 若使电路在临界阻尼下放电,当 L 和 C 不变时,R 应为多少?

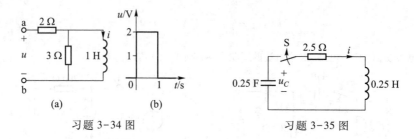

习题 3-34 图　　　　　　　　　　习题 3-35 图

3-36　电路如习题 3-36 图所示, $t=0$ 前电路是稳定的, $t=0$ 时开关 S 打开。试求 $t \geq 0$ 时,电容电压 u_C。

3-37　在习题 3-37 图所示电路中,开关 S 原来为闭合,在 $t=3$ s 时断开, $t=6$ s 时又重新闭合。(1) 用 Multisim 13 求电路的直流工作点和小信号传递函数;(2) 用虚拟示波器观察 u_C 的波形;(3) 将 u_C 的初始电压设置为 2 V,在瞬态分析参数设定中,选用户定义的初始条件,执行瞬态分析,观察在 Analysis Graphs 窗口的 Transient 栏中的波形,若此时再用示波器观察波形,对比 Analysis Graphs 窗口中的波形有何不同?(4) 让电容值从 1μF 到 6μF 变化,做瞬态分析的参数扫描,观察电容值对瞬态波形的影响。

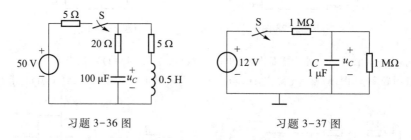

习题 3-36 图　　　　　　　　　　习题 3-37 图

3-38　在习题 3-38 图所示电路中,手控开关 S 在 a、b 两点间切换,用 Multisim 13 中的示波器观察 $R=10$ Ω 和 $R=1$ kΩ 时 u_C 和 u_R 波形。

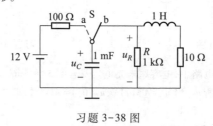

习题 3-38 图

自 测 题 二

一、填空题

1. 在图 2-1 所示电流电路中, $I_1=$ ＿＿＿＿＿ $I_2=$ ＿＿＿＿＿ $U_1=$ ＿＿＿＿＿ $U_2=$ ＿＿＿＿＿。

2. 图 2-2 所示电路原已稳定, $t=0$ 时闭合开关 S,则 $u_C(0_+)=$ ＿＿＿＿＿ V, $i_C(0_+)=$ ＿＿＿＿＿ A, $u_L(0_+)=$ ＿＿＿＿＿ V, $i_L(0_+)=$ ＿＿＿＿＿ A。

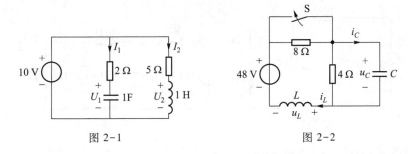

图 2-1   图 2-2

3. 在图 2-3(a)所示的零输入响应电路中,已知:$C=2$ μF,$R_2=2$ kΩ,$R_3=6$ kΩ,电容电压 u_C 的初始值为 U_0,u_C 的波形如图 2-3(b),则 $R_1=$ _____ $U_0=$ _____。

4. 图 2-4 所示电路为标准高压电容器的电路模型,已知 $U_s=23\,000$ V,$C=2$ μF,$R=10$ MΩ,FU 为快速熔断器。若 $t=0$ 时熔断器烧断(瞬间断开),则需经历 _____ s 后电容两端电压才能下降至安全电压(50 V)。

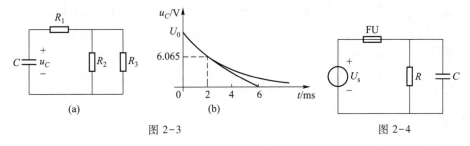

(a)   (b)

图 2-3   图 2-4

5. 已知一个电感线圈被短接经过 0.1 s 后,流经其中的电流减少到初始值的 36.8%,若该线圈串联一个 5 Ω 电阻,其电流经过 0.05 s 后减少到初始值的 36.8%,则该线圈的电阻 $R=$ _____ Ω,$L=$ _____ H。

6. 图 2-5 所示电路在 $t=0$ 时开关 S 闭合,则电路的时间常数 $\tau=$ _____。

7. 图 2-6 所示电路的时间常数 $\tau=$ _____。

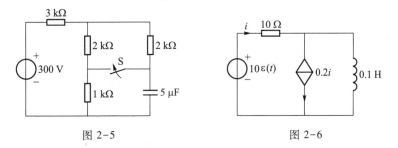

图 2-5   图 2-6

二、计算题

1. 图 2-7 所示电路在开关 S 断开前已处于稳态,$t=0$ 时开关 S 断开,求 $t\geq 0$ 时的电流 i_L。

2. 电路如图 2-8 所示,$t=0$ 前电路是稳定的,$t=0$ 时开关 S 闭合。试求 $t>0$ 时,电容电压 u_C 和流经开关 S 的电流 i。

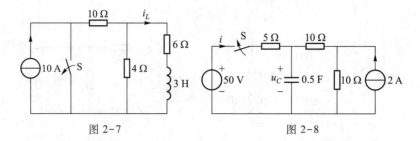

图 2-7   图 2-8

3. 求图 2-9 所示电路的零状态响应 u_1。

4. 在图 2-10(a) 所示电路中,外施激励 u 的波形如图 2-10(b) 所示,求电压 u_0。

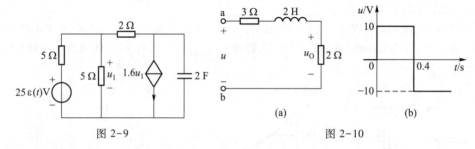

图 2-9   图 2-10

第四章　正弦稳态电路的相量分析法(一)

正弦稳态电路在工程上泛称交流电路,它是指在单一频率的一个或多个正弦电压、电流激励下,处于稳定状态的线性非时变动态电路,它的暂态响应已经消失,它的全部稳态响应(各支路的电压、电流)是与激励相同频率的正弦量。

本章主要讨论正弦稳态电路的基本分析方法——相量分析法。从介绍正弦交流电的特征入手,引出正弦量的相量表示,以及基尔霍夫定律和电路元件 VAR 的相量形式、复阻抗的概念等。在此基础上,利用相量法研究了几种典型正弦稳态电路的电压、电流和功率的计算等。

不论在实际应用中还是在理论分析中,正弦稳态分析都是十分重要的。这是因为正弦交流电在现代工农业生产、国防、科学实验以及日常生活等方面获得了广泛的应用;同时,如果掌握了正弦稳态分析方法,则掌握了对任何周期信号激励的线性非时变电路的分析方法。所以,本章也是本课程的重点内容之一。

§4-1　正弦量的特征[①]

一、正弦量的三要素

随时间按正弦规律变化的电压、电流等物理量统称为正弦量,其函数图形称为正弦波。正弦电压和电流是周期电压和电流的基本形式。所谓周期电压和电流,是指每间隔一定时间重复出现的时变电压和电流。正弦量的数学表达式,既可以采用正弦函数形式,也可以采用余弦函数形式,但两者不能同时混用。本书采用正弦函数。设图 4-1-1(a)中的元件流过正弦电流 i,它的参考方向如图中所示,其函数表达式为

$$i = I_\mathrm{m}\sin\omega t \tag{4-1-1a}$$

它的波形如图 4-1-1(b)所示,其横坐标可以用角度 ωt(单位为弧度,符号为 rad),也可以用时间 t(单位为秒,符号为 s)表示。波形图能形象、直观地表现正弦量的变化的规律。图中的正半波表示电流的实际方向与参考方向一致,负半波表示电流的实际方向与参考方向相反。图 4-1-1(b)与(c)波形的区别在于选取了不同的坐标原点(即计时起点),计时起点可以任意选取。图(c)波形的函数表达式为

---

① **重点提示**:深刻理解正弦量三要素、相位差、有效值的含义及用处;其中要特别注意,在比较两个正弦量的相位差时需满足的几个条件。

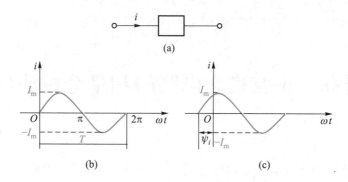

图 4-1-1　正弦电流

$$i = I_\mathrm{m}\sin(\omega t + \psi_i) \qquad (4\text{-}1\text{-}1\mathrm{b})$$

式(4-1-1)为正弦量的瞬时值表达式,在不同的时间 t, i 值不同。正弦量的瞬时值用小写字母表示,如 i、u 等。

式(4-1-1)中的 I_m 称为正弦量的振幅或幅值,它是正弦量在整个变化过程中的最大值,用带 m 下标的大写字母表示,如 I_m、U_m 等。从 I_m 到 $-I_\mathrm{m}$ 是正弦电流 i 的大小变化范围,称为正弦量的峰-峰值。

正弦量每重复变化一次所需要的时间称为周期 T,单位是秒(s)。单位时间内正弦量变化的循环次数称为频率 f,单位为赫[兹](Hz)。两者的关系为 $f = \dfrac{1}{T}$。式(4-1-1)中的 ω 称为角频率,它表示正弦量在单位时间内变化的角度,单位为弧度每秒(rad/s)。因为一个周期对应的弧度是 2π,所以 ω 与 T、f 的关系为

$$\omega = 2\pi f = \frac{2\pi}{T} \qquad (4\text{-}1\text{-}2)$$

T、f 和 ω 三个量都是用来表示正弦量变化快慢的参数,知道其中的一个量,其余的两个量根据式(4-1-2)即可求出。

各种技术领域使用不同频率的正弦交流电。我国电力工业标准频率(简称工频)是 50 Hz,美国和日本的工频是 60 Hz;电子技术中使用的音频频率是 20 Hz~20 kHz;无线电工程使用的频率高达 10 kHz~3×10^5 MHz。

式(4-1-1)中的 ωt 和 $(\omega t + \psi_i)$ 称为正弦量的相位角,简称相位。不同时刻的相位不同,正弦量的瞬时值也不同,所以它反映了正弦量变化的进程。相位的单位本应与 ωt 相同,即弧度(rad),但在工程中习惯用度(°)作为它的单位,在计算时,应将 ωt 与 ψ_i 变换成相同的单位。

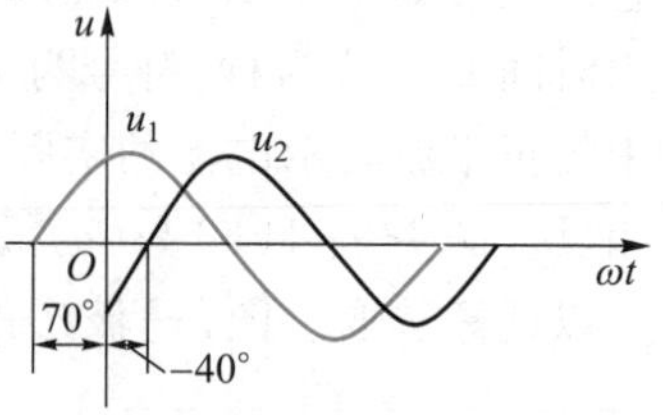

$t = 0$ 时的相位称为初始相位,简称初相,计作 ψ。显然,初相的大小与所选取的计时起点有关。在式(4-1-1a)中的初相为 0,而式(4-1-1b)中的初相为 ψ_i。初相 ψ 可以为正值,也可以为负值。如果计时起点选在正半波的区间,则初相为正值,如图 4-1-2 中的电压 u_1 的波形,它的初相 $\psi_u = 70°$;

图 4-1-2　初相位的正负

如果计时起点选在负半波的区间,则其初相为负值,如图 4-1-2 中的电压 u_2 的波形,它的初相 $\psi_u = -40°$;如果计时起点与正半波的起点重合,则其初相为零,如图 4-1-1(b)所示的电流 i 的波形,它的初相 $\psi_i = 0$。习惯上规定 $|\psi| \leqslant \pi\,\text{rad}$(即 ψ 在 ±180° 之间)。注意,ψ 是正弦波的正半波的起始点到计时起点(坐标原点)的相位角。

综上所述,一个正弦量在参考方向确定的条件下,可由幅值、角频率(频率、周期)和初相这三个参数完全确定,故这三个参数称为正弦量的三要素。

例 4-1-1 已知图 4-1-1(a)元件流过的正弦电流的 $I_m = 10\ \text{mA}$,$f = 1\ \text{Hz}$,初相 $\psi = \dfrac{\pi}{4}\ \text{rad}$。试写出该电流的函数表达式,并求出当 $t = 0.5\ \text{s}$ 和 $t = 1.25\ \text{s}$ 时电流瞬时值的大小及实际方向。

解 首先求出该电流的角频率

$$\omega = 2\pi f = 2\pi\ \text{rad/s}$$

故电流的函数表达式为

$$i = 10\sin\left(2\pi t + \frac{\pi}{4}\right)\ \text{mA}$$

当 $t = 0.5\ \text{s}$ 时

$$i = 10\sin\left(2\pi \times 0.5 + \frac{\pi}{4}\right)\ \text{mA} = 10\sin\frac{5\pi}{4}\ \text{mA} = -7.07\ \text{mA}$$

i 为负值,表示电流的实际方向与参考方向相反。

当 $t = 1.25\ \text{s}$ 时

$$i = 10\sin\left(2\pi \times 1.25 + \frac{\pi}{4}\right)\ \text{mA} = 7.07\ \text{mA}$$

i 为正值,表示电流的实际方向与参考方向相同。

【评析】通过本例题进一步深刻理解,一个正弦量在参考方向确定的条件下,可由幅值、角频率(频率、周期)和初相这三个参数完全确定,这三个参数称为正弦量的三要素。注意,任意一个正弦电压(流)的函数表达式或波形,均是在一定的电压(流)参考方向下作出的。

二、相位差

两个同频率正弦量的相位之差称为相位差,用 φ 表示,习惯上规定 $|\varphi| \leqslant 180°$。

图 4-1-3 所示的 u 和 i 波形的函数表达式为

$$u = U_m\sin(\omega t + \psi_u)$$
$$i = I_m\sin(\omega t + \psi_i)$$

则它们的相位差为

$$\varphi = (\omega t + \psi_u) - (\omega t + \psi_i) = \psi_u - \psi_i \qquad (4\text{-}1\text{-}3)$$

式(4-1-3)说明,两个同频率正弦量的相位差等于它们的初相位之差,是不随时间而改变的常量,也与正弦量的计时起点

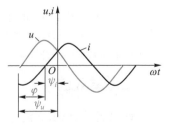

图 4-1-3 相位差

无关。

　　如果两个同频率正弦量的相位差为零,则称为同相,表示两个正弦量同时到达正最大值、负最大值和零值,如图 4-1-4(a)u、i 的波形。若两个同频率正弦量的相位差为 180°,则称为反相,如图 4-1-4(b)u、i 的波形。若两个同频率正弦量的相位差为 90°,则称为正交,如图 4-1-4(c)u、i 的波形。若 $\varphi = \psi_u - \psi_i > 0$,则称 u 的相位超前于 i 的相位,或者说 i 的相位滞后于 u 的相位,其意义是 u 比 i 先到达最大值或零值,如图 4-1-3 所示;若 $\varphi = \psi_u - \psi_i < 0$,则称 u 的相位滞后于 i 的相位,或者说 i 的相位超前于 u 的相位(请读者绘出它们的波形)。

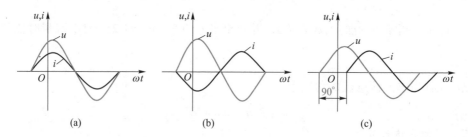

图 4-1-4　同相、反相和正交

　　例 4-1-2　(1)已知正弦电压 $u_1 = -10 \sin(100\,t + 40°)$ V 和 $u_2 = 8 \cos\left(100\,t + \dfrac{\pi}{3}\right)$ V,求它们的相位差,并说明哪个超前,哪个滞后;(2)若正弦电压 $u_1 = 10\sin(100t + 40°)$ V,$u_2 = 8\cos(200t + 60°)$ V,求它们的相位差。

　　解　(1)u_1 和 u_2 是同频率的正弦量,但它们的函数形式不同,函数前面的符号不同,初相位的单位也不同,故必须将 u_1 和 u_2 改变为

$$u_1 = -10\sin(100t + 40°) \text{ V} = 10\sin(100t + 40° - 180°) \text{ V}$$
$$= 10\sin(100t - 140°) \text{ V}$$
$$u_2 = 8\cos\left(100t + \frac{\pi}{3}\right) \text{ V} = 8\sin(100t + 60° + 90°) \text{ V}$$
$$= 8\sin(100t + 150°) \text{ V}$$

则 u_1 与 u_2 的相位差为

$$\varphi = -140° - 150° = -290° = 70° \text{(注意,习惯上规定 } |\varphi| \leqslant 180°)$$

故 u_1 的相位超前于 u_2 的相位 70°,或 u_2 的相位滞后于 u_1 的相位 70°。

　　(2)由于 u_1 与 u_2 的频率不同,故它们的相位差不能进行比较。

　　【评析】通过本例题进一步深刻理解,在比较两个正弦量的相位差时,两者的频率必须相同,函数形式必须相同,函数前面的符号都应为正或都为负,初相位的单位必须相同。否则不能比较。

三、有效值

　　前已述及,正弦交流电压和电流的大小(瞬时值)随时间的变化而变化。但是,通常说某正弦交流电压的大小是多少伏,某正弦交流电流的大小是多少安,都是指有效值。电压、电流的有效值分别用大写字母 U、I 表示。

有效值是根据电流的热效应来确定的。在图 4-1-5(a)、(b)中,两个阻值相同的电阻分别通以周期电流 i 和直流电流 I。当周期电流 i 流过电阻 R 时,该电阻在一个周期 T 内消耗的电能为

$$W = \int_0^T Ri^2 \mathrm{d}t$$

当直流电流 I 流过电阻 R 时,在相同的时间 T 内所消耗的电能为

$$W = RI^2 T$$

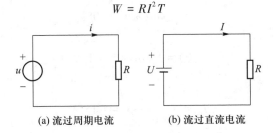

(a) 流过周期电流　　　　(b) 流过直流电流

图 4-1-5　正弦电流有效值的定义

当上述两者消耗的电能相等时,则这个直流电流 I 的数值就称为周期电流的有效值,即

$$\int_0^T Ri^2 \mathrm{d}t = RI^2 T$$

$$I = \sqrt{\frac{1}{T}\int_0^T i^2 \mathrm{d}t} \tag{4-1-4a}$$

式(4-1-4a)为周期电流的有效值的定义式,又称为方均根值,它适用于一切周期量。同理,可得周期电压的有效值为

$$U = \sqrt{\frac{1}{T}\int_0^T u^2 \mathrm{d}t} \tag{4-1-4b}$$

正弦交流电流 $i = I_{\mathrm{m}}\sin(\omega t + \psi_i)$ 的有效值为

$$I = \sqrt{\frac{1}{T}\int_0^T i^2 \mathrm{d}t} = \sqrt{\frac{1}{T}\int_0^T I_{\mathrm{m}}^2 \sin^2(\omega t + \psi_i)\mathrm{d}t}$$

$$= I_{\mathrm{m}}\sqrt{\frac{1}{T}\int_0^T \frac{1}{2}\left[1 - \cos 2(\omega t + \psi_i)\right]\mathrm{d}t} = \frac{I_{\mathrm{m}}}{\sqrt{2}}$$

故

$$I = \frac{I_{\mathrm{m}}}{\sqrt{2}} = 0.707 I_{\mathrm{m}} \tag{4-1-5a}$$

同理可得

$$U = \frac{U_{\mathrm{m}}}{\sqrt{2}} = 0.707 U_{\mathrm{m}} \tag{4-1-5b}$$

需要注意的是,式(4-1-5)表述的有效值与幅值的关系式只适用于正弦量。

有效值的应用很广。例如,日常生活中的交流电为 220 V,指的是有效值,而该交流电的最大值(幅值)为 $\sqrt{2} \times 220\ \mathrm{V} = 311\ \mathrm{V}$。另外,交流电表测量的电流和电压一般是有效值,各

种交流电气设备铭牌上所标的额定电流和额定电压也是有效值。通常所说的正弦电流、电压值,不作特殊说明,都指的是有效值。

例 4-1-3 已知某正弦电流,当 $t=0$ 时,其值 $i(0)=1$ A,并已知其初相为 $60°$,试求其有效值。

解 根据题意,写出该正弦电流的瞬时值表达式为

$$i = I_m \sin(\omega t + 60°)$$

当 $t=0$ 时

$$i(0) = I_m \sin 60° = 1 \text{ A}$$

求得

$$I_m = \frac{1}{\sin 60°} \text{ A} = 1.15 \text{ A}$$

故有效值为

$$I = \frac{I_m}{\sqrt{2}} = \frac{1.15}{\sqrt{2}} \text{ A} = 0.813 \text{ A}$$

【评析】式(4-1-4)的有效值表示式,适用于一切周期量;而式(4-1-5) $I = \frac{I_m}{\sqrt{2}} = 0.707 I_m$, $U = \frac{U_m}{\sqrt{2}} = 0.707 U_m$ 仅适用于正弦量。

思考与练习题

4-1-1 按题 4-1-1 图所示的参考方向,电压 u 的表达式为 $u = 10\sin\left(100t+\frac{\pi}{3}\right)$ V,如果把参考方向选为相反的方向,则 u 的表达式又如何呢?

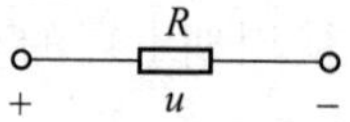

题 4-1-1 图

$$\left[u = 10\sin\left(100t-\frac{2}{3}\pi\right) \text{ V} \right]$$

4-1-2 试求下列正弦波的周期、频率、初相和有效值。(1) $i = 10\sin 314t$ A;(2) $i = 20\cos(6t+130°)$ A;(3) $u = -100\sin(314t-60°)$ V。

$$[0.02 \text{ s},50 \text{ Hz},0°,7.07 \text{ A};1.05 \text{ s},0.95 \text{ Hz},-140°,14.14 \text{ A};$$
$$0.02 \text{ S},50 \text{ Hz},120°,70.7 \text{ V}]$$

4-1-3 试计算下列正弦波的相位差。(1) $u = 10\sin\left(\omega t+\frac{\pi}{4}\right)$ V 和 $i = 20\sin(\omega t-160°)$ A;(2) $u = 4\sin(314t+10°)$ V 和 $i = -8\sin\left(314t+\frac{\pi}{9}\right)$ A;(3) $u = 5\sin(314t+5°)$ V 和 $i = 7\cos(314t-20°)$ A;(4) $u = 10\sin(314t+60°)$ V 和 $i = 8\sin(100t-30°)$ A。

$$[-155°,170°,-65°,无意义]$$

4-1-4 为什么一般只对同频率的正弦波比较相位差?

§4-2 相量分析法基础

一、正弦量的相量表示[①]

如前所述,正弦稳态电路是指在单一频率正弦电压、电流激励下处于稳态的线性、非时变动态电路,其分析的基本依据仍然是基尔霍夫定律和元件的 VAR 两类约束。由于电感元件和电容元件的 VAR 是微分关系,因此,按两类约束列写的电路方程是非齐次微分方程,若用一般的数学方法(如待定系数法)求解其稳态响应(即微分方程的特解)将是很麻烦的。当正弦量用"相量"表示后,则可将求解微分方程的问题转化为求解复数代数方程的问题,并且,使直流电阻电路的分析方法得以移植到正弦稳态电路分析之中。用相量表示正弦量,实质是用复数表示正弦量。为此,首先对复数进行扼要的复习。

1. 复数

一个复数 A 可以表示为

$$A = a + jb \quad A = \gamma e^{j\psi} \quad 或 \quad A = \gamma(\cos\psi + j\sin\psi)$$

它们分别为复数 A 的代数形式(又称直角坐标形式)、指数形式和三角形式。a 和 b 为复数的实部和虚部,γ 和 ψ 为复数的模和辐角。它们之间的关系为

$$\gamma = \sqrt{a^2 + b^2} \quad \psi = \arctan\left(\frac{b}{a}\right) \tag{4-2-1a}$$

$$a = \gamma\cos\psi \quad b = \gamma\sin\psi \tag{4-2-1b}$$

注意,这里虚数单位用 j 表示($j = \sqrt{-1}$),而不是用数学中的 i,这是因为电路中 i 已用于表示电流。

在电路分析中,通常将复数的指数形式写成

$$A = \gamma \underline{/\psi}$$

称为复数的极坐标形式。

复数的加减运算,通常用复数的代数形式进行;复数的乘除运算,则采用复数的指数形式或极坐标形式比较方便。

复数可以在复平面上用一有向线段表示,如图 4-2-1 所示。有向线段的长度 γ 表示复数 A 的模,模总是正值;有向线段与实轴的夹角 ψ 表示复数 A 的辐角;有向线段在实轴上的投影就是复数 A 的实部 a,在虚轴上的投影就是虚部 b。

例 4-2-1 把下列复数化成极坐标形式。(1) $A = 8 + j6$;(2) $A = 4 - j5$;(3) $A = -2 + j8$;(4) $A = -6 - j4$;(5) $A = j8$。

解 用极坐标形式表示复数,必须根据式(4-2-1a)求出复数的模和辐角。其模总为

---

① **重点提示**:理解由三个要素决定的正弦量为什么能用只具有两个要素(模和辐角)的相量(复数)表示,掌握它们的对应关系;掌握相量的使用条件是为了分析正弦电路的稳态响应。

正值,而求辐角 ψ 时,必须要把 a 和 b 的符号保留在分子、分母内,以便正确判断 ψ 角所在象限,从而才能正确确定 ψ 角,如图 4-2-2 所示。

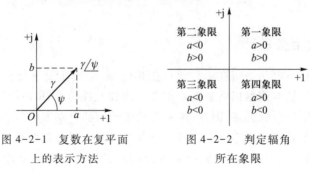

图 4-2-1　复数在复平面　　　　图 4-2-2　判定辐角
上的表示方法　　　　　　所在象限

（1）$A = 8+j6 = \sqrt{8^2+6^2}\;\underline{/\arctan\dfrac{6}{8}} = 10\;\underline{/36.87°}$;

（2）$A = 4-j5 = \sqrt{4^2+(-5)^2}\;\underline{/\arctan\dfrac{-5}{4}} = 6.4\;\underline{/-51.34°}$;

本例题实部为正,虚部为负,其辐角在第四象限,从数学上可知,该辐角可以为 $308.66°$,也可以为 $-51.34°$,但在电路分析中规定 ψ 在 $\pm180°$ 之间,故取 $\psi = -51.34°$。

（3）$A = -2+j8 = \sqrt{(-2)^2+8^2}\;\underline{/\arctan\dfrac{8}{-2}} = 8.25\;\underline{/180°-75.96°}$

　　　$= 8.25\;\underline{/104.04°}$;

本例题实部为负,虚部为正,其辐角在第二象限,算得 $\arctan\dfrac{8}{2} = 75.96°$,故 $\psi = 180° - 75.96° = 104.04°$。

（4）$A = -6-j4 = \sqrt{(-6)^2+(-4)^2}\;\underline{/\arctan\dfrac{-4}{-6}} = 7.21\;\underline{/-180°+33.69°}$

　　　$= 7.21\;\underline{/-146.31°}$;

本例题实部和虚部均为负,其辐角在第三象限,算得 $\arctan\dfrac{4}{6} = 33.69°$,从数学上可知,该辐角可以为 $180°+33.69° = 213.69°$,也可以为 $-146.31°$,根据电路分析中 $|\psi| \leqslant 180°$ 的规定,故取 $\psi = -146.31°$。

（5）$A = j8 = 0+j8 = 8\;\underline{/\arctan\dfrac{8}{0}} = 8\;\underline{/90°}$。

例 4-2-2　已知复数 $A_1 = 3+j5$ 和 $A_2 = 4-j3$,求它们的和、差、积及商。

解　$A_1 = 3+j5 = \sqrt{34}\;\underline{/59°}$,$A_2 = 4-j3 = \sqrt{25}\;\underline{/-37°} = 5\;\underline{/-37°}$

故　　　　　　　　　　　　　$A_1+A_2 = 3+j5+4-j3 = 7+j2$

$$A_1 - A_2 = 3 + j5 - 4 + j3 = -1 + j8$$

$$A_1 \cdot A_2 = \sqrt{34}\underline{/59^\circ} \times \sqrt{25}\underline{/-37^\circ} = \sqrt{34} \times \sqrt{25}\underline{/59^\circ + (-37^\circ)} = 29.15\underline{/22^\circ}$$

$$\frac{A_1}{A_2} = \frac{\sqrt{34}\underline{/59^\circ}}{\sqrt{25}\underline{/-37^\circ}} = \frac{\sqrt{34}}{\sqrt{25}}\underline{/59^\circ - (-37^\circ)} = 1.16\underline{/96^\circ}$$

【评析】将正弦量用相量表示是正弦稳态电路相量分析法的前提。而用相量表示正弦量,实质是用复数表示正弦量,以上两例题复习了复数的基本运算。通常,复数的加减运算,用复数的代数形式进行;复数的乘除运算,则采用复数的指数形式或极坐标形式比较方便。在电路分析中,极坐标形式 $A = \gamma\underline{/\psi}$ 用得较多,在求取幅角 ψ 时,要正确判断 ψ 角所在象限,并根据电路分析中 ψ 在 $\pm 180^\circ$ 之间的规定,正确确定 ψ 角的大小,如例 4-2-1。

2. 相量和相量图

相量就是表示正弦量的复数。那么,复数为什么能表示正弦量呢?

通常,一个正弦量是由它的幅值(或有效值)、频率和初相三要素决定的。正弦量乘以常数、微分、积分,几个同频率正弦量代数相加,其结果仍为同频率的正弦量。由此可知,在单一频率的正弦稳态电路中,各支路的电压和电流(稳态响应),都是与激励相同频率的正弦量,所以,计算正弦电路的稳态响应,可归结为计算它们的幅值(或有效值)和初相,它们的频率是已知的。也就是说,在正弦稳态电路分析计算中,求解正弦量的三要素可简化为求解两要素,即幅值(或有效值)和初相。而复数也有两要素,即模和辐角,它们与正弦量的两要素有一一对应的关系。

由欧拉公式可知

$$e^{j(\omega t + \psi)} = \cos(\omega t + \psi) + j\sin(\omega t + \psi) \tag{4-2-2}$$

从式(4-2-2)可以看出,该复指数函数的虚部正好是正弦函数,即

$$\sin(\omega t + \psi) = \mathrm{Im}\left[e^{j(\omega t + \psi)}\right] \tag{4-2-3}$$

式中,"Im"表示对复指数取虚部。该式把复数和正弦函数相联系,从而,为用复数表示正弦函数找到了途径。

设正弦函数为

$$u = U_m \sin(\omega t + \psi_u) \tag{4-2-4}$$

可以写为

$$u = \mathrm{Im}\left[U_m e^{j(\omega t + \psi_u)}\right] = \mathrm{Im}\left[U_m e^{j\omega t} e^{j\psi_u}\right]$$

$$= \mathrm{Im}\left[\sqrt{2}U e^{j\psi_u} e^{j\omega t}\right] = \mathrm{Im}\left[\sqrt{2}\,\dot{U} e^{j\omega t}\right] \tag{4-2-5}$$

式中

$$\dot{U} = U e^{j\psi_u} = U\underline{/\psi_u} \tag{4-2-6}$$

式(4-2-6)是一个复常数,它的模正好是正弦量的有效值,辐角是正弦量的初相,这正是所

需要的正弦量的两个要素。这样一个能表示正弦量的复数称为相量[①]，用大写字母上加一点来表示，以示和一般复数的区别，强调相量是代表正弦量的复数。[②]

　　在实际应用中，可直接根据正弦量写出与之对应的相量，而不必经过上述变换步骤，即用复数的模表示正弦量的有效值，用复数的辐角表示正弦量的初相；反之，若已知相量，也可直接写出它表示的正弦量，但必须给出正弦量的角频率，因为相量不包含正弦量的频率。若题中未给出频率，则设定其角频率为 ω。

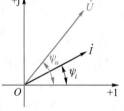

图 4-2-3　相量图

　　作为一个复数，相量可以在复平面上用有向线段表示，有向线段的长度表示正弦量的有效值，有向线段与实轴的夹角表示正弦量的初相。此图称为相量图，如图 4-2-3 所示，图中画出了表示电压相量和电流相量的相量图。在相量图上能够清晰地看出各相同频率正弦量的大小和相位关系，例如，图 4-2-3 中电压 u 的相位超前电流 i 的相位为 $(\psi_u - \psi_i)$。

例 4-2-3　已知电压 $u = 5\cos(1\,000t - 30°)$ V 和电流 $i = -10\sin(1\,000t + 30°)$ A，求其相量，并绘相量图。

解　由于本书规定采用正弦函数形式表示正弦量，故对于电压 u 应改写为正弦函数，即

$$u = 5\cos(1\,000t - 30°) \text{ V} = 5\sin(1\,000t - 30° + 90°) \text{ V}$$
$$= 5\sin(1\,000t + 60°) \text{ V}$$

对于电流 i 应去掉函数前面的负号，改写为

$$i = -10\sin(1\,000t + 30°) \text{ A} = 10\sin(1\,000t + 30° - 180°) \text{ A}$$
$$= 10\sin(1\,000t - 150°) \text{ A}$$

然后，分别计算出 u 和 i 的有效值为

$$U = \frac{5}{\sqrt{2}} \text{ V} \qquad I = \frac{10}{\sqrt{2}} \text{ A}$$

则其相量为

$$\dot{U} = \frac{5}{\sqrt{2}} \underline{/60°} \text{ V} \qquad \dot{I} = \frac{10}{\sqrt{2}} \underline{/-150°} \text{ A}$$

相量图如图 4-2-4 所示。

图 4-2-4　例 4-2-3 的相量图

例 4-2-4　已知电压相量 $\dot{U} = 10\underline{/-60°}$ V 和电流相量 $\dot{I} = 8\underline{/150°}$ A，$f = 50$ Hz，求其所表示的正弦电压 u 和电流 i。

---

　①　该相量的模是正弦量有效值，亦称为有效值相量。相量的模也可以用正弦量的幅值，即把式(4-2-6)改写为 $\dot{U}_m = U_m \underline{/\psi_u}$，称为"幅值"相量。今后，除非特别说明，本书中的相量均为有效值相量。

　②　**重点提示**：掌握相量与正弦量的一一对应关系及相量使用条件——用于分析正弦交流电路的稳态响应。

解　题中 $\dot{U}$、$\dot{I}$ 相量的模为有效值,则其幅值为

$$U_{\mathrm{m}} = 10\sqrt{2}\ \mathrm{V} \qquad I_{\mathrm{m}} = 8\sqrt{2}\ \mathrm{A}$$

角频率　　　　　　　$\omega = 2\pi f = 2\pi \times 50\ \mathrm{rad/s} = 314\ \mathrm{rad/s}$

故　　　　　　　　　$u = 10\sqrt{2}\sin(314t - 60°)\ \mathrm{V}$

$$i = 8\sqrt{2}\sin(314t + 150°)\ \mathrm{A}$$

【评析】初学者常易在 u 与 $\dot{U}$、i 与 $\dot{I}$ 之间画等号,这是错误的,即 $\dot{U} \neq u$ 和 $\dot{I} \neq i$;因为,正弦量是随时间 t 变化的实数,而相量是不随时间变化的复常数,两者是不能相等的。因此,只能说用相量表示正弦量,而不能把它说成等于正弦量,它们这一关系可用双箭头符号"↔"表示,即 $\dot{U} \leftrightarrow u$ 和 $\dot{I} \leftrightarrow i$,以上两个例题演示了这两者之间的转换关系。

思考与练习题

4-2-1　把下列复数化为直角坐标形式。(1) $50\ \underline{/\,-30°}$;(2) $10\ \underline{/\,-120°}$;(3) $20\ \underline{/\,-90°}$。

$$[43.3-j25;-5+j8.66;-j20]$$

4-2-2　把下列复数化为极坐标形式。(1) $-8+j6$;(2) $-4-j3$;(3) -3。

$$[10\ \underline{/\,143.13°};5\ \underline{/\,-143.13°};3\ \underline{/\,180°}]$$

4-2-3　已知复数 $A_1 = 6-j8$,$A_2 = 5\ \underline{/\,126.87°}$,试求 A_1+A_2;A_1-A_2;$A_1 \cdot A_2$ 和 A_1/A_2。

$$[3-j4;9-j12;50\ \underline{/\,73.74°};2\ \underline{/\,-180°}]$$

4-2-4　为什么可以用相量表示正弦量?

4-2-5　写出下列正弦量的相量,并画出它们的相量图。(1) $u = 8\sin\left(\omega t - \dfrac{3}{4}\pi\right)\ \mathrm{V}$;(2) $i = 5\sqrt{2}\cos\left(\omega t - \dfrac{1}{2}\pi\right)\ \mathrm{A}$;(3) $i = -6\sin\left(\omega t + \dfrac{1}{2}\pi\right)\ \mathrm{A}$。

$$\left[\dfrac{8}{\sqrt{2}}\ \underline{/\,-\dfrac{3}{4}\pi}\ \mathrm{V};5\ \underline{/\,0°}\ \mathrm{A};\dfrac{6}{\sqrt{2}}\ \underline{/\,-\dfrac{1}{2}\pi}\ \mathrm{A}\right]$$

4-2-6　已知相量 $\dot{I}_1 = 3-j4\ \mathrm{A}$,$\dot{I}_2 = -3\ \underline{/\,60°}\ \mathrm{A}$,$\dot{I}_3 = 5(\cos30° - j\sin30°)\ \mathrm{A}$,设它们的角频率为 ω,试写出它们所表示的正弦量。

$$[5\sqrt{2}\sin(\omega t - 53.1°)\ \mathrm{A};3\sqrt{2}\sin(\omega t - 120°)\ \mathrm{A};5\sqrt{2}\sin(\omega t - 30°)\ \mathrm{A}]$$

二、基尔霍夫定律的相量形式[①]

前已述及,两类约束仍然是分析正弦稳态电路的基本依据,为了借助"相量"来分析正弦稳态电路,首先必须导出这两类约束的相量形式。下面讨论 KCL 和 KVL 的相量形式。

---

①　**重点提示**:基尔霍夫两个定律(KCL、KVL)仍然是分析正弦稳态电路的基本依据之一,但在使用这两个定律时,必须采用它的相量形式,也就是电压、电流必须用"相量"表示。

KCL 指出,对于集总电路的任一节点,有

$$\sum_{k=1}^{n} i_k = 0$$

式中, i_k 为该节点第 k 条支路的电流的瞬时值。在单一频率的正弦稳态电路中, i_k 均为同频率正弦量,将其用相量 $\dot{I}_k$ 表示,则

$$\sum_{k=1}^{n} i_k = \sum_{k=1}^{n} \mathrm{Im} \left[\sqrt{2}\ \dot{I}_k \mathrm{e}^{\mathrm{j}\omega t} \right] = \sqrt{2}\, \mathrm{Im} \left[\sum_{k=1}^{n} \dot{I}_k \mathrm{e}^{\mathrm{j}\omega t} \right] = 0 \qquad (4\text{-}2\text{-}7)$$

上式在任何时刻都等于零,所以必有

$$\sum_{k=1}^{n} \dot{I}_k = 0 \qquad\qquad\qquad (4\text{-}2\text{-}8)$$

式(4-2-8)就是 KCL 的相量形式,即在正弦稳态电路中,在任一时刻流出(或流入)任一节点的各支路电流的相量代数和恒等于零。

在单一频率的正弦稳态电路中,各支路电压都是同频率的正弦量,仿照 KCL 相量形式的推论过程可知,沿任一回路的 KVL 相量形式是

$$\sum_{k=1}^{n} \dot{U}_k = 0 \qquad\qquad\qquad (4\text{-}2\text{-}9)$$

式中, $\dot{U}_k$ 为回路中第 k 条支路电压的相量。该式表明,在正弦稳态电路中,在任一时刻,沿电路任一回路的所有支路电压的相量代数和恒等于零。

由式(4-2-8)和式(4-2-9)可见,它们和直流电路中的 KCL、KVL 表达式的形式是一样的,只要将其中的电流和电压用相量表示就可以了。

例 4-2-5   已知 $i_1 = 5\sqrt{2}\sin(\omega t + 70°)$ A, $i_2 = 10\sqrt{2}\sin(\omega t - 60°)$ A,求 i,并画出相量图,它们的参考方向如图 4-2-5(a)所示。

解   (1)写出电流 i_1、i_2 的相量,即

$$\dot{I}_1 = 5\ \underline{/70°}\ \text{A}$$

$$\dot{I}_2 = 10\ \underline{/-60°}\ \text{A}$$

(2)根据图中参考方向,由式(4-2-8)可得

$$\dot{I} = \dot{I}_1 + \dot{I}_2 = (5\ \underline{/70°} + 10\ \underline{/-60°})\ \text{A}$$

$$= (1.71 + \mathrm{j}4.7 + 5 - \mathrm{j}8.66)\ \text{A} = (6.71 - \mathrm{j}3.96)\ \text{A}$$

$$= 7.79\ \underline{/-30.5°}\ \text{A}$$

(3)根据所得 $\dot{I}$,写出相对应的正弦电流 i,即

$$i = 7.79\sqrt{2}\sin(\omega t - 30.5°)\ \text{A}$$

（4）画出相量图。以 $\dot{I}_1$、$\dot{I}_2$ 构成平行四边形的两边，相量 $\dot{I}$ 则是其对角线。相量图如图4-2-5（b）所示，它清楚地显示了各对应的正弦量之间的相位关系。

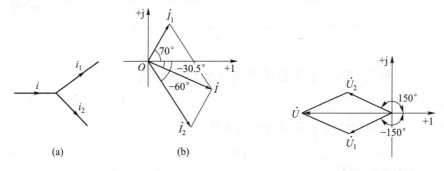

图 4-2-5　例 4-2-5 图　　　　　　图 4-2-6　例 4-2-6 的相量图

例 **4-2-6**　已知 $u_1 = 220\sqrt{2}\sin(314t - 150°)$ V，$u_2 = -220\sqrt{2}\sin(314t - 30°)$ V，试求 $u = u_1 + u_2$ 及其有效值，并绘出相量图。

解　u_1、u_2 的相量为

$$\dot{U}_1 = 220\underline{/-150°}\ \text{V} = 220[\cos(-150°) + j\sin(-150°)]\ \text{V}$$

$$= 220\left(-\frac{\sqrt{3}}{2} - j\frac{1}{2}\right)\ \text{V}$$

$$\dot{U}_2 = -220\underline{/-30°}\ \text{V} = 220\underline{/150°}\ \text{V} = 220(\cos150° + j\sin150°)\ \text{V}$$

$$= 220\left(-\frac{\sqrt{3}}{2} + j\frac{1}{2}\right)\ \text{V}$$

得

$$\dot{U} = \dot{U}_1 + \dot{U}_2 = -220\sqrt{3}\ \text{V} = 380\underline{/180°}\ \text{V}$$

写出与 $\dot{U}$ 对应的正弦量为

$$u = 380\sqrt{2}\sin(314t + 180°)\ \text{V}$$

故有效值为 380 V。相量图如图 4-2-6 所示。

【评析】以上两例题表明，正弦量用相量表示后，多个相同频率正弦量的相加（相减）运算就变成相对应的相量相加（或相减）的运算，这就是 KCL、KVL 相量形式的运用示例，整个运算过程简单。试想，若用三角函数关系求解多个相同频率正弦量的和、差，其运算过程是何等烦冗！

思考与练习题

4-2-7　在正弦稳态电路中，KCL 能否写成 $\sum\limits_{k=1}^{n} I_k = 0$ 的形式，KVL 能否写成 $\sum\limits_{k=1}^{n} U_k = 0$ 形式，为什么？式中 I_k、U_k 为正弦电流、电压的有效值。

[不能]

4-2-8 已知 $i_1 = \sqrt{2}\sin(\omega t + 90°)$ A, $i_2 = -\sqrt{6}\sin\omega t$ A,试求 $i = i_1 + i_2$ 及其有效值。

[$2\sqrt{2}\sin(\omega t + 150°)$ A,2A]

4-2-9 已知 $u_{ab} = -10\sin(\omega t + 150°)$ V, $u_{bc} = 8\cos(\omega t + 30°)$ V,求 u_{ac} 。

[$5.07\sin(\omega t + 22.5°)$ V]

三、电阻、电感、电容元件的伏安关系的相量形式①

1. 电阻元件

设图 4-2-7(a)所示电阻元件 R 中的电流是

$$i = \sqrt{2}I\sin(\omega t + \psi_i) \tag{4-2-10}$$

根据欧姆定律及上式,则有

$$u = Ri = \sqrt{2}RI\sin(\omega t + \psi_i)$$
$$= \sqrt{2}U\sin(\omega t + \psi_u) \tag{4-2-11}$$

式中 $\boxed{U = RI}$ 及 $\boxed{\psi_u = \psi_i}$ $\tag{4-2-12}$

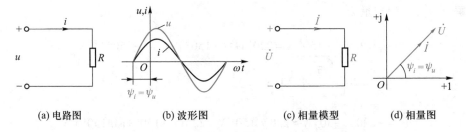

(a) 电路图   (b) 波形图   (c) 相量模型   (d) 相量图

图 4-2-7   电阻中正弦电流和电压的关系

比较式(4-2-10)和式(4-2-11)可知,在正弦稳态电路中,电阻元件中的电流与它两端的电压是两个同频率、同相位的正弦量,它的波形如图 4-2-7(b)所示。

由式(4-2-10)可得电流 i 的相量为

$$\dot{I} = I\underline{/\psi_i}$$

由式(4-2-11)可得电压 u 的相量为

$$\dot{U} = U\underline{/\psi_u}$$

将式(4-2-12)代入上式得

$$\boxed{\dot{U} = RI\underline{/\psi_i} = R\dot{I}} \tag{4-2-13}$$

式(4-2-13)是电阻元件的 VAR 的相量形式,它不但表明了电阻上电压和电流大小之

---

① **重点提示**:元件的伏安关系(VAR)仍然是分析正弦稳态电路的另一类基本依据,但在使用 VAR 求解电路时,必须将原电路(时域模型)变成相量模型,即将电路中的 $u \to \dot{U}$,$i \to \dot{I}$,$L \to j\omega L(jX_L)$,$C \to -j\dfrac{1}{\omega C}(-jX_C)$,而 R 仍为 R 。

间的关系($U=RI$),而且也表明了它们之间的相位关系(同相位,即 $\psi_u = \psi_i$)。

用相量表示的电阻电路如图4-2-7(c)所示,这种电路模型亦称为相量模型。该电路中电压、电流的相量图如图4-2-7(d)所示。

例 4-2-7　已知图 4-2-7(a)所示电路中电阻 R 为 4Ω,其两端的电压 $u = 10\sqrt{2}\sin(100t-60°)$ V,试利用 u、i 的相量关系求通过电阻的电流 i,并画相量图。

解　分三个步骤

(1)写出已知正弦量 u 的相量

$$\dot{U} = 10\underline{/-60°}\ \text{V}$$

(2)利用电阻元件 VAR 的相量式[式(4-2-13)],可得

$$\dot{I} = \frac{\dot{U}}{R} = \frac{10\underline{/-60°}}{4} = 2.5\underline{/-60°}\ \text{A}$$

(3)根据 $\dot{I}$ 写出 i

$$i = 2.5\sqrt{2}\sin(100t - 60°)\ \text{A}$$

其相量图如图4-2-8所示。

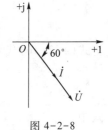

图 4-2-8
例 4-2-7 的相量图

【评析】本例题是电阻元件 VAR 的相量形式的具体运用,即用相量分析法求解含电阻元件的正弦稳态电路的 u、i,其关键在于将原电路图(时域模型)变换成相量模型,也就是将 $u \to \dot{U}$,$i \to \dot{I}$,而 R 仍为 R,如图4-2-7(a)、(c)所示。变换成相量模型后,就类似求解直流电路。

2. 电感元件

设图4-2-9(a)所示电感元件 L 中的电流为

$$i = \sqrt{2}I\sin(\omega t + \psi_i) \tag{4-2-14}$$

根据式(3-1-9)及上式,则有

$$u = L\frac{\mathrm{d}i}{\mathrm{d}t} = L\frac{\mathrm{d}}{\mathrm{d}t}[\sqrt{2}I\sin(\omega t + \psi_i)] = \sqrt{2}\omega LI\cos(\omega t + \psi_i)$$

$$= \sqrt{2}\omega LI\sin(\omega t + \psi_i + 90°) = \sqrt{2}U\sin(\omega t + \psi_u) \tag{4-2-15}$$

式中　　　　　　$U = \omega LI$　　及　　$\psi_u = \psi_i + 90°$ 　　　　　(4-2-16)

比较式(4-2-14)和式(4-2-15)可知,在正弦稳态电路中,电感元件中的电流和电压都是同频率的正弦量,电感电压的幅值等于电流的幅值乘以 ωL,在相位上电压超前于电流 $90°$。电压的相位超前于电流的相位 $90°$ 的原因是电感电压决定于电流对时间的变化率,当电流正半周起始时其值为零,但变化率是正的最大值,此时电压值最大。u、i 的波形如图4-2-9(b)所示。

由式(4-2-14)可得电流 i 的相量为

$$\dot{I} = I\underline{/\psi_i}$$

由式(4-2-15)可得电压 u 的相量为

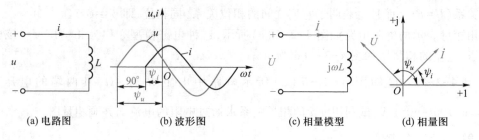

(a) 电路图	(b) 波形图	(c) 相量模型	(d) 相量图

图 4-2-9　电感中正弦电流和电压的关系

$$\dot{U} = U \big/\!\!\underline{\ \psi_u\ }$$

将式（4-2-16）代入上式得

$$\dot{U} = \omega L I \big/\!\!\underline{\ \psi_i + 90^\circ} = \omega L I \big/\!\!\underline{\ \psi_i}\ \big/\!\!\underline{\ 90^\circ} = \mathrm{j}\omega L \dot{I} \qquad (4\text{-}2\text{-}17)$$

式中

$$\mathrm{j} = \big/\!\!\underline{\ 90^\circ}$$

式（4-2-17）是电感元件的 VAR 的相量形式，它不但表明了电感上电压和电流大小之间的关系（$U = \omega L I$），而且也表明了它们之间的相位关系（电压的相位超前于电流的相位 90°）。

用相量表示的电感电路（相量模型）如图 4-2-9(c) 所示，该电路中电压、电流的相量图如图 4-2-9(d) 所示。

下面研究 ωL 的意义。由式（4-2-16）可知

$$I = \frac{U}{\omega L}$$

若 U 一定，ωL 越大，则 I 越小，所以 ωL 反映了电感对正弦电流的阻碍作用。参数 ωL 称为电感电抗，简称感抗，用 X_L 表示，即 $X_L = \omega L = 2\pi f L$。其单位为欧［姆］（Ω），具有与电阻相同的量纲，但与电阻有本质的区别。在电感 L 一定时，感抗 X_L 与频率成正比。当 $f \to \infty$ 时，$X_L \to \infty$，这时电感相当于开路，所以电感线圈常用来做高频扼流圈。反之，f 愈低，X_L 愈小，当 $f = 0$（直流）时 $X_L = 0$，电感相当于短路，这与 §3-1 中得出的结论是一致的。所以直流或低频电流容易通过电感。感抗与频率的关系如图 4-2-10 所示。

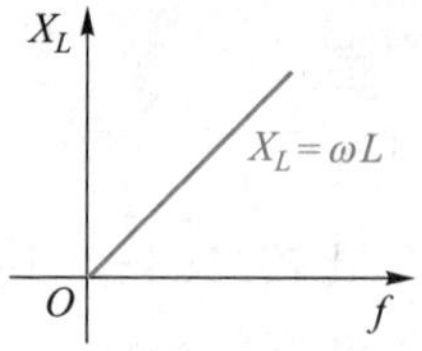

采用感抗后，式（4-2-17）可写成

$$\dot{U} = \mathrm{j} X_L \dot{I} \qquad (4\text{-}2\text{-}18)$$

感抗的倒数称为感纳，以 B_L 表示，即 $B_L = \dfrac{1}{X_L} = \dfrac{1}{\omega L}$，表示电感元件

图 4-2-10　感抗与频率的关系

对正弦电流的导通能力，单位与电导的单位相同，为西（S）。

例 4-2-8　已知一线圈的电感 $L = 1$ H，电阻略去不计，现把它接在电压220 V、频率为 50 Hz 的交流电源上。试求：(1) 感抗；(2) 通过线圈的电流；(3) 画相量图。

解　(1) 先计算感抗

$$X_L = 2\pi f L = 2\pi \times 50 \times 1 \ \Omega = 314 \ \Omega$$

（2）设电压的初相为零，根据式（4-2-18）得

$$\dot{I} = \frac{\dot{U}}{jX_L} = \frac{220\left/\!0°\right.}{j314}\ \text{A} = 0.7\left/\!-90°\right.\ \text{A}$$

（3）相量图如图 4-2-11 所示，可见电流的相位滞后于电压 90°。为简便计，相量图未画复平面的实轴和虚轴。今后，画相量图均可按此画法。

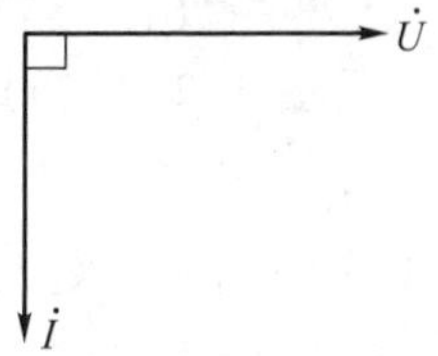

图 4-2-11　例 4-2-8 的相量图

【评析】本例题是电感元件 VAR 的相量形式的具体运用，关键在于将原电路图（时域模型）变换成相量模型，也就是将 $u \to \dot{U}$，$i \to \dot{I}$，而 $L \to j\omega L(jX_L)$，如图 4-2-9（a）、（c）所示。变换成相量模型后，就类似求解直流电路。

例 4-2-9　图 4-2-12（a）所示为某正弦稳态电路的一部分，图中电流表 A1、A2 的读数均为 10 A，求电流表 A 的读数。

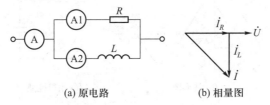

(a) 原电路　　　　　(b) 相量图

图 4-2-12　例 4-2-9 图

解　用相量图求解。注意电流表的读数为有效值。这是一个 RL 并联电路，绘并联电路的相量图一般宜以电压相量作为参考相量。参考相量是指初相位设定为零的相量，本题中设定 $\dot{U} = U\left/\!0°\right.$。故首先在水平方向上绘出电压相量 $\dot{U}$，然后利用元件电流、电压的相位关系绘出各元件的电流相量。电阻元件的电流 $\dot{I}_R$ 应与 $\dot{U}$ 同相，电感元件中的 $\dot{I}_L$ 滞后 $\dot{U}$ 90°（在本例题中 I_R 与 I_L 的长度相等），最后求总电流 $\dot{I} = \dot{I}_R + \dot{I}_L$，作出相量图如图 4-2-12（b）所示。$\dot{I}$ 与 $\dot{I}_R$、$\dot{I}_L$ 构成一个直角三角形，故电流表 A 的读数为

$$I = \sqrt{I_R^2 + I_L^2} = \sqrt{10^2 + 10^2}\ \text{A} = \sqrt{200}\ \text{A} = 14.14\ \text{A}$$

对于此例题，初学者往往认为电流表的读数为 $I = I_R + I_L = 20$ A，这是错误的，因为两个电流初相位不同。在一般情况下，汇合于一个节点的各个支路电流的有效值不满足 KCL，只有它们的相量才满足 KCL。

【评析】利用相量图以几何方式求解电流及电压相量，是正弦稳态电路相量分析法中的一个重要辅助方法。虽然几何作图法的准确性一般较低，但利用它定性分析电流、电压相位关系非常直观，尤其当电流、电压的相位关系成 90°时进行定量计算，是十分方便的（本例题即如此）。为了方便作出相量图，必须选择合适的参考相量（初相位为零的相量）：在串联电路中，一般宜以电流相量作为参考相量；在并联电路中，一般宜以电压相量作为参考相量。

3. 电容元件

设图 4-2-13(a)所示电容元件 C 两端的电压为

$$u=\sqrt{2}\,U\sin(\omega t+\psi_u) \tag{4-2-19}$$

根据式(3-1-2)及上式,则有

$$i = C\frac{\mathrm{d}u}{\mathrm{d}t} = C\frac{\mathrm{d}}{\mathrm{d}t}[\sqrt{2}\,U\sin(\omega t+\psi_u)] = \sqrt{2}\,\omega CU\cos(\omega t+\psi_u)$$

$$= \sqrt{2}\,\omega CU\sin(\omega t+\psi_u+90°) = \sqrt{2}\,I\sin(\omega t+\psi_i) \tag{4-2-20}$$

式中

$$I = \omega CU = \frac{U}{1/\omega C} \quad 及 \quad \psi_i = \psi_u + 90° \tag{4-2-21}$$

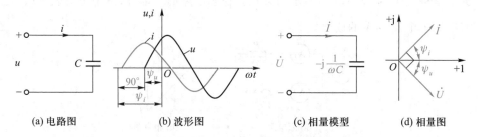

(a) 电路图　　　　(b) 波形图　　　　(c) 相量模型　　　　(d) 相量图

图 4-2-13　电容中正弦电流和电压的关系

比较式(4-2-19)和式(4-2-20)可知,在正弦稳态电路中,电容元件中的电流和它两端的电压是同频率的正弦量,电容电流 i 的幅值等于电压 u 的幅值乘以 ωC,在相位上电流超前于电压 90°,其原因与电感元件类似。u、i 的波形如图 4-2-13(b)所示。

类似于电感元件的 VAR 的相量形式的推导过程,可得

$$\dot{I} = j\omega C\dot{U} \tag{4-2-22}$$

或

$$\dot{U} = -j\frac{1}{\omega C}\dot{I} \tag{4-2-23}$$

式(4-2-22)和式(4-2-23)是电容元件的 VAR 的相量形式[①],它不但表明了电容中电压和电流大小之间的关系($I=\omega CU$),还表明了它们之间的相位关系(电流的相位超前于电压的相位 90°)。

用相量表示的电容电路(相量模型)如图 4-2-13(c)所示,该电路中电压、电流相量图如图 4-2-13(d)所示。

下面研究 $\frac{1}{\omega C}$ 的意义。由式(4-2-21)可知

---

① 电容元件的 VAR 的相量形式也可以利用电容元件和电感元件的对偶关系,从电感元件 VAR 的相量形式得到,即将式(4-2-17)中的 $\dot{U}$ 换成 $\dot{I}$,$\dot{I}$ 换成 $\dot{U}$,L 换成 C,便可得到式(4-2-22)。

$$I = \frac{U}{1/\omega C}$$

若 U 一定，$\frac{1}{\omega C}$ 越大，则 I 越小，所以 $\frac{1}{\omega C}$ 反映了电容对正弦电流的阻碍作用。参数 $\frac{1}{\omega C}$ 称

为电容电抗，简称容抗，用 X_c 表示，即 $X_c = \frac{1}{\omega C} = \frac{1}{2\pi f C}$，其单位为欧［姆］（$\Omega$）。在电容 C 一定

时，容抗 X_c 与频率 f 成反比。当 $f \to \infty$ 时，$X_c \to 0$，说明高频电流容易通过电容元件；当 $f = 0$

（直流）时，$X_c \to \infty$，电容相当于开路，这就是电容具有隔直作用的原因，这与在 §3-1 中得

出的结论是一致的。容抗与频率的关系如图 4-2-14 所示。

采用容抗后，式（4-2-23）可写成

$$\dot{U} = -j X_c \dot{I} \tag{4-2-24}$$

容抗的倒数称为容纳，以 B_c 表示，即 $B_c = \frac{1}{X_c} = \omega C$ 表示电容元件对正弦电流的导通能

力，单位与电导的单位相同，为西（S）。

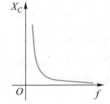
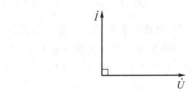

图 4-2-14 容抗与频率的关系   图 4-2-15 例 4-2-10 的相量图

例 4-2-10 已知一电容 $C = 5\ \mu F$，接在电压 220 V、频率为 50 Hz 的交流电源上。试

求：（1）容抗；（2）通过电容的电流；（3）画相量图。

解 （1）先计算容抗

$$X_c = \frac{1}{\omega C} = \frac{1}{2\pi f C} = \frac{1}{2\pi \times 50 \times 5 \times 10^{-6}}\ \Omega = 637\ \Omega$$

（2）设电压的初相为零，根据式（4-2-24）得

$$\dot{I} = \frac{\dot{U}}{-j X_c} = \frac{220\ \underline{/0^\circ}}{-j637}\ A = j0.345\ A$$

（3）相量图如图 4-2-15 所示，可见电流的相位超前于电压的相位 90°。

【评析】本例题是电容元件 VAR 的相量形式的具体运用，本处相量模型是将原电路图（时域模型）的 u

$\to \dot{U}$，$i \to \dot{I}$，而 $C \to -j\frac{1}{\omega C}(-jX_c)$，如图 4-2-13（a）、（c）所示。如前述，变换成相量模型后，就类似求解直

流电路。

例 4-2-11 在图 4-2-16（a）所示的正弦稳态电路中，电压表 V1、V2、V3 的读数分别

为 80 V、180 V、120 V，求电压表 V 的读数。

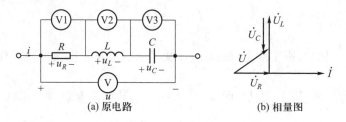

图 4-2-16   例 4-2-11 图

解   用相量图求解。这是一个 *RLC* 串联电路,绘制串联电路的相量图一般宜以电流相量作为参考相量。本题中设定 $\dot{I} = I \underline{/0°}$。根据 *R*、*L*、*C* 元件电流、电压的相位关系可知:电阻元件的 $\dot{U}_R$ 应与 $\dot{I}$ 同相,电感元件的 $\dot{U}_L$ 超前 $\dot{I}$ 90°,电容元件的 $\dot{U}_C$ 滞后 $\dot{I}$ 90°;总电压 $\dot{U} = \dot{U}_R + \dot{U}_L + \dot{U}_C$;作出相量图如图 4-2-16(b)所示,$\dot{U}$ 与 $\dot{U}_R$、$\dot{U}_L$、$\dot{U}_C$ 构成一个直角三角形,故电压表 V 的读数为

$$U = \sqrt{U_R^2 + (U_L - U_C)^2} = \sqrt{80^2 + (180-120)^2} \text{ V} = 100 \text{ V}$$

【评析】本例题是利用相量图求解,因为是串联电路,故选择电流相量作为参考相量。注意,电压表 V 的读数 $U \neq U_1 + U_2 + U_3 = 380$ V,即不等于各部分电压的代数和,而应该等于它们的相量和(几何和)。因此,在求解正弦稳态电路中,当应用 KVL 时,每一项的电压必须是相量;同样,当应用 KCL 时,每一项的电流也必须是相量。

思考与练习题

4-2-10   如题 4-2-10 图所示电路,若所加电源分别为直流和有效值与直流大小相等的正弦交流电,试问电流表的读数是否相同? 哪种情况读数大?

[加直流电源时大]

4-2-11   在题 4-2-11 图所示正弦稳态电路中,电压表 V1、V 的读数分别为 3 V、5 V,求电压表 V2 的读数。

[4 V]

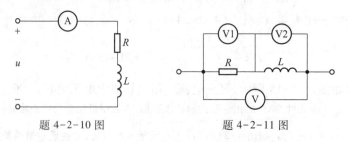

题 4-2-10 图   题 4-2-11 图

4-2-12   题 4-2-12 图所示为 *RC* 滤波电路,当 u_1 含有直流成分和交流成分时,经此电路后,输出电压 u_2 的脉动将大为减小(即交流成分减小),试定性说明此电路的滤波原理。

4-2-13   在题 4-2-13 图所示的正弦稳态电路中,电流表 A1、A2、A3 的读数分别为 20 A、10 A、10 A,求电流表 A 的读数。

[20 A]

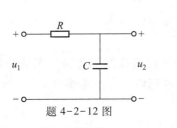
题 4-2-12 图

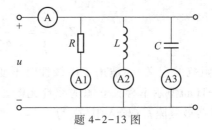
题 4-2-13 图

4-2-14 指出下列各式的错误。

(1) $u = \mathrm{j}\omega L$；(2) $u = Li$；(3) $u = \mathrm{j}\omega L \dot{I}$；(4) $\dot{U} = \omega L \dot{I}$；(5) $X_L = \dfrac{u}{i}$；(6) $\dot{U} = -\mathrm{j}\omega C \dot{I}$；(7) $X_C = \dfrac{\omega}{C}$。

§4-3 复阻抗与复导纳[①]

一、复阻抗

上节讨论了 R、L、C 三种基本元件的 VAR 的相量形式，在 u、i 一致的参考方向下，由式 (4-2-13)、式 (4-2-17)、式 (4-2-23) 知 R、L、C 元件的 VAR 的相量形式分别是

$$\dot{U}_R = R\,\dot{I}$$

$$\dot{U}_L = \mathrm{j}\omega L\,\dot{I}$$

$$\dot{U}_C = -\,\mathrm{j}\,\frac{1}{\omega C}\,\dot{I}$$

引入复阻抗的概念后，三种基本元件 VAR 的相量形式可归纳为统一形式。元件的复阻抗定义为元件上电压相量与电流相量之比，记为 Z，即

$$Z = \frac{\dot{U}}{\dot{I}} \tag{4-3-1}$$

由式 (4-3-1) 可得 R、L、C 元件的复阻抗分别为

$$Z_R = \frac{\dot{U}}{\dot{I}} = R \tag{4-3-2a}$$

$$Z_L = \frac{\dot{U}}{\dot{I}} = \mathrm{j}\omega L = \mathrm{j}X_L \tag{4-3-2b}$$

---

① **重点提示**：复阻抗、复导纳是正弦稳态电路相量分析法中的十分重要的概念，它对应于电阻电路中的电阻、电导，当引入复阻抗、复导纳并将正弦稳态电路中的电压、电流变换为相量后，正弦稳态电路的计算可以仿照电阻电路的处理方法来进行。

$$Z_C = \frac{\dot{U}}{\dot{I}} = -\mathrm{j}\,\frac{1}{\omega C} = -\mathrm{j}X_C \qquad\qquad (4\text{-}3\text{-}2\mathrm{c})$$

上述复阻抗的定义,亦适用于由线性时不变元件组成的不含独立源的线性二端网络。对于图4-3-1(a)所示不含独立源的线性无源二端网络 N_0,在其端口 u、i 一致的参考方向下,则端口的等效复阻抗(输入阻抗)为

$$Z = \frac{\dot{U}}{\dot{I}} = \frac{U\,\underline{/\psi_u}}{I\,\underline{/\psi_i}} = |Z|\,\underline{/\varphi_Z} \qquad\qquad (4\text{-}3\text{-}3)$$

式中

$$|Z| = \frac{U}{I} \qquad\qquad (4\text{-}3\text{-}4)$$

$$\varphi_Z = \psi_u - \psi_i \qquad\qquad (4\text{-}3\text{-}5)$$

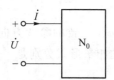

(a) 不含独立源的线性二端网络　　(b) 复阻抗、复导纳的符号　　(c) 阻抗三角形　　(d) 导纳三角形

图 4-3-1　线性二端网络的复阻抗、复导纳

复阻抗 Z 是正弦稳态电路中的一个重要参数,它是一个复数,但不是表示正弦量的复数,所以在大写字母 Z 上不加圆点;其模 $|Z|$ 称为"阻抗模"(经常也将 Z 和 $|Z|$ 称为"阻抗"),它是端口电压有效值和电流有效值之比[参见式(4-3-4)];辐角 φ_Z 称为"阻抗角",它是端口电压和电流的相位差[参见式(4-3-5)]。复阻抗在电路图中的符号如图4-3-1(b)所示,其单位为欧[姆](Ω)。

由式(4-3-3)可知,复阻抗的代数形式为

$$Z = |Z|(\cos\varphi_Z + \mathrm{j}\sin\varphi_Z) = R + \mathrm{j}X \qquad\qquad (4\text{-}3\text{-}6)$$

式中,R 称为阻抗的电阻分量,它并不一定只由二端网络中的电阻元件所确定;X 称为阻抗的电抗分量,它并不一定由二端网络中的容抗和感抗所确定;一般来说,它们是网络中各元件参数和频率的函数。R、X 和 $|Z|$ 之间的关系可用一个直角三角形表示,如图 4-3-1(c)所示,这个三角形称为阻抗三角形。

对二端网络来说,若 $X>0$,即 $\varphi_Z>0$,则表明端口电压的相位超前于电流的相位,该网络呈电感性;若 $X<0$,即 $\varphi_Z<0$,则表明端口电压的相位滞后于电流的相位,该网络呈电容性;若 $X=0$,即 $\varphi_Z=0$,则表明端口电压与电流同相,该网络呈电阻性,是电路中的一种特殊现象,将在§5-2中讨论。

二、复导纳

元件上电流相量与电压相量之比,即复阻抗的倒数,定义为该元件的复导纳,有时称为

导纳,记为 Y,即

$$Y = \frac{\dot{I}}{\dot{U}} \tag{4-3-7}$$

由上式可得,R、L、C 元件的复导纳分别为

$$Y_R = \frac{\dot{I}}{\dot{U}} = \frac{1}{R} = G \tag{4-3-8a}$$

$$Y_L = \frac{\dot{I}}{\dot{U}} = \frac{1}{j\omega L} = -jB_L \tag{4-3-8b}$$

$$Y_C = \frac{\dot{I}}{\dot{U}} = j\omega C = jB_C \tag{4-3-8c}$$

上述复导纳的定义也是在 u、i 一致参考方向下得出的,同样适用于不含独立源的二端网络。图 4-3-1(a)所示不含独立源的线性二端网络 N_0 端口的等效复导纳(输入导纳)为

$$Y = \frac{\dot{I}}{\dot{U}} = \frac{I\underline{/\psi_i}}{U\underline{/\psi_u}} = |Y|\underline{/\varphi_Y} \tag{4-3-9}$$

式中

$$|Y| = \frac{I}{U} \tag{4-3-10}$$

$$\varphi_Y = \psi_i - \psi_u \tag{4-3-11}$$

其模 $|Y|$ 称为"导纳模"(经常也将 Y 和 $|Y|$ 称为"导纳"),它是端口电流有效值和电压有效值之比[参见式(4-3-10)];辐角 φ_Y 称为"导纳角",它是端口电流和电压的相位差[参见式(4-3-11)]。复导纳在电路图中的符号与复阻抗相同[参见图 4-3-1(b)],其单位为西[门子](S)。

由式(4-3-9)可知,复导纳的代数形式为

$$Y = |Y|(\cos\varphi_Y + j\sin\varphi_Y) = G + jB \tag{4-3-12}$$

式中,G 称为复导纳的电导分量;B 称为复导纳的电纳分量;与 R、X 一样,它们是网络中各元件参数和频率的函数。G、B 和 $|Y|$ 之间的关系可用一个直角三角形表示[参见图 4-3-1(d)],这个三角形称为导纳三角形。

对二端网络来说,同样可以根据 $B>0$($\varphi_Y>0$)、$B<0$($\varphi_Y<0$)、$B=0$($\varphi_Y=0$)来判断该网络为电容性、电感性、电阻性。

三、复阻抗与复导纳的等效互换

由复阻抗和复导纳的定义可知,对于同一个不含独立源的线性二端网络的复阻抗和复导纳之间有着互为倒数的关系,即

$$Y = \frac{1}{Z} \quad 或 \quad Z = \frac{1}{Y}$$

也就是

$$\left.\begin{array}{l} |Y| = \dfrac{1}{|Z|} \\[2mm] \varphi_Y = -\varphi_Z \end{array}\right\}$$

(4-3-13a)

或

$$\left.\begin{array}{l} |Z| = \dfrac{1}{|Y|} \\[2mm] \varphi_Z = -\varphi_Y \end{array}\right\}$$

(4-3-13b)

设有复阻抗 $Z = R+jX$，则它的复导纳为

$$Y = \frac{1}{Z} = \frac{1}{R + jX} = \frac{R - jX}{R^2 + X^2} = G + jB$$

由上式可见

$$G = \frac{R}{R^2+X^2} \qquad B = -\frac{X}{R^2+X^2}$$

(4-3-14)

设有复导纳 $Y = G+jB$，则它的复阻抗为

$$Z = \frac{1}{Y} = \frac{1}{G+jB} = \frac{G-jB}{G^2+B^2} = R+jX$$

故

$$R = \frac{G}{G^2+B^2} \qquad X = -\frac{B}{G^2+B^2}$$

(4-3-15)

由上式可见，虽然复阻抗和复导纳互为倒数，但在一般情况下

$$G \neq \frac{1}{R} \qquad B \neq \frac{1}{X}$$

四、欧姆定律的相量形式

由式(4-3-1)、(4-3-3)和式(4-3-7)、(4-3-9)可见，引出了 Z、Y 参数后，对于正弦稳态电路中的任一不含独立源的二端网络(含单个 R、L、C 元件)，在 u、i 一致的参考方向下，其端口的 VAR 的相量形式可归纳为统一形式

$$\dot{U} = Z\dot{I}$$

(4-3-16)

$$\dot{I} = Y\dot{U}$$

(4-3-17)

它们与直流电路中电阻元件的 VAR 形式相同，正弦稳态电路中的复阻抗、复导纳分别对应于直流电阻电路中的电阻、电导，电流、电压相量分别对应于直流电阻电路中的电流、电压。式(4-3-16)和式(4-3-17)这两个式子常称为欧姆定律的相量形式，在正弦稳态电路的分析中是十分有用的。

例 4-3-1　已知图 4-3-2(a)所示的并联电路中，$R = 100 \ \Omega$，$L = 0.1 \ H$，$C = 10 \ \mu F$。试计算角频率分别为(1) $\omega = 314 \ rad/s$；(2) $\omega = 1\ 000 \ rad/s$；(3) $\omega = 4\ 000 \ rad/s$时，此电路的复

阻抗 Z_{ab} 和复导纳 Y_{ab}，并说明该电路的性质。

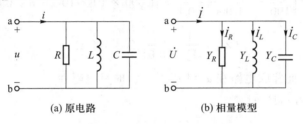

(a) 原电路　　　　　　　　　(b) 相量模型

图 4-3-2　例 4-3-1 图

解　由于是并联电路，宜先求复导纳 Y_{ab}

首先将原电路转换为相量模型，即电压和电流分别用 $\dot{U}$、$\dot{I}$ 表示，R、L、C 分别用复导纳 Y_R、Y_L、Y_C 表示，如图 4-3-2(b) 所示，根据式 (4-3-8)，得

$$Y_R = \frac{1}{R} \qquad Y_L = \frac{1}{j\omega L} \qquad Y_C = j\omega C$$

且

$$\dot{I}_R = Y_R \dot{U} = \frac{1}{R} \dot{U}$$

$$\dot{I}_L = Y_L \dot{U} = \frac{1}{j\omega L} \dot{U}$$

$$\dot{I}_C = Y_C \dot{U} = j\omega C \dot{U}$$

根据 KCL 的相量形式 [参见式 (4-2-8)] 得

$$\dot{I} = \dot{I}_R + \dot{I}_L + \dot{I}_C = \left(\frac{1}{R} + \frac{1}{j\omega L} + j\omega C \right) \dot{U}$$

由复导纳的定义式 [参见式 (4-3-9)] 得

$$Y_{ab} = \frac{\dot{I}}{\dot{U}} = \frac{1}{R} + \frac{1}{j\omega L} + j\omega C$$

下面依据不同的 ω 分别计算如下：

（1）当 $\omega = 314$ rad/s 时

$$Y_{ab} = \frac{\dot{I}}{\dot{U}} = \frac{1}{R} + \frac{1}{j\omega L} + j\omega C$$

$$= \left(\frac{1}{100} + \frac{1}{j314 \times 0.1} + j314 \times 10 \times 10^{-6} \right) \text{S}$$

$$= (0.01 - j0.028\ 7) \text{S}$$

则

$$Z_{ab} = \frac{1}{Y_{ab}} = \frac{1}{0.01 - j0.028\ 7} \Omega = (10.8 + j31.1) \Omega$$

由于 $B < 0(X > 0)$，故此并联电路在 $\omega = 314$ rad/s 时呈电感性。

（2）当 $\omega = 1\ 000$ rad/s 时

$$Y_{ab} = \left(\frac{1}{100} + \frac{1}{j\,1\,000 \times 0.1} + j1\,000 \times 10 \times 10^{-6} \right) S = 0.01\ S$$

则

$$Z_{ab} = \frac{1}{Y_{ab}} = \frac{1}{0.01}\ \Omega = 100\ \Omega$$

由于 $B = 0(X = 0)$,故此并联电路在 $\omega = 1\,000$ rad/s 时呈电阻性。

(3)当 $\omega = 4\,000$ rad/s 时

$$Y_{ab} = \left(\frac{1}{100} + \frac{1}{j4\,000 \times 0.1} + j4\,000 \times 10 \times 10^{-6} \right) S$$

$$= (0.01 + j0.037\ 5)\ S$$

则

$$Z_{ab} = \frac{1}{Y_{ab}} = \frac{1}{0.01 + j0.037\ 5}\ \Omega = (6.64 - j24.9)\ \Omega$$

由于 $B > 0(X < 0)$,故此并联电路在 $\omega = 4\,000$ rad/s 时呈电容性。

【评析】由本例题可见,一般情况下,复阻抗、复导纳是角频率的函数,同一个电路在不同的频率下所呈现的复阻抗、复导纳是不同的,并且电路的性质也会发生变化。所以一个实际电路,在不同的频率下有不同的等效电路,它的复阻抗、复导纳都是针对某一特定频率的。

例 4-3-2   求图 4-3-3 所示电路的输入阻抗 Z_i。

解   根据定义[参见式(4-3-3)],输入阻抗

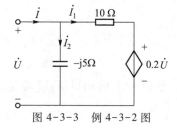

$$Z_i = \frac{\dot{U}}{\dot{I}}$$

根据 KCL 和元件的 VAR,可得

图 4-3-3   例 4-3-2 图

$$Z_i = \frac{\dot{U}}{\dot{I}} = \frac{\dot{U}}{\dot{I}_1 + \dot{I}_2} = \frac{\dot{U}}{\dfrac{\dot{U} - 0.2\,\dot{U}}{10} + \dfrac{\dot{U}}{-j5}}$$

$$= \frac{\dot{U}}{0.08\,\dot{U} + j0.2\,\dot{U}} = \frac{0.08 - j0.2}{0.046\ 4}\ \Omega$$

$$= (1.724 - j4.31)\ \Omega = 4.64 \underline{/\!-68.2°}\ \Omega$$

【评析】用相量法分析含受控源的正弦稳态电路时,必须将受控源中的电压、电流变换成相量后才能列方程求解。因为电路中含受控源,故不能直接用阻抗(导纳)的串并联求解等效阻抗(导纳),而一般用"外加电压求流法"进行求解,求取端口的电压电流关系。

思考与练习题

4-3-1   无源二端网络等效复阻抗的阻抗角的取值范围如何?在什么情况下阻抗角分别等于 0°、90° 及 -90°?

$$[0 \leqslant |\varphi_Z| \leqslant 90°]$$

4-3-2   电压与电流瞬时值之比值是复阻抗吗?

4-3-3　解答下列各题：

（1）已知 $\dot{U}=(160+\mathrm{j}120)$ V，$\dot{I}=(24-\mathrm{j}32)$ A，求 Z 和 Y，并说明电路的性质。

$$\left[5\underline{/90°}\ \Omega,0.2\underline{/-90°}\ \mathrm{S},电感性\right]$$

（2）已知 $u=50\sin(\omega t+30°)$ V，$Z=(8+\mathrm{j}6)$ Ω，求 i，并说明电路的性质。

$$\left[i=5\sin(\omega t-6.87°)\ \mathrm{A},电感性\right]$$

（3）已知 $i=-50\sin(\omega t-27°)$ A，$Y=(20+\mathrm{j}15)$ S，求 u，并说明电路的性质。

$$\left[u=2\sin(\omega t+116.13°)\ \mathrm{V},电容性\right]$$

4-3-4　在题 4-3-4 图所示 R、L、C 串联电路中，若 $R=990$ Ω，$L=100$ mH，$C=10$ μF。试分别求角频率 ω 为 10^2 rad/s、10^3 rad/s、10^4 rad/s 时的等效阻抗 Z_{ab}，并说明各种情况下电路的性质。

$$\left[990\sqrt{2}\underline{/-45°}\ \Omega,电容性;990\ \Omega,电阻性;990\sqrt{2}\underline{/45°}\ \Omega,电感性\right]$$

4-3-5　在题 4-3-5 图所示电路中，当正弦交流电源电压有效值不变，而频率升高至原来的 10 倍时，各电流表的读数将怎样变化？为什么？

$$\left[\mathrm{A1}\ 不变,\mathrm{A2}\ 减小\ 10\ 倍,\mathrm{A3}\ 增大\ 10\ 倍\right]$$

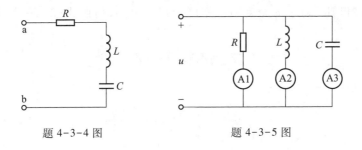

題 4-3-4 图　　　　　題 4-3-5 图

§4-4　正弦稳态电路的相量分析法①

　　正弦稳态电路的相量分析法包含相量解析法（相量法）和相量图法。本节先讨论相量解析法。

　　在前面，已引出了基尔霍夫定律和元件的 VAR 关系的相量形式，以及复阻抗和复导纳这两个重要参数。由上述可见，基尔霍夫定律和元件的 VAR 的相量形式与直流电阻电路中的两类约束关系式在形式上完全相同，其差别仅在于这里不直接用正弦电压和电流，而用代表正弦电压和电流的相量；不用电阻（或电导），而用复阻抗（或复导纳）。正是由于这一对应关系，在第一章和第二章已学习过的直流电阻电路的各种计算公式、定律和分析方法，都适用于正弦稳态电路的分析计算，从而省略了列电路微分方程和求解微分方程的烦琐过程。其具体分析步骤是：

　　（1）写出已知正弦电压、电流所对应的相量。

----

　　① **重点提示**：熟练掌握相量分析法的分析步骤，关键是作出正弦稳态电路的时域模型相对应的相量模型。作出相量模型后，就可以利用第一章和第二章已介绍过的直流电阻电路的各种计算公式、定律和分析方法，进行分析计算。

（2）画出与电路的时域模型相对应的相量模型。

在电路的时域模型中，电路元件一般以 R、L、C 等参数来表征，u、i 是正弦时间函数。而相量模型在前面两节已提及，它是将时域模型中的 R、L、C 参数代之以复阻抗（或复导纳），即电阻仍用 R（或 G）表示，电感用 $\mathrm{j}\omega L\left(\text{或}\dfrac{1}{\mathrm{j}\omega L}\right)$ 表示，电容用$-\mathrm{j}\dfrac{1}{\omega C}$（或 $\mathrm{j}\omega C$）表示；电路中 u、i 用相量表示，其参考方向不变；电路拓扑结构不变；这样的电路模型称为"相量模型"。

（3）根据相量模型，利用第一章和第二章中分析直流电阻电路的任意一种方法，列出电路复数代数方程进行求解。最后，将求出的电压、电流相量转换为对应的正弦量。

以上所述计算正弦交流稳态电路的方法称为相量解析法（相量法）。显然，正确作出电路的"相量模型"，是运用相量法的关键。下面通过一些具体的例子来进一步说明相量法的应用以及特点。

一、串联、并联和混联电路的分析

在正弦稳态电路中，阻抗的串联、并联和混联电路的计算，在形式上与电阻电路的串联、并联和混联电路相似。对于 n 个复阻抗串联而成的电路，仿照式（2-1-1），可知其等效复阻抗

$$Z_{eq} = Z_1 + Z_2 + \cdots + Z_n \tag{4-4-1}$$

其分压公式为

$$\dot{U}_k = \frac{Z_k}{Z_{eq}}\dot{U} \qquad k = 1, 2, \cdots, n \tag{4-4-2}$$

式中，$\dot{U}$ 为总电压；$\dot{U}_k$ 为第 k 个复阻抗 Z_k 的电压。

同理，对于 n 个复导纳并联而成的电路，其等效复导纳

$$Y_{eq} = Y_1 + Y_2 + \cdots + Y_n \tag{4-4-3}$$

其分流公式为

$$\dot{I}_k = \frac{Y_k}{Y_{eq}}\dot{I} \qquad k = 1, 2, \cdots, n \tag{4-4-4}$$

式中，$\dot{I}$ 为总电流；$\dot{I}_k$ 为第 k 个复导纳 Y_k 的电流。

两个复阻抗 Z_1 和 Z_2 并联时，其等效复阻抗为

$$Z = \frac{1}{Y} = \frac{1}{Y_1 + Y_2} = \frac{1}{\dfrac{1}{Z_1} + \dfrac{1}{Z_2}} = \frac{Z_1 \cdot Z_2}{Z_1 + Z_2} \tag{4-4-5}$$

每个复阻抗中的电流是

$$
\left.
\begin{aligned}
\dot{I}_1 &= \frac{Z_2}{Z_1 + Z_2}\,\dot{I} \\[2mm]
\dot{I}_2 &= \frac{Z_1}{Z_1 + Z_2}\,\dot{I}
\end{aligned}
\right\}
\tag{4-4-6}
$$

例 4-4-1　在图 4-4-1(a)所示 RLC 串联电路中,已知 $R = 10\ \Omega$,$L = 31.8\ \text{mH}$,$C = 159.2\ \mu\text{F}$,接在 $u_s = 100\sqrt{2}\sin(314t+30°)$ V 的电源上,试求电路中的电流及各元件电压的瞬时值表达式,作出相量图,并讨论该电路的性质。

解　(1) 写出已知正弦量 u_s 的相量为

$$
\dot{U}_s = 100\ \underline{/30°}\ \text{V}
$$

(2) 计算各元件的复阻抗,根据式(4-3-2)得

$$
Z_R = R = 10\ \Omega
$$

$$
Z_L = \text{j}\omega L = \text{j}314 \times 31.8 \times 10^{-3}\ \Omega = \text{j}10\ \Omega
$$

$$
Z_C = -\text{j}\frac{1}{\omega C} = -\text{j}\frac{1}{314 \times 159.2 \times 10^{-6}}\ \Omega = -\text{j}20\ \Omega
$$

作出与电路时域模型相对应的相量模型,如图 4-4-1(b)所示。

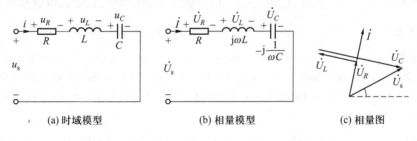

(a) 时域模型　　　　　(b) 相量模型　　　　　(c) 相量图

图 4-4-1　例 4-4-1 图

(3) 根据图 4-4-1(b)所示的相量模型,求各电流、电压相量。由式(4-4-1)得串联电路的复阻抗为

$$
Z = Z_R + Z_L + Z_C = R + \text{j}\left(\omega L - \frac{1}{\omega C}\right)
$$

$$
= [\,10 + \text{j}(10 - 20)\,]\ \Omega = 10\sqrt{2}\ \underline{/-45°}\ \Omega
$$

根据欧姆定律的相量形式[参见式(4-3-16)]得

$$
\dot{I} = \frac{\dot{U}_s}{Z} = \frac{100\ \underline{/30°}}{10\sqrt{2}\ \underline{/-45°}}\ \text{A} = 5\sqrt{2}\ \underline{/75°}\ \text{A}
$$

$$
\dot{U}_R = R\dot{I} = 10 \times 5\sqrt{2}\ \underline{/75°}\ \text{V} = 50\sqrt{2}\ \underline{/75°}\ \text{V}
$$

$$
\dot{U}_L = \text{j}\omega L\dot{I} = \text{j}10 \times 5\sqrt{2}\ \underline{/75°}\ \text{V} = 50\sqrt{2}\ \underline{/165°}\ \text{V}
$$

$$\dot{U}_C = -\mathrm{j}\frac{1}{\omega C}\dot{I} = -\mathrm{j}20 \times 5\sqrt{2}\underline{/75°}\ \text{V} = 100\sqrt{2}\underline{/-15°}\ \text{V}$$

也可根据式(4-4-2)分压公式求各元件电压,例如求 $\dot{U}_L$,得

$$\dot{U}_L = \frac{\mathrm{j}\omega L}{Z}\dot{U}_s = \frac{\mathrm{j}10}{10\sqrt{2}\underline{/-45°}} \times 100\underline{/30°}\ \text{V} = 50\sqrt{2}\underline{/165°}\ \text{V}$$

与根据欧姆定律的相量形式的计算结果一致。

(4) 根据求得的各相量写出相应的瞬时值表达式为

$$i = 5\sqrt{2} \times \sqrt{2}\ \sin(314t + 75°)\ \text{A} = 10\sin(314t + 75°)\ \text{A}$$
$$u_R = 100\sin(314t + 75°)\ \text{V}$$
$$u_L = 100\sin(314t + 165°)\ \text{V}$$
$$u_C = 200\sin(314t - 15°)\ \text{V}$$

(5) 作出相量图,如图 4-4-1(c)所示。各电压、电流之间的相位关系从相量图上可一目了然,也反映了 $\dot{U}_s = \dot{U}_R + \dot{U}_L + \dot{U}_C$ 这一关系。该相量图的具体做法是:等式右边三个相量首尾相连,而将 $\dot{U}_R$ 的箭尾与 $\dot{U}_C$ 的箭头相连的有向线段为 $\dot{U}_s$。

由于本例题中复阻抗角 $\varphi_Z = -45° < 0$,故该电路性质为电容性;若就 u 和 i 的相位差 $\varphi = \psi_u - \psi_i = 30° - 75° = -45°$ 而言,电流的相位超前电压的相位 45°,也知该电路呈电容性。

【评析】通过本例题,对初学者,尤须注意以下几点:复阻抗 $Z \neq R + \omega L - \frac{1}{\omega C}$,而应 $Z = R + \mathrm{j}\left(\omega L - \frac{1}{\omega C}\right)$ [参见本例题求解步骤(3)];在含有 L、C 元件的正弦稳态串联电路中,$U_s \neq U_R + U_L + U_C$,且可能出现 $U_L > U_s$ 或(和)$U_C > U_s$(为什么?),本例题出现 $U_C > U_s$ [参见本例题求解步骤(3)]。而在电阻电路中(不含受控源),任一元件的电压不可能大于外施电源电压。本例题电路呈电容性。如果其电源频率可以变化,则电路可能变为电感性或电阻性。

例 4-4-2   电路如图 4-4-2(a)所示,已知 $u_s = 4\sqrt{2}\sin(3t + 45°)$ V,$R_1 = R_2 = 2\ \Omega$,$L = \frac{1}{3}$ H,$C = \frac{1}{6}$ F,试求电路中的电流 i、i_C 和 i_L,并作电流相量图。

解   (1) 写出已知正弦量 u_s 的相量为

$$\dot{U}_s = 4\underline{/45°}\ \text{V}$$

(2) 作出与电路时域模型相对应的相量模型,如图 4-4-2(b)所示,其中

$$\mathrm{j}\omega L = \mathrm{j}3 \times \frac{1}{3} = \mathrm{j}1\ \Omega$$

$$-\mathrm{j}\frac{1}{\omega C} = -\mathrm{j}\frac{1}{3 \times \frac{1}{6}} = -\mathrm{j}2\ \Omega$$

(3) 由图 4-4-2(b)所示的相量模型求出该电路的输入阻抗

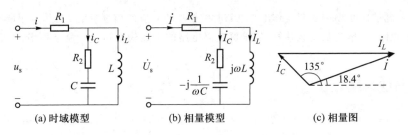

(a) 时域模型　　　　(b) 相量模型　　　　(c) 相量图

图 4-4-2　例 4-4-2 图

$$Z = R_1 + \frac{\left(R_2 - j\frac{1}{\omega C}\right) \times j\omega L}{R_2 - j\frac{1}{\omega C} + j\omega L} = \left[2 + \frac{(2-j2) \times j1}{2-j2+j1}\right] \Omega = \left[2 + \frac{2+j2}{2-j1}\right] \Omega$$

$$= \left(2 + \frac{2+j6}{5}\right) \Omega = (2.4 + j1.2) \Omega = 2.68 \underline{/26.6°} \ \Omega$$

则

$$\dot{I} = \frac{\dot{U}_s}{Z} = \frac{4 \underline{/45°}}{2.68 \underline{/26.6°}} \text{A} = 1.49 \underline{/18.4°} \text{A}$$

利用分流公式算得

$$\dot{I}_C = \frac{j\omega L}{R_2 - j\frac{1}{\omega C} + j\omega L} \dot{I} = \frac{j1}{2-j2+j1} \times 1.49 \underline{/18.4°} \text{A}$$

$$= \frac{1 \underline{/90°}}{2.24 \underline{/-26.6°}} \times 1.49 \underline{/18.4°} \text{A} = 0.665 \underline{/135°} \text{A}$$

$$\dot{I}_L = \frac{R_2 - j\frac{1}{\omega C}}{R_2 - j\frac{1}{\omega C} + j\omega L} \dot{I} = \frac{2-j2}{2-j2+j1} \times 1.49 \underline{/18.4°} \text{A}$$

$$= \frac{2.83 \underline{/-45°}}{2.24 \underline{/-26.6°}} \times 1.49 \underline{/18.4°} \text{A} = 1.88 \underline{/0°} \text{A}$$

（4）将求得的各个相量写出对应的正弦量为

$$i = 1.49\sqrt{2}\sin(3t + 18.4°) \text{ A}$$

$$i_C = 0.665\sqrt{2}\sin(3t + 135°) \text{ A}$$

$$i_L = 1.88\sqrt{2}\sin 3t \text{ A}$$

（5）作出相量图如图 4-4-2(c)所示。

【评析】本例题利用相量法分析一个含有 L、C 元件的混联正弦稳态电路，对于其中的并联电路，其支路电流 I_L 或（和）I_C 可能大于总电流 I（为什么？），本例题是 $I_L > I$。

还有,从解题过程可见,其关键是作出与电路时域模型相对应的相量模型。当作出相量模型后,就类似于求解直流电路,但毕竟是复数计算,较求解直流电路的实数代数运算要复杂得多,需要特别耐心、细心。

思考与练习题

4-4-1　若 $i=100\sin(\omega t+60°)$ A,$Z=6\underline{/-30°}$ A,则 $u=Zi=6\underline{/-30°}\times100\sin(\omega t+60°)=600\sin(\omega t+30°)$ V。这个计算过程对吗?为什么?

[不对]

4-4-2　画出题 4-4-2 图所示电路的相量模型,并求题 4-4-2 图(a)的输入阻抗和题 4-4-2 图(b)的输入导纳。设电路中电源电压 u 的角频率 $\omega=20$ rad/s。

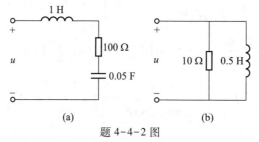

(a)　　　　　　　　　(b)

题 4-4-2 图

[(100+j19) Ω,(0.1-j0.1) S]

4-4-3　电路的相量模型,如题 4-4-3 图所示,试用分压公式求 $\dot{U}_{ab}$。

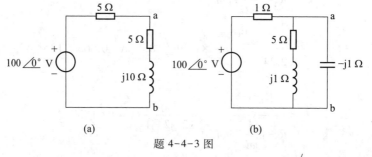

(a)　　　　　　　　　(b)

题 4-4-3 图

[$79\underline{/18.43°}$ V,$63.25\underline{/-18.43°}$ V]

4-4-4　各电路的相量模型如题 4-4-4 图所示,试用分流公式求电流 $\dot{I}_1$。

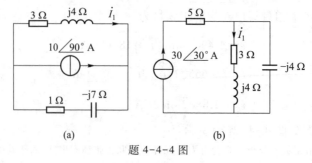

(a)　　　　　　　　　(b)

题 4-4-4 图

$$\left[14\ \underline{/45°}\ \text{A},40\ \underline{/\,-60°}\ \text{A}\right]$$

二、复杂电路的分析

下面进一步举例说明,第二章中分析电阻电路的其他方法、定理乃至技巧都适用于正弦稳态电路的相量分析法,其关键仍是绘出电路的相量模型。

例 4-4-3 电路如图 4-4-3(a)所示,已知 $R = 10\ \Omega$, $L = 40$ mH, $C = 500\ \mu$F, $u_1 = 40\sqrt{2}\sin 400t$ V, $u_2 = 30\sqrt{2}\sin(400t+90°)$ V,试用网孔电流法求电阻两端电压 u_R。

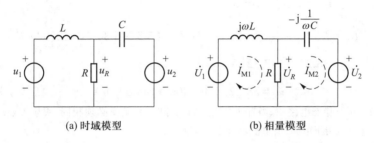

(a) 时域模型   (b) 相量模型

图 4-4-3 例 4-4-3 图

解 写出已知正弦电压的相量为

$$\dot U_1 = 40\ \underline{/0°}\ \text{V} \qquad \dot U_2 = 30\ \underline{/90°}\ \text{V}$$

作出与电路时域模型相对应的相量模型,如图 4-4-3(b)所示。其中

$$j\omega L = j400 \times 40 \times 10^{-3}\ \Omega = j16\ \Omega$$

$$-j\frac{1}{\omega C} = -j\frac{1}{400 \times 500 \times 10^{-6}}\ \Omega = -j5\ \Omega$$

网孔电流相量 $\dot I_{M1}$、$\dot I_{M2}$ 的参考方向已在图 4-4-3(b)所示的相量模型中标出,根据该相量模型列网孔相量方程,得

$$(R + j\omega L)\,\dot I_{M1} - R\,\dot I_{M2} = \dot U_1$$

$$-R\,\dot I_{M1} + \left(R - j\frac{1}{\omega C}\right)\dot I_{M2} = -\dot U_2$$

代入数据得

$$(10+j16)\,\dot I_{M1} - 10\,\dot I_{M2} = 40\ \underline{/0°}$$

$$-10\,\dot I_{M1} + (10-j5)\,\dot I_{M2} = -30\ \underline{/90°}$$

用行列式求解,得

$$\dot{I}_{M1} = \frac{\begin{vmatrix} 40\underline{/0°} & -10 \\ -30\underline{/90°} & 10-\text{j}5 \end{vmatrix}}{\begin{vmatrix} 10+\text{j}16 & -10 \\ -10 & 10-\text{j}5 \end{vmatrix}} \text{A} = \frac{400-\text{j}500}{80+\text{j}110}\text{A} = 4.71\underline{/-105.3°}\text{A}$$

$$\dot{I}_{M2} = \frac{\begin{vmatrix} 10+\text{j}16 & 40\underline{/0°} \\ -10 & -30\underline{/90°} \end{vmatrix}}{\begin{vmatrix} 10+\text{j}16 & -10 \\ -10 & 10-\text{j}5 \end{vmatrix}} \text{A} = \frac{880-\text{j}300}{80+\text{j}110}\text{A} = 6.84\underline{/-72.79°}\text{A}$$

故
$$\dot{U}_R = R(\dot{I}_{M1} - \dot{I}_{M2}) = 10\times(4.71\underline{/-105.3°}-6.84\underline{/-72.79°})\text{ V}$$

$$= 38.22\underline{/148.32°}\text{ V}$$

因此
$$u_R = 38.22\sqrt{2}\sin(400t+148.32°)\text{ V}$$

【评析】在同一正弦稳态电路中,当有两个以上的电源时,其频率必须相同,否则不能运用相量法。关于不同频率正弦电源作用于电路的问题,将在§5-3中讨论。

例 4-4-4   图 4-4-4(a)是选频电路,它常用于正弦方波发生器中,当输出端开路时,若适当选择电路中的参数,可在某一频率下使输出电压 u_2 与输入电压 u_1 的相位相同。若 $R_1 = R_2 = 250$ kΩ,$C_1 = 0.01$ μF,$f = 1\ 000$ Hz,试问 u_2 与 u_1 相位相同时,C_2 应是多少?

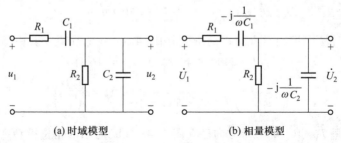

(a) 时域模型   (b) 相量模型

图 4-4-4   例 4-4-4 图

解   用节点电压法求解。首先作出图 4-4-4(a)相对应的相量模型,如图 4-4-4(b)所示,列节点方程为

$$\left(\frac{1}{R_1-\text{j}\dfrac{1}{\omega C_1}}+\frac{1}{R_2}+\text{j}\omega C_2\right)\dot{U}_2 = \frac{\dot{U}_1}{R_1-\text{j}\dfrac{1}{\omega C_1}}$$

则

$$\frac{\dot{U}_1}{\dot{U}_2} = \left(\frac{1}{R_1-\text{j}\dfrac{1}{\omega C_1}}+\frac{1}{R_2}+\text{j}\omega C_2\right)\left(R_1-\text{j}\frac{1}{\omega C_1}\right)$$

$$= 1 + \frac{R_1 - \mathrm{j}\dfrac{1}{\omega C_1}}{R_2} + \mathrm{j}\omega R_1 C_2 + \frac{C_2}{C_1}$$

$$= 1 + \frac{R_1}{R_2} + \frac{C_2}{C_1} + \mathrm{j}\left(\omega R_1 C_2 - \frac{1}{\omega R_2 C_1}\right)$$

当虚部为零时,电路为电阻性,u_2 与 u_1 必同相,故有

$$\omega R_1 C_2 - \frac{1}{\omega R_2 C_1} = 0$$

得

$$C_2 = \frac{1}{\omega^2 R_1 R_2 C_1} = \frac{1}{(2\pi \times 1\,000)^2 \times (250 \times 10^3)^2 \times 0.01 \times 10^{-6}}\,\mathrm{F}$$

$$= 40.5\ \mathrm{pF}$$

例 4-4-5 试用叠加定理求图 4-4-5(a)所示电路的电压 u_C。已知 $u_s = 50\sqrt{2}\sin t\ \mathrm{V}$,

$i_s = 10\sqrt{2}\sin(t+30°)\,\mathrm{A}$,$L = 5\,\mathrm{H}$,$C = \dfrac{1}{3}\,\mathrm{F}$。

解 因为题中电路的两电源频率相同,故可以利用同一相量模型,运用叠加定理求解。

(1) 作出对应于图 4-4-5(a)时域模型的相量模型,如图 4-4-5(b)所示,其中

$$\dot{U}_s = 50\ \underline{/\ 0°}\ \mathrm{V}$$

$$\dot{I}_s = 10\ \underline{/\ 30°}\ \mathrm{A}$$

$$\mathrm{j}\omega L = \mathrm{j} \times 1 \times 5\ \Omega = \mathrm{j}5\ \Omega$$

$$-\mathrm{j}\frac{1}{\omega C} = -\mathrm{j}\frac{1}{1 \times \dfrac{1}{3}}\ \Omega = -\mathrm{j}3\ \Omega$$

(2) 先计算电压源 $\dot{U}_s$ 单独作用时的 $\dot{U}'_C$,这时电流源开路,如图 4-4-5(c)所示,求得

$$\dot{U}'_C = \frac{-\mathrm{j}\dfrac{1}{\omega C}}{\mathrm{j}\omega L - \mathrm{j}\dfrac{1}{\omega C}}\dot{U}_s = \frac{-\mathrm{j}3}{\mathrm{j}5 - \mathrm{j}3}50\ \underline{/\ 0°}\ \mathrm{V} = -75\ \mathrm{V}$$

(3) 再计算电流源 $\dot{I}_s$ 单独作用时的 $\dot{U}''_C$,这时电压源短路,如图 4-4-5(d)所示,求得

$$\dot{U}''_C = \frac{\mathrm{j}\omega L\left(-\mathrm{j}\dfrac{1}{\omega C}\right)}{\mathrm{j}\omega L - \mathrm{j}\dfrac{1}{\omega C}} \times \dot{I}_s = \frac{\mathrm{j}5(-\mathrm{j}3)}{\mathrm{j}5 - \mathrm{j}3} \times 10\ \underline{/\ 30°}\ \mathrm{V} = 75\ \underline{/\ -60°}\ \mathrm{V}$$

(4) 应用叠加定理求总响应

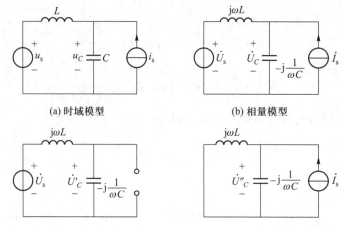

(a) 时域模型　　　　　　　　　　(b) 相量模型

(c) 电压源单独作用时的相量模型　　　(d) 电流源单独作用时的相量模型

图 4-4-5　例 4-4-5 图

$$\dot U_C = \dot U'_C + \dot U''_C = (-75 + 75 \underline{/\!-60°}) \text{ V} = (-75 + 37.5 - \text{j}64.9) \text{ V}$$

$$= 75 \underline{/\!-120°} \text{ V}$$

（5）写出对应的正弦函数式

$$u_C = 75\sqrt{2}\sin(t - 120°) \text{ V}$$

例 4-4-6　已知图 4-4-6(a)所示正弦稳态电路中，$u_s(t) = 20\sqrt{2}\sin(10^6 t)$ V，试用戴维宁定理求 i_L。

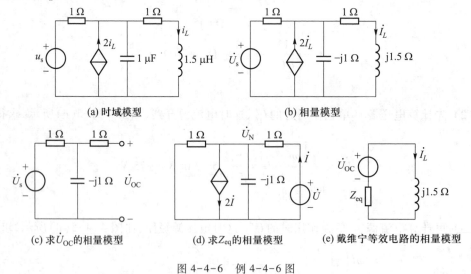

(a) 时域模型　　　　　　　　　　(b) 相量模型

(c) 求 $\dot U_{OC}$ 的相量模型　　　(d) 求 Z_{eq} 的相量模型　　　(e) 戴维宁等效电路的相量模型

图 4-4-6　例 4-4-6 图

解　写出已知正弦电压的相量为

$$\dot{U}_s = 20 \underline{/0°} \text{ V}$$

作出与电路时域模型相对应的相量模型,如图 4-4-6(b)所示。其中

$$j\omega L = j10^6 \times 1.5 \times 10^{-6} \ \Omega = j1.5 \ \Omega$$

$$-j\frac{1}{\omega C} = -j\frac{1}{10^6 \times 1 \times 10^{-6}} \ \Omega = -j1 \ \Omega$$

求开路电压相量 $\dot{U}_{OC}$,其相量模型如图 4-4-6(c)所示。由于端口开路,$\dot{I}_L = 0$,则受控电流源 $2\dot{I}_L = 0$,受控电流源以开路代替。由该相量模型得

$$\dot{U}_{OC} = \frac{20\underline{/0°}}{1 - j1} \times (-j1) \text{ V} = 10\sqrt{2}\underline{/-45°} \text{ V}$$

用外加电源法求戴维宁等效阻抗 Z_{eq},其电路相量模型如图 4-4-6(d)所示。注意,需将原电路中的独立源置零。由于 $\dot{I}$ 的参考方向与原电路 $\dot{I}_L$ 的参考方向相反,故受控电流源电流方向亦应相反。

由节点电压法求得

$$\dot{U}_N = \frac{\dfrac{\dot{U}}{1} - 2\dot{I}}{\dfrac{1}{1} + \dfrac{1}{-j1} + \dfrac{1}{1}} = \frac{\dot{U} - 2\dot{I}}{2 + j1}$$

而

$$\dot{I} = \frac{\dot{U} - \dot{U}_N}{1} = \dot{U} - \frac{\dot{U} - 2\dot{I}}{2 + j1}$$

整理可得

$$2\dot{I} + j\dot{I} = 2\dot{U} + j\dot{U} - \dot{U} + 2\dot{I}$$

即

$$j\dot{I} = (1 + j)\dot{U}$$

所以

$$Z_{eq} = \frac{\dot{U}}{\dot{I}} = \frac{j}{1 + j} \ \Omega = \frac{1 + j}{2} \ \Omega = (0.5 + j0.5) \ \Omega$$

画出戴维宁等效电路相量模型如图 4-4-6(e)所示,得

$$\dot{I}_L = \frac{\dot{U}_{OC}}{Z_{eq} + j1.5} = \frac{10\sqrt{2}\underline{/-45°}}{0.5 + j0.5 + j1.5} \text{ A} = 6.86\underline{/-121°} \text{ A}$$

故

$$i_L = 6.86\sqrt{2}\sin(10^6 t - 121°) \text{ A}$$

【评析】在以上四例中,将常用于直流电阻电路中的网孔电流法、节点电压法、叠加定理和戴维宁定理,推广应用于正弦稳态电路的分析中。同理,只要将正弦稳态电路的时域模型变换为相量模型,直流电阻电路的其他分析方法,如支路电流法、电源的等效变换、星形联结与三角形联结的电阻电路的等效变换等,均可推广应用于正弦稳态电路的分析。

思考与练习题

4-4-5   题 4-4-5 图中的电源是同频率的正弦量,试列出该电路的网孔相量方程和节点相量方程。

4-4-6   已知题 4-4-6 图中 $\dot{U}_s = 50 \underline{/0°}$ V, $\dot{I}_s = 10 \underline{/30°}$ A, $jX_L = j5$ Ω, $-jX_C = -j3$ Ω,试用戴维宁定理

求解 $\dot{U}_C$。

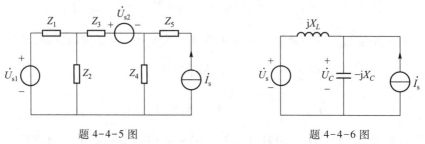

题 4-4-5 图   题 4-4-6 图

$$[\ \dot{U}_{OC} = 50 \underline{/60°}\ V, Z_{eq} = j5\ Ω, \dot{U}_C = 75 \underline{/-120°}\ V\ ]$$

三、用相量图法分析正弦稳态电路

所谓相量图法,就是利用相量图求解电路的方法。它是先定性的画出相量图,利用相量图的几何关系来帮助分析和简化计算,从而求得所需值。它和前述的相量解析法同属相量分析法。在相量解析法中,一般也画出相量图,但那是根据电路计算结果而画出的,起着验证和陪衬的作用,能直观地显示出各正弦电压、电流的相位关系。关于相量图法已在前述例 4-2-9 和例 4-2-11 中初步介绍过,现另举几例进一步说明。

例 4-4-7   应用三表法可测定某电感线圈的参数 L 和 R,其测量电路,如图 4-4-7 (a)所示。用交流电压表 V1、V2 和 V 分别测得电阻 R_1、电感线圈和电源两端的电压为 80 V、70 V 和 120 V;已知电源频率 $f = 50$ Hz, $R_1 = 57$ Ω。试求电感线圈的参数 L 和 R。

解   需定性画出电压、电流相量图。本题是串联电路,电流 $\dot{I}$ 与电路中其他电压、电流相量都存在一定的关系,故宜以电流 $\dot{I}$ 为参考相量。首先在水平方向作 $\dot{I}$;显然 $\dot{U}_1$ 与 $\dot{I}$ 同相、$\dot{U}_2$ 的相位超前 $\dot{I}$ 的相位一个角度,分别作出 $\dot{U}_1$ 和 $\dot{U}_2$;据 KVL 有 $\dot{U} = \dot{U}_1 + \dot{U}_2$,由此可以作出 $\dot{U}$。为了求 R 和 L,还必须作出 $\dot{U}_R$ 和 $\dot{U}_L$。由于 $\dot{U}_2 = \dot{U}_R + \dot{U}_L$,且 $\dot{U}_R$ 的相位与 $\dot{I}$ 同相、$\dot{U}_L$ 的相位超前 $\dot{I}$ 的相位 90°,故分别作出 $\dot{U}_R$ 和 $\dot{U}_L$,且 $\dot{U}_R$、$\dot{U}_L$ 与 $\dot{U}_2$ 组成直角三角形。通过以上步骤,画出相量图,如图 4-4-7(b)所示。

因为 $\dot{U}_1$、$\dot{U}_2$ 和 $\dot{U}$ 均为已知,根据余弦定理可得

$$\varphi = \arccos\left(\frac{U^2 + U_1^2 - U_2^2}{2UU_1}\right) = \arccos\left(\frac{120^2 + 80^2 - 70^2}{2 \times 120 \times 80}\right) = 34.1°$$

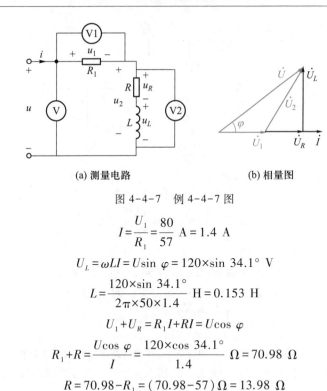

(a) 测量电路　　　　　　　(b) 相量图

图 4-4-7　例 4-4-7 图

$$I = \frac{U_1}{R_1} = \frac{80}{57} \text{ A} = 1.4 \text{ A}$$

故
$$U_L = \omega L I = U \sin \varphi = 120 \times \sin 34.1° \text{ V}$$

$$L = \frac{120 \times \sin 34.1°}{2\pi \times 50 \times 1.4} \text{ H} = 0.153 \text{ H}$$

又因为
$$U_1 + U_R = R_1 I + R I = U \cos \varphi$$

$$R_1 + R = \frac{U \cos \varphi}{I} = \frac{120 \times \cos 34.1°}{1.4} \text{ Ω} = 70.98 \text{ Ω}$$

所以
$$R = 70.98 - R_1 = (70.98 - 57) \text{ Ω} = 13.98 \text{ Ω}$$

本题也可以用相量解析法求解,请读者自行解答。

例 4-4-8　在图 4-4-8(a)所示电路中,正弦电压 $U_s = 220$ V,$f = 50$ Hz,电容可调,当 $C = 877.2$ μF 时,交流电流表 A 的读数最小,其值为 45.5 A,试求图中交流电流表 A1 的读数,并求参数 R 和 L。

解　先定性画出 $\dot{I}$ 为最小值时的电压、电流相量图。本题为并联电路,电压 $\dot{U}_s$ 与电路中其他电压、电流相量都存在一定的关系,故宜以电压 $\dot{U}_s$ 为参考相量。首先在水平方向作 $\dot{U}_s$;由于 $\dot{I}_1$ 是感性负载中的电流,则 $\dot{I}_1$ 的相位滞后 $\dot{U}_s$ 的相位一个 φ 角,而 $\dot{I}_C$ 是电容元件的电流,则 $\dot{I}_C$ 的相位超前 $\dot{U}_s$ 的相位 90°,依次作出 $\dot{I}_1$ 和 $\dot{I}_C$;据 KCL 有 $\dot{I} = \dot{I}_1 + \dot{I}_C$,当 C 变化使 $\dot{I}$ 值最小时,则 $\dot{I}$ 与 $\dot{U}_s$ 同相,故可以作出 $\dot{I}$,且 $\dot{I}_1$、$\dot{I}_C$ 与 $\dot{I}$ 组成直角三角形。通过以上步骤,画出相量图,如图 4-4-8(b)所示。由于
$$I_C = \omega C U_s = 2\pi \times 50 \times 877.2 \times 10^{-6} \times 220 \text{ A} = 60.6 \text{ A}$$

由相量图可见
$$I_1 = \sqrt{I^2 + I_C^2} = \sqrt{45.5^2 + 60.6^2} \text{ A} = 75.78 \text{ A}$$

I_1 为交流电流表 A1 的读数。而 RL 电路的阻抗
$$|Z_1| = \frac{U_s}{I_1} = \frac{220}{75.78} \text{ Ω} = 2.9 \text{ Ω}$$

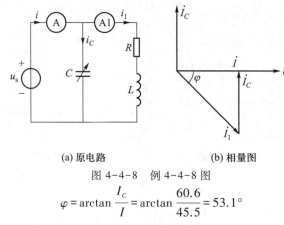

(a) 原电路　　　　　　　　(b) 相量图

图 4-4-8　例 4-4-8 图

$$\varphi = \arctan \frac{I_C}{I} = \arctan \frac{60.6}{45.5} = 53.1°$$

由阻抗三角形[图 4-3-1(c)]求得

$$R = |Z_1| \cos \varphi = 2.9 \times \cos 53.1° \ \Omega = 1.74 \ \Omega$$

$$X = |Z_1| \sin \varphi = 2.9 \times \sin 53.1° \ \Omega = 2.32 \ \Omega$$

故

$$L = \frac{X}{\omega} = \frac{2.32}{2\pi \times 50} \ H = 7.38 \ mH$$

【评析】从以上两例可见,在正弦稳态电路的分析中,有些电路采用相量图法分析,将比较直观和简便。应用相量图法分析电路的要点是,选好一个参考相量,这个参考相量的选择,必须能方便地作出电路中其他的电压、电流相量。

思考与练习题

4-4-7　对于题 4-4-7 图所示电路,若要求 u_2 的相位超前 u_1 的相位 $60°$,C 应为多少? 试用相量图法求解。设 $\omega = 314 \ rad/s$。

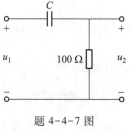

题 4-4-7 图

[18.4 μF]

四、分析正弦稳态电路的 MOOC 教学举例

视频:正弦稳态电路的相量分析法　　　　　　PPT:正弦稳态电路的相量分析法

§4-5 正弦稳态电路的功率[①]

供给动力和照明用电的电力电路，一般都是正弦交流电路。因此，在正弦稳态电路的分析中，除计算电流和电压之外，功率的计算具有重要意义。

有关功率和能量的基本概念已在第一章讨论过，但是在正弦稳态电路中，由于通常包含有电感、电容储能元件，所以，其功率计算要比电阻电路的功率计算复杂，需要引入一些新的概念。

图 4-5-1 无源二端网络

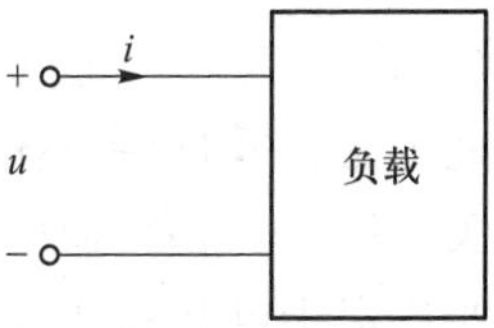

正弦交流电路的负载一般可等效为一无源二端网络，如图 4-5-1所示。设该无源二端网络中含有 R、L、C 元件，端口上的电流 i 和电压 u 分别为

$$i=\sqrt{2}I\sin(\omega t+\psi_i)$$

$$u=\sqrt{2}U\sin(\omega t+\psi_u)$$

计及 $\varphi=\psi_u-\psi_i$ 并为了简化，设 $\psi_i=0$，上两式可写为

$$i=\sqrt{2}I\sin\omega t \tag{4-5-1}$$

$$u=\sqrt{2}U\sin(\omega t+\varphi) \tag{4-5-2}$$

上式中的 φ 是电压与电流的相位差角，亦即二端网络等效阻抗的阻抗角，随电路的性质不同，可正、可负，也可能为零。在无源二端网络中，$0°\leqslant|\varphi|\leqslant 90°$。

一、正弦稳态电路的功率

1. 瞬时功率

电路在某一瞬时吸收或发出的功率称为瞬时功率，用小写字母 p 表示。当图示无源二端网络 u 和 i 的参考方向一致时，瞬时功率为

$$\begin{aligned} p &= ui=\sqrt{2}U\sin(\omega t+\varphi)\sqrt{2}I\sin\omega t \\ &= UI[\cos\varphi-\cos(2\omega t+\varphi)] \end{aligned} \tag{4-5-3}$$

瞬时功率的波形如图 4-5-2 所示。由图可见，瞬时功率时而为正，时而为负。为正表示二端网络吸收功率，为负表示二端网络释放功率，这是由于二端网络内部存在储能元件所致，说明电源和二端网络之间存在能量往返交换。

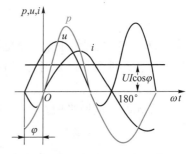

图 4-5-2 瞬时功率的波形

2. 平均功率和功率因数

由于瞬时功率总是随时间变化的，在工程中实用价值不大。因此，通常所指电路中的功率是指瞬时功率在一个周期内的平均值，称为平均功率，它又称为有功功率，用大写字母 P 表示，它的单位是瓦（W）、毫瓦（mW）、千瓦

① **重点提示**：功率 P、Q、S 和功率因数 $\cos\varphi$ 的计算是正弦稳态电路分析中的一个重要内容，要深刻理解它们的概念和计算方法。

(kW)。通常交流用电设备的铭牌上标的功率值,如 25 W 白炽灯,75 W 的电烙铁等都是指平均功率。

无源二端网络的平均功率为

$$P = \frac{1}{T}\int_0^T p\,\mathrm{d}t = \frac{1}{T}\int_0^T UI[\cos\varphi - \cos(2\omega t + \varphi)]\mathrm{d}t$$
$$= UI\cos\varphi \tag{4-5-4}$$

式(4-5-4)是计算正弦稳态电路平均功率的一般公式,亦适用于单个元件平均功率的计算。由此可见,平均功率不仅与电压、电流的有效值乘积有关,而且与两者的相位差角 φ 的余弦有关。把 $\cos\varphi$ 称为功率因数[①],用符号 λ 表示,即 $\lambda = \cos\varphi$,φ 角称为功率因数角,$\cos\varphi$ 的大小决定于电路元件的参数、频率及电路的结构。由于在无源二端网络中 $0° \leqslant |\varphi| \leqslant 90°$,故 $1 \geqslant \cos\varphi \geqslant 0$。

当二端网络中只含有电阻元件或等效为一个电阻,即 $\varphi = 0$ 时,由式(4-5-4)可得

$$P = UI = R^2 I = \frac{U^2}{R}$$

该式和直流电阻电路中的功率表达式完全一样。

当二端网络中只含有电感元件或等效为一个电感,即 $\varphi = 90°$ 时,由式(4-5-4)可得

$$P = 0$$

说明电感元件不消耗功率,所以电感不是耗能元件,而是储能元件。

当二端网络中只含有电容元件或等效为一个电容,即 $\varphi = -90°$ 时,由式(4-5-4)可得

$$P = 0$$

所以电容元件也不消耗功率,不是耗能元件,而是储能元件。

根据能量守恒原理,无源二端网络所吸收的总平均功率 P 应为各支路吸收的平均功率之和,而各支路只有电阻元件的平均功率不等于零,故无源二端网络的平均功率是网络中各电阻元件吸收的平均功率的总和,即

$$P = \sum_{k=1}^n P_k = \sum_{k=1}^n R_k I_k^2 \tag{4-5-5}$$

式中,R_k 为二端网络中第 k 个电阻元件的电阻;I_k 是流过该电阻元件的电流。当无源二端网络中各元件参数已知时,式(4-5-5)经常被用来计算其平均功率。

3. 无功功率

在无源二端网络中,无功功率的定义式为

$$Q = UI\sin\varphi \tag{4-5-6}$$

它的量纲与平均功率相同,为区别起见,它的单位为乏(var)及千乏(kvar)。

式(4-5-6)是计算正弦稳态电路无功功率的一般公式,亦适用于单个元件无功功率的计算。

---

① 在国标 GB3102.5—93 中,功率因数以希腊字母 λ 表示,即 $\lambda = \cos\varphi$。本书为了使读者直接了解功率因数的含义,一般用 $\cos\varphi$ 表示。

当二端网络中只含有电阻元件或等效为一个电阻，即 $\varphi = 0$ 时，由式(4-5-6)可得

$$Q = 0$$

当二端网络中只含有电感元件或等效为一个电感，即 $\varphi = 90°$ 时，由式(4-5-6)可得

$$Q = UI = X_L I^2 = \frac{U^2}{X_L} > 0$$

当二端网络中只含有电容元件或等效为一个电容，即 $\varphi = -90°$ 时，由式(4-5-6)可得

$$Q = -UI = -X_C I^2 = -\frac{U^2}{X_C} < 0$$

可以推论，对于感性电路($\varphi > 0$)，$Q > 0$；对于容性电路($\varphi < 0$)，$Q < 0$。所以，习惯上常把电感看作"消耗"无功功率，而把电容看作"产生"无功功率。由以上可见，无功功率存在的原因是无源二端网络中含有储能元件，于是在无源二端网络与外电路之间就产生能量交换，在交换过程中，这部分能量没有被"消耗"。无功功率用来度量此能量交换的规模。

可以证明，无源二端网络的无功功率等于各储能元件无功功率的代数和，这就是无功功率守恒，即

$$Q = \sum_{k=1}^{n} Q_k = \sum_{k=1}^{n_1} X_{Lk} I_{Lk}^2 - \sum_{k=1}^{n_2} X_{Ck} I_{Ck}^2 \tag{4-5-7}$$

式中，X_{Lk} 为二端网络中第 k 个电感元件的感抗；I_{Lk} 是通过该电感元件的电流；X_{Ck} 为二端网络中第 k 个电容元件的容抗；I_{Ck} 是通过该电容元件的电流。当无源二端网络中各元件参数已知时，式(4-5-7)经常被用来计算其无功功率。

4. 视在功率和额定容量

在电工技术中，把电压有效值和电流有效值的乘积称为视在功率，用大写字母 S 表示，即

$$S = UI \tag{4-5-8}$$

视在功率的单位为伏·安(V·A)及千伏·安(kV·A)。

由式(4-5-4)和式(4-5-6)及式(4-5-8)可得，平均功率和视在功率的关系为

$$P = S\cos\varphi \tag{4-5-9}$$

无功功率和视在功率的关系为

$$Q = S\sin\varphi \tag{4-5-10}$$

一般电气设备，如交流发电机、变压器等是按照额定电压和额定电流设计的，把额定电压 U_N 和额定电流 I_N 的乘积，即额定视在功率用来表示电气设备的额定容量，它说明了该电气设备允许提供的最大平均功率。在工作时，实际提供多少有功功率还要由电路的功率因数而定。例如，容量为 1 000 kV·A 的发电机，当电路的 $\cos\varphi = 1$ 时，发出 1 000 kW 的有功功率；当电路的 $\cos\varphi = 0.85$ 时，发电机发出 850 kW 的有功功率。上述发电机均为额定运行。

上面已经讨论了平均功率 P、无功功率 Q 及视在功率 S，现在将它们的关系归纳如下：

$$P = S\cos\varphi \qquad Q = S\sin\varphi$$

故　　　　　　$S=\sqrt{P^2+Q^2}$　　　$\varphi=\arctan\dfrac{Q}{P}$

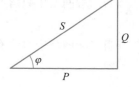

可见,可以用一个直角三角形来描述它们之间的关系,如图4-5-3所示,该三角形称为功率三角形。

以上得出的各个功率计算式,不仅适用于无源二端网络,也适用于单个电路元件或任何一段电路。

图 4-5-3　功率三角形

例 4-5-1　在 RLC 串联电路中,$R=10\ \Omega$,$L=300\ \text{mH}$,$C=50\ \mu\text{F}$,接到有效值为 220 V、频率为 50 Hz 的交流电源中,求平均功率、无功功率及视在功率。

解　首先求电路中的阻抗

$$X_L=2\pi fL=2\times3.14\times50\times300\times10^{-3}\ \Omega=94.2\ \Omega$$

$$X_C=\frac{1}{2\pi fC}=\frac{1}{2\times3.14\times50\times50\times10^{-6}}\ \Omega=63.7\ \Omega$$

$$|Z|=\sqrt{R^2+(X_L-X_C)^2}=\sqrt{10^2+(94.2-63.7)^2}\ \Omega=32.1\ \Omega$$

故电路中的电流为

$$I=\frac{U}{|Z|}=\frac{220}{32.1}\ \text{A}=6.85\ \text{A}$$

阻抗角为

$$\varphi=\arctan\frac{X_L-X_C}{R}=\arctan\frac{94.2-63.7}{10}=71.85°$$

所以据式(4-5-4)求得电路的有功功率

$$P=UI\cos\varphi=220\times6.85\times\cos71.85°\ \text{W}=469.4\ \text{W}$$

据式(4-5-6)求得电路的无功功率

$$Q=UI\sin\varphi=220\times6.85\times\sin71.85°\ \text{var}=1\ 432\ \text{var}$$

据式(4-5-8)求得电路的视在功率

$$S=UI=220\times6.85\ \text{V}\cdot\text{A}=1\ 507\ \text{V}\cdot\text{A}$$

【评析】本例题也可以根据能量守恒原理计算电路的功率,即根据式(4-5-5)及式(4-5-7)计算。

例 4-5-2　在图 4-5-4 所示电路中,已知 $R=100\ \Omega$,$L=$

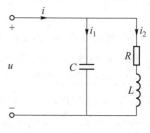

0.4 H,$C=5\ \mu\text{F}$,电源电压 $u=220\sqrt{2}\sin\omega t$ V,$\omega=500\ \text{rad/s}$,求电源发出的平均功率、无功功率和视在功率。

解法一　根据一般公式计算。因为

$$Z_C=-j\frac{1}{\omega C}=-j\frac{1}{500\times5\times10^{-6}}\ \Omega$$

$$=-j400\ \Omega$$

图 4-5-4　例 4-5-2 图

$$Z_L = j\omega L = j500 \times 0.4 \ \Omega = j200 \ \Omega$$

$$Z_{RL} = R + Z_L = (100 + j200) \ \Omega = 223.6 \underline{/63.43°} \ \Omega$$

故

$$\dot{I}_1 = \frac{\dot{U}}{Z_C} = \frac{220 \underline{/0°}}{-j400} \ A = 0.55 \underline{/90°} \ A$$

$$\dot{I}_2 = \frac{\dot{U}}{Z_{RL}} = \frac{220 \underline{/0°}}{223.6 \underline{/63.43°}} \ A = 0.984 \underline{/-63.43°} \ A$$

则

$$\dot{I} = \dot{I}_1 + \dot{I}_2 = (0.55 \underline{/90°} + 0.984 \underline{/-63.43°}) \ A$$

$$= 0.55 \underline{/-36.87°} \ A$$

而

$$\varphi = \psi_u - \psi_i = 0° - (-36.7°) = 36.87°$$

所以

$$P = UI\cos\varphi = 220 \times 0.55 \times \cos 36.87° \ W = 96.8 \ W$$

$$Q = UI\sin\varphi = 220 \times 0.55 \times \sin 36.87° \ var = 72.6 \ var$$

$$S = UI = 220 \times 0.55 \ V \cdot A = 121 \ V \cdot A$$

解法二 根据能量守恒原理计算

$$P = RI_2^2 = 100 \times 0.984^2 \ W = 96.8 \ W$$

$$Q = Q_L + Q_C = X_L I_2^2 - X_C I_1^2$$

$$= (200 \times 0.984^2 - 400 \times 0.55^2) \ var = 72.6 \ var$$

$$S = \sqrt{P^2 + Q^2} = \sqrt{96.8^2 + 72.6^2} \ V \cdot A = 121 \ V \cdot A$$

【评析】本例题根据一般公式及能量守恒原理分别计算了电路的功率。当求取电路端口电压、电流和 φ 角方便时,宜用一般公式计算电路的功率;当求取各支路电流和电阻、电抗方便时,宜根据能量守恒原理计算电路的功率。

思考与练习题

4-5-1 某一正弦交流电源向负载 Z_1(电感性)和负载 Z_2(电容性)供电,各负载的平均功率为 P_1 和 P_2,无功功率为 Q_1 和 Q_2,则电源供给负载的总平均功率为 $P = P_1 + P_2$,总无功功率为 $Q = Q_1 - Q_2$,而视在功率为 $S = S_1 + S_2$。这些结果对吗?

[P 对,Q 对,S 不对]

4-5-2 有一 220 V 正弦电压的电源供电给一台电动机,其有功功率 $P = 8.8 \ kW$,电流 $I = 45 \ A$,已知电动机为电感性负载,求电动机的功率因数和无功功率。

[0.89,4.5 kvar]

4-5-3 求题 4-5-3 图所示电路中的平均功率、无功功率和视在功率。

[3 000 W,500 var,3 041 V · A]

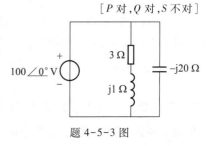

题 4-5-3 图

*二、复功率

工程上为了计算方便,引入了复功率的概念,它是利用电压相量和电流相量来计算功率。复功率以 $\tilde{S}$ 表示,它的定义式为

$$\tilde{S} = P + jQ \qquad (4-5-11)$$

可见,复功率是一个复数,它的实部是平均功率,虚部是无功功率。复功率与视在功率相同,单位为伏·安(V·A)。显然,复功率的模等于视在功率 S,即

$$|\tilde{S}| = S = \sqrt{P^2 + Q^2}$$

由于 $P = UI\cos\varphi$ [参见式(4-5-4)] 和 $Q = UI\sin\varphi$ [参见式(4-5-6)],代入式(4-5-11),得

$$\tilde{S} = UI\cos\varphi + jUI\sin\varphi \qquad (4-5-12)$$

式中,φ 为二端网络端口 u、i 的相位差,即

$$\varphi = \psi_u - \psi_i$$

代入上式,得

$$\tilde{S} = UI\cos(\psi_u - \psi_i) + jUI\sin(\psi_u - \psi_i)$$
$$= UI\underline{/\psi_u - \psi_i} = U\underline{/\psi_u} \cdot I\underline{/-\psi_i} = \dot{U}\,\dot{I}^* \qquad (4-5-13)$$

式中,$\dot{I}^*$ 是电流相量 $\dot{I}$ 的共轭复数。可见,复功率等于电压相量与电流相量之共轭复数的乘积。因此,只要计算出电路中的电压、电流相量,即可求出其复功率,从而很方便地求解出该电路的平均功率、无功功率、视在功率和功率因数。

当计算某一复阻抗 Z 的复功率时,可把 $\dot{U} = Z\dot{I}$ 代入式(4-5-13),得

$$\tilde{S} = Z\dot{I}\,\dot{I}^* = ZI\underline{/\psi_i} \cdot I\underline{/-\psi_i} = ZI^2 = (R + jX)I^2 \qquad (4-5-14)$$

它等于复阻抗 Z 乘以电流有效值的平方。

由于复功率的实部 P 为二端网络中各电阻元件平均功率的总和,虚部 Q 为二端网络中各储能元件无功功率的代数和,即平均功率和无功功率分别守恒。因此,二端网络的复功率亦是网络中各支路复功率的代数和,这一关系称为复功率守恒(注意,视在功率不守恒!)。

应当注意,复功率是一个辅助计算功率的复数,本身不具有物理意义。复功率的概念同样适用于单个电路元件或任何一段电路。

例 4-5-3   在图 4-5-5 所示电路中,已知 $R_1 = 6\ \Omega$,$X_L = 8\ \Omega$,$R_2 = 16\ \Omega$,$X_C = 12\ \Omega$,$\dot{U} = 20\underline{/0°}$ V。利用求解复功率的方法求出该电路的平均功率 P、无功功率 Q、视在功率 S 和功率因数 λ,并验证复功率守恒。

解 RL 支路中的电流及复功率为

$$\dot{I}_1 = \frac{\dot{U}}{R_1 + jX_L} = \frac{20\ \underline{/0°}}{6 + j8}\ \text{A} = \frac{20\ \underline{/0°}}{10\ \underline{/53.1°}}\ \text{A}$$

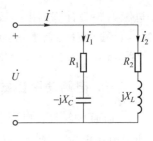

$$= 2\ \underline{/-53.1°}\ \text{A}$$

$$\tilde{S}_1 = \dot{U}\dot{I}_1^* = 20\ \underline{/0°} \times 2\ \underline{/+53.1°}\ \text{V} \cdot \text{A}$$

$$= (24 + j32)\ \text{V} \cdot \text{A}$$

图 4-5-5 例 4-5-3 图

RC 支路中的电流及复功率为

$$\dot{I}_2 = \frac{\dot{U}}{R_2 - jX_C} = \frac{20\ \underline{/0°}}{16 - j12}\ \text{A} = \frac{20\ \underline{/0°}}{20\ \underline{/-36.9°}}\ \text{A} = 1\ \underline{/36.9°}\ \text{A}$$

$$\tilde{S}_2 = \dot{U}\dot{I}_2^* = 20\ \underline{/0°} \times 1\ \underline{/-36.9°}\ \text{V} \cdot \text{A}$$

$$= (16 - j12)\ \text{V} \cdot \text{A}$$

电路总电流及复功率为

$$\dot{I} = \dot{I}_1 + \dot{I}_2 = (2\ \underline{/-53.1°} + 1\ \underline{/36.9°})\ \text{A}$$

$$= 2.24\ \underline{/-26.6°}\ \text{A}$$

$$\tilde{S} = \dot{U}\dot{I}^* = 20\ \underline{/0°} \times 2.24\ \underline{/+26.6°}\ \text{V} \cdot \text{A}$$

$$= 44.8\ \underline{/+26.6°}\ \text{V} \cdot \text{A} = (40 + j20)\ \text{V} \cdot \text{A}$$

故知该电路的

$$P = 40\ \text{W} \qquad Q = 20\ \text{var} \qquad S = 44.8\ \text{V} \cdot \text{A}$$

$$\lambda = \cos\varphi = \cos 26.6° = 0.894$$

验证复功率守恒

$$\tilde{S}_1 + \tilde{S}_2 = [(24 + j32) + (16 - j12)]\ \text{V} \cdot \text{A} = (40 + j20)\ \text{V} \cdot \text{A} = \tilde{S}$$

【评析】本例题验证了复功率守恒。在求解含有多条支路的二端口网络功率时，可以先求出各支路的复功率，利用复功率守恒，即可求出二端口网络的复功率，它是各支路复功率的代数和。注意，视在功率不守恒！

例 4-5-4　试利用复功率的概念，计算例 4-5-2 中电源发出的平均功率 P、无功功率 Q 和视在功率 S。

解　在例 4-5-2 中，已知 $\dot{U} = 220\ \underline{/0°}\ \text{V}$，已计算出 $\dot{I} = 0.55\ \underline{/-36.87°}\ \text{A}$

故

$$\tilde{S} = \dot{U}\dot{I}^* = 220\ \underline{/0°} \times 0.55\ \underline{/+36.87°}\ \text{V} \cdot \text{A}$$

$$= 121\ \underline{/+36.87°}\ \text{V} \cdot \text{A} = (96.8 + j72.6)\ \text{V} \cdot \text{A}$$

由此可得

$$P = 96.8\ \text{W}$$

$$Q = 72.6\ \text{var}$$

$$S = 121\ \text{V} \cdot \text{A}$$

与例 4-5-2 计算结果一致。

【评析】通过本例题与例 4-5-2 的对比，说明利用复功率的概念计算电路的功率还是比较方便，只要计算出电路中的电压和电流相量，各种功率（P、Q、S）及 $\cos\varphi$ 就能快捷地计算出来。

三、电路功率因数的提高

前面已经指出，电源在额定容量 S_N 下，究竟向电路提供多大的有功功率，还要由电路的功率因数决定。例如，容量为 1 000 kV·A 的发电机，当电路的功率因数 $\cos\varphi = 1$ 时，发出 1 000 kW 的有功功率；当电路的 $\cos\varphi = 0.85$ 时，发电机发出 850 kW 的有功功率。由此可见，同样的电源设备，电路的功率因数越低，它输出的有功功率就越小，它的容量就不能被充分利用。另一方面，功率因数越低，输出线路上的功率损耗就越大，因为当电源电压 U 和输送的有功功率 P 为一定值时，电源供给负载的电流

$$I = \frac{P}{U\cos\varphi}$$

显然，$\cos\varphi$ 越低，电流 I 越大，则线路损耗的电功率 $\Delta P = RI^2$ 越大（R 为线路电阻），线路上的电压降也越大。

由上述可见，为了提高电源设备的利用率和减少输电线路的损耗，有必要提高电路的功率因数。电路的功率因数低的原因，往往是由于电路中的负载多数是功率因数较低的电感性负载，例如，交流异步电动机，它的功率因数 $\cos\varphi = 0.4 \sim 0.85$。为了提高经济效益和保证负载正常工作，一般采用电容（该电容称为补偿电容）与电感性负载并联的办法来提高电路的功率因数。图 4-5-6 是为提高功率因数，在 6 kV、10 kV 及 35 kV 的交流电力系统中安装的全密封集合式并联补偿电容器外景图。

图 4-5-6　全密封集合式并联补偿电容器外景图

首先分析，电感性负载[用串联的 R、L 来表征，如图 4-5-7(a)所示]在并联电容后，为什么能提高电路的功率因数？

在图 4-5-7(a)的电路中，在未接电容之前，电路输入端电流 $\dot{I} = \dot{I}_1$，它滞后于电压 $\dot{U}$，其相位差为 φ_1，如图 4-5-7(b)所示。当并联电容后，输入端电流 $\dot{I} = \dot{I}_1 + \dot{I}_2$，因为 $\dot{I}_2$ 的相

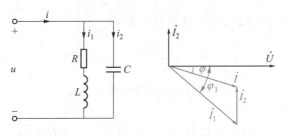

(a) 并联电容提高功率因数　　　(b) 说明提高功率因数的相量图

图 4-5-7　并联电容提高功率因数

位超前电压的相位 $\dot{U}$ 90°，相量相加，结果 $I<I_1$，并使 $\dot{I}$ 与 $\dot{U}$ 的相位差减小到 φ，这就是说，整个电路的功率因数由 $\cos\varphi_1$ 提高到 $\cos\varphi$ 了。电路输入端电流减小的原因是电感性负载所需的无功功率，有一部分改为由电容器供给，而从电源输送来的无功功率减小了。

下面讨论，在电感性负载的功率 P 和功率因数 $\cos\varphi_1$ 已知条件下，将电路的功率因数提高到 $\cos\varphi$ 时，需要并联多大的电容。

在并联电容前，电源供给电路的无功功率即为负载的无功功率，由功率三角形（参见图 4-5-3）可知

$$Q_L = P\tan\varphi_1$$

并联电容后，电路的功率因数角由 φ_1 减小到 φ，而负载的平均功率不变，电容的平均功率为零，则电源供给电路的平均功率仍为 P，可知电源供给电路的无功功率为

$$Q = P\tan\varphi$$

显然 $Q_L > Q$，则知电容供给负载的无功功率

$$Q_C = Q_L - Q = P\tan\varphi_1 - P\tan\varphi$$

将 $Q_C = \omega C U^2$ 代入上式，可得出所需的并联电容

$$C = \frac{P}{\omega U^2}(\tan\varphi_1 - \tan\varphi) = \frac{P}{2\pi f U^2}(\tan\varphi_1 - \tan\varphi) \qquad (4-5-15)$$

从图 4-5-7(b) 可以看出，当电容 C 增大到使 $I_2 = I_1\sin\varphi_1$ 时，则电流 $\dot{I}$ 和电压 $\dot{U}$ 同相，电路的功率因数 $\cos\varphi = 1$。若再增大电容，使 $I_2 > I_1\sin\varphi_1$，这时功率因数反而会下降。一般并联电容时，不必将功率因数提高到 1，因为这样做将增加电容设备的投资，而功率因数的改善并不显著，通常将功率因数提高到 0.9 左右即可。

需指出，在并联电容 C 后，对原负载的工作情况没有任何影响，即负载两端的电压、通过负载的电流和负载的功率均未改变，负载的功率因数亦未改变。

例 4-5-5　　一台异步电动机的输入功率为 2 kW，功率因数 $\cos\varphi_1 = 0.6$（电感性），接在有效值为 220 V、频率为 50 Hz 的电源上。（1）求电源供给的电流和无功功率；（2）如果采用电容补偿，要把功率因数提高到 0.9（电感性），问需要并联多大的电容？这时电源供给的电流及无功功率又是多少？

解 （1）当 $\cos\varphi_1=0.6$ 时,电源供给的电流为

$$I=\frac{P}{U\cos\varphi_1}=\frac{2\,000}{220\times0.6}\,\text{A}=15.2\,\text{A}$$

$$\varphi_1=\arccos0.6=53.1°$$

电源供给的无功功率为

$$Q=UI\sin\varphi_1=220\times15.2\times\sin53.1°\,\text{var}=2\,675\,\text{var}$$

（2）采用电容补偿后

$$\varphi=\arccos0.9=25.8°$$

故

$$C=\frac{P}{2\pi fU^2}(\tan\varphi_1-\tan\varphi)$$

$$=\frac{2\,000}{2\pi\times50\times220^2}(\tan53.1°-\tan25.8°)\,\text{F}=111.6\,\mu\text{F}$$

补偿后电源供给的电流及无功功率为

$$I=\frac{P}{U\cos\varphi}=\frac{2\,000}{220\times0.9}\,\text{A}=10.1\,\text{A}$$

$$Q=UI\sin\varphi=220\times10.1\times\sin25.8°\,\text{var}=967\,\text{var}$$

【评析】通过本例题计算,可见,补偿后电源供给的电流及无功功率均减少了。在工程中,一般将功率因数提高到0.9左右,此时电路仍呈感性,此种情况称为"欠补偿"。若继续加大电容,使功率因数补偿至1,这称为"全补偿";若仍继续加大电容,则电路呈容性,称为"过补偿"。"全补偿"和"过补偿"在工程中都要避免。

思考与练习题

4-5-4 对于正弦稳态电路,为什么有功功率 P、无功功率 Q 和复功率 $\tilde{S}$ 都是守恒的,而视在功率 S 却不守恒? 试通过功率三角形说明。

4-5-5 为了提高电路的功率因数,是否可以将电容与感性负载串联? 为什么?

[不可以]

4-5-6 在题4-5-6图所示的电路中,已知 $Z_1=(20+\text{j}15)\,\Omega$,$Z_2=(10-\text{j}5)\,\Omega$,外施正弦电压的有效值为220 V,试求该电路的 P、Q、S 及 λ。

[1 452 W,484 var,1 531 V·A,0.948]

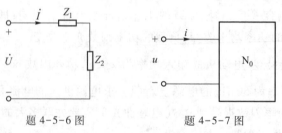

题4-5-6图　　　　题4-5-7图

4-5-7　已知题 4-5-7 图所示无源二端网络 N_0 端口电压 $u = 20\cos(\omega t + 45°)$ V，电流 $i = 2\sin(\omega t + 75°)$ A，试计算该网络的复功率。

$$[\ (10 + j17.3)\ V \cdot A\ ]$$

四、正弦稳态电路的最大功率传输

在直流电阻电路中，负载从具有内阻的直流电源获得最大功率的条件已在 §2-7 中讨论过。本书讨论在正弦稳态电路中，负载从具有内阻抗的交流电源获得最大功率的条件。设电路如图 4-5-8 所示，负载阻抗 $Z_L = R_L + jX_L$[①]；交流电源的电压为 $\dot{U}_s$，其内阻抗为 $Z_s = R_s + jX_s$，$\dot{U}_s$ 和 Z_s 亦可视为线性有源二端网络的戴维宁等效电路的参数。

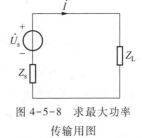

图 4-5-8　求最大功率传输用图

由图 4-5-8 可知，电路电流 I 的有效值

$$I = \frac{U_s}{\sqrt{(R_L + R_s)^2 + (X_L + X_s)^2}}$$

则负载获得的功率为

$$P_L = R_L I^2 = \frac{R_L U_s^2}{(R_L + R_s)^2 + (X_L + X_s)^2}$$

如果 R_L 和 X_L 均可以独立变化，而其他参数不变时，则负载获得的最大功率的条件可由下式求得，即

$$\left.\begin{array}{l} X_L + X_s = 0 \\[2mm] \dfrac{d}{dR_L}\left[\dfrac{R_L U_s^2}{(R_L + R_s)^2}\right] = 0 \end{array}\right\} \qquad (4\text{-}5\text{-}16)$$

解得

$$\left.\begin{array}{l} X_L = -X_s \\[1mm] R_L = R_s \end{array}\right\} \qquad (4\text{-}5\text{-}17a)$$

即

$$R_L + jX_L = R_s - jX_s \qquad (4\text{-}5\text{-}17b)$$

或

$$Z_L = Z_s^* \qquad (4\text{-}5\text{-}17c)$$

式（4-5-17）是负载获得最大功率的条件，即负载阻抗与电源内阻抗互为共轭复数时，负载获得的功率最大。这就是通称的最大功率传输定理，也就是负载阻抗与电源内阻抗的匹配状态，这种匹配称为"共轭匹配"。此时，负载获得的最大功率为

$$P_{Lmax} = \frac{U_s^2}{4R_s} \qquad (4\text{-}5\text{-}18)$$

在无线电工程中，往往要求实现共轭匹配，使信号源（电源）输出最大功率，即使负载获得最大功率。

---

①　此处下标 L 系负载（load）之意，X_L 系负载的电抗，而非一定是感抗 X_L，负载亦可能是电容性的。

例 4-5-6　正弦稳态电路,如图 4-5-9(a)所示。若要使负载阻抗 Z_L 获得最大功率, Z_L 应为何值? 最大功率是多少?

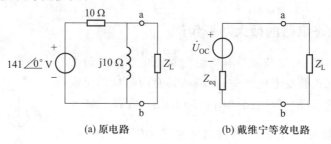

(a) 原电路　　　　(b) 戴维宁等效电路

图 4-5-9　例 4-5-6 图

解　先运用戴维宁定理求出从图 4-5-9(a)电路 a、b 端向左看进去的戴维宁等效电路,如图 4-5-9(b)所示,其中

$$\dot{U}_{OC} = \frac{j10}{10+j10} \times 141\ \underline{/0°}\ V = \frac{10\ \underline{/90°}}{10\sqrt{2}\ \underline{/45°}} \times 141\ \underline{/0°}\ V$$

$$= 100\ \underline{/45°}\ V$$

$$Z_{eq} = \frac{10 \times j10}{10+j10}\ \Omega = \frac{100\ \underline{/90°}}{10\sqrt{2}\ \underline{/45°}}\ \Omega = (5+j5)\ \Omega$$

为了使 Z_L 获得最大功率, Z_L 应与 Z_{eq} 共轭匹配,即

$$Z_L = Z_{eq}^* = (5-j5)\ \Omega$$

Z_L 获得的最大功率为

$$P_{Lmax} = \frac{U_{OC}^2}{4R_{eq}} = \frac{100^2}{4 \times 5}\ W = 500\ W$$

【评析】本例题(含本教材正文中)讨论的最大功率传输,是在负载阻抗实部和虚部(负载电阻 R_L 和负载电抗 X_L)均可以改变情况下得出的。对于只有负载阻抗虚部(X_L)可以改变的情况或负载阻抗的模可以任意变动、但阻抗角保持不变的情况(如负载为电阻),要使负载获得最大功率,可参阅有关文献。[①]

思考与练习题

4-5-8　在题 4-5-8 图所示正弦稳态电路中,负载阻抗 Z_L 为何值时,它将获得最大功率,并求 P_{max}。

$$[\ (100+j200)\ \Omega,\ 100\ W\ ]$$

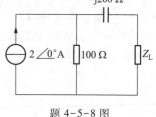

题 4-5-8 图

———————————

① 见书末参考文献[4]第十章及[5]第 13 章。

*§4-6 应用实例

一、日光灯电路

日光灯也称为荧光灯,大量应用于家庭以及公共场所等地方的照明,具有发光效率高、寿命长等优点。常见的日光灯灯管有直管形、H 形、蝶形、排管和圆形等,如图 4-6-1 所示。

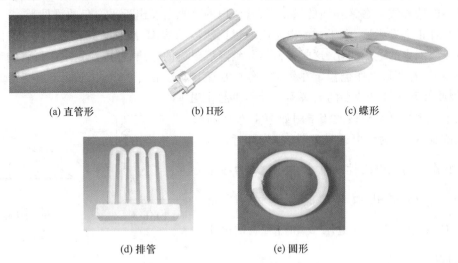

(a) 直管形　　　　　(b) H形　　　　　(c) 蝶形

(d) 排管　　　　　(e) 圆形

图 4-6-1　几种常见的荧光灯管

日光灯电路由灯管、启辉器和镇流器三部分组成,如图 4-6-2 所示。灯管两端有灯丝,灯丝用钨丝绕成螺旋状,表面涂有三元电子粉(碳酸钨、碳酸钡和碳酸锶),以利于发射电子;内管壁上涂有荧光粉,灯管内还充有稀薄的水银蒸气和少量的惰性气体(氩气)。启辉器(图 4-6-3),俗称跳泡,由充有氩氖混合惰性气体的小玻璃泡及内部的静金属片和动金属片(通常称为双金属片)组成,在日光灯启辉时,起自动开关作用。镇流器(图 4-6-4)又称为限流器,就是把通过灯管的电流限定在额定值内,它是与灯管相串联的一个元件。目前最常用的镇流器是电感镇流器,是一个具有一定电感量的铁心线圈,其感抗值很大。

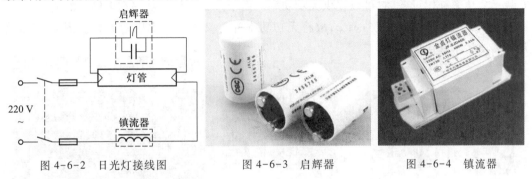

图 4-6-2　日光灯接线图　　　　图 4-6-3　启辉器　　　　图 4-6-4　镇流器

接通交流电后,电源电压立即通过镇流器和灯管灯丝加到启辉器的两极。220 V 的电压使启辉器的惰性气体电离,产生辉光放电。辉光放电的热量使双金属片受热膨胀,两极接触。电流通过镇流器、启辉器触极和两端灯丝构成通路。灯丝很快被电流加热,发射出大量电子。这时,由于启辉器两极闭合,两极间电压为零,辉光放电消失,启辉器内温度降低,双金属片自动复位,两极断开。在两极断开的瞬间,电路电流突然切断,镇流器产生很大的自感电压,与电源电压叠加后作用于灯管两端。灯丝受热时发射出来的大量电子,在灯管两端高电压作用下,以极大的速度由低电压端向高电压端运动。在加速运动的过程中,碰撞管内氩气分子,使之迅速电离。氩气电离生热,热量使水银产生蒸汽,随之水银蒸汽也被电离,并发出强烈的紫外线。在紫外线的激发下,管壁内的荧光粉发出近乎白色的可见光。

　　日光灯正常发光后,由于交流电不断通过镇流器的线圈,线圈中产生自感电压,而自感电压阻碍线圈中的电流变化,这时镇流器起到降压限流的作用,使电流稳定在灯管的额定电流范围内,灯管两端电压也稳定在额定工作电压范围内。由于这个电压低于启辉器的电离电压,因此并联在灯管两端的启辉器也就不再起作用了。

　　理想日光灯电路模型及相量图如图 4-6-5 所示。设镇流器(L)为纯电感性元件,日光灯管(R)在工作状态下为纯电阻性元件,令电流 $\dot{I}$ 为参考相量,则 $\dot{U}_R$ 与 $\dot{I}$ 同相,而 $\dot{U}_L$ 超前 $\dot{I}$ 90°,这样,电源电压 $\dot{U}$、镇流器两端的电压 $\dot{U}_L$ 和灯管两端电压 $\dot{U}_R$ 就组成电压三角形。

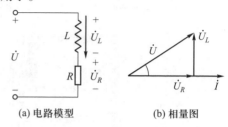

(a) 电路模型　　　(b) 相量图

图 4-6-5　日光灯电路模型与相量图

　　使用日光灯时要注意以下几点:
　　① 要注意避免频繁启动;② 电源电压高或低也会缩短日光灯的使用寿命;③ 在正常电压下,灯管与镇流器要配套使用。

二、无功功率补偿器

　　电网中的电力负载大部分属于感性负载,如异步电动机、日光灯、电抗器等,在这些设备运行过程中,电网除了向这些设备提供有功功率外,还需要提供相应的无功功率。在电网中安装无功功率补偿设备,它可以提供无功功率。由于减少了无功功率在电网中的流动,从而提高了供配电系统功率因数 $\cos\varphi$,故将无功功率补偿又称为功率因数补偿。图 4-6-6 为几种无功功率补偿设备。

图 4-6-6　无功功率补偿设备

　　当前,国内外广泛采用的无功功率补偿装置,是与感性负载(以电阻 R 与电感 L 并联作为它的电路模型)并联的电容器,其电路模型如图 4-6-7 所示。把电容器(容性负载)与感性负载并联接在同一电路,无功功率在两种负载之间相互交换。并联电容器补偿电路的相量图如图 4-6-8 所示。当未接电容 C 时,流过感性负载的电流为 $\dot{I}_1$,此时相位角为 φ_1,功率因数为 $\cos\varphi_1$;并联接入电容 C 后,由于电容电流 $\dot{I}_C$ 与电感电流 $\dot{I}_L$ 方向相反,使电源供给的电流由 $\dot{I}_1$ 减小为 $\dot{I}_2$,相位角由 φ_1 减小到 φ_2。功率因数由 $\cos\varphi_1$ 提高到 $\cos\varphi_2$。

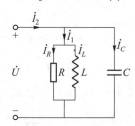
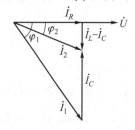

图 4-6-7　电容器与感性负载并联　　图 4-6-8　并联电容器补偿的相量图

　　通过无功功率补偿,提高了功率因数 $\cos\varphi$,带来了如下好处:

　　(1) 提高供电设备的利用率。在供电设备视在功率 S 一定的情况下,$\cos\varphi$ 越大,则该供电设备发出的有功功率越大($P = S\cos\varphi$)。

　　(2) 提高输电效率。当有功功率 P 一定时,因为 $P = S\cos\varphi$,U 不变时,$\cos\varphi$ 越大,则 I 越小,线路的损耗就越小。

　　(3) 改善供电质量。当 I 越小,线路中的电压损耗就越小,线路末端电压就可以得到更好的保证。

　　(4) 提高输电安全性。I 小,线路发热降低,提高输电线路的安全性。

　　所以,安装无功功率补偿装置,是一项投资少、收效快的降损节能措施,在电力供电系统中不可缺少。一般行业规定功率因数为低压 0.85 以上,高压 0.9 以上。

　　无功功率补偿按其安装位置和接线方法可分为:高压集中补偿、低压分组补偿和低压就地补偿。其中就地补偿是在单台电动机处安装并联电容器,它使用区域最大,效果也好,但它总的电容器安装容量比其他两种方式要大,电容器利用率也低。高压集中补偿和低压分组补偿的电容器容量相对较小,利用率也高,且能补偿变压器自身的无功损耗。为此,这三种补偿方式各有应用范围,应结合实际确定使用场合,各司其职。此外,还有一种同步补偿机(调相机),是一种专门的无功功率发电机,属于高压集中补偿,一般安装在发电厂或区域变电所中。

　　在确定无功补偿容量时,应注意以下两点:

　　(1) 在轻负载时要避免过补偿,以免倒送无功功率,导致损耗增加。

　　(2) 功率因数越高,每千伏补偿容量减少损耗的作用将变小,通常情况下,将功率因数提高到 0.95 就是合理补偿。

无功功率就地补偿容量①可以根据以下经验公式确定:$Q \leqslant UI_\circ$,式中:Q——无功补偿容量(kvar);U——电动机的额定电压(V);$I_\circ$——电动机空载电流(A)。

*§4-7　计算机仿真分析正弦稳态电路(一)

用 Multisim 13 软件对正弦稳态电路分析一般可以采用两种方法:一种是直接利用虚拟仪表进行电路的仿真,另一种是使用软件提供的交流频率扫描分析(AC Frequency Analysis)。

例 4-7-1　已知图 4-7-1 所示电路中 $u_s = 20\sqrt{2} \sin(10t + 45°)$ V,$R = 20$ Ω,$L = 2$ H,$C = 0.004$ F,试求 u_R、u_L 和 u_C。

解　可以用示波器来观测各点的电压相位。由于一个仿真电路中只能使用一个示波器,本题要测三个电压数据,因此结合电压表测量。在 Multisim 13 的软件工作区建立如图 4-7-2 所示的仿真电路。启动软件界面右上角的仿真开关进行仿真。由于要观测的是电路稳态时的参数,必须待电压表和示波器的读数稳定时方可读取。从图 4-7-2 中的虚拟电压表上可以看出电阻两端的电压为 19.529 V(有效值),电容两

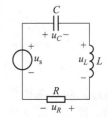

图 4-7-1　例 4-7-1 电路图

端的电压为 24.097 V,电感两端的电压为 19.784 V。值得注意的是各个电压表的设置一定要选择 AC(交流),若不选择,Multisim 13 实际采用的是 DC(直流)。

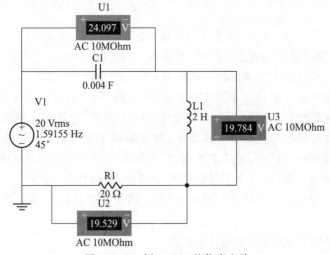

图 4-7-2　例 4-7-1 的仿真电路

图 4-7-3 所示的为从示波器上得到的 u_s 和 u_R 的波形,其中 A 通道的输入信号为 u_s,B

---

① 也可参照本教材式(4-5-15)计算。

通道的输入信号为 u_R。用读数指针定位在 A、B 两通道的输入信号的过零点，由图可见，B 通道的信号 u_R 相位超前 A 通道的信号 u_s 的相位，且 T2-T1 为 23.973 ms，由于 $\omega = 10$ rad/s，则电源频率为 1.59155 Hz，故一个周期是 628 ms，由此可以计算出 u_s 和 u_R 的电压相位差 $\varphi = (23.973/628) \times 360° \approx 13.74°$，所以电阻的电压

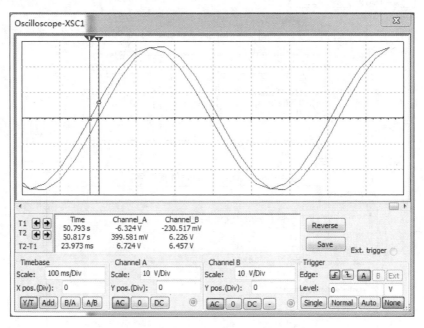

图 4-7-3　例 4-7-1 的仿真输出结果

$$u_R = 19.529\sqrt{2}\sin(10t + 45° + 13.74°) = 27.61\sin(10t + 58.74°)\ \text{V}$$

由于在该串联电路中，电容电压的相位滞后电阻电压的相位 90°，电感电压的相位超前电阻电压的相位 90°，所以电容电压和电感电压分别为

$$u_C = 24.097\sqrt{2}\sin(10t + 58.74° - 90°) = 34.07\sin(10t - 31.26°)\ \text{V}$$

$$u_L = 19.784\sqrt{2}\sin(10t + 58.74° + 90°) = 27.97\sin(10t + 148.74°)\ \text{V}$$

例 4-7-2　求图 4-7-4 所示正弦稳态电路的戴维宁等效相量模型。已知 $u_s(t) = 2\sin(0.5t + 120°)$ V。

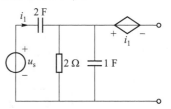

图 4-7-4　例 4-7-2 电路图

解　可以使用 AC 频率分析来求解。Multisim 13 软件在进行 AC 频率扫描分析时，将电路中所有的直流电源自动置零，让所有的交流电源频率相同，在预定范围内同步变化，用相量法计算设定点的电压幅值和相位，并给出幅频特性曲线和相频特性曲线。

第一步：求两端电路的开路电压相量。在软件工作区建立图 4-7-5 所示的仿真电路，首先双击电源 V1，对电源 V1 的幅度、频率和相位进行设置。再选择菜单命令 Simulate/Analysis/AC Analysis，弹出图 4-7-6 所示 AC 扫描分析参数设置对话框，设置 AC 扫描参数

为:频率从 $f=0.0796$ Hz(即 u_s 的 $\omega=0.5$ rad/s)到 0.0796 Hz(Multisim 13 中的扫描范围可以为 0),对节点 4 进行分析。设置完后按下仿真开关运行,得到图 4-7-7 所示结果。将指针移到频率 $f=0.0796$ Hz 处,可以读出 y1 为 894.5791 mV,相位为 93.4220°,所以开路电压的幅值相量 $\dot{U}_{OC}=0.895\angle 93.422°$ V。

C1
2 F
V2
4
1 Ω
V1
1.4144 Vrms
0.0796 Hz
120°
R1
2 Ω
C2
1 F

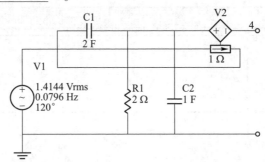

图 4-7-5　例 4-7-2 的仿真电路图

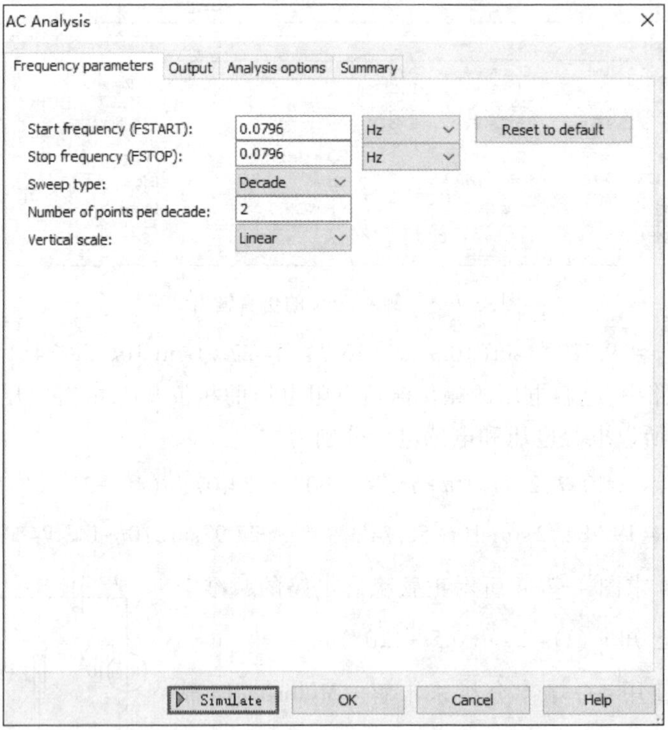

AC Analysis
Frequency parameters
Output
Analysis options
Summary
Start frequency (FSTART):
0.0796
Hz
Reset to default
Stop frequency (FSTOP):
0.0796
Hz
Sweep type:
Decade
Number of points per decade:
2
Vertical scale:
Linear
Simulate
OK
Cancel
Help

图 4-7-6　交流扫描分析参数设置对话框

第二步:求戴维宁等效阻抗。用外加电源法(外加电流源)求戴维宁等效阻抗。此时需将电路中原有的电源 V1 置零,为此去除电源 V1,在端口添加电流源 I1。设定电流源 I1 的 AC 属性的幅度为 1 A,相位为 0。因为戴维宁等效阻抗 $Z_{eq}=\dfrac{\dot{U}}{\dot{I}}$,故求出节点 4 的电压

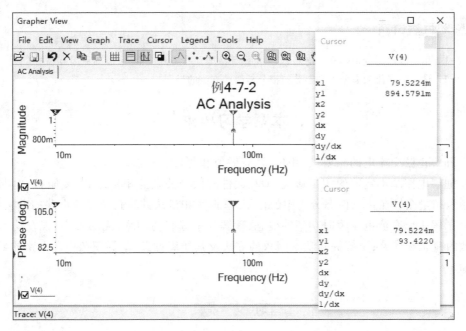

图 4-7-7　例 4-7-2 的开路电压分析结果

数值即为戴维宁等效阻抗的大小。按下 Simulate 按钮进行分析,得图 4-7-8 所示分析结果,$Z_{eq}=0.8943\underline{/-26.56°}\,\Omega$。

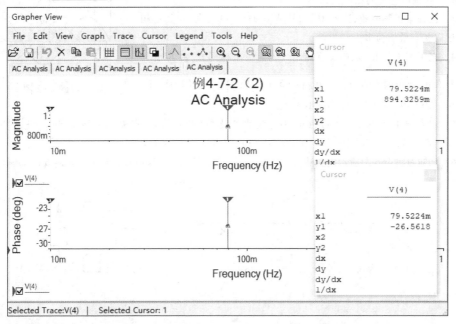

图 4-7-8　例 4-7-2 的等效阻抗分析结果

思考与练习题

4-7-1 用示波器测量正弦稳态电路,如果电路无故障而看不到波形,可能的原因有哪些?

4-7-2 试比较交流频率分析和参数扫描分析两种方法的异同。

本章学习要求

1. 理解正弦交流电的三要素、相位差、有效值和相量表示法。

2. 理解电路基本定律的相量形式、RLC 元件的伏安关系的相量形式、复阻抗、电路的相量模型和相量图等在正弦稳态分析中的作用,掌握用相量法计算正弦交流电路的方法。

3. 了解正弦交流电路瞬时功率的概念,理解和掌握有功功率、无功功率、视在功率及功率因数的概念和计算;了解提高功率因数的方法及其经济意义;掌握正弦稳态电路的最大功率传输。

习   题

4-1 已知电流的瞬时值表示式为 $i = 5\sin(100\pi t + 30°)$ A,试求其最大值(幅值)、角频率、频率和初相;并求该电流经多少时间后第一次出现正的最大值。

4-2 两个正弦电压的波形,如习题 4-2 图所示,若纵坐标取 y_1,其初相及相位差为多少?移至 y_2 及 y_3 又如何呢? 并说明它们的相位关系。

4-3 已知某正弦电流,当 $t = 0$ 时,其值 $i(0) = 1$ A,并已知其初相为 30°,试问其有效值为多少?

4-4 把下列电流相量(有效值相量)化为极坐标形式,并写出其对应的正弦量,设角频率为 ω。(1) $\dot{I}_1 = (5+\text{j}5)$ A;(2) $\dot{I}_2 = (4-\text{j}3)$ A;(3) $\dot{I}_3 = (-20-\text{j}40)$ A;(4) $\dot{I}_4 = (-\text{j}10)$ A。

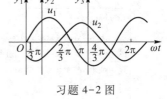

习题 4-2 图

4-5 求习题 4-5 图所示(a)、(b)中电流表的读数(有效值)。已知 $i_1 = 14.14\sin(\omega t - 20°)$ A,$i_2 = 7.07\sin(\omega t + 60°)$ A,$i_3 = 5\sin(\omega t + 45°)$ A,$i_4 = 5\sin(\omega t - 75°)$ A,$i_5 = 5\sin(\omega t + 165°)$ A。

4-6 已知习题 4-6 图所示电路中 $u_{ab} = 10\cos(\omega t + 60°)$ V,$u_{bc} = -5\sin(\omega t + 60°)$ V,$u_{cd} = 6\sin(\omega t + 120°)$ V,求 u_{ad}。

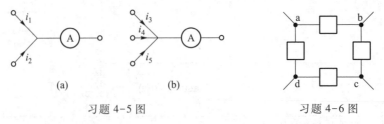

(a)   (b)

习题 4-5 图   习题 4-6 图

4-7 若电阻、电感和电容的 R、X_L、X_C 都是 10 Ω,现分别对其加电压为 $u = 220\sqrt{2}\sin(\omega t - 60°)$ V。(1)试分别写出其电流瞬时值表达式;(2)画出它们的相量图。

4-8 已知某元件为电阻或电感或电容,若其两端电压、电流各为以下情况,试确定元件的参数 R、L、

C。（1）$u = 200\sin(200t+60°)$ V，$i = 0.4\sin(200t+150°)$ A；（2）$u = 80\cos(314t+30°)$ V，$i = 8\sin(314t+120°)$ A；（3）$u = 400\cos(628t+30°)$ V，$i = \cos(628t-60°)$ A。

4-9　一台异步电动机在某负载下运行，其电阻 $R = 29$ Ω，电感 $L = 0.069$ H，电源电压 $U_s = 220$ V（有效值），$f = 50$ Hz，求电流有效值，并画出电流、电压的相量图。

4-10　为了降低小功率单相电动机的转速，可以采用降低电动机输入电压的办法，为此，在电路中串一电感（忽略其电阻），如习题 4-10 图所示。现已知：电源电压 $U_s = 220$ V（有效值），$f = 50$ Hz，电动机 $R = 190$ Ω、$X_L = 260$ Ω。若要求使电动机的输入电压为 180 V，问要串多大的电感 L？若用串联电阻的办法降压，其 R 等于多少？并比较两种方法之优缺点。

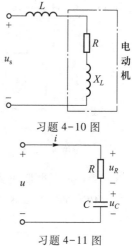

习题 4-10 图

4-11　在习题 4-11 图所示电路中，已知 $R = 190$ Ω，$C = 10$ μF，$f = 50$ Hz，电阻两端电压 $U_R = 5$ V，试求 i、u_C 及 u。

4-12　在习题 4-12 图所示电路中，$R = 500$ Ω，$C = 10$ μF，$f = 50$ Hz。若输出电压 u_o 可以从 R 或 C 两端取出，问输出电压的相位较输入电压的相位各移动了多少？

习题 4-11 图

4-13　在习题 4-13 图所示电路中，当外加电压为直流时，哪个电压表的读数最大？哪个最小？若外加电压改为交流，当电压有效值不变，而外加电压的频率由低变高时，各电压表读数是否变化？其变化趋势如何？

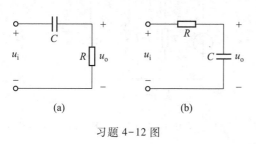

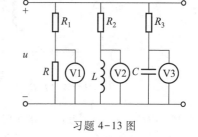

习题 4-12 图　　　　　　　　习题 4-13 图

4-14　在习题 4-14 图所示各电路中，除电流表 A1 和电压表 V1 外，其余电流表和电压表的读数在图上已标出，试用相量图法求电流表 A1 和电压表 V1 的读数。

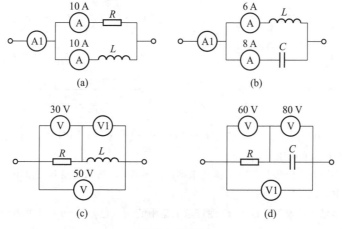

习题 4-14 图

4-15　已知习题 4-15 图所示无源二端网络 N_0 两端的电压和电流如以下各式所示,试求每种情况时无源二端网络 N_0 的复阻抗和复导纳,并说明无源二端网络的性质。(1) $u=100\sin314t$ V, $i=10\sin314t$ A;(2) $u=120\cos(2t+30°)$ V, $i=6\sin(2t+30°)$ A;(3) $u=200\sin(\pi t-15°)$ V, $i=2\sin(\pi t+45°)$ A。

4-16　试求习题 4-16 图(a)、(b)所示电路的等效复阻抗。

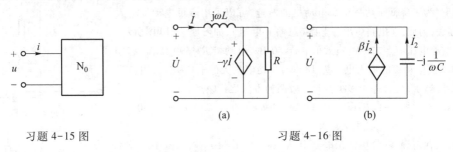

习题 4-15 图　　　　　　　　　　　习题 4-16 图

4-17　RLC 串联电路如习题 4-17 图所示,已知 $R=4$ Ω,$L=4$ mH,$C=0.001$F,$u_s=20\sqrt{2}\sin(10^3t+60°)$ V。试求电路中电流 i 和各元件电压 u_R、u_L、u_C,并作相量图。

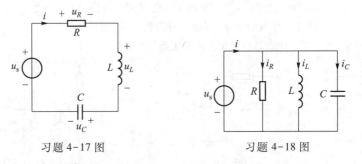

习题 4-17 图　　　　　　　　　　　习题 4-18 图

4-18　RLC 并联电路如习题 4-18 图所示,已知 $R=1$ Ω,$L=2$ H,$C=0.5$ F,$u_s=8\sqrt{2}\sin(2t+30°)$ V。试求电路中电流 i 和各元件电流 i_R、i_L、i_C,并作相量图。

4-19　已知习题 4-19 图所示电路中 $R=4$ Ω,$X_L=8$ Ω,$X_C=4$ Ω,电压 $U=50$ V,求各支路电流 i、i_1 和 i_2,并作相量图。设电源的角频率为 ω。

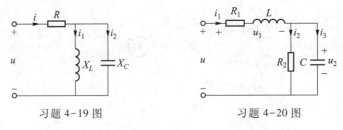

习题 4-19 图　　　　　　　　　　　习题 4-20 图

4-20　在习题 4-20 图所示电路中,已知 $R_1=2$ kΩ,$R_2=10$ kΩ,$L=10$ H,$C=1$ μF,$f=50$ Hz,R_2 中电流 $I_2=10$ mA。试求电流 i_1、i_3 和电压 u、u_1、u_2。

4-21　试列写用网孔电流法和节点电压法求解习题 4-21 图所示电路各支路电流的方程。已知 $u_s=4\sin10t$ V,$i_s=4\sin10t$ A。

4-22　试用节点电压法求解习题 4-22 图所示电路中的 u_R。已知 $i_s=0.1\sin2×10^5t$ A。

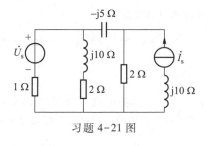

习题 4-21 图

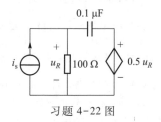

习题 4-22 图

4-23 已知习题 4-23 图所示电路中,两电源频率相同,试用叠加定理求电容中的电流 $\dot{I}_C$。

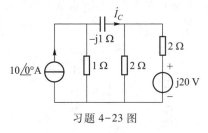

习题 4-23 图

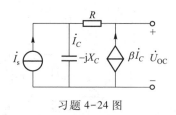

习题 4-24 图

4-24 求习题 4-24 图所示电路的戴维宁等效电路。已知,$\dot{I}_s = 0.2\underline{/0°}$ A,$R = 250\ \Omega$,$-jX_C = -j250\ \Omega$,$\beta = 0.5$。

4-25 在习题 4-25 图所示电路中,若要求 u_2 的相位超前 u_1 60°,C 应为多少? 设 $\omega = 314\ \text{rad/s}$。

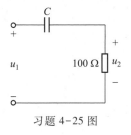

习题 4-25 图

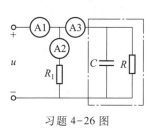

习题 4-26 图

4-26 为了测量电容器的参数,可采用习题 4-26 图所示电路。已知电源频率 $f = 50\ \text{Hz}$,电流表 A1、A2、A3 的读数分别为 0.4A、0.38A、0.1A,$R_1 = 1.4\ \text{k}\Omega$。试求电容 C 及漏电阻 R。

4-27 已知习题 4-27 图所示电路中 $Z_2 = j60\ \Omega$,各交流电压表的读数分别是:V 为 100 V;V1 为 171 V;V2 为 240 V。求阻抗 Z_1。

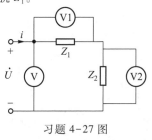

习题 4-27 图

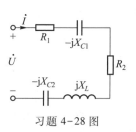

习题 4-28 图

4-28 求习题 4-28 图所示电路的有功功率 P、无功功率 Q、视在功率 S 和功率因数 λ,并说明电路的性质。已知电路中的电流 $I = 5$ A,$R_1 = 6\ \Omega$,$R_2 = 3\ \Omega$,$X_L = 4\ \Omega$,$X_{C1} = 6\ \Omega$,$X_{C2} = 3\ \Omega$。

4-29　试计算习题 4-19 的电路的有功功率 P、无功功率 Q 和视在功率 S。

4-30　在习题 4-30 图所示电路中，已知 $\dot{I}_s = 10\ \underline{/0°}$ A，$\omega = 1\ 000$ rad/s，$R_1 = 10\ \Omega$，$j\omega L = j25\ \Omega$，$R_2 = 5\ \Omega$，$-j\dfrac{1}{\omega C} = -j15\ \Omega$。试求各支路的复功率和电路的功率因数。

4-31　功率为 40 W 的白炽灯和日光灯各 100 只并联在电压为 220 V、频率为 50 Hz 的交流电源上，设日光灯的功率因数 $\cos\varphi = 0.5$(电感性)，求电路的总电流和总功率因数。如欲把电路总功率因数提高到 0.9，应并联多大的电容？并联电容后电路总电流为多少？

4-32　在习题 4-32 图所示电路中，已知电源频率 $f = 31.8$ kHz，电源电压 $U_s = 1$ V，内阻 $R_S = 125\ \Omega$，负载中的等效电阻 $R_L = 200\ \Omega$。为使负载获得最大功率，L 及 C 应为多少？并求负载获得的最大功率是多少。

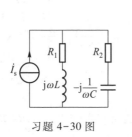

习题 4-30 图

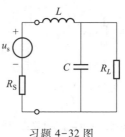

习题 4-32 图

第五章 正弦稳态电路的相量分析法(二)

本章是第四章的继续,将利用相量分析法研究工程中应用较广泛的几个电路。具体内容是:具有耦合电感元件的正弦稳态电路、正弦稳态电路的频率特性、三相电路等,这些电路具有单一频率的正弦稳态电路的特征;另本章研究的多个不同频率正弦激励稳态电路(含非正弦周期激励的电路,它可以通过傅立叶级数分解为多个不同频率的正弦激励电路),在分别求出各个不同频率单独作用的响应后利用叠加定理求出电路总响应,因此,对于不同频率的正弦稳态电路仍具有单一频率的正弦稳态电路的特征。所以,本章研究的上述电路,可以利用相量分析法进行研究。在本章研究中,两类约束,即基尔霍夫定律的相量形式和电路元件 VAR 的相量形式,仍是研究本章的依据。

§5-1 含耦合电感元件的正弦稳态电路分析

一、耦合电感元件

1. 耦合电感的基本概念

在电工电子设备中,有许多通过磁场耦合而工作的耦合电感线圈,如收音机、电视机中使用的中周(线圈)、振荡线圈;电源设备中使用的变压器等。

耦合电感线圈至少由两个线圈组成,当一个线圈流过变动的电流时,所产生的磁通不但与本线圈交链产生感应电压,即自感电压;还与邻近的线圈交链,在邻近的线圈两端产生感应电压,这种电压称为互感电压。这样的两个或多个线圈称为耦合电感线圈。

耦合电感元件是从实际耦合电感线圈抽象出来的电路模型(只考虑线圈的电感作用,忽略线圈电阻等次要参数),它是通过磁场联系相互约束的若干个电感元件的集合。与§3-1中讨论的电感元件一样,耦合电感元件是电路中的一种基本电路元件。若耦合电感元件的磁场介质不是由铁磁物质构成,则为线性耦合电感元件;否则,为非线性耦合电感元件。本书只讨论线性耦合电感元件。耦合电感元件亦是动态元件、记忆元件和储能元件。

2. 互感

图 5-1-1 所示是由两个邻近的线圈构成的耦合电感线圈[①],线圈的匝数分别为 N_1 和 N_2。显然,它是一个双口元件。

---

① 这里用"耦合电感线圈",主要是为了便于描述磁场的彼此交链情况,实际上讨论的是由两个电感元件构成的耦合电感元件。因此,不能将这里的耦合电感线圈视作实际器件。

当线圈 Ⅰ 流过电流 i_1 时,产生的磁通为 Φ_{11}[①]。它是由自身线圈电流产生的,称为自感磁通,i_1 和 Φ_{11} 的参考方向[②]如图所示,符合右手螺旋定则。Φ_{11} 与自身线圈交链,形成自感磁链 Ψ_{11},如果线圈的各匝排列很紧密(以下同)则

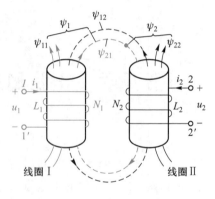

图 5-1-1 耦合电感线圈

$$\Psi_{11} = N_1 \Phi_{11}$$

由于线圈 Ⅱ 邻近线圈 Ⅰ,因此磁通 Φ_{11} 的一部分或全部将与线圈 Ⅱ 交链,设该磁通为 Φ_{21}。凡由另一线圈的电流产生、而交链本线圈的磁通,称为互感磁通。Φ_{21} 是互感磁通,它与线圈 Ⅱ 交链形成互感磁链 Ψ_{21},且

$$\Psi_{21} = N_2 \Phi_{21}$$

同理,当线圈 Ⅱ 流有电流 i_2 时,也产生自感磁通 Φ_{22} 及互感磁通 Φ_{12},形成自感磁链 Ψ_{22} 及互感磁链 Ψ_{12},且

$$\Psi_{22} = N_2 \Phi_{22}$$

$$\Psi_{12} = N_1 \Phi_{12}$$

在线性耦合电感元件中,磁链与产生它的电流成正比,则自感磁链

$$\Psi_{11} = L_1 i_1 \tag{5-1-1a}$$

$$\Psi_{22} = L_2 i_2 \tag{5-1-1b}$$

式(5-1-1)中的 L_1 和 L_2 即为 §3-1 中定义的自感。而互感磁链

$$\Psi_{12} = M_{12} i_2 \tag{5-1-2a}$$

$$\Psi_{21} = M_{21} i_1 \tag{5-2-2b}$$

式(5-1-2)中的 M_{12} 和 M_{21} 称为互感,单位为亨[利](H),它是表征耦合电感元件的一个参数,反映了一个线圈的电流在另一个线圈中产生磁链的能力。互感不能单独存在,不能看作是一个电路元件。在线性耦合电感元件中,M_{12} 和 M_{21} 仅决定于两线圈的结构、几何尺寸、匝数和相互位置,与自感 L 一样,是一个和电流及时间无关的常量。

可以证明线性耦合电感元件的互感 M_{12} 和 M_{21} 是相等的[③],因此可以略去下标,直接以 M 代表互感,即 $M = M_{12} = M_{21}$。

由上述讨论可知,耦合电感元件需用自感 L_1、L_2 和互感 M 这三个参数来表征。在本书中,上述磁通 Φ 和产生它的电流 i 均符合右手螺旋定则,故 L_1、L_2 和 M 恒为正值。

3. 同名端

---

① 本节磁通、磁链、互感电压等量采用双下标,其规定如下:第一个下标表示该量所在线圈的编号,第二个下标表示该量的原因所在线圈的编号。

② Φ_{11} 与 Ψ_{11} 的方向一致。

③ 参见参考文献[3]下册例 14-2。

对于图 5-1-1 所示的线性耦合电感线圈,交链每一线圈的磁链应等于自感磁链和互感磁链的叠加,即

$$\Psi_1 = \Psi_{11} \pm \Psi_{12} \tag{5-1-3a}$$

$$\Psi_2 = \pm \Psi_{21} + \Psi_{22} \tag{5-1-3b}$$

式中,Ψ_1、Ψ_2 是分别交链线圈 I、II 的磁链。互感磁链前面"+"号表示互感磁链与自感磁链的方向一致,称磁链"相助",如图 5-1-2 所示;"-"号表示互感磁链与自感磁链的方向相反,称磁链"相消",如图 5-1-3 所示。磁链"相助"还是"相消"取决于两个线圈的相对位置、绕向和电流的参考方向。在实际情况中,线圈是密封的,看不到具体的情况,并且在电路中画出线圈的绕向也很不方便。为了便于反映"相助"或"相消"作用和简化图形表示,采用同名端标记方法。

耦合电感线圈的同名端是这样规定的:当电流从两线圈各自的某端子同时流入(或流出)时,若两线圈产生的磁通方向相同而"相助",则这两个端子称为耦合电感线圈的同名端,并标以记号"·"或"*"①,例如图 5-1-2 中的端子 1 和端子 2 为同名端(同样 1′ 和 2′ 端子也为同名端);而端子 1 和端子 2′(或端子 1′ 和端子 2)为异名端。对于图 5-1-3,则端子 1 和端子 2′(或端子 1′ 和端子 2)为同名端。在线圈的绕向和相对位置已知情况下,可以按照同名端的定义判定同名端;对于实际的耦合电感线圈产品,同名端一般已由厂家提供,也可以通过实验方法确定。

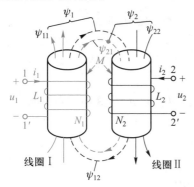

图 5-1-2   磁链相助的耦合电感

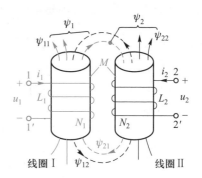

图 5-1-3   磁链相消的耦合电感

引入同名端后,耦合电感线圈在电路图中可以用带有同名端标记的电感 L_1、L_2 和互感 M 表示,例如对于图 5-1-2 和图 5-1-3 所示的含耦合电感线圈,可分别表示为图 5-1-4 和图 5-1-5 所示的电路模型。

如果知道了耦合电感元件的同名端,就能正确写出耦合电感元件的 VAR。

---

① 工程技术上有时将两个线圈的端子分别标注英文字母,例如 U、V 和 u、v,对应于图 5-1-2 中的端子 1、2 和端子 1′、2′,则 U 和 V 端子为同名端,u 和 v 端子为同名端。

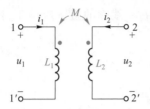
图 5-1-4　图 5-1-2 所对应的耦合
电感的电路模型

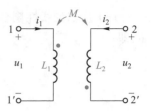
图 5-1-5　图 5-1-3 所对应的
耦合电感的电路模型

例 5-1-1　试利用实验方法确定图 5-1-6 所示耦合电感线圈的同名端。

解　当开关 S 迅速闭合时,就有一个随时间增大的电流

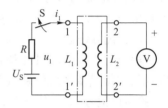
图 5-1-6　例 5-1-1 测定
同名端的实验电路

i_1 从电源正极流入线圈端子 1,这就实现了 $\dfrac{\mathrm{d}i_1}{\mathrm{d}t}>0$ 情况。如果
电压表指针正向偏转,则表明端子 2 为高电位端(端子 2 和电压表"+"端相连),由此可以判定端子 1 和 2 是同名端。当然,1′和 2′也是同名端。

【评析】判断耦合电感线圈同名端,不仅在理论分析中很有必要,在实际工作中也是很重要的,如果同名端错了,不但达不到预期目的,甚至会造成设备被烧毁的严重后果。

　　4. 耦合电感元件的伏安关系

　　对于图 5-1-2 所示耦合电感线圈,交链线圈 I、II 的磁链分别是

$$\Psi_1 = \Psi_{11} + \Psi_{12} \tag{5-1-4a}$$

$$\Psi_2 = \Psi_{21} + \Psi_{22} \tag{5-1-4b}$$

　　当线圈中的电流 i_1 和 i_2 是变动的电流时,则磁链 Ψ_1 和 Ψ_2 将在各自的线圈 I、II 的两端分别产生感应电压为

$$u_1 = \frac{\mathrm{d}\Psi_1}{\mathrm{d}t} = \frac{\mathrm{d}\Psi_{11}}{\mathrm{d}t} + \frac{\mathrm{d}\Psi_{12}}{\mathrm{d}t} \tag{5-1-5a}$$

$$u_2 = \frac{\mathrm{d}\Psi_2}{\mathrm{d}t} = \frac{\mathrm{d}\Psi_{21}}{\mathrm{d}t} + \frac{\mathrm{d}\Psi_{22}}{\mathrm{d}t} \tag{5-1-5b}$$

　　将式(5-1-1)式(5-1-2)分别代入式(5-1-5),得

$$u_1 = L_1 \frac{\mathrm{d}i_1}{\mathrm{d}t} + M \frac{\mathrm{d}i_2}{\mathrm{d}t} = u_{11} + u_{12} \tag{5-1-6a}$$

$$u_2 = M \frac{\mathrm{d}i_1}{\mathrm{d}t} + L_2 \frac{\mathrm{d}i_2}{\mathrm{d}t} = u_{21} + u_{22} \tag{5-1-6b}$$

式(5-1-6)即为图 5-1-4 所示耦合电感元件的 VAR 表达式。式中,$u_{11} = L_1 \dfrac{\mathrm{d}i_1}{\mathrm{d}t}$ 和 $u_{22} = L_2 \dfrac{\mathrm{d}i_2}{\mathrm{d}t}$

为自感电压；$u_{12} = M\dfrac{\mathrm{d}i_2}{\mathrm{d}t}$ 为 i_2 在 L_1 中产生的互感电压，而 $u_{21} = M\dfrac{\mathrm{d}i_1}{\mathrm{d}t}$ 为 i_1 在 L_2 中产生的互感电压。所以，耦合电感元件的电压是自感电压和互感电压的叠加。

在耦合电感元件的 VAR 中，各项感应电压前面的正、负号按如下法则确定：

（1）当耦合电感元件的同一端口的 u、i 为一致参考方向时，则所在端口的自感电压前面为正号，否则为负号。

（2）对于互感电压前面的正、负号，首先要确定互感电压的参考方向，然后还要看该参考方向与端口电压的参考方向是否一致而定，二者一致者取正，不一致者为负。互感电压的参考方向是这样规定的：当电流从本线圈标"·"端（或未标"·"端）流入时，则在另一线圈中所产生的互感电压的参考方向由标"·"端指向未标"·"端（或由未标"·"端指向标"·"端）。可见，在确定互感电压的参考方向时，同名端起了十分重要的作用。

当耦合电感元件中的电流为同频率的正弦量时，在稳态情况下，耦合电感元件中的 VAR 可用相量形式表示。式（5-1-6）的 VAR 的相量（设正弦量的角频率为 ω）的表达式是

$$\dot{U}_1 = \mathrm{j}\omega L_1 \dot{I}_1 + \mathrm{j}\omega M \dot{I}_2 \qquad (5\text{-}1\text{-}7\mathrm{a})$$

$$\dot{U}_2 = \mathrm{j}\omega M \dot{I}_1 + \mathrm{j}\omega L_2 \dot{I}_2 \qquad (5\text{-}1\text{-}7\mathrm{b})$$

例 5-1-2　图 5-1-7 所示耦合电感元件的 i_1 和 i_2 为正弦量，试列写该耦合电感元件的 VAR 瞬时值表达式和相量表达式。

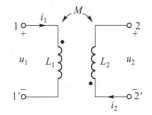

图 5-1-7　例 5-1-2 图

解　由于 i_1 和 u_1 是一致的参考方向，故自感电压 u_{11} 前面冠以正号；而 i_2 是从标"·"端流入，则在 L_1 中产生的互感电压 u_{12} 的参考方向由标"·"端指向未标"·"端，与端口电压 u_1 的参考方向相同，故 u_{12} 前面冠以正号。

由于 i_2 和 u_2 的参考方向相反，故自感电压 u_{22} 前面冠以负号；而 i_1 是从标"·"端流入，则在 L_2 中产生的互感电压 u_{21} 的参考方向由标"·"端指向未标"·"端，与端口电压 u_2 的参考方向相反，故 u_{21} 前面冠以负号。

于是可得该耦合电感元件的 VAR 的瞬时值表达式为

$$u_1 = u_{11} + u_{12} = L_1 \frac{\mathrm{d}i_1}{\mathrm{d}t} + M \frac{\mathrm{d}i_2}{\mathrm{d}t}$$

$$u_2 = -u_{21} - u_{22} = -M \frac{\mathrm{d}i_1}{\mathrm{d}t} - L_2 \frac{\mathrm{d}i_2}{\mathrm{d}t}$$

其相量表达式为

$$\dot{U}_1 = \mathrm{j}\omega L_1 \dot{I}_1 + \mathrm{j}\omega M \dot{I}_2$$

$$\dot{U}_2 = -\mathrm{j}\omega M \dot{I}_1 - \mathrm{j}\omega L_2 \dot{I}_2$$

【评析】耦合电感元件端口的电压是自感电压和互感电压的叠加,在列写耦合电感元件的电压方程时,切记不要漏写互感电压,而利用同名端正确判断互感电压的参考方向(决定方程中互感电压前面的正、负号)是十分重要的。

例 5-1-3 设例 5-1-2 中的 $i_1 = 10$ A,$i_2 = 10\sin 10t$ A,$L_1 = 4$ H,$L_2 = 5$ H,$M = 2$ H。求耦合电感元件的端口电压 u_1 和 u_2。

解 由上例的耦合电感元件的 VAR 瞬时值表达式,得

$$u_1 = L_1 \frac{\mathrm{d}i_1}{\mathrm{d}t} + M \frac{\mathrm{d}i_2}{\mathrm{d}t} = 0 + 2 \times 10 \times 10\cos 10t = 200\cos 10t \text{ V}$$

$$u_2 = -M \frac{\mathrm{d}i_1}{\mathrm{d}t} - L_2 \frac{\mathrm{d}i_2}{\mathrm{d}t} = 0 - 5 \times 10 \times 10\cos 10t = -500\cos 10t \text{ V}$$

【评析】从本例题中可见,电压 u_1 中只含互感电压,电压 u_2 中只含自感电压,这说明不变动的电流(直流)i_1 不产生感应电压。

二、含耦合电感元件电路的分析[①]

含耦合电感元件的正弦稳态电路(简称互感电路)的分析可以采用相量法,两类约束的相量形式仍然是分析本类型电路的基本依据,但在列写 KVL 方程时,除了要计入 R、L、C 上的电压外,还必须要正确使用同名端计入互感电压,这是直流电路和不含耦合电感元件的正弦稳态电路所没有的。本处通过对耦合电感元件的串联和并联的讨论,掌握对含耦合电感元件电路的基本分析方法。

1. 耦合电感的串联

与一般的两个电感串联不同,耦合电感的串联有两种方式:顺接串联和反接串联。

顺接串联如图 5-1-8 所示,耦合电感元件的两个电感异名端相连。电流 i 与 u 的参考方向一致,故自感电压

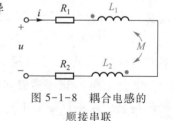

$$u_{11} = L_1 \frac{\mathrm{d}i}{\mathrm{d}t}$$

$$u_{22} = L_2 \frac{\mathrm{d}i}{\mathrm{d}t}$$

图 5-1-8 耦合电感的
顺接串联

其参考方向与 u 的参考方向相同;电流 i 从两个电感的同名端流进,故互感电压

$$u_{12} = M \frac{\mathrm{d}i}{\mathrm{d}t}$$

$$u_{21} = M \frac{\mathrm{d}i}{\mathrm{d}t}$$

其参考方向均由标"·"端指向另一端。

---

① **重点提示**:正确列写电压方程对于分析含耦合电感元件的正弦稳态电路十分重要,其中关键是确定互感电压项的正负,这又与同名端息息相关。

根据 KVL 及图示电路的 u、i 参考方向及自感电压、互感电压的参考方向,列出电压方程(注意,不要漏掉互感电压),得

$$
\begin{aligned}
u &= R_1 i + L_1 \frac{\mathrm{d}i}{\mathrm{d}t} + M \frac{\mathrm{d}i}{\mathrm{d}t} + L_2 \frac{\mathrm{d}i}{\mathrm{d}t} + M \frac{\mathrm{d}i}{\mathrm{d}t} + R_2 i \\
&= (R_1 + R_2) i + (L_1 + L_2 + 2M) \frac{\mathrm{d}i}{\mathrm{d}t} \\
&= R_{\mathrm{eq}} i + L_{\mathrm{eq}} \frac{\mathrm{d}i}{\mathrm{d}t}
\end{aligned}
\tag{5-1-8}
$$

式中,等效电阻 R_{eq} 和等效电感 L_{eq} 分别为

$$
R_{\mathrm{eq}} = R_1 + R_2 \tag{5-1-9}
$$

$$
L_{\mathrm{eq}} = L_1 + L_2 + 2M \tag{5-1-10}
$$

由式(5-1-10)可见,顺接串联时的耦合电感可用一个等效电感来代替,且等效电感大于两自感之和,这是因为顺接时电流自两电感同名端流入,互感磁链与自感磁链"相助",整个耦合电感元件的总磁链增多。

反接串联如图 5-1-9 所示,耦合电感元件的两个电感同名端相连。互感电压

$$
u_{12} = M \frac{\mathrm{d}i}{\mathrm{d}t}
$$

$$
u_{21} = M \frac{\mathrm{d}i}{\mathrm{d}t}
$$

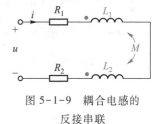

图 5-1-9 耦合电感的
反接串联

根据前述确定互感电压的参考方向的法则,可知在 L_1 中产生的 u_{12} 的参考方向由未标"·"端指向标"·"端,在 L_2 中产生的 u_{21} 的参考方向由标"·"端指向未标"·"端,它们都与 u 的参考方向相反,故列出图 5-1-9 电路的 KVL 方程为

$$
\begin{aligned}
u &= R_1 i + L_1 \frac{\mathrm{d}i}{\mathrm{d}t} - M \frac{\mathrm{d}i}{\mathrm{d}t} + L_2 \frac{\mathrm{d}i}{\mathrm{d}t} - M \frac{\mathrm{d}i}{\mathrm{d}t} + R_2 i \\
&= (R_1 + R_2) i + (L_1 + L_2 - 2M) \frac{\mathrm{d}i}{\mathrm{d}t} \\
&= R_{\mathrm{eq}} i + L_{\mathrm{eq}} \frac{\mathrm{d}i}{\mathrm{d}t}
\end{aligned}
\tag{5-1-11}
$$

式中,等效电阻 R_{eq} 和等效电感 L_{eq} 分别为

$$
R_{\mathrm{eq}} = R_1 + R_2 \tag{5-1-12}
$$

$$
L_{\mathrm{eq}} = L_1 + L_2 - 2M \tag{5-1-13}
$$

反接串联时,等效电感小于两自感之和,这是因为反接时,电流从一个电感的同名端流入,而从另一个电感的异名端流入,故互感磁链与自感磁链"相消",整个耦合电感元件的总磁链减少。

由于电感 L 中储存的能量 $w = \frac{1}{2} L i^2$ 只能是正值,所以等效电感 L_{eq} 必须是正值,即 $L_1 + L_2 - 2M \geq 0$,则

$$M \leqslant \frac{1}{2}(L_1 + L_2) \tag{5-1-14}$$

式(5-1-14)说明互感 M 不会大于两个自感的算术平均值。

在正弦稳态时,可用相量法分析,设正弦电压 u 的角频率为 ω,则式(5-1-8)和式(5-1-11)的相量形式分别为

$$\dot{U} = \left[(R_1 + R_2) + j\omega(L_1 + L_2 + 2M) \right] \dot{I} \tag{5-1-15}$$

$$\dot{U} = \left[(R_1 + R_2) + j\omega(L_1 + L_2 - 2M) \right] \dot{I} \tag{5-1-16}$$

例 5-1-4　在图 5-1-10 所示电路中,$R_1 = R_2 = 3\ \Omega$,$\omega L_1 = \omega L_2 = 4\ \Omega$,$\omega M = 2\ \Omega$,当 $U_1 = 10$ V 时,求 22′端开路时的电压 U_2。

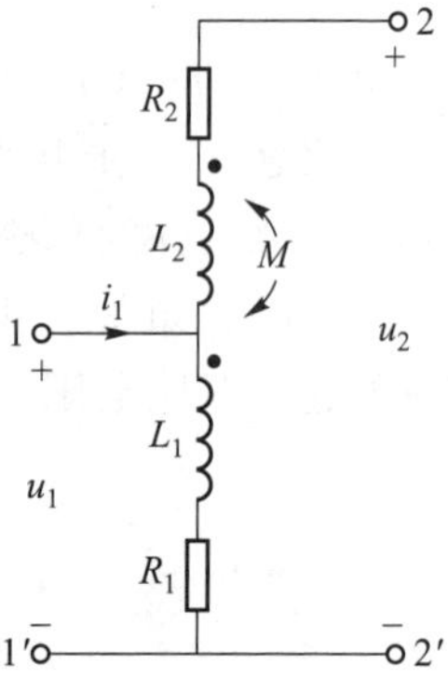

解　由于端子 22′间开路,L_2 中无电流,因此,互感电压 $u_{12} = 0$。由 L_1 中电流(即 i_1)在 L_2 中产生的互感电压 $u_{21} = M\dfrac{\mathrm{d}i_1}{\mathrm{d}t}$,参考方向由标"·"端指向未标"·"端。

设 $\dot{U}_1 = 10\ \underline{/0°}$ V,则

$$\dot{I}_1 = \frac{\dot{U}_1}{R_1 + j\omega L_1} = \frac{10\ \underline{/0°}}{3 + j4}\ \text{A} = 2\ \underline{/-53.1°}\ \text{A}$$

故

$$\dot{U}_2 = \dot{U}_1 + \dot{U}_{21} = \dot{U}_1 + j\omega M \dot{I}_1$$
$$= (10\ \underline{/0°} + j2 \times 2\ \underline{/-53.1°})\ \text{V} = 13.4\ \underline{/10.3°}\ \text{V}$$

图 5-1-10　例 5-1-4 图

【评析】本例题中 L_1 和 L_2 是耦合电感元件的两个线圈,而耦合电感元件的互感电压,是一个线圈流过变动电流时产生的变动磁链与另一个线圈交链而产生的感应电压,若无电流或是不变动电流,则在另一个线圈中不会产生互感电压。本例题中 L_2 无电流,故在 L_1 未产生互感电压。

2. 耦合电感的并联

耦合电感的并联也有两种连接方式,即同名端并联与异名端并联。同名端并联如图 5-1-11(a)所示,异名端并联如图 5-1-11(b)所示。

根据前述确定互感电压参考方向的法则,在同名端并联时,由 $\dot{I}_2$ 在 L_1 中产生的互感电压 $j\omega M \dot{I}_2$,其参考方向由标"·"端指向未标"·"端;由 $\dot{I}_1$ 在 L_2 中产生的互感电压 $j\omega M \dot{I}_1$,其参考方向由标"·"端指向未标"·"端。

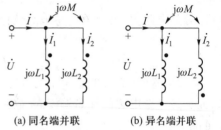

(a) 同名端并联　　(b) 异名端并联

图 5-1-11　耦合电感的并联

根据 KVL,列写图 5-1-11(a)的电压方程,得

$$\dot{U} = j\omega L_1 \dot{I}_1 + j\omega M \dot{I}_2$$

$$\dot{U} = j\omega M \dot{I}_1 + j\omega L_2 \dot{I}_2$$

联立解得

$$\dot{I}_1 = \frac{j\omega L_2 - j\omega M}{j\omega L_1 \cdot j\omega L_2 - (j\omega M)^2} \dot{U}$$

$$\dot{I}_2 = \frac{j\omega L_1 - j\omega M}{j\omega L_1 \cdot j\omega L_2 - (j\omega M)^2} \dot{U}$$

由 KCL 得总电流

$$\dot{I} = \dot{I}_1 + \dot{I}_2 = \frac{j\omega L_1 + j\omega L_2 - j2\omega M}{j\omega L_1 \cdot j\omega L_2 - (j\omega M)^2} \dot{U}$$

于是可求出同名端并联时,耦合电感的等效阻抗

$$Z_{eq} = \frac{\dot{U}}{\dot{I}} = \frac{j\omega L_1 \cdot j\omega L_2 - (j\omega M)^2}{j\omega L_1 + j\omega L_2 - j2\omega M} = j\omega \frac{L_1 L_2 - M^2}{L_1 + L_2 - 2M}$$

$$= j\omega L_{eq}$$

等效电感

$$L_{eq} = \frac{L_1 L_2 - M^2}{L_1 + L_2 - 2M} \tag{5-1-17}$$

异名端并联时,由 $\dot{I}_2$ 在 L_1 中产生的互感电压 $j\omega M \dot{I}_2$,其参考方向由未标"·"端指向标"·"端;由 $\dot{I}_1$ 在 L_2 中产生的互感电压 $j\omega M \dot{I}_1$,其参考方向由标"·"端指向未标"·"端。

根据 KVL,列写图 5-1-11(b)的电压方程,得

$$\dot{U} = j\omega L_1 \dot{I}_1 - j\omega M \dot{I}_2$$

$$\dot{U} = -j\omega M \dot{I}_1 + j\omega L_2 \dot{I}_2$$

同样可解得异名端并联时,耦合电感的等效阻抗

$$Z_{eq} = \frac{\dot{U}}{\dot{I}} = j\omega \frac{L_1 L_2 - M^2}{L_1 + L_2 + 2M} = j\omega L_{eq}$$

等效电感

$$L_{eq} = \frac{L_1 L_2 - M^2}{L_1 + L_2 + 2M} \tag{5-1-18}$$

比较式(5-1-17)和式(5-1-18),可知同名端并联时的等效电感远大于异名端并联时的等效电感。这是因为,对于前一种情形,互感磁链与自感磁链是"相助"的;而对于后一种情形,两种磁链是"相消"的。然而,不论哪一种连接方式,其等效电感总为正值,即 $L_1L_2 - M^2 > 0$,所以

$$M \leqslant \sqrt{L_1L_2} \tag{5-1-19}$$

式(5-1-19)说明互感 M 不会大于两个自感的几何平均值。

因为两个正数的几何平均值总是小于或等于算术平均值,故比较式(5-1-19)和式(5-1-14),可知 M 最大可能值为

$$M_{\max} = \sqrt{L_1L_2} \tag{5-1-20}$$

把 M 的实际值与 M 的最大值之比称为耦合系数,以 K 表示,即

$$K = \frac{M}{M_{\max}} = \frac{M}{\sqrt{L_1L_2}} \tag{5-1-21}$$

耦合系数 K 反映耦合电感元件的耦合松紧程度。$K=0$ 表示无耦合;$K=1$ 时为全耦合,表示一个线圈中电流所产生的磁通全部与另一线圈交链;一般情况下 $K<1$。

在工程上有时要尽量减小互感,以避免线圈之间信号的相互干扰,希望 $K \rightarrow 0$,为此,可采用屏蔽方法,还可合理布置这些线圈的相互位置,如将两个线圈的轴线相互垂直。某些电工设备(如变压器)为了更有效地传输功率或信号,总是采用极紧密的耦合,使 K 值尽可能接近于 1,一般都采用铁磁材料制成铁心,并且将输入线圈和输出线圈同心绕制。

例 5-1-5　在图 5-1-12 所示电路中,$R_1 = 10\ \Omega$,$\omega L_1 = 25\ \Omega$,$R_2 = 20\ \Omega$,$\omega L_2 = 40\ \Omega$,

$\omega M = 30\ \Omega$,$\dot{U}_s = 100\ \underline{/0°}$ V,求电流 $\dot{I}_1$、$\dot{I}_2$ 和电源供给的功率 P。

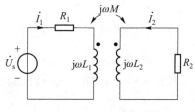

图 5-1-12　例 5-1-5 图

解　由 $\dot{I}_2$ 在 L_1 中产生的互感电压 $j\omega M \dot{I}_2$ 和由 $\dot{I}_1$ 在 L_2 中产生的互感电压 $j\omega M \dot{I}_1$,其参考方向均由标"·"端指向未标"·"端。

分别对两个线圈列写 KVL 方程,得

$$(R_1 + j\omega L_1)\,\dot{I}_1 + j\omega M\,\dot{I}_2 = \dot{U}_s$$

$$j\omega M\,\dot{I}_1 + (R_2 + j\omega L_2)\,\dot{I}_2 = 0$$

代入数值得

$$(10 + j25)\,\dot{I}_1 + j30\,\dot{I}_2 = 100\ \underline{/0°}$$

$$j30\,\dot{I}_1 + (20 + j40)\,\dot{I}_2 = 0$$

解得

$$\dot{I}_1 = \frac{\begin{vmatrix} 100 \underline{/0^\circ} & \mathrm{j}30 \\ 0 & 20+\mathrm{j}40 \end{vmatrix}}{\begin{vmatrix} 10+\mathrm{j}25 & \mathrm{j}30 \\ \mathrm{j}30 & 20+\mathrm{j}40 \end{vmatrix}} \mathrm{A} = \frac{100(20+\mathrm{j}40)}{(10+\mathrm{j}25)(20+\mathrm{j}40)-\mathrm{j}30\times\mathrm{j}30} \mathrm{A}$$

$$= \frac{100(20+\mathrm{j}40)}{100+\mathrm{j}900} \mathrm{A} = 4.94 \underline{/-20.2^\circ}\ \mathrm{A}$$

$$\dot{I}_2 = \frac{\begin{vmatrix} 10+\mathrm{j}25 & 100\underline{/0^\circ} \\ \mathrm{j}30 & 0 \end{vmatrix}}{\begin{vmatrix} 10+\mathrm{j}25 & \mathrm{j}30 \\ \mathrm{j}30 & 20+\mathrm{j}40 \end{vmatrix}} \mathrm{A} = \frac{-\mathrm{j}3000}{100+\mathrm{j}900} \mathrm{A} = 3.31 \underline{/-173.7^\circ}\ \mathrm{A}$$

电源供给的有功功率

$$P = R_1 I_1^2 + R_2 I_2^2 = (10\times4.94^2 + 20\times3.31^2)\ \mathrm{W}$$
$$= (243+219)\ \mathrm{W} = 462\ \mathrm{W}$$

【评析】对于含有耦合电感的正弦稳态电路,一般可用支路电流法或网孔电流法等方法求解,本例题是利用网孔电流法求解;在列写电压方程时,再一次强调,注意不要遗漏互感电压项,并正确地确定互感电压的参考方向;由于有互感电压的存在,一般不采用节点电压法。

思考与练习题

5-1-1 试标出题 5-5-1 图所示耦合线圈的同名端。

[1-4 端子,2-3 端子]

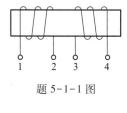

题 5-1-1 图

5-1-2 试列写出题 5-1-2 图所示耦合电感元件的 VAR。

$$\left[u_1 = L_1 \frac{\mathrm{d}i_1}{\mathrm{d}t} + M \frac{\mathrm{d}i_2}{\mathrm{d}t},\ u_2 = M \frac{\mathrm{d}i_1}{\mathrm{d}t} + L_2 \frac{\mathrm{d}i_2}{\mathrm{d}t}; \right.$$

$$\left. u_1 = L_1 \frac{\mathrm{d}i_1}{\mathrm{d}t} + M \frac{\mathrm{d}i_2}{\mathrm{d}t},\ u_2 = -M \frac{\mathrm{d}i_1}{\mathrm{d}t} - L_2 \frac{\mathrm{d}i_2}{\mathrm{d}t} \right]$$

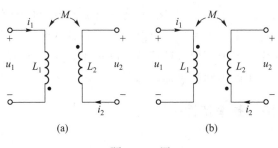

(a)   (b)

题 5-1-2 图

5-1-3 求题 5-1-3 图所示耦合电路的 $\dot{U}_1$,设其他参数已知。

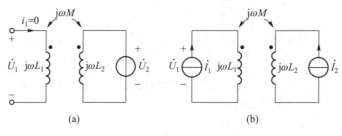

题 5-1-3 图

$$\left[\frac{M}{L_2}\dot{U}_2 \, ; \mathrm{j}\omega L_1\dot{I}_1 + \mathrm{j}\omega M\dot{I}_2\right]$$

5-1-4   若一耦合电感顺接串联时,其等效电感为 L'_{eq},反接串联时,其等效电感为 L''_{eq},求该耦合电感的互感 M。

$$\left[\frac{L'_{eq}-L''_{eq}}{4}\right]$$

5-1-5   试求题 5-1-5 图所示电路的 u_{ac},u_{ab} 和 u_{bc}。

$$\left[-16\mathrm{e}^{-2t}\,\mathrm{V},16\mathrm{e}^{-2t}\,\mathrm{V},-32\mathrm{e}^{-2t}\,\mathrm{V}\right]$$

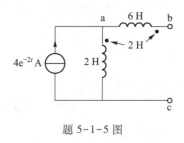

题 5-1-5 图

§5-2   正弦稳态电路频率特性的应用

在前面的正弦稳态电路的相量分析法中,引入了复阻抗和复导纳,它们都是频率的函数,因此,当电源电压(激励)的频率变化时,电路中电流和电压(响应)的大小(幅值)和相位也将随之变化。响应与频率的关系称为电路的频率特性或频率响应,它包括幅频特性和相频特性。在科学和应用技术上利用这种特性可以实现某些特定功能,如滤波和选频等,或在有些场合对这种特性产生的不利影响加以抑制或消除,预防它所产生的危害。

一、RC 串联电路的频率特性

1. RC 低通电路

所谓低通电路,就是允许低频信号通过,而将高频信号衰减的电路。

图 5-2-1 所示串联电路为 RC 低通电路,其中 $\dot{U}_1$ 是输入电压,电容元件两端的电压 $\dot{U}_2$

是输出电压。可求得

$$\dot{U}_2 = \frac{-j\dfrac{1}{\omega C}}{R - j\dfrac{1}{\omega C}}\dot{U}_1 = \frac{1}{1 + j\omega RC}\dot{U}_1$$

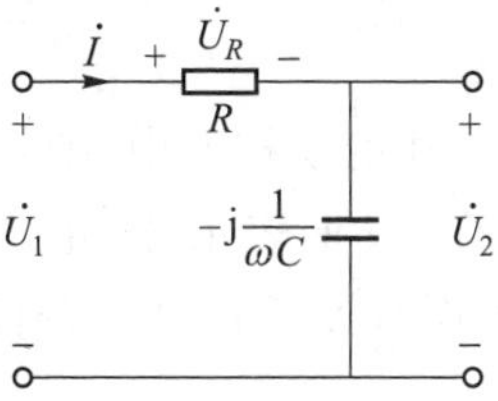

输出电压与输入电压的比值称为电压传递函数,在电子技术中亦

称为电压增益,用 $\dot{A}_u$ [①] 表示,即

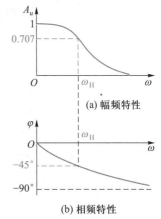

图 5-2-1　RC 低通电路

$$\dot{A}_u = \frac{\dot{U}_2}{\dot{U}_1} = \frac{1}{1 + j\omega RC}$$

$$= \frac{1}{\sqrt{1 + (\omega RC)^2}}\underline{/-\arctan(\omega RC)} = A_u\underline{/\varphi} \tag{5-2-1}$$

式中

$$A_u = \frac{U_2}{U_1} = \frac{1}{\sqrt{1 + (\omega RC)^2}} \tag{5-2-2a}$$

表示传递函数 $\dot{A}_u$ 的模(幅值)与角频率 ω 之间的关系,称为幅频特性,而

$$\varphi = -\arctan(\omega RC) \tag{5-2-2b}$$

表示输出电压与输入电压之间的相位差与角频率之间的关系,称为相频特性。幅频特性和相频特性全面反映了电路中响应与频率的关系,统称为频率特性。

据式(5-2-2)可以作出幅频特性曲线和相频特性曲线,如图 5-2-2(a)、(b)所示。

从 RC 低通电路的幅频特性可见,随着 ω 的增加,A_u 不断减少,但当 $\omega < \omega_{\mathrm{H}} = \dfrac{1}{RC}$ 时,A_u 变化不大,接近等于 1;当 $\omega > \omega_{\mathrm{H}} = \dfrac{1}{RC}$ 后,A_u 明显下降,这表明低频的正弦信号要比高频的正弦信号更容易通过这一电路,故该 RC 电路被称为低通电路。

从 RC 低通电路的相频特性可见,随着 ω 的增加,φ 角由 0 逐渐趋向 $-90°$,且 φ 角总为负,说明输出电压 $\dot{U}_2$ 总是滞后输入电压 $\dot{U}_1$ 的,滞后的角度介于 $0 \sim -90°$ 之间,从这一点而言,该 RC 电路又称为滞后网络。

(a) 幅频特性

(b) 相频特性

图 5-2-2　RC 低通电路的
频率特性

由式(5-2-2)可知,当 $\omega = \dfrac{1}{RC}$ 时,$A_u = \dfrac{1}{\sqrt{2}} = 0.707$,$\varphi = -45°$,

这是一个特殊的频率,记为 ω_{H},即

---

① 在这里,采用了电子技术教材的习惯表示方法,借用了相量的符号,但是 $\dot{A}_u$ 不是相量,只是一个复数。

$$\omega_H=\frac{1}{RC}$$

在电子技术中,把 ω_H 称为上限截止频率,把 $0\sim\omega_H$ 的范围定为这一低通电路的通频带,用符号 BW 表示,因此其通频带 $BW=\omega_H$,意即该电路只能通过从零到截止频率 ω_H 的低频信号,而对大于 ω_H 的所有频率信号则认为被完全衰减了。引入 ω_H 后,式(5-2-1)可写为

$$\dot{A}_u=\frac{1}{1+\mathrm{j}\dfrac{\omega}{\omega_H}} \tag{5-2-3}$$

在电子技术中,RC 低通电路常是低通滤波电路的一个重要组成部分。

2. RC 高通电路

所谓高通电路,就是允许高频信号通过,而将低频信号衰减的电路。

图 5-2-3 RC 高通电路

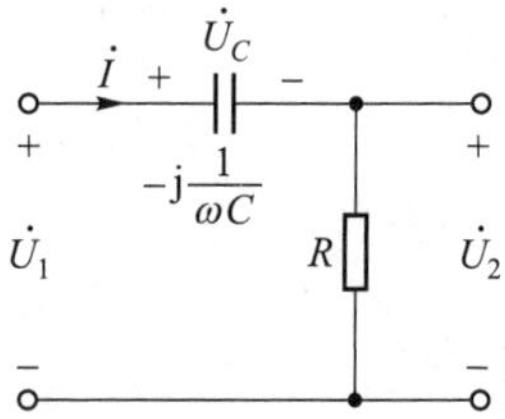

图 5-2-3 所示串联电路为 RC 高通电路,与低通电路不同的是它的输出电压 $\dot{U}_2$ 从电阻两端输出。可求得,电路的输出电压

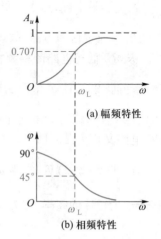

$$\dot{U}_2=\frac{R}{R-\mathrm{j}\dfrac{1}{\omega C}}\dot{U}_1=\frac{\mathrm{j}\omega RC}{1+\mathrm{j}\omega RC}\dot{U}_1$$

电压的传递函数为

$$\begin{aligned}\dot{A}_u&=\frac{\dot{U}_2}{\dot{U}_1}=\frac{\mathrm{j}\omega RC}{1+\mathrm{j}\omega RC}=\frac{\omega RC}{\sqrt{1+(\omega RC)^2}}\angle 90^\circ-\arctan(\omega RC)\\&=A_u\angle\varphi\end{aligned} \tag{5-2-4}$$

式中

$$\left.\begin{aligned}A_u&=\frac{U_2}{U_1}=\frac{\omega RC}{\sqrt{1+(\omega RC)^2}}\\\varphi&=90^\circ-\arctan(\omega RC)\end{aligned}\right\} \tag{5-2-5}$$

据式(5-2-5)可以作出幅频特性曲线和相频特性曲线,如图 5-2-4(a)、(b)所示。由频率特性可见,高频的正弦信号要比低频的正弦信号更容易通过该 RC 电路,故被称为高通电路。在相位上输出电压 $\dot{U}_2$ 总是超前输入电压 $\dot{U}_1$ 的,该 RC 电路又称为超前网络。

图 5-2-4 RC 高通电路的频率特性

当 $\omega=\dfrac{1}{RC}$ 时,$A_u=\dfrac{1}{\sqrt{2}}=0.707$,$\varphi=45^\circ$,这是一个特殊的频率,记为 ω_L,即

$$\omega_L=\frac{1}{RC}$$

在电子技术中,把 ω_L 称为<u>下限截止频率</u>,把 $\omega_L \sim \infty$ 的范围定为这一高通电路的通频带,从理论上说,它的通频带 BW = ∞。引入 ω_L 后,式(5-2-4)可写为

$$\dot{A}_u = \frac{1}{1-\mathrm{j}\dfrac{\omega_L}{\omega}} \tag{5-2-6}$$

在电子技术中,RC 高通电路常是高通滤波电路的一个重要组成部分。

例 5-2-1 图 5-2-5 所示的 RC 串并联电路是 RC 桥式振荡电路的选频电路。试证明:当频率 $f = f_0 = \dfrac{1}{2\pi RC}$ 时,输出电压 $\dot{U}_2$ 与输入电压 $\dot{U}_1$ 同相,并证明这时输出电压的幅值最大,且 $\dot{A}_u = \dfrac{\dot{U}_2}{\dot{U}_1} = \dfrac{1}{3}$。画出该电路的幅频特性和相频特性曲线。

解 由图 5-2-5 可得

$$\dot{A}_u = \frac{\dot{U}_2}{\dot{U}_1} = \frac{R \mathbin{/\mkern-5mu/} \dfrac{1}{\mathrm{j}\omega C}}{\left(R + \dfrac{1}{\mathrm{j}\omega C}\right) + \left(R \mathbin{/\mkern-5mu/} \dfrac{1}{\mathrm{j}\omega C}\right)}$$

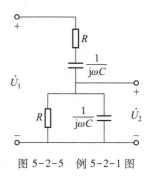

图 5-2-5 例 5-2-1 图

$$= \frac{\dfrac{R}{1+\mathrm{j}\omega RC}}{\dfrac{1+\mathrm{j}\omega RC}{\mathrm{j}\omega C} + \dfrac{R}{1+\mathrm{j}\omega RC}} = \frac{\mathrm{j}\omega RC}{(1+\mathrm{j}\omega RC)^2 + \mathrm{j}\omega RC}$$

$$= \frac{1}{3 + \mathrm{j}\left(\omega RC - \dfrac{1}{\omega RC}\right)}$$

由上式可见,当 $\omega RC = \dfrac{1}{\omega RC}$,即 $f = f_0 = \dfrac{1}{2\pi RC}$ 时,$\dot{A}_u = \dfrac{1}{3}$,说明 $\dot{U}_2$ 与 $\dot{U}_1$ 同相,并且 A_u 为最大,即 $\dot{U}_2$ 的幅值最大。

该电路的幅频特性和相频特性,如图 5-2-6 所示。

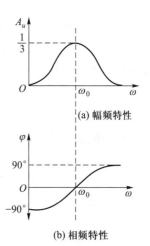

(a) 幅频特性

(b) 相频特性

图 5-2-6 例 5-2-1 的
频率特性曲线

【评析】本例题的 RC 串并电路是桥式振荡电路的选频电路,它是利用其频率特性实现选频功能。所谓选频,是将需要的某个频率的信号选出来。本选频电路实现了当输入信号的某个频率与选频电路的固有频率相同时,它的输出信号的幅值最大,而且相位与输入信号相位相同。

本节所述低通电路和高通电路,是利用其频率特性实现滤波功能。所谓滤波,是将不需要的某段频率的信号衰减掉。除

了低通、高通滤波器外,还有带通和带阻滤波器等。[1]

二、串联谐振

在§4-3中讨论含 RLC 元件的无源二端网络时,曾提到无源二端网络端口的等效复阻抗的电抗分量 $X=0$ 时,端口电压与电流同相,二端网络呈电阻性,这是电路中的一种特殊现象。这种现象就是电路的谐振。按发生谐振的电路不同,谐振现象分为串联谐振和并联谐振等。下面首先讨论 RLC 串联谐振。

在图 5-2-7(a)所示的 RLC 串联电路中,设电源是电压有效值为 U_s、角频率为 ω 的正弦电压源,其电路的复阻抗为

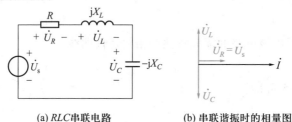

(a) RLC串联电路   (b) 串联谐振时的相量图

图 5-2-7　RLC 串联谐振电路

$$Z = R + j\left(\omega L - \frac{1}{\omega C}\right) = R + j(X_L - X_C) = |Z|\underline{/\varphi_Z}$$

其阻抗模和阻抗角分别为

$$|Z| = \sqrt{R^2 + (X_L - X_C)^2}$$

$$\varphi_Z = \arctan\frac{X_L - X_C}{R}$$

当感抗和容抗相等(即 $X_L = X_C$)时,电路的阻抗角 $\varphi_Z = 0$,此时电路的电压和电流同相,电路呈电阻性,这种现象称为谐振,因为是在串联电路中发生的,故称为串联谐振。所以,发生串联谐振的条件为

$$X_L = X_C \qquad 或 \qquad \omega L = \frac{1}{\omega C} \tag{5-2-7}$$

根据谐振条件,可得

$$\omega_0 = \omega = \frac{1}{\sqrt{LC}} \tag{5-2-8a}$$

$$f_0 = \frac{\omega_0}{2\pi} = \frac{1}{2\pi\sqrt{LC}} \tag{5-2-8b}$$

---

[1]　参见书末参考文献[5]第 14 章及本书§5-5。

ω_0 和 f_0 称为电路的谐振角频率和谐振频率。

由式(5-2-8)可知,串联谐振可以用下面的方法获得:

(1)当外加电源频率为一定时,改变电路参数 L 或 C(通常改变 C),使 $\omega L = \dfrac{1}{\omega C}$。

(2)当电路参数 L、C 一定时,改变电源频率。

串联谐振的特征是:

(1)电路的等效阻抗最小,在输入电压一定的条件下,电流最大。因为串联谐振时,阻抗

$$|Z| = \sqrt{R^2 + \left(\omega L - \frac{1}{\omega C}\right)^2} = R$$

而电流

$$I = I_0 = \frac{U_s}{|Z|} = \frac{U_s}{R}$$

(2)电阻上的电压等于电源电压。因为

$$\dot{U}_R = R\dot{I}_0 = Z\dot{I}_0 = \dot{U}_s$$

(3)电感电压与电容电压大小相等,相位相反。因为

$$\dot{U}_L = jX_L\dot{I}_0 = j\omega L\dot{I}_0 = j\frac{\omega L}{R}\dot{U}_s$$

$$\dot{U}_C = -jX_C\dot{I}_0 = -j\frac{1}{\omega C}\dot{I}_0 = -j\frac{1}{\omega C R}\dot{U}_s$$

而谐振时
$$X_L = X_C$$

故
$$\dot{U}_L = -\dot{U}_C$$

即 $\dot{U}_L$ 与 $\dot{U}_C$ 大小相等,相位相反,在电路中互相抵消,其相量图如图 5-2-7(b)所示。

(4)电感电压、电容电压比电源电压高许多倍。因为
$$U_L = X_L I_0 \qquad U_C = X_C I_0 \qquad U_R = R I_0 = U_s$$
在一般情况下,$X_L = X_C \gg R$,则有 $U_L = U_C \gg U_R = U_s$。由于串联谐振时电感电压 U_L、电容电压 U_C 比电源电压 U_s 高许多倍,故串联谐振也称为电压谐振。在电力系统中应尽量避免发生这种谐振而引起的过电压,以防止电气设备的损坏;而在无线电技术中却要利用它来获得比输入高得多的电压。

(5)谐振时,电感中的无功功率和电容中的无功功率完全补偿,电路吸收的无功功率等于零。因为
$$Q = Q_L - Q_C = X_L I_0^2 - X_C I_0^2 = 0$$
这表明,谐振时电感和电容进行着磁场能量与电场能量的转换,它们不与电源交换能量,电源供给电路的能量全部转换为电阻发热损耗的能量。

在无线电技术中,为了说明谐振电路的性能,定义了谐振电路的品质因数,用符号 Q[①] 表示,在 RLC 串联谐振电路中,它是电容电压 U_C 或电感电压 U_L 与电源电压 U_s 的比值,即

$$Q = \frac{U_C}{U_s} = \frac{U_L}{U_s} = \frac{1}{\omega_0 CR} = \frac{\omega_0 L}{R} \tag{5-2-9}$$

Q 是一个无量纲的参数,工程上称为 Q 值。

在输入电压一定的情况下,Q 值越高,则 U_L、U_C 越高,这是无线电工程所希望的。在无线电工程中,实用的谐振电路的 Q 值往往在 50~200 之间;高质量(即品质好)的谐振电路的 Q 值可能超过 200。Q 值称为品质因数即来源于此。

引入品质因数后,电路发生串联谐振时,电感和电容两端电压可表达为

$$U_L = \omega_0 L I_0 = \frac{\omega_0 L}{R} U_s = Q U_s$$

$$U_C = \frac{1}{\omega_0 C} I_0 = \frac{1}{\omega_0 CR} U_s = Q U_s$$

U_L、U_C 等于电源电压 U_s 的 Q 倍。

下面讨论 RLC 串联电路的频率特性,即电路中电流、电压、阻抗随频率变化的关系。首先研究阻抗的频率特性。

在串联电路中

$$Z = R + j\left(\omega L - \frac{1}{\omega C}\right) = R + j(X_L - X_C) = R + jX$$

则

$$X(\omega) = X_L(\omega) - X_C(\omega) = \omega L - \frac{1}{\omega C}$$

$$|Z(\omega)| = \sqrt{R^2 + \left(\omega L - \frac{1}{\omega C}\right)^2}$$

$$\varphi_Z(\omega) = \arctan \frac{\omega L - \frac{1}{\omega C}}{R}$$

由以上三式可画出 $X_L(\omega)$、$X_C(\omega)$、$|Z(\omega)|$ 和 $\varphi_Z(\omega)$ 与频率的关系,即阻抗的频率特性曲线,如图 5-2-8(a)、(b)所示。

下面研究电流的频率特性。

当电源电压 U_s 一定时,电流的频率特性为

$$I(\omega) = \frac{U_s}{|Z(\omega)|} = \frac{U_s}{\sqrt{R^2 + \left(\omega L - \frac{1}{\omega C}\right)^2}}$$

据此可以作出 $I(\omega)$ 的频率特性曲线,如图 5-2-8(c)所示,该曲线也称为谐振曲线,图(c)

[①] 本章已用 Q 表示无功功率,这里又用 Q 表示品质因数,可由上下文所述内容来加以区别。

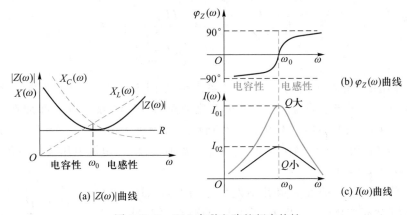

图 5-2-8　*RLC* 串联电路的频率特性

给出了两条不同 *Q* 值下的谐振曲线,其中 *Q* 值较大的曲线顶部较 *Q* 值小的曲线顶部陡峭。

由图 5-2-8(a)、(c)可见,当 $\omega = \omega_0$ 时,$|Z(\omega)|$ 达极小值,其值 $|Z(\omega_0)| = R$;电流 $I(\omega)$ 达极大值,其值 $I(\omega_0) = \dfrac{U_s}{R}$;当 $\omega < \omega_0$ 时电路呈电容性,$\omega > \omega_0$ 时电路呈电感性;当 ω 偏离 ω_0 时,电流 I 逐渐减小,直到 $\omega = 0$ 或 $\omega = \infty$ 时,I 趋近于零。因此,若 *RLC* 串联电路中有若干不同频率的电源作用时,则接近于谐振频率 ω_0 的电流成分将较多,而偏离 ω_0 的电流成分较少,这样就可以把 ω_0 附近的电流成分选择出来。这种性能在无线电技术中称为"选择性"。收音机就是利用了谐振电路的选择性,从各电台发射的具有不同频率的信号中选择所需电台的信号。电路的 *Q* 值愈高,谐振曲线愈尖锐[参见图 5-2-8(c)],则电路的选择性愈好。

谐振曲线的电流 *I* 值由最大值 I_0 下降到 $0.707 I_0$ $\left(即 \dfrac{1}{\sqrt{2}} I_0\right)$ 所对应的频率范围为通频带,如图 5-2-9 所示。由图可知,通频带

$$BW = f_H - f_L$$

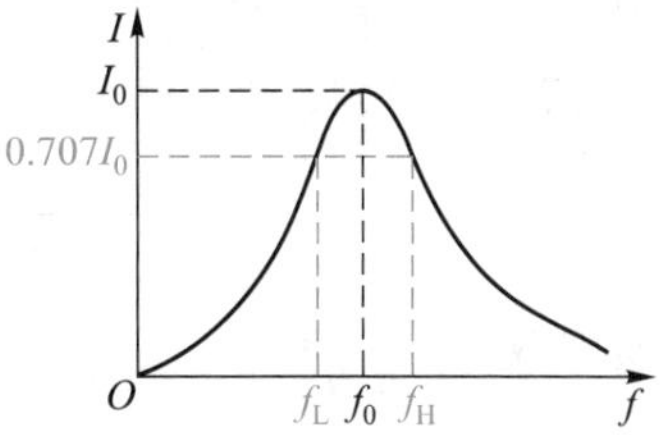

其中,f_H 称为上限截止频率,f_L 称为下限截止频率。凡频率在通频带内的信号,可以顺利通过电路;凡频率不在通频带内的信号,则认为被电路抑制,不能通过电路。显然,对于品质因数 *Q* 值愈高的电路,因其谐振曲线愈尖锐,则该电路的通频带愈窄,选择性愈好。关于通频带和截止频率的概念已在前面讨论低通电路和高通电路中提及,其物理意义与本处讨论的是一样的,只是用在不同场合而已。

图 5-2-9　通频带

最后研究电压 U_C 和 U_L 的频率特性。

由于

$$U_C = \frac{U_s}{|Z|} X_C = \frac{U_s}{\omega C \sqrt{R^2 + \left(\omega L - \dfrac{1}{\omega C}\right)^2}}$$

$$U_L = \frac{U_s}{|Z|}X_L = \frac{\omega L U_s}{\sqrt{R^2 + \left(\omega L - \frac{1}{\omega C}\right)^2}}$$

由上两式可作出串联谐振电路的 U_C 和 U_L 频率特性,如图 5-2-10 所示。曲线的形状和 Q 值有关。当 $\omega = 0$ 时,相当于直流,电容阻止电流通过,$I = 0$,电源电压全部加在电容上,故 $U_C(0) = U_s$,$U_L(0) = 0$;当 $\omega = \omega_0$ 时,电路发生谐振,I 到达极大值,$U_C(\omega_0) = U_L(\omega_0) = QU_s$;当 $\omega > \omega_0$,而趋向 ∞ 时,电感阻抗趋向 ∞,电感阻止电流通过,$I = 0$,电源电压全部加在电感上,故 $U_L(\infty) = U_s$,$U_C(\infty) = 0$。

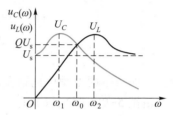

图 5-2-10 RLC 串联电路 U_L、U_C 的频率特性

可以证明,U_L 及 U_C 的最大值并不发生在谐振点($\omega = \omega_0$)处,这是因为 ω 变化时,X_L 及 X_C 都随着变化,谐振时虽然 I_0 最大,但由于 $X_L = \omega L$ 不是常量,故 $U_L = X_L I_0$ 不是极大;当 ω 略大于 ω_0 时,虽然 I 略小,但 X_L 值增大,因而反能得到更大的 U_L。所以 U_L 的最大值发生在 ω 略大于 ω_0 处,如图 5-2-10 中的 ω_2。U_C 的最大值则发生在 ω 略小于 ω_0 处(其理由请读者分析),如图 5-2-10 中的 ω_1。当 Q 值很大时,U_L、U_C 出现最大值的频率都接近于谐振频率,即 $\omega_1 \approx \omega_2 \approx \omega_0$。

例 5-2-2   有一电感线圈 $L = 4$ mH、$R = 50\ \Omega$ 和 $C = 160$ pF 的电容串联,接在电压为 10 V、且频率可调的交流电源上。试求电路的谐振频率、品质因数 Q 和谐振时的 U_R、U_L、U_C 的值。

解   谐振频率

$$f_0 = \frac{1}{2\pi\sqrt{LC}} = \frac{1}{2\pi\sqrt{4\times10^{-3}\times160\times10^{-12}}}\ \text{Hz} = 199\ \text{kHz}$$

品质因数

$$Q = \frac{\omega_0 L}{R} = \frac{2\pi\times199\times10^3\times4\times10^{-3}}{50} = 100$$

电阻、电感、电容两端的电压

$$U_R = U_s = 10\ \text{V}$$

$$U_L = QU_s = 100 \times 10\ \text{V} = 1\ 000\ \text{V}$$

$$U_C = QU_s = 100 \times 10\ \text{V} = 1\ 000\ \text{V}$$

【评析】从本例题可见,当电路发生串联谐振时,U_L、U_C 的值达到了电源电压的 100 倍。只要选择适当参数,还可以获得更高的电压,所以在电力工程中常常要避免谐振情况或接近谐振情况的发生,以避免电容器或电感线圈的绝缘被击穿;但在无线电工程中广泛地应用谐振现象,以获得一个比输入电压大许多倍的电压。

例 5-2-3   在上例中,若电源电压仍为 10 V,试求频率为 1.1 倍谐振频率(即 $f =$

$1.1f_0$)时 U_R、U_L、U_C 的值。

解 电源频率 $f = 1.1f_0 = 1.1 \times 199$ kHz $= 218.9$ kHz

则
$$X_L = \omega L = 2\pi \times 218.9 \times 10^3 \times 4 \times 10^{-3}\ \Omega = 5\ 502\ \Omega$$

$$X_C = \frac{1}{\omega C} = \frac{1}{2\pi \times 218.9 \times 10^3 \times 160 \times 10^{-12}}\ \Omega = 4\ 544\ \Omega$$

$$|Z| = \sqrt{R^2 + (X_L - X_C)^2} = \sqrt{50^2 + (5\ 502 - 4\ 544)^2}\ \Omega = 959.3\ \Omega$$

故
$$I = \frac{U_s}{|Z|} = \frac{10}{959.3}\ \text{A} = 0.01\ \text{A}$$

$$U_R = RI = 50 \times 0.01\ \text{V} = 0.5\ \text{V} < U_s$$

$$U_L = X_L I = 5\ 502 \times 0.01\ \text{V} = 55.02\ \text{V}$$

$$U_C = X_C I = 4\ 544 \times 0.01\ \text{V} = 45.44\ \text{V}$$

【评析】从本例题可见,偏离谐振频率10%时,U_L 和 U_C 大大减小,说明了该电路的频率选择性较强。"选择性"是反映无线电设备性能的一个重要指标,它决定于 Q 值的大小,Q 值愈大,电路的幅频特性愈陡峭,其选择性愈好。

三、并联谐振

并联谐振适宜于高内阻信号源的情况。在串联谐振电路中,信号源内阻是与电路相串联的,所以,当信号内阻较大时,会使串联谐振电路的品质因数大大降低,从而影响谐振电路的选择性。

本处研究工程上广泛采用的具有电阻的电感线圈和电容组成的并联谐振电路,其电路模型,如图 5-2-11 所示。电路的等效复导纳为

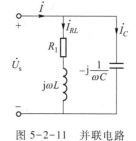

图 5-2-11 并联电路

$$Y = \frac{1}{R + j\omega L} + j\omega C$$

$$= \frac{R}{R^2 + (\omega L)^2} + j\left[\omega C - \frac{\omega L}{R^2 + (\omega L)^2}\right] \qquad (5-2-10)$$

一般情况下,电感线圈的电阻 $R \ll \omega L$,则上式可写成

$$Y \approx \frac{R}{(\omega L)^2} + j\left[\omega C - \frac{1}{\omega L}\right] \qquad (5-2-11)$$

当式(5-2-11)复导纳的虚部为零时,端口电压 $\dot{U}_s$ 与总电流 $\dot{I}$ 同相,电路呈电阻性,于是电路发生了谐振。由于是在并联电路中出现的,所以称为并联谐振。由此可得谐振条件是

$$\omega C - \frac{1}{\omega L} \approx 0$$

则谐振角频率和谐振频率为

$$\omega_0 = \omega \approx \frac{1}{\sqrt{LC}} \tag{5-2-12a}$$

$$f_0 = \frac{\omega_0}{2\pi} \approx \frac{1}{2\pi\sqrt{LC}} \tag{5-2-12b}$$

与串联谐振频率近于相等。

由式（5-2-11）可知，该电路谐振时的等效复导纳

$$Y = Y_0 \approx \frac{R}{(\omega_0 L)^2} = \frac{R}{\left(\frac{1}{\sqrt{LC}}L\right)^2} = \frac{RC}{L} \tag{5-2-13a}$$

则等效阻抗

$$Z_0 = \frac{1}{Y_0} = \frac{L}{RC} \tag{5-2-13b}$$

式（5-2-13）表明，谐振时整个电路相当于一个电阻。且电感线圈的电阻 R 越小，则导纳 Y_0 越小，阻抗 Z_0 越大。导纳 $Y_0 \approx \frac{R}{(\omega L)^2}$ 随着频率的增大而减小，故该电路发生谐振时的等效导纳 Y_0 很小[参见式（5-2-11）]，但不是最小值，即等效阻抗 Z_0 不是最大值，它们发生在电源频率略高于谐振频率时。

由于 $\omega_0 L \gg R$，在发生谐振时，$\omega_0 C \approx \frac{1}{\omega_0 L}$，则各支路电流

$$\dot{I}_{RL} = \frac{\dot{U}_s}{R + j\omega_0 L} = \frac{U_s \big/ 0°}{\sqrt{R^2 + (\omega_0 L)^2} \big/ \arctan\frac{\omega_0 L}{R}} \approx \frac{U_s}{\omega_0 L} \big/ -90° \tag{5-2-14}$$

$$\dot{I}_C = j\omega_0 C \dot{U}_s = \omega_0 C U_s \big/ 90° \tag{5-2-15}$$

$$\dot{I} = \dot{I}_0 = Y_0 \dot{U}_s \approx \frac{R}{(\omega_0 L)^2} U_s \big/ 0° = \frac{RC}{L} U_s \big/ 0° \tag{5-2-16}$$

比较式（5-2-14）至式（5-2-16），可知

$$\dot{I}_{RL} \approx -\dot{I}_C$$

$$I_{RL} \approx I_C \gg I_0$$

即在谐振时，两并联电路的电流大小近于相等，相位近于相反，且比总电流大许多倍。因此，并联谐振也称为电流谐振。在谐振时，总电流 I_0 很小，但由于谐振时 Y_0 不是最小值，因此，总电流的最小值也不是发生在谐振时，是发生在电源频率略高于谐振频率时。

谐振时的电压和电流的相量图，如图 5-2-12 所示。

并联谐振的品质因数定义为

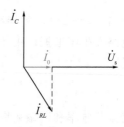

图 5-2-12 并联谐振的相量图

$$Q = \frac{I_{RL}}{I_0} \approx \frac{I_C}{I_0} = \frac{\omega_0 L}{R} = \frac{1}{\omega_0 CR} \qquad (5-2-17)$$

显然，R 愈小，则 Q 值愈大；且可知电路谐振时，支路电流 I_{RL} 和 I_C 是总电流的 Q 倍。

若图 5-2-11 所示电路改由电流为 I_s 的正弦电流源供电，当电源为某一频率时电路发生谐振，由于谐振时电路的等效阻抗很大，则在电路端口产生很高的电压；而对于其他频率的电源，则不发生谐振，阻抗较小，端口电压也较小。这样就起到了选频作用。

在某些无线电接收设备中，常利用并联谐振电路选取有用信号和消除无用杂波。

例 5-2-4 试求图 5-2-13 所示电路中的并联谐振角

频率 ω_0。设输入电压 u 的角频率为 ω。

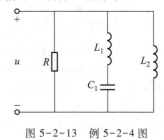

图 5-2-13 例 5-2-4 图

解 电路的总导纳

$$Y = \frac{1}{R} + \frac{1}{\mathrm{j}\left(\omega L_1 - \dfrac{1}{\omega C_1}\right)} + \frac{1}{\mathrm{j}\omega L_2}$$

$$= \frac{1}{R} - \mathrm{j}\left[\frac{\omega L_1 + \omega L_2 - \dfrac{1}{\omega C_1}}{\left(\omega L_1 - \dfrac{1}{\omega C_1}\right)\omega L_2}\right]$$

显然，当

$$\omega L_1 + \omega L_2 - \frac{1}{\omega C_1} = 0 \text{ 时}$$

电路发生并联谐振，则

$$\omega_0 = \omega = \frac{1}{\sqrt{(L_1 + L_2)C_1}}$$

【评析】本例题是求取并联谐振角频率。实际上，对于任何一个可能发生谐振的正弦稳态电路(含有 L、C 元件)，不论是串联电路、并联电路，还是混联电路，求取揩振频率的方法是一样的，只需求出其端口的等效阻抗或等效导纳，然后令其虚部为零，即可得到该电路的谐振频率。

例 5-2-5 如图 5-2-14 所示电路中，已知 $L = 100\ \mu\mathrm{H}$，$R = 25\ \Omega$，$C = 100\ \mathrm{pF}$，电流源 $I_s = 1\ \mathrm{mA}$，内阻 $R_S = 40\ \mathrm{k\Omega}$。(1)试求点画线框内并联电路的谐振频率 f_0、品质因数 Q 和谐振时的阻抗 Z_0；(2)若点画线框内并联回路已对电源频率谐振，求并联电路两端电压 U_0 和 I_C、I_{RL}。

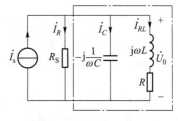

图 5-2-14 例 5-2-5 图

解 (1)据式(5-2-12)得

$$f_0 \approx \frac{1}{2\pi\sqrt{LC}} = \frac{1}{2\pi\sqrt{100\times10^{-6}\times100\times10^{-12}}} \text{ Hz} = 1.59 \text{ MHz}$$

据式(5-2-17)得

$$Q = \frac{\omega_0 L}{R} = \frac{2\pi\times1.59\times10^6\times100\times10^{-6}}{25} = 40$$

据式(5-2-13)得

$$Z_0 = \frac{L}{RC} = \frac{100\times10^{-6}}{25\times100\times10^{-12}} \ \Omega = 40 \text{ k}\Omega$$

（2）$U_0 = \dfrac{R_s}{R_s+Z_0}I_s\times Z_0 = \dfrac{40}{40+40}\times1\times10^{-3}\times40\times10^3 \text{ V} = 20 \text{ V}$

$I_C \approx I_{RL} = \omega_0 CU_0 = 2\pi\times1.59\times10^6\times100\times10^{-12}\times20 \text{ A} = 20 \text{ mA}$

【评析】本例题是引用教材中的结论求解电路的谐振频率、品质因数和等效阻抗,这些公式无需背诵,需要时可以推导出来。关于品质因数 Q,它是表征谐振电路性能的另一个重要指标,与谐振频率一样,是仅由电路结构和元件参数决定的一个无量纲的量。Q 愈大,则电路发生谐振时,信号的放大能力愈强,即在同一激励下,获得的电感电压、电容电压愈高(串联谐振)或电感电流、电容电流愈大(并联谐振)。Q 愈大,则电路对具有谐振频率的信号选择性越好。

思考与练习题

5-2-1　试确定题5-2-1图所示两电路是低通电路还是高通电路。

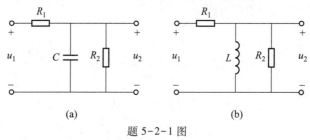

題 5-2-1 图

[低通,高通]

5-2-2　是否任何电路均可产生谐振？电路产生谐振的必备条件是什么？

[否:含 L、C、L、C 元件参数或电源频率可变]

5-2-3　试说明当频率 ω 高于谐振频率 ω_0 时,RLC 串联电路是电容性还是电感性？

[电感性]

5-2-4　对于图5-2-11所示并联谐振电路,当外施电压角频率 $\omega<\omega_0$ 或 $\omega>\omega_0$(ω_0 为电路谐振角频率)时,电路各呈什么性质？若电路处于谐振状态时,在增大或减小电感线圈电阻时,电路性质是否将发生变化？

[电感性,电容性,不变化]

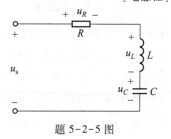

题 5-2-5 图

5-2-5　在题5-2-5图所示 RLC 串联电路中,$L = 160$ μH,$C = 250$ pF,$R = 10$ Ω,外加正弦电压 $U_s = 1$ mV,试求该电路的谐振频率 f_0、品质因数 Q 和谐振时的电压 U_R、U_L、U_C。

[795.8 kHz,80,1 mV,80 mV,80 mV]

§5-3 多个不同频率正弦激励稳态电路的分析

一、多个不同频率正弦激励的电路

在许多电子电路中,存在着多个不同频率的正弦激励,例如按键式电话机的振铃电路是由高、低两种频率的振荡信号驱动扬声器发出悦耳的振铃声。

对于含有多个不同频率正弦激励的电路,需运用叠加定理求解电路的响应。但是,由于不符合单一频率的条件,因此不能同例 4-4-5 含有多个同频率正弦激励的电路一样,采用同一相量模型运用相量法进行求解。而是,在运用叠加定理求每一激励单独作用的响应时,需作出不同频率下的相量模型,运用相量法求解。在求得各激励单独作用的分响应相量后,分别将其转换成对应的正弦函数形式,然后叠加得出总响应。

注意,在作不同频率下的相量模型时,对于同一个 L、C 元件在各个相量模型中的感抗和容抗是不相同的,例如,设有频率分别为 ω_1、ω_2 的两个激励,则其感抗和容抗分别为 $\omega_1 L$、$\dfrac{1}{\omega_1 C}$ 和 $\omega_2 L$、$\dfrac{1}{\omega_2 C}$。

例 5-3-1 电路如图 5-3-1 所示,其中 $u_s = 10\sin 5t$ V,$i_s = 2\sin 4t$ A,$R = 1$ Ω,$L = 1$ H,$C = 1$ F,试求 i_o。

解 本例必须应用叠加定理求解 i_o。

(1) 作出 u_s 单独作用时的相量模型,如图 5-3-1(b)所示,图中

$$\dot{U}_{sm} = 10 \underline{/0°} \text{ V}$$

$$j\omega_1 L = j5 \times 1 \text{ Ω} = j5 \text{ Ω}$$

$$-j\frac{1}{\omega_1 C} = -j\frac{1}{5 \times 1} \text{ Ω} = -j0.2 \text{ Ω}$$

注意,此处 L、C 元件的阻抗系根据 $\omega_1 = 5$ rad/s 算得。为简便计,采用幅值相量进行计算,以下同。

由图 5-3-1(b),得

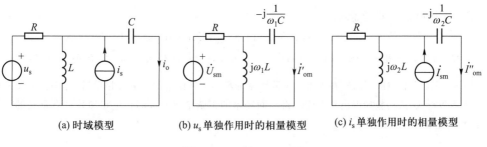

(a) 时域模型　　　　　(b) u_s 单独作用时的相量模型　　　　　(c) i_s 单独作用时的相量模型

图 5-3-1　例 5-3-1 图

$$\dot{I}_{om}' = \cfrac{\dot{U}_{sm}}{R+\cfrac{j\omega_1 L\left(-j\cfrac{1}{\omega_1 C}\right)}{j\omega_1 L-j\cfrac{1}{\omega_1 C}}} \times \cfrac{j\omega_1 L}{j\omega_1 L-j\cfrac{1}{\omega_1 C}}$$

$$= \cfrac{10\underline{/0°}}{1+\cfrac{j5\times(-j0.2)}{j5-j0.2}} \times \cfrac{j5}{j5-j0.2}\ A = \cfrac{50\underline{/90°}}{4.9\underline{/78.23°}}\ A = 10.2\underline{/11.8°}\ A$$

写出对应的正弦函数式

$$i_o' = 10.2\sin(5t + 11.8°)\ A$$

(2) 作出 i_s 单独作用时的相量模型,如图 5-3-1(c)所示,图中

$$\dot{I}_{sm} = 2\underline{/0°}\ A$$

$$j\omega_2 L = j4\times1\ \Omega = j4\ \Omega$$

$$-j\frac{1}{\omega_2 C} = -j\frac{1}{4\times1}\ \Omega = -j0.25\ \Omega$$

而

$$\frac{1}{j\omega_2 L} = \frac{1}{j4\times1}\ S = -j0.25\ S$$

$$j\omega_2 C = j4\times1\ S = j4\ S$$

此处 L、C 元件的阻抗系根据 $\omega_2 = 4\ \text{rad/s}$ 算得。

图 5-3-1(c)为并联电路,在运用分流公式时,宜采用复导纳进行计算,故

$$\dot{I}_{om}'' = \cfrac{j\omega_2 C}{\cfrac{1}{R}+\cfrac{1}{j\omega_2 L}+j\omega_2 C}\dot{I}_{sm} = \cfrac{j4}{1-j0.25+j4}\times2\underline{/0°}\ A$$

$$= \cfrac{8\underline{/90°}}{3.88\underline{/75.1°}}\ A = 2.06\underline{/14.9°}\ A$$

则

$$i_o'' = 2.06\sin(4t+14.9°)\ A$$

(3) 应用叠加定理求总响应

$$i_o = i_o' + i_o'' = \left[10.2\sin(5t + 11.8°) + 2.06\sin(4t + 14.9°)\right]\ A$$

【评析】在求解不同频率激励的电路响应时,不能将各分量的相量相加。即在本例题中,不能利用 $\dot{I}_{om} = \dot{I}_{om}' + \dot{I}_{om}''$ 来求总响应。而应在求得各不同频率的激励单独作用的分响应相量后,分别将其转换成对应的正弦函数形式,然后叠加得出总响应。将不同频率的正弦量所对应的相量相加是没有意义的,因为,相量是针对某频率的正弦量而言的。

二、非正弦周期激励的电路[①]

1. 非正弦周期量分解为傅立叶级数

在电工、电子电路中,除了正弦激励和响应外,非正弦周期激励和响应也是经常遇到的。例如,信号发生器产生的矩形波和锯齿波,交流整流电路的输出电压波形,三极管放大电路中由直流电源和交流信号合成的电压及电流波形等,都是非正弦周期波。在高等数学中,凡是满足狄里赫利条件的周期函数都可以分解为傅立叶级数。在工程中遇到的非正弦周期量一般都满足狄里赫利条件。

对于角频率为 ω 且满足狄里赫利条件的非正弦周期量 $f(t)$,可以展开为下列傅立叶级数:

$$f(t) = A_0 + \sum_{k=1}^{\infty} A_{km}\sin(k\omega t + \psi_k) \qquad (5-3-1)$$

式中,$k=1,2,3,\cdots$,A_0 称为直流分量;第二项 $A_{1m}\sin(\omega t+\psi_1)$ 的频率与非正弦周期量 $f(t)$ 的频率相同,称为基波分量或一次谐波;其余各项的频率为非正弦周期量 $f(t)$ 的频率的整数倍,统称为高次谐波,例如 $k=2,3,\cdots$ 的各项分别称为二次谐波、三次谐波等。式中 A_{km} 和 ψ_k 是 k 次谐波分量的幅值和初相。关于 A_0、A_{km} 和 ψ_k 的确定,在高等数学中已有介绍[②],此处不赘述。常用的非正弦周期波的傅立叶级数展开式可查阅有关的数学手册,表 5-3-1 列出了电路中常用的几种,可供计算非正弦周期激励响应时使用。

表 5-3-1　常用的非正弦周期波的傅立叶级数展开式

名称	非正弦周期波	傅立叶级数展开式
半波整流波		$f(t) = \dfrac{A_m}{\pi}\left(1+\dfrac{\pi}{2}\sin\omega t - \dfrac{2}{3}\cos2\omega t\right.$ $\left. -\dfrac{2}{15}\cos4\omega t-\cdots\right)$
全波整流波		$f(t) = \dfrac{4A_m}{\pi}\left(\dfrac{1}{2}-\dfrac{1}{3}\cos2\omega t-\dfrac{1}{15}\cos4\omega t\right.$ $\left. -\dfrac{1}{35}\cos6\omega t-\cdots\right)$

---

① **重点提示**:对于非正弦周期激励电路的分析,关键是利用傅立叶级数展开式将非正弦周期激励分解为直流分量和一系列频率成整数倍的正弦激励(各次谐波分量,取有限项),然后用计算直流电路的方法和相量分析法分别计算直流和不同频率正弦激励的响应,最后运用叠加定理将各响应叠加求得电路的总响应。在计算时要注意对电感、电容的处理,尤其是,对不同频率的激励其感抗、容抗是不同的。

② 参见书末参考文献[19]第十一章。

名称	非正弦周期波	傅立叶级数展开式
矩形波		$f(t) = \dfrac{4A_m}{\pi}\left(\sin \omega t + \dfrac{1}{3}\sin 3\omega t + \dfrac{1}{5}\sin 5\omega t + \cdots\right)$
锯齿波		$f(t) = A_m\left[\dfrac{1}{2} - \dfrac{1}{\pi}\left(\sin \omega t + \dfrac{1}{2}\sin 2\omega t + \dfrac{1}{3}\sin 3\omega t + \cdots\right)\right]$
三角波		$f(t) = \dfrac{8}{\pi^2}A_m\left(\sin \omega t - \dfrac{1}{9}\sin 3\omega t + \dfrac{1}{25}\sin 5\omega t - \cdots\right)$
梯形波		$f(t) = \dfrac{4}{a\pi}A_m\left(\sin a\sin \omega t + \dfrac{1}{9}\sin 3a\sin 3\omega t + \dfrac{1}{25}\sin 5a\sin 5\omega t + \cdots\right)$

傅立叶级数是一个收敛的无穷三角级数,其谐波分量的幅值 A_{km} 随谐波次数的增高而逐渐减少。因此,在工程上,一般只需要取前几项之和,便能近似地表征非正弦周期函数。

2. 非正弦周期激励电路的计算

当非正弦周期激励分解为傅立叶级数后,可视为含有直流和一系列频率成整数倍的正弦激励作用于电路,因此其分析计算方法与上述的多个不同频率(它们不一定成整数倍)正弦激励的电路的分析计算方法实质上是一样的,必须运用叠加定理求解。其计算步骤是:

(1)通过查表或数学计算的方法,将给定的非正弦周期激励分解为傅立叶级数,即分解为直流分量和各次谐波分量之和。根据准确度的要求取有限项。

(2)运用叠加定理分别计算激励的直流分量和各次谐波分量单独作用时产生的稳态响应。

① 用电阻电路的分析方法计算直流分量单独作用时的响应。注意把电路中的电容 C 视作开路,把电感 L 视作短路。

② 用相量法计算各次谐波分量单独作用时的响应。必须注意感抗、容抗与频率的关系,即 $X_{L(k)} = \omega_k L = k\omega L$、$X_{C(k)} = \dfrac{1}{\omega_k C} = \dfrac{1}{k\omega C}$,式中 $k = 1、2、3、\cdots$,也就是说电感 L 和电容 C 对各次谐波呈现的感抗和容抗是不同的,初学者往往容易忽略这一点。

③ 将步骤②所得到的用瞬时值(正弦波)表达的响应进行叠加,从而求得所需响应。应

注意,不能将各次谐波作用所得响应的相量叠加。(为什么?)

上述方法称为谐波分析法。下面举例说明这一方法的应用。

例 5-3-2   在图 5-3-2(a)所示的 RC 串联电路中,$R=4.7\text{ k}\Omega$,$C=2\text{ μF}$,输入电压 $u=(48+32\sin\omega t+12\sin3\omega t)\text{ V}$,基波频率 $f=2\text{ Hz}$,求输出电压 u_R。

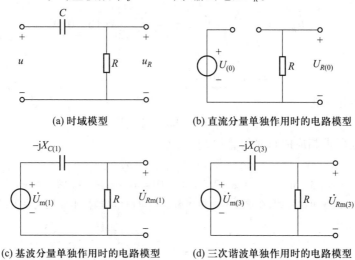

(a) 时域模型   (b) 直流分量单独作用时的电路模型

(c) 基波分量单独作用时的电路模型   (d) 三次谐波单独作用时的电路模型

图 5-3-2   例 5-3-2 图

解   本例的输入电压(激励)已分解为傅立叶级数形式,故即可按叠加定理计算各分量单独作用时产生的 u_R(响应)。

(1)直流分量 $U_{(0)}=48\text{ V}$,其单独作用时的电路模型,如图 5-3-2(b)所示,因电容 C 相当于开路,故

$$U_{R(0)}=0$$

(2)基波分量 $u_{(1)}=32\sin\omega t\text{ V}$,其单独作用时,用相量法求 $u_{R(1)}$。作出其相量模型,如图 5-3-2(c)所示,图中

$$\dot{U}_{m(1)}=32\underline{/0°}\text{ V}$$

$$-jX_{C(1)}=-j\frac{1}{\omega C}=-j\frac{1}{2\pi\times2\times2\times10^{-6}}\ \Omega=-j39.79\text{ k}\Omega$$

则

$$\dot{U}_{Rm(1)}=\frac{R}{R-j\dfrac{1}{\omega C}}\dot{U}_{m(1)}=\frac{4.7}{4.7-j39.79}\times32\underline{/0°}\text{ V}$$

$$=3.75\underline{/83.26°}\text{ V}$$

相应的瞬时值表达式为

$$u_{R(1)}=3.75\sin(\omega t+83.26°)\text{ V}$$

(3)三次谐波 $u_{(3)}=12\sin3\omega t\text{ V}$,其单独作用时,用相量法求 $u_{R(3)}$。作出其相量模型,如

图 5-3-2(d)所示,图中

$$\dot{U}_{m(3)} = 12\ \underline{/0°}\ V$$

$$-jX_{C(3)} = -j\ \frac{1}{3\omega C} = -j\ \frac{1}{3\times 2\pi\times 2\times 2\times 10^{-6}}\ \Omega = -j13.26\ k\Omega$$

则

$$\dot{U}_{Rm(3)} = \frac{R}{R-j\ \dfrac{1}{3\omega C}}\ \dot{U}_{m(3)} = \frac{4.7}{4.7-j13.26}\times 12\ \underline{/0°}\ V$$

$$= 4.01\ \underline{/70.48°}\ V$$

相应的瞬时值表达式为

$$u_{R(3)} = 4.01\sin(3\omega t + 70.48°)\ V$$

（4）将上述所求相应的瞬时值叠加,得

$$u_R = U_{R(0)} + u_{R(1)} + u_{R(3)}$$

$$= [\ 3.75\sin(\omega t + 83.26°) + 4.01\sin(3\omega t + 70.48°)\ ]\ V$$

【评析】通达本例题再次强调,在求解不同频率激励的电路响应时,不要把代表不同频率正弦量的相量相加,即在本例题中

$$\dot{U}_{Rm} \neq \dot{U}_{R(0)} + \dot{U}_{Rm(1)} + \dot{U}_{Rm(3)}$$

3. 非正弦周期量的有效值和平均值

在§4-1 中引入的有效值定义,不仅适用于正弦量,也适用于非正弦周期量。根据有效值的定义,非正弦周期电流及电压的有效值仍为

$$I = \sqrt{\frac{1}{T}\int_0^T i^2 dt} \tag{5-3-2}$$

$$U = \sqrt{\frac{1}{T}\int_0^T u^2 dt} \tag{5-3-3}$$

若已知非正弦周期电流的傅立叶级数的展开式为

$$i(t) = I_0 + I_{1m}\sin(\omega t + \psi_{i1}) + I_{2m}\sin(2\omega t + \psi_{i2}) + \cdots$$

$$= I_0 + \sum_{k=1}^{\infty} I_{km}\sin(k\omega t + \psi_{ik})$$

则这一非正弦周期电流的有效值为

$$I = \sqrt{\frac{1}{T}\int_0^T \Big[I_0 + \sum_{k=1}^{\infty} I_{km}\sin(k\omega t + \psi_{ik}) \Big]^2 dt}$$

将上式积分内的直流分量与各次谐波之和的平方展开,再分别求各项对时间 t 在一个周期 T 内积分并取平均值,结果有以下四种类型的项:

（1）$\dfrac{1}{T}\displaystyle\int_0^T I_0^2 dt = I_0^2$

（2）$\dfrac{1}{T}\displaystyle\int_0^T I_{km}^2\sin^2(k\omega t + \psi_{ik})dt = \dfrac{I_{km}^2}{2} = I_k^2$

（3）$\dfrac{1}{T}\displaystyle\int_0^T 2I_0 I_{km}\sin(k\omega t+\psi_{ik})\mathrm{d}t=0$

（4）$\dfrac{1}{T}\displaystyle\int_0^T 2I_{pm}I_{qm}\sin(p\omega t+\psi_{ip})\sin(q\omega t+\psi_{iq})\mathrm{d}t=0\,(p\neq q)$

于是得非正弦周期电流的有效值计算式为

$$I=\sqrt{I_0^2+I_1^2+I_2^2+\cdots}=\sqrt{I_0^2+\sum_{k=1}^{\infty}I_k^2} \qquad (5\text{-}3\text{-}4)$$

式中

$$I_1=\frac{I_{1m}}{\sqrt 2},\,I_2=\frac{I_{2m}}{\sqrt 2},\,\cdots I_k=\frac{I_{km}}{\sqrt 2}$$

为各次谐波电流分量的有效值。

同理可得，非正弦周期电压的有效值为

$$U=\sqrt{U_0^2+U_1^2+U_2^2+\cdots}=\sqrt{U_0^2+\sum_{k=1}^{\infty}U_k^2} \qquad (5\text{-}3\text{-}5)$$

式中，U_1、U_2、$\cdots U_k$ 为各次谐波电压分量的有效值。

由此可知，非正弦周期电流、电压的有效值等于直流分量和各次谐波分量有效值平方和的平方根。注意，非正弦周期量的有效值与它的最大量不再存在 $\dfrac{1}{\sqrt 2}$ 的关系，即

$$I_m\neq\sqrt 2 I$$

因此，对于两个有效值相同的非正弦周期量，其波形和最大值不一定相同。

对于非正弦周期量除了用有效值表示其大小外，还引用平均值的概念，以便对周期量进行测量和分析（如整流效果）。非正弦周期电流 i 的平均值的定义是

$$I_{av}=\frac{1}{T}\int_0^T|i|\mathrm{d}t \qquad (5\text{-}3\text{-}6a)$$

对上、下半周期对称的周期电流，则有

$$I_{av}=\frac{2}{T}\int_0^{T/2}|i|\mathrm{d}t \qquad (5\text{-}3\text{-}6b)$$

非正弦周期电压 u 的平均值的定义是

$$U_{av}=\frac{1}{T}\int_0^T|u|\mathrm{d}t \qquad (5\text{-}3\text{-}7a)$$

对上、下半周期对称的周期电压，则有

$$U_{av}=\frac{2}{T}\int_0^{T/2}|u|\mathrm{d}t \qquad (5\text{-}3\text{-}7b)$$

上述平均值一般称为整流平均值。

在测量非正弦周期电压、电流时，要根据测量要求选择适当类型的仪表，因为采用不同类型的仪表测量同一个非正弦周期电压、电流时会得到不同的结果。例如，采用磁电型仪

表,所测的是非正弦周期电压、电流的直流分量;采用电磁型和电动型仪表,所测的是非正弦周期电压、电流的有效值;采用整流型仪表,所测的是非正弦周期电压、电流的平均值。

例 5-3-3 试计算锯齿波电压(图 5-3-3)的有效值。

解 可根据有效值的定义求得[见式(5-3-3)]。图中所示锯齿波的表达式为

$$u = \frac{U_0}{T}t \qquad 0 < t < T$$

则

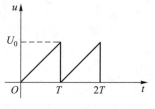

图 5-3-3 例 5-3-3 图

$$U = \sqrt{\frac{1}{T}\int_0^T u^2 \mathrm{d}t} = \sqrt{\frac{1}{T}\int_0^T \left(\frac{U_0}{T}t\right)^2 \mathrm{d}t}$$

$$= \sqrt{\frac{1}{T}\left(\frac{U_0^2}{T^2} \times \frac{1}{3}t^3\right)\Big|_0^T} = \frac{U_0}{\sqrt{3}} = 0.577U_0$$

也可以根据锯齿波的傅立叶级数式求得[见式(5-3-5)]。查表 5-3-1,知锯齿波电压的傅立叶级数(取前四项)为

$$f(t) = U_0\left[\frac{1}{2} - \frac{1}{\pi}\left(\sin \omega t + \frac{1}{2}\sin 2\omega t + \frac{1}{3}\sin 3\omega t\right)\right]$$

则

$$U = \sqrt{\left(\frac{1}{2}U_0\right)^2 + \left(\frac{1}{\sqrt{2}\,\pi}U_0\right)^2 + \left(\frac{1}{2\sqrt{2}\,\pi}U_0\right)^2 + \left(\frac{1}{3\sqrt{2}\,\pi}U_0\right)^2}$$

$$= \sqrt{0.25U_0^2 + 0.051U_0^2 + 0.013U_0^2 + 0.0056U_0^2}$$

$$= 0.565U_0$$

与根据定义求得的有效值略有误差。

【评析】本例题利用两种方法求解非正弦周期量的有效值。第二种方法是非正弦周期量的有效值等于直流分量和各次谐波分量有效值平方和的平方根[见式(5-3-4)和式(5-3-5)],在利用此公式时需将该非正弦周期量展开为傅立叶级数,一般查表取前四项即可。

例 5-3-4 图 5-3-4 所示是正弦电压全波整流后的波形,试求其平均值 U_{av}。

解
$$U_{av} = \frac{1}{\pi}\int_0^\pi U_m \sin(\omega t)\mathrm{d}\omega t$$

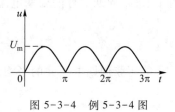

图 5-3-4 例 5-3-4 图

$$= \frac{1}{\pi}\left[-U_m \cos(\omega t)\right]\Big|_0^\pi$$

$$= \frac{2}{\pi}U_m = 0.637U_m = 0.9U$$

三、非正弦周期电路的平均功率

设二端网络输入端口电压 u、电流 i 是非正弦周期量,其傅立叶级数分别为

$$u = U_0 + \sum_{k=1}^{\infty} U_{km}\sin(k\omega t + \psi_{uk})$$

$$i = I_0 + \sum_{k=1}^{\infty} I_{km}\sin(k\omega t + \psi_{ik})$$

u、i 的参考方向一致,则此二端网络吸收的平均功率为

$$P = \frac{1}{T}\int_0^T ui\,\mathrm{d}t$$

$$= \frac{1}{T}\int_0^T \left\{ \left[U_0 + \sum_{k=1}^{\infty} U_{km}\sin(k\omega t + \psi_{uk}) \right] \right.$$

$$\left. \times \left[I_0 + \sum_{k=1}^{\infty} I_{km}\sin(k\omega t + \psi_{ik}) \right] \right\}\mathrm{d}t$$

将上式积分内两个级数的乘积展开,分别计算各乘积项对时间 t 在周期 T 内的积分,结果有以下几种类型的项:

(1) $\dfrac{1}{T}\displaystyle\int_0^T U_0 I_0\,\mathrm{d}t = U_0 I_0$

(2) $\dfrac{1}{T}\displaystyle\int_0^T \left[U_{km}\sin(k\omega t + \psi_{uk}) \right] \times \left[I_{km}\sin(k\omega t + \psi_{ik}) \right]\mathrm{d}t$

$$= \frac{1}{2}U_{km}I_{km}\cos(\psi_{uk} - \psi_{ik}) = U_k I_k\cos\varphi_k$$

式中,$U_k I_k$ 分别为 k 次谐波电压及电流的有效值;$\varphi_k = (\psi_{uk} - \psi_{ik})$ 为 k 次谐波电压与 k 次谐波电流的相位差。

(3) $\dfrac{1}{T}\displaystyle\int_0^T U_0 I_{km}\sin(k\omega t + \psi_{ik})\,\mathrm{d}t = 0$

(4) $\dfrac{1}{T}\displaystyle\int_0^T I_0 U_{km}\sin(k\omega t + \psi_{uk})\,\mathrm{d}t = 0$

(5) $\dfrac{1}{T}\displaystyle\int_0^T U_{pm}\sin(p\omega t + \psi_{up})I_{qm}\sin(q\omega t + \psi_{iq})\,\mathrm{d}t = 0\ (p \neq q)$

因此,二端网络吸收的平均功率为

$$P = U_0 I_0 + \sum_{k=1}^{\infty} U_k I_k\cos\varphi_k$$

$$= P_0 + \sum_{k=1}^{\infty} P_k = \sum_{k=0}^{\infty} P_k$$

(5-3-8)

式(5-3-8)表明:非正弦周期激励电路中的平均功率等于直流分量及各次谐波分别产生的平均功率的代数和。显然,只有同频率的电压谐波与电流谐波才能产生平均功率,而频率不同的电压谐波和电流谐波则只能形成瞬时功率,而不能产生平均功率。

例 5-3-5 已知某电路中的 $u = [10+140\sin\omega t+47\sin3\omega t+28\sin5\omega t]$ V,$i = [14\sin(\omega t+72°)+10\sin(3\omega t+46°)+8\sin(5\omega t+32°)]$ A,u、i 为一致参考方向。试求该电路吸收的平

均功率。

解　由式(5-3-8)可计算平均功率

$$P = P_0 + P_1 + P_3 + P_5$$

$$= \left[0 + \frac{140}{\sqrt{2}} \times \frac{14}{\sqrt{2}} \cos(0 - 72°) + \frac{47}{\sqrt{2}} \times \frac{10}{\sqrt{2}} \cos(0 - 46°) + \frac{28}{\sqrt{2}} \times \frac{8}{\sqrt{2}} \cos(0 - 32°) \right] \text{W}$$

$$= (302.8 + 163.2 + 95) \text{W} = 561 \text{W}$$

【评析】　在§2-5节中指出,叠加定理一般不能用于功率的计算,这是指,对于含有多个同频率的激励的电路(含直流电路),不能利用叠加定理计算电路的功率,但可以用叠加定理在求得电流(电压)后,再计算功率。本例题电路中的电压、电流是不同频率的,故利用式(5-3-8)计算平均功率是利用叠加定理求得。所以,非正弦周期激励电路中的平均功率等于直流分量构成的功率与各次谐波构成的平均功率的叠加,即式(5-3-8)。

思考与练习题

5-3-1　对于含有不同频率激励的电路(含非正弦周期激励的电路),利用相量法求各分量激励的响应时,为什么不能采用同一个相量模型?在求总响应时,为什么不能将各分响应相量叠加?

5-3-2　在题5-3-2图所示电路中,$R = 10 \ \Omega, \frac{1}{\omega C} = 15 \ \Omega, u = [10 + 141.4 \sin \omega t + 70.7 \sin(3\omega t + 30°)] \ \text{V}$,试求该电路中的电流 i、有效值 I 和平均功率 P。

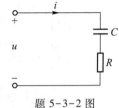

题 5-3-2 图

$$\{i = [5.55\sqrt{2} \sin(\omega t + 56.3°) + 4.47\sqrt{2}(3\omega t + 56.6°)] \ \text{A}, I = 7.13 \ \text{A}, P = 507.78 \ \text{W}\}$$

§5-4　三相电路分析概述[①]

此前讨论的正弦稳态电路都是单相电路,它的电源只能提供一个正弦交流电压,称为单相电源。本节介绍的正弦稳态电路是三相电路,它是由三相电源、三相负载和三相输电线路组成的电路。三相电源是指同一个电源同时提供三个频率、波形相同,但初始相位不同的正弦交流电压。与单相电路相比,三相电路在发电、输电和用电等方面具有不可比拟的优点。因此,目前世界各国的电力系统绝大多数都采用三相制(三相系统)。

三相电路可以看成是单相电路中多回路的一种形式,实质上是单相复杂电路的一种特殊类型,因此,前述的正弦稳态电路的分析方法都可应用在三相电路中。但是,三相电路又有自身特点,在分析三相电路时,要注意抓住这些特点,以期获得简单的分析方法。

一、对称三相电源

1. 对称三相电源的特点

三相电源通常是由三相交流发电机产生的。图5-4-1是三相发电机的示意图,它是由

---

①　**重点提示**:三相电路的分析方法与前面讨论的单相正弦稳态电路的分析方法是相同的,均是相量分析法。重点掌握对称三相电路(三相电源、输电线路、负载均对称)的电压、电流、功率的计算。

转子和固定不动的定子两大部分构成的。在定子铁心内槽中,嵌有三个完全相同、空间上互差 120°角的线圈(又称绕组)。一个绕组称为一相,分别称为 U 相、V 相和 W 相。各相绕组的首端(头)分别用 U1、V1、W1 表示,而末端(尾)则用 U2、V2、W2 表示,如图 5-4-2 所示。转子铁心上绕有励磁绕组,用直流励磁产生磁场,选择合适的结构可使在定子与转子之间的空气隙中的磁场按正弦规律分布。当转子由原动机带动以恒定速度 ω 旋转时,定子三相绕组依次被磁感应线切割,由电磁感应产生有特定相互关系的三个正弦电压。按图 5-4-2 所选定的参考方向,这三个电压的三角函数表达式为

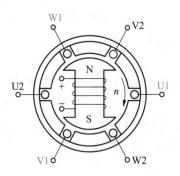

图 5-4-1　三相发电机的示意图

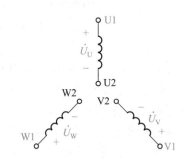

图 5-4-2　三相绕组示意图

$$\left.\begin{aligned}
u_U &= U_m \sin \omega t \\
u_V &= U_m \sin(\omega t - 120°) \\
u_W &= U_m \sin(\omega t - 240°) = U_m \sin(\omega t + 120°)
\end{aligned}\right\} \quad (5-4-1)$$

由式(5-4-1)可以看出,交流发电机产生的三相电压具有以下三个特点:幅值(有效值)相等、频率相同、相位互差 120°。满足上述三个条件的三相电压称为对称三相电压。能产生这种对称三相电压的电源就是对称三相电源。对称三相电压的波形如图 5-4-3(a)所示,相量图如图 5-4-3(b)所示。相量表达式为

$$\left.\begin{aligned}
\dot{U}_U &= U \underline{/0°} \\
\dot{U}_V &= U \underline{/-120°} = U\left(-\frac{1}{2} - j\frac{\sqrt{3}}{2}\right) \\
\dot{U}_W &= U \underline{/120°} = U\left(-\frac{1}{2} + j\frac{\sqrt{3}}{2}\right)
\end{aligned}\right\} \quad (5-4-2)$$

由于三相电压对称,故它们的瞬时值之和及相量的和都等于零,即

$$u_U + u_V + u_W = 0 \quad (5-4-3)$$

$$\dot{U}_U + \dot{U}_V + \dot{U}_W = 0 \quad (5-4-4)$$

这是对称三相电压的一个重要特点。

三相电压的各相电压经过同一量值(例如最大值)的先后次序,称为三相电压的相序。

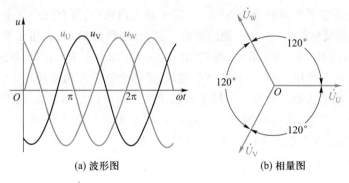

(a) 波形图　　　　　(b) 相量图

图 5-4-3　三相电压

上述三相电压是按 U-V-W(也可看成 V-W-U 或 W-U-V)次序滞后的,称为正序或顺序。与此相反,若三相电压是按 U-W-V(也可看成 W-V-U 或 V-U-W)次序滞后的,称为反序或逆序。电力系统一般采用正序。在工厂,通常在发电机的三相引出线及变、配电所中的三相母线上涂以黄、绿、红三种颜色,分别表示 U、V、W 三相。

2. 对称三相电源的连接方式

对称三相电源的电路符号如图 5-4-4 所示。对称三相电源以一定的方式连接起来,就形成三相电路的电源。通常有两种连接方式:星形联结和三角形联结,又可称为 Y 联结和 Δ 联结。

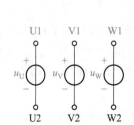

图 5-4-4　对称三相电源的
电路符号

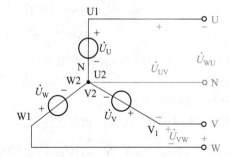

图 5-4-5　对称三相电源的星形联结

三相电源的星形联结是将三相电源的每相末端 U2、V2、W2 连接在一起,连接点用 N 表示,称为电源的中性点。如果将 N 点与大地相连就称为零点。从 N 点引出的线相应地称为中性线或零线。各相的始端 U1、V1、W1 分别引出的导线称为端线或相线,俗称火线。图 5-4-5所示为三相电源的星形联结。

电源每相的电压称为电源相电压,用 $\dot{U}_U$、$\dot{U}_V$、$\dot{U}_W$ 表示,其有效值一般用 U_P 表示,在星形联结中为相线至中性线的电压。两相线间的电压称为线电压,分别用 $\dot{U}_{UV}$、$\dot{U}_{VW}$、$\dot{U}_{WU}$ 表示,其有效值一般用 U_L 表示。各电压的参考方向如图 5-4-5 所示。

在星形联结中,线电压和相电压的关系如下:

$$\left.\begin{array}{l} \dot{U}_{UV} = \dot{U}_U - \dot{U}_V \\[6pt] \dot{U}_{VW} = \dot{U}_V - \dot{U}_W \\[6pt] \dot{U}_{WU} = \dot{U}_W - \dot{U}_U \end{array}\right\} \qquad (5-4-5)$$

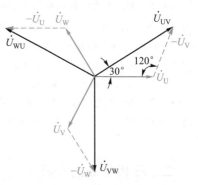

根据式(5-4-5),在图 5-4-6 中画出了对称三相电源中各线电压和相电压的相量图,从相量图中可计算出线电压与相电压之间的大小关系和相位关系,即

$$U_{UV} = 2U_U \cos 30° = \sqrt{3}\, U_U \qquad (5-4-6)$$

而 $\dot{U}_{UV}$ 的相位较 $\dot{U}_U$ 超前 30°。其他两相情况相同,它们的大小与 U_{UV} 相等,相位较对应的 $\dot{U}_V$ 或 $\dot{U}_W$ 超前 30°。由此得出结论:在星形联结的对称三相电源中,三个线电压的有效值相等,且为相电压有效值的 $\sqrt{3}$ 倍,即

$$U_L = \sqrt{3}\, U_P$$

图 5-4-6 对称三相电源星形联结的电压相量图

而各线电压的相位超前相应相电压的相位 30°。因此,三个线电压也是对称的。

上述结论可写成

$$\left.\begin{array}{l} \dot{U}_{UV} = \sqrt{3}\, \dot{U}_U \underline{/30°} \\[6pt] \dot{U}_{VW} = \sqrt{3}\, \dot{U}_V \underline{/30°} \\[6pt] \dot{U}_{WU} = \sqrt{3}\, \dot{U}_W \underline{/30°} \end{array}\right\} \qquad (5-4-7)$$

通常,在三相照明系统中,相电压为 220 V,而线电压为 $220\sqrt{3} = 380$ V。

图 5-4-5 所示的供电方式称为三相四线制,如果没有中性线,就称为三相三线制。

三相电源的三角形联结,如图 5-4-7 所示。连接的规则是:一相的尾与另一相的头相接,再将三个连接点分别用导线引出,并用 U、V、W 命名。由于对称三相电压在任一时刻的和等于零,故在连成三角形闭合回路的电源内部不会产生环流。但若一相电源极性被反接,造成三相电压之和不为零,将会在回路中产生足以造成电源损坏的短路电流,所以这是在将对称三相电源接成三角形时需要特别注意的。

由图 5-4-7 可得出三角形联结的线电压与相电压的关系,电压的参考方向如图中所示,则有

$$\dot{U}_{UV} = \dot{U}_U \qquad \dot{U}_{VW} = \dot{U}_V \qquad \dot{U}_{WU} = \dot{U}_W$$

因此,在三角形联结中

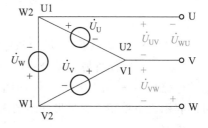

图 5-4-7 对称三相电源的三角形联结

$$U_{\mathrm{L}} = U_{\mathrm{P}} \tag{5-4-8}$$

在生产实际中,发电机通常接成星形,很少接成三角形;三相变压器则两种接法都有。

思考与练习题

5-4-1 在星形联结的对称三相电源中,U 相相电压 $u_{\mathrm{U}} = 220\sin(314t-30°)$ V,三相电压的参考方向,如图 5-4-5 所示。试写出正序及负序时各线电压的瞬时值表示式。

[正序:$u_{\mathrm{UV}} = 380\sin 314t$ V   负序:$u_{\mathrm{UV}} = 380\sin(314t-60°)$ V

$\quad\quad u_{\mathrm{VW}} = 380\sin(314t-120°)$ V $\quad\quad u_{\mathrm{VW}} = 380\sin(314t+60°)$ V

$\quad\quad u_{\mathrm{WU}} = 380\sin(314t+120°)$ V $\quad\quad u_{\mathrm{WU}} = 380\sin(314t+180°)$ V]

5-4-2 当三相电源作三角形联结时,极性必须正确连接(图 5-4-7)。若在连接时把 U 相极性接反,当用电压表测量开口三角形回路中的总电压有效值时,则电压表测出的电压为相电压的多少倍?

[2 倍]

二、三相电路的分析

1. 负载为星形联结的三相电路

负载通常也有两种接法:星形联结和三角形联结。这里讨论星形联结的三相负载电路,并设电源也为星形联结。

当每相负载的额定电压等于电源的相电压,也就是说等于电源线电压的 $1/\sqrt{3}$ 倍时,负载应采用星形联结。例如,电灯的额定电压为 220 V,当三相电源的线电压为 380 V 时,就应采用星形联结。同理,每相绕组的额定电压为 220 V 的三相电动机,接在 380 V 的三相电源上时,其三相绕组也必须采用星形联结。负载星形联结的示意图如图 5-4-8 所示。图中左边是单相负载(如电灯)的星形联结,右边是三相整体负载(如电动机)的星形联结。

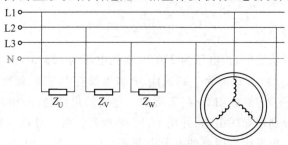

图 5-4-8 负载星形联结的示意图

从图 5-4-8 可以看出,星形联结的特点是:将每相负载的一端连接在一起,称为负载中性点(记为 N′),而将另一端分别接至电源的相线。当将负载中性点与电源中性点相连时,这种电路称为三相四线制电路,如图 5-4-9 所示。它是进行分析和计算时的一般画法,既可以表示三组单相负载星形联结的三相电路,也可以用来表示接成星形的三相整体负载的三相电路。

在三相电路中,流过各相线的电流称为线电流,如图 5-4-9 中的 $\dot{I}_U$、$\dot{I}_V$、$\dot{I}_W$,有效值一般用 I_L 表示。流过各相负载的电流称为负载相电流,其有效值一般用 I_P 表示。在星形联结电路中,相线与各相负载是串联的同一支路,故线电流等于相电流。流过中性线的电流称为中性线电流,如图 5-4-9 中的 $\dot{I}_N$,根据图中选定的参考方向,得

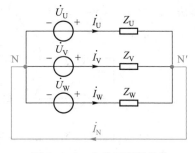

图 5-4-9 负载星形联结的
三相四线制电路

$$\dot{I}_N = \dot{I}_U + \dot{I}_V + \dot{I}_W \qquad (5\text{-}4\text{-}9)$$

星形联结的三相负载电路有两种不同类型,下面分别进行讨论。

（1）对称负载

复阻抗相同的三相负载称为对称三相负载,若计及相线阻抗,其三个复阻抗也要求相等,即

$$Z_U = Z_V = Z_W = Z$$

或 $\qquad R_U = R_V = R_W = R \qquad$ 和 $\qquad X_U = X_V = X_W = X$

电源与负载都是对称的三相电路称为对称三相电路。在这种电源和负载均为星形联结的对称三相电路中,当忽略相线和中性线阻抗时,各相负载两端的电压就是电源的相电压。根据图 5-4-9 所示电路中选定的电压、电流参考方向,则各相电流（即线电流）为

$$
\left.
\begin{aligned}
\dot{I}_U &= \frac{\dot{U}_U}{Z_U} = \frac{\dot{U}_U}{Z} \\[2mm]
\dot{I}_V &= \frac{\dot{U}_V}{Z_V} = \frac{\dot{U}_U}{Z}\underline{/\!-120°} = \dot{I}_U\underline{/\!-120°} \\[2mm]
\dot{I}_W &= \frac{\dot{U}_W}{Z_W} = \frac{\dot{U}_U}{Z}\underline{/\,120°} = \dot{I}_U\underline{/\,120°}
\end{aligned}
\right\} \qquad (5\text{-}4\text{-}10)
$$

式（5-4-10）说明:在对称负载星形联结的三相电路中,三个相电流（即线电流）大小相等、相位互差 120°,是一组对称电流。由此得出一个重要的结论:对称三相电路的计算只要计算一相就行了,其他两相中的量可按对称条件直接写出。这种方法通称为一相计算法。

在对称负载星形联结的三相电路中,中性线电流

$$\dot{I}_N = \dot{I}_U + \dot{I}_V + \dot{I}_W = 0$$

既然 $I_N = 0$,则在电路中取消中性线也不会改变电路中电压、电流关系。所以,如果星形联结中负载对称,可不需要中性线。例如,三相电动机就是一种对称三相负载,它只需引出三根线接到电源三相相线上即可正常工作。无中性线的三相电路如图 5-4-10 所示,称为三相三线制电路。对于对称的三相三线制电路的计算,与三相四线制完全一样,可采用一相计

算法。

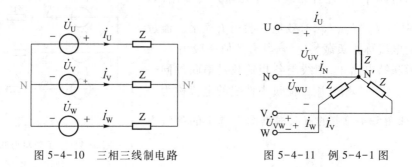

图 5-4-10   三相三线制电路

图 5-4-11   例 5-4-1 图

例 5-4-1   已知三相对称星形联结负载的每相阻抗为 $Z = (40 + j30)$ Ω,电源线电压 $u_{UV} = \sqrt{2} \times 380\sin(\omega t + 66.9°)$ V。求各相电流、功率因数角,并作相量图。其接线图及各量参考方向如图 5-4-11 所示。

解   由于负载对称,采用一相计算法,只需计算 U 相。电源线电压为

$$\dot{U}_{UV} = 380 \underline{/66.9°} \text{ V}$$

由式(5-4-7)可知相电压为

$$\dot{U}_U = \frac{\dot{U}_{UV}}{\sqrt{3}} \underline{/-30°} = \frac{380 \underline{/66.9°}}{\sqrt{3}} \underline{/-30°} \text{ V} = 220 \underline{/36.9°} \text{ V}$$

故 U 相电流为

$$\dot{I}_U = \frac{\dot{U}_U}{Z} = \frac{220 \underline{/36.9°}}{40 + j30} \text{ A} = \frac{220 \underline{/36.9°}}{50 \underline{/36.9°}} \text{ A} = 4.4 \underline{/0°} \text{ A}$$

根据对称关系,其他两相电流可直接写出为

$$\dot{I}_V = 4.4 \underline{/-120°} \text{ A} \qquad \text{及} \qquad \dot{I}_W = 4.4 \underline{/120°} \text{ A}$$

功率因数角为

$$\varphi_U = \varphi_V = \varphi_W = \arctan\frac{X}{R} = \arctan\frac{30}{40} = 36.9°$$

相量图如图 5-4-12 所示,为清楚起见,图中电压相量只画了一相。

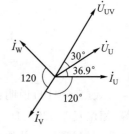

图 5-4-12   例 5-4-1 的相量图

【评析】对于对称三相电路(三相电源对称,三相负载对称)可以采用一相计算法分析计算电路。因此,对于负载星形联结的对称三相电路,不论有无中线,均可以采用一相计算法分析计算电路。

例 5-4-2   某三层楼房装白炽灯 60 盏,每只白炽灯的额定功率为 40 W,额定电压 220 V。如何将它们接到线电压为 380 V 的三相四线制的线路上?求白炽灯全部接通时各相电流相量及中性线电流。设 A 相电压初相为 0°。

解　因为白炽灯的额定电压为 220 V,故应接在三相四线制的相线与中性线之间,且不宜只接在某一相或两相中,最好均匀分配,以组成对称三相电路,使中性线电流等于零。故每层引入一相,每相装 20 盏灯为宜,电路如图 5-4-13(a)所示,其对应的计算用电路及参考方向见图 5-4-13(b)。

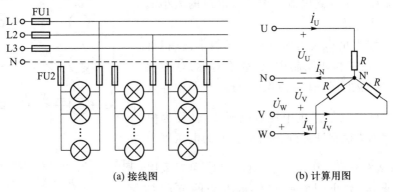

(a) 接线图　　　　　　　　　　(b) 计算用图

图 5-4-13　例 5-4-2 的电路

每个白炽灯的电阻

$$R = \frac{U_P^2}{P} = \frac{220^2}{40}\ \Omega = 1\ 210\ \Omega$$

每相电阻

$$R_P = \frac{R}{20} = \frac{1\ 210}{20}\ \Omega = 60.5\ \Omega$$

各相电流有效值

$$I_P = \frac{U_P}{R_P} = \frac{220}{60.5}\ A = 3.64\ A$$

因为白炽灯为纯电阻负载,相电流与相电压同相,故

$$\dot{I}_U = 3.64\ \underline{/0°}\ A \quad \dot{I}_V = 3.64\ \underline{/-120°}\ A \quad \dot{I}_W = 3.64\ \underline{/120°}\ A$$

中性线电流

$$\dot{I}_N = \dot{I}_U + \dot{I}_V + \dot{I}_W = 3.64\ \underline{/0°}\ A + 3.64\ \underline{/-120°}\ A + 3.64\ \underline{/120°}\ A = 0$$

【评析】本例题为应用题。电气设备(本处为照明灯)如何正确接入线电压为 380 V 的三相四线制的线路上?首先要根据设备的额定电压,确定其是接在两相线之间(其额定电压为 380 V)还是接在相线与中性线之间(其额定电压为 220 V);然后,要将设备尽量均匀分配在三相中,以尽量组成对称三相电路。

(2) 不对称负载

三相负载复阻抗只要不完全相同就称为 不对称负载,即使各相复阻抗数值相等也不一定对称。例如 $Z_U = (4+j3)\ \Omega$, $Z_V = (4-j3)\ \Omega$, $Z_W = 5\ \Omega$,虽然三者阻抗值大小相等,但阻抗角并不相等,故不是对称负载。在例 5-4-2 中,每相安装 20 盏灯,可是在实际使用时,往往有的接通有的未接通,这也是不对称三相负载。由于负载不对称,导致三相电流不对称,因而中性线电流不再等于零。

在三相四线制电路中,各相负载不对称,当忽略相线和中性线阻抗时,各相负载两端的电压仍等于电源相电压,因此,各相电流仍可逐相分别计算[参见式(5-4-10)],然后由求得的三相电流计算中性线电流。中性线电流的大小随负载不对称程度而异。

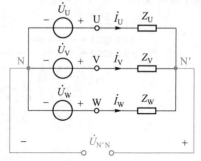

如果在负载为星形联结的三相三线制中,三相负载不对称;或者在三相四线制中,负载不对称,且中性线又断开了(参见图5-4-14),则必定导致负载中性点 N′和电源中性点 N 之间产生中性点电压 $\dot{U}_{N'N}$(称为中性点位移),因而无法保证加到各相负载上的电压等于电源相电压,从而造成各相电压不对称。$\dot{U}_{N'N}$ 可以采用节点电压法求得,列出图5-4-14所示电路的节点方程为

图 5-4-14　中性线断开,负载不对称
星形联结电路

$$\left(\frac{1}{Z_U} + \frac{1}{Z_V} + \frac{1}{Z_W} \right) \dot{U}_{N'N} = \frac{\dot{U}_U}{Z_U} + \frac{\dot{U}_V}{Z_V} + \frac{\dot{U}_W}{Z_W}$$

由此得

$$\dot{U}_{N'N} = \left(\frac{\dot{U}_U}{Z_U} + \frac{\dot{U}_V}{Z_V} + \frac{\dot{U}_W}{Z_W} \right) \Big/ \left(\frac{1}{Z_U} + \frac{1}{Z_V} + \frac{1}{Z_W} \right) \qquad (5-4-11)$$

则各相负载上的电压为

$$\left. \begin{array}{l} \dot{U}_{UN'} = \dot{U}_U - \dot{U}_{N'N} \\[2mm] \dot{U}_{VN'} = \dot{U}_V - \dot{U}_{N'N} \\[2mm] \dot{U}_{WN'} = \dot{U}_W - \dot{U}_{N'N} \end{array} \right\} \qquad (5-4-12)$$

可见,三相负载上的电压不对称。

各相电流(线电流)

$$\dot{I}_U = \frac{\dot{U}_{UN'}}{Z_U} = \frac{\dot{U}_U - \dot{U}_{N'N}}{Z_U}$$

$$\dot{I}_V = \frac{\dot{U}_{VN'}}{Z_V} = \frac{\dot{U}_V - \dot{U}_{N'N}}{Z_V} \qquad (5-4-13)$$

$$\dot{I}_W = \frac{\dot{U}_{WN'}}{Z_W} = \frac{\dot{U}_W - \dot{U}_{N'N}}{Z_W}$$

可见,三相电流也是不对称的。

例 5-4-3 在例 5-4-2 中,当 U 相白炽灯半数接通且 V、W 两相白炽灯全部接通而中性线未断开时,求各相电流及中性线电流;在上述各相白炽灯运行不变的情况下,若中性线断开,求各相负载的电压。

解 当 U 相白炽灯半数接通且 V、W 两相白炽灯全部接通而中性线未断开时,各相负载两端电压仍保持对称,与电源相电压相等。由例5-4-2的解答可知,U 相电阻

$$R_U = \frac{1\,210}{10}\ \Omega = 121\ \Omega$$

V、W 相电阻

$$R_V = R_W = 60.5\ \Omega$$

各相电流

$$\dot{I}_U = \frac{\dot{U}_U}{R_U} = \frac{220\ \underline{/0°}}{121}\ \text{A} = 1.82\ \underline{/0°}\ \text{A}$$

$$\dot{I}_V = 3.64\ \underline{/-120°}\ \text{A}$$

$$\dot{I}_W = 3.64\ \underline{/120°}\ \text{A}$$

中性线电流

$$\dot{I}_N = \dot{I}_U + \dot{I}_V + \dot{I}_W = 1.82\ \underline{/0°}\ \text{A} + 3.64\ \underline{/-120°}\ \text{A} + 3.64\ \underline{/120°}\ \text{A}$$

$$= -1.82\ \text{A}$$

以上电流的参考方向如图 5-4-13(b)所示。

当中性线断开时,由于是不对称三相电路,据式(5-4-11)求得中性点电压

$$\dot{U}_{N'N} = \frac{\dfrac{\dot{U}_U}{R_U} + \dfrac{\dot{U}_V}{R_V} + \dfrac{\dot{U}_W}{R_W}}{\dfrac{1}{R_U} + \dfrac{1}{R_V} + \dfrac{1}{R_W}}$$

$$= \frac{\dfrac{220\ \underline{/0°}}{121} + \dfrac{220\ \underline{/-120°}}{60.5} + \dfrac{220\ \underline{/120°}}{60.5}}{\dfrac{1}{121} + \dfrac{1}{60.5} + \dfrac{1}{60.5}}\ \text{V} = -44\ \text{V}$$

则各相负载的电压

$$\dot{U}_{UN'} = \dot{U}_U - \dot{U}_{N'N} = 220 \underline{/0°}\ V - (-44)\ V = 264\ V$$

$$\dot{U}_{VN'} = \dot{U}_V - \dot{U}_{N'N} = 220 \underline{/-120°}\ V - (-44)\ V = 202 \underline{/250.9°}\ V$$

$$\dot{U}_{WN'} = \dot{U}_W - \dot{U}_{N'N} = 220 \underline{/120°}\ V - (-44)\ V = 202 \underline{/70.9°}\ V$$

可见 U 相负载的电压升高了,而 V、W 相负载的电压降低了。

【评析】由上例分析可知,在三相四线制电路中,如果中性线不断开,即使三相负载不对称,也能使三相负载各相电压等于电源电压,这是保证设备正常工作必不可少的。但是,一旦中性线断开,会使其中一相或两相电压升高,其余相电压则降低,造成负载相电压不对称,使负载无法正常工作;对于三相三线制电路,当三相负载不对称时,亦会出现此情况。所以,低压配电线路一般采用三相四线制,且规定中性线上不允许装开关,也不允许装熔断器,有时还用机械强度高的导线作中性线。

2. 负载为三角形联结的三相电路

当每相负载的额定电压等于电源的线电压,负载应采用三角形联结。例如,有的单相负载的额定电压为 380 V(如 $U_N = 380$ V 的电焊变压器),当三相电源的线电压为 380 V 时,就应采用三角形联结。同理,每相绕组的额定电压为 380 V 的三相电动机,接在 380 V 的三相电源上时,其三相绕组也必须采用三角形联结。负载三角形联结的示意图如图 5-4-15(a)所示,一般画法如图 5-4-15(b)所示。这种连接方式的特点是:每相负载的两端分别接于相线 U 与 V、V 与 W、W 与 U 之间。

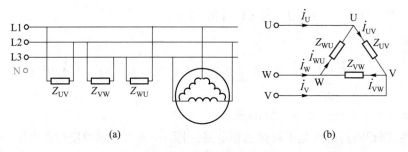

图 5-4-15　负载三角形联结的三相电路

由图 5-4-15(b)可知,任意负载两端的电压(相电压)等于电源两根相线间的电压(线电压)。由于电源线电压是对称的,所以负载相电压也对称,与负载对称与否无关。

根据图 5-4-15(b)所示电路中选定的电流、电压参考方向,各相负载电流可用下式求得

$$\left.\begin{array}{l} \dot{I}_{UV} = \dfrac{\dot{U}_{UV}}{Z_{UV}} \\[4mm] \dot{I}_{VW} = \dfrac{\dot{U}_{VW}}{Z_{VW}} \\[4mm] \dot{I}_{WU} = \dfrac{\dot{U}_{WU}}{Z_{WU}} \end{array}\right\} \qquad (5\text{-}4\text{-}14)$$

当负载阻抗对称且等于 Z 时,各相电流为

$$\left.\begin{array}{l} \dot{I}_{UV} = \dfrac{\dot{U}_{UV}}{Z_{UV}} = \dfrac{\dot{U}_{UV}}{Z} \\[4mm] \dot{I}_{VW} = \dfrac{\dot{U}_{VW}}{Z_{VW}} = \dfrac{\dot{U}_{UV}\underline{/\text{-}120°}}{Z} = \dot{I}_{UV}\underline{/\text{-}120°} \\[4mm] \dot{I}_{WU} = \dfrac{\dot{U}_{WU}}{Z_{WU}} = \dfrac{\dot{U}_{UV}\underline{/120°}}{Z} = \dot{I}_{UV}\underline{/120°} \end{array}\right\} \qquad (5\text{-}4\text{-}15)$$

式(5-4-15)的结果说明:在三角形联结的三相负载中,当负载对称时,各相电流也对称,即有效值大小相等,相位互差 120°。

线电流与相电流的关系可通过对三个节点列写 KCL 方程来确定,即

$$\left.\begin{array}{l} \dot{I}_U = \dot{I}_{UV} - \dot{I}_{WU} \\[2mm] \dot{I}_V = \dot{I}_{VW} - \dot{I}_{UV} \\[2mm] \dot{I}_W = \dot{I}_{WU} - \dot{I}_{VW} \end{array}\right\} \qquad (5\text{-}4\text{-}16)$$

当负载对称时,相电流对称,由式(5-4-16)可知线电流也对称。根据三个对称相电流的相量,按式(5-4-16)画出各线电流相量,如图5-4-16所示。由几何关系可知 $\dot{I}_U$ 的相位落后于 $\dot{I}_{UV}$ 的相位 30°。其他两相情况相同,故线电流的相位落后相应的相电流的相位 30°。

由相量图可计算出线电流有效值与相电流有效值之间的关系为

$$I_U = 2I_{UV}\cos 30° = \sqrt{3}\,I_{UV}$$

由于负载对称,其他两相的情况相同,所以,线电流有效值是相电流有效值的 $\sqrt{3}$ 倍,即

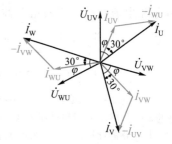

图 5-4-16 对称负载三角形联结时电压和电流相量图

$$I_{\mathrm{L}} = \sqrt{3}\, I_{\mathrm{P}} \qquad\qquad (5\text{-}4\text{-}17)$$

综上所述,可得出以下结论:在负载为三角形联结且对称的三相电路中,线电流也是对称的,其有效值大小等于对应相电流的 $\sqrt{3}$ 倍,在相位上滞后于对应的相电流 30°。

上述结论可写成

$$\dot{I}_{\mathrm{U}} = \sqrt{3}\,\dot{I}_{\mathrm{UV}}\underline{/-30^\circ}$$

$$\dot{I}_{\mathrm{V}} = \sqrt{3}\,\dot{I}_{\mathrm{VW}}\underline{/-30^\circ} \qquad\qquad (5\text{-}4\text{-}18)$$

$$\dot{I}_{\mathrm{W}} = \sqrt{3}\,\dot{I}_{\mathrm{WU}}\underline{/-30^\circ}$$

对于负载为三角形联结的对称三相电路,由于电流、电压都是对称的,所以和负载为星形联结时的三相对称电路一样,采用一相计算法,只需计算其中一相,其他相的有关量可根据对称条件直接写出。

例 5-4-4　对称负载三角形联结的电路中,每相复阻抗 $Z = (8.66 - \mathrm{j}5)$ Ω,接在 380 V 三相电源上,求各相电流和线电流。设 $\dot{U}_{\mathrm{UV}}$ 的初相位为 30°,电路及各量参考方向如图 5-4-17 所示。

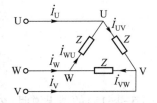

图 5-4-17　例 5-4-4 图

解　因电路对称,故只需计算一相。由于是三角形联结,所以相电压等于线电压。每相复阻抗

$$Z = (8.66 - \mathrm{j}5)\ \Omega = 10\,\underline{/-30^\circ}\ \Omega$$

相电流

$$\dot{I}_{\mathrm{UV}} = \frac{\dot{U}_{\mathrm{UV}}}{Z} = \frac{380\,\underline{/30^\circ}}{10\,\underline{/-30^\circ}}\ \mathrm{A} = 38\,\underline{/60^\circ}\ \mathrm{A}$$

由于线电流等于 $\sqrt{3}$ 倍相电流,且落后 30°,故

$$\dot{I}_{\mathrm{U}} = \sqrt{3}\,\dot{I}_{\mathrm{UV}}\underline{/-30^\circ} = \sqrt{3} \times 38\,\underline{/60^\circ} \times \underline{/-30^\circ}\ \mathrm{A} = 65.8\,\underline{/30^\circ}\ \mathrm{A}$$

其他相电流和线电流根据对称条件可直接写出

$$\dot{I}_{\mathrm{VW}} = \dot{I}_{\mathrm{UV}}\underline{/-120^\circ} = 38\,\underline{/-60^\circ}\ \mathrm{A} \qquad \dot{I}_{\mathrm{WU}} = \dot{I}_{\mathrm{UV}}\underline{/120^\circ} = 38\,\underline{/180^\circ}\ \mathrm{A}$$

$$\dot{I}_{\mathrm{V}} = \dot{I}_{\mathrm{U}}\underline{/-120^\circ} = 65.8\,\underline{/-90^\circ}\ \mathrm{A} \qquad \dot{I}_{\mathrm{W}} = \dot{I}_{\mathrm{U}}\underline{/120^\circ} = 65.8\,\underline{/150^\circ}\ \mathrm{A}$$

【评析】本例题负载为三角形联结的对称三相电路的计算,均未计及相线阻抗。若计及相线阻抗,则要将三角形联结的三相对称负载,等效变换为星形联结的三相对称负载,利用前述的负载为星形联结的对称三相电路的计算方法——相计算法,计算出线电流,然后根据负载为三角形联结时,相电流与线电流的关系[式(5-4-18)],得出各相负载的电流。下面举例说明。

例 5-4-5　线电压为 380 V 的三相对称电源供电给每相复阻抗为 $Z = (48 + \mathrm{j}36)$ Ω 的

三角形联结的负载,每相相线的复阻抗 $Z_L = (1+j2)\ \Omega$,试求线电流和各相负载的电流。电路如图 5-4-18(a)所示。

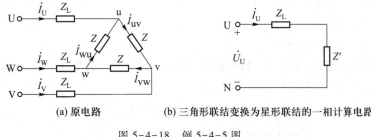

(a) 原电路　　　(b) 三角形联结变换为星形联结的一相计算电路

图 5-4-18　例 5-4-5 图

解　本例为对称三相电路,采用一相计算法。

将三角形联结的负载等效变换为星形联结的负载,其中 U 相负载的复阻抗[参见图 5-4-18(b)]为

$$Z' = \frac{Z}{3} = \frac{48+j36}{3}\ \Omega = (16+j12)\ \Omega$$

电源可看成星形联结,则其相电压

$$U_P = \frac{U_L}{\sqrt{3}} = \frac{380}{\sqrt{3}}\ V = 220\ V$$

设 $\dot{U}_U = 220\ \underline{/0°}$ V,由图 5-4-18(b)可计算出线电流

$$\dot{I}_U = \frac{\dot{U}_U}{Z_L+Z'} = \frac{220\ \underline{/0°}}{1+j2+16+j12}\ A = \frac{220\ \underline{/0°}}{22\ \underline{/39.5°}}\ A = 10\ \underline{/-39.5°}\ A$$

根据对称关系,则

$$\dot{I}_V = \dot{I}_U\underline{/-120°} = 10\ \underline{/-39.5°}\ \underline{/-120°}\ A = 10\ \underline{/-159.5°}\ A$$

$$\dot{I}_W = \dot{I}_U\underline{/120°} = 10\ \underline{/-39.5°}\ \underline{/120°}\ A = 10\ \underline{/80.5°}\ A$$

据式(5-4-18)得出三角形联结的各相负载电流

$$\dot{I}_{uv} = \frac{\dot{I}_U}{\sqrt{3}}\underline{/30°} = \frac{10\ \underline{/-39.5°}}{\sqrt{3}}\underline{/30°}\ A = 5.77\ \underline{/-9.5°}\ A$$

$$\dot{I}_{vw} = \frac{\dot{I}_V}{\sqrt{3}}\underline{/30°} = 5.77\ \underline{/-129.5°}\ A$$

$$\dot{I}_{wu} = \frac{\dot{I}_W}{\sqrt{3}}\underline{/30°} = 5.77\ \underline{/110.5°}\ A$$

【评析】本例为负载三角形联结的对称三相电路,故可以采用一相计算法求解。若三角形联结的三相

负载不对称,且忽略相线阻抗的情况下,可用式(5-4-14)逐相求出三相负载中的相电流,然后按式(5-4-16)求出三个线电流;当然,也可以利用相量图求出线电流。假若在计及相线阻抗的情况下,如何求得三相负载不对称时的相电流和线电流呢?

3. 三相电路的功率

(1) 三相功率的一般计算

不论负载是星形联结还是三角形联结,也不论其三相负载是否对称,三相电路中负载的有功功率、无功功率应为各相功率之和,即

$$
\begin{aligned}
P &= P_U + P_V + P_W \\
&= U_{PU} I_{PU} \cos \varphi_U + U_{PV} I_{PV} \cos \varphi_V + U_{PW} I_{PW} \cos \varphi_W
\end{aligned}
\tag{5-4-19}
$$

$$
\begin{aligned}
Q &= Q_U + Q_V + Q_W \\
&= U_{PU} I_{PU} \sin \varphi_U + U_{PV} I_{PV} \sin \varphi_V + U_{PW} I_{PW} \sin \varphi_W
\end{aligned}
\tag{5-4-20}
$$

视在功率

$$
S = \sqrt{P^2 + Q^2}
\tag{5-4-21}
$$

式(5-4-19)和式(5-4-20)中 U_{PU}、U_{PV}、U_{PW} 为各相电压有效值;I_{PU}、I_{PV}、I_{PW} 为各相电流有效值;φ_U、φ_V、φ_W 分别为 U 相、V 相、W 相的相电压与相电流之间的相位差,即功率因数角。

(2) 对称三相电路的功率

负载对称时,由于各相电流、相电压、功率因数角大小都相等,若以 P_P 表示一相的有功功率,以 Q_P 表示一相的无功功率,则三相总的有功功率、无功功率和视在功率可用以下三个公式分别求得

$$
P = 3P_P = 3U_P I_P \cos \varphi_P
\tag{5-4-22}
$$

$$
Q = 3Q_P = 3U_P I_P \sin \varphi_P
\tag{5-4-23}
$$

$$
S = \sqrt{P^2 + Q^2} = 3U_P I_P
\tag{5-4-24}
$$

这是用相电压 U_P、相电流 I_P 和一相负载的功率因数角 φ_P 表示的。

考虑到对称三相负载为星形联结时

$$
U_P = \frac{U_L}{\sqrt{3}} \qquad\qquad I_P = I_L
$$

为三角形联结时

$$
U_P = U_L \qquad\qquad I_P = \frac{I_L}{\sqrt{3}}
$$

将它们分别代入式(5-4-22)、式(5-4-23)和式(5-4-24)中,得到负载对称时,用线电压、线电流表示的功率计算公式为

$$
P = \sqrt{3}\, U_L I_L \cos \varphi_P
\tag{5-4-25}
$$

$$
Q = \sqrt{3}\, U_L I_L \sin \varphi_P
\tag{5-4-26}
$$

$$
S = \sqrt{3}\, U_L I_L
\tag{5-4-27}
$$

它们与负载的连接方式无关,其中 φ_P 仍是一相负载的功率因数角,即负载相电压与相电流之间的相位差角,也就是一相负载的阻抗角。

在三相电路中,测量线电压和线电流较为方便,因此在计算对称三相电路的功率时,不论是星形联结或是三角形联结,常用线电压、线电流表示的功率计算公式,即式(5-4-25)至式(5-4-27)。

(3) 对称三相电路的瞬时功率

对称三相电路的瞬时功率等于各相瞬时功率之和,即

$$p = p_U + p_V + p_W$$

可以推导出[1]

$$p = p_U + p_V + p_W = \sqrt{3}\,U_L I_L \cos\varphi_P = P$$

此式表明,对称三相电路的瞬时功率是一个常量,其值等于有功功率,在这种情况下运行的发电机和电动机的机械转矩是恒定的,没有波动,这是对称三相电路的一个优越的性能。

例 5-4-6 接在 380 V 三相电源上的对称星形负载,测得消耗有功功率 $P = 6$ kW,线电流为 11 A,求每相负载阻抗的参数。

解 由于负载对称,故由式(5-4-25)可得

$$\cos\varphi_P = \frac{P}{\sqrt{3}\,U_L I_L} = \frac{6 \times 10^3}{\sqrt{3} \times 380 \times 11} = 0.829$$

而星形联结中

$$U_P = \frac{U_L}{\sqrt{3}} = \frac{380}{\sqrt{3}}\ \text{V} = 220\ \text{V}$$

$$I_P = I_L = 11\ \text{A}$$

故

$$|Z_P| = \frac{U_P}{I_P} = \frac{220}{11}\ \Omega = 20\ \Omega$$

由阻抗三角形关系[参见图 4-3-1],可求得电阻

$$R = |Z_P| \cos\varphi_P = 20 \times 0.829\ \Omega = 16.58\ \Omega$$

电抗

$$X = |Z_P| \sin\varphi_P = 20 \times 0.559\ \Omega = 11.18\ \Omega$$

例 5-4-7 已知三相对称三角形负载每相的阻抗 $|Z| = 100\ \Omega$,$\cos\varphi = 0.8$,电源的线电压 $U_L = 380$ V。求三相总的 P、Q、S。

解 由于负载对称,宜用式(5-4-25)至式(5-4-27)求解。注意在三角形联结中,相电压等于线电压,线电流是相电流的 $\sqrt{3}$ 倍。相电流由以下式求得

$$I_P = \frac{U_P}{|Z|} = \frac{380}{100}\ \text{A} = 3.8\ \text{A}$$

---

① 参见书末参考文献[1]的第 547 页。

线电流　　　　　　　　　$I_{\mathrm{L}}=\sqrt{3}\,I_{\mathrm{P}}=\sqrt{3}\times3.8\ \mathrm{A}=6.58\ \mathrm{A}$

故　　　　　　　$P=\sqrt{3}\,U_{\mathrm{L}}I_{\mathrm{L}}\cos\varphi=\sqrt{3}\times380\times6.58\times0.8\ \mathrm{W}=3\ 465\ \mathrm{W}$

$$Q=\sqrt{3}\,U_{\mathrm{L}}I_{\mathrm{L}}\sin\varphi=\sqrt{3}\times380\times6.58\times0.6\ \mathrm{var}=2\ 599\ \mathrm{var}$$

$$S=\sqrt{3}\,U_{\mathrm{L}}I_{\mathrm{L}}=\sqrt{3}\times380\times6.58\ \mathrm{V\cdot A}=4\ 331\ \mathrm{V\cdot A}$$

【评析】以上两例为对称三相电路的功率计算。如果是不对称三相电路,则不能简单地利用例题中的方法,即利用式(5-4-22)~(5-4-24)和式(5-4-25)~(5-4-27)进行计算,而应分别求出每一相的功率再求和,得到三相总功率,即式(5-4-19)~(5-4-21)。

　　(4) 三相电路有功功率的测量

在三相四线制电路中,不论三相负载对称与否,可用三功率表法,即用三个功率表进行三相电路功率的测量,如图5-4-19(a)所示。注意,功率表电流线圈的标记端 * 和电压线圈的标记端 * 必须连接在一起。每个功率表测出一相的有功功率,三个功率表测出的有功功率之和就是三相负载的有功功率。

若是三相负载对称的三相四线制电路,则可用一功率表法,即用一个功率表进行三相电路功率的测量,如图5-4-19(b)所示。此时功率表测出的有功功率的三倍就是三相负载的有功功率。

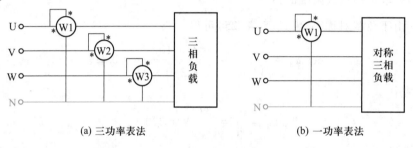

(a) 三功率表法　　　　　　　　(b) 一功率表法

图 5-4-19　测量三相四线制电路的有功功率

在三相三线制电路中,不论三相负载对称与否,也不论三相负载是星形联结还是三角形联结,均可用二功率表法,即用两个功率表进行三相电路功率的测量,如图 5-4-20 所示。可以证明,两个功率表测出的有功率的代数和就是三相负载的有功功率[1]。

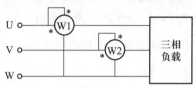

图 5-4-20　测量三相三线制电路有功功率的二功率表法

对于不对称的三相四线制电路,由于 $\dot{I}_{\mathrm{U}}+\dot{I}_{\mathrm{V}}+\dot{I}_{\mathrm{W}}\neq0$,所以不能用一功率表法或者二功率表法来测量三相负载的有功功率,而要用三个功率表来测量。

---

① 　参见书末参考文献[1]的第550页。

思考与练习题

5-4-3 在负载为星形联结的三相四线制的对称三相电路正常运行时,测得相电压为 220 V。求在下列情况下,各负载的相电压。(1) 中性线断开,U 相断线;(2) 中性线断开,U 相负载短路。

$$[(1)\ U_U = 0, U_V = 190, U_W = 190\ V;\quad (2)\ U_U = 0, U_V = 380\ V, U_W = 380\ V]$$

5-4-4 仍为上题电路,若正常运行时,测得各相电流 $I_U = I_V = I_W = 1$ A。求在下列情况下,各相负载的相电流。(1) 有中性线,其阻抗可忽略,U、V 相断线;(2) 中性线断开,U 相断线;(3) 中性线断开,U 相负载短路。

$$[(1)\ I_U = 0, I_V = 0, I_W = 1\ A;$$
$$(2)\ I_U = 0, I_V = 0.86\ A, I_W = 0.86\ A$$
$$(3)\ I_U = 0, I_V = 1.73\ A, I_W = 1.73\ A]$$

5-4-5 对称三相电路的线电压为 190 V(有效值),负载为三角形联结,每相负载 $Z = (4+j3)\ \Omega$,求负载吸收的总功率 P。

$$[17\ 328\ W]$$

三、三相电路的 MOOC 教学举例

视频:三相电路分析概述　　　　PPT:三相电路分析概述

*§5-5 应用实例

一、带通滤波器

由于 L 和 C 元件对不同频率的信号呈现不同的阻抗,利用这一特性,可将其制成滤波器。滤波器是一种能使有用频率信号通过,而同时抑制无用频率信号的电子装置。工程上常用它来作信号处理、数据传送和抑制干扰等。以往这种滤波电路主要采用无源元件 R、L 和 C 组成,称为无源滤波器。20 世纪 60 年代以来,集成运放获得了迅速发展,由它和 R、C 组成的有源滤波器,具有不用电感、体积小、质量轻,以及输入阻抗高、输出阻抗低,兼有电压放大作用和一定的带负载能力等优点。它们都是模拟滤波器。

根据通过或阻止信号频率范围的不同,滤波器可分为低通滤波器、高通滤波器、带通滤波器和阻通滤波器。通常用幅频特性来表征一个滤波器的特性。无源的 R、C 低通滤波器和高通滤波器的电路分析,可参见本书 §5-2。

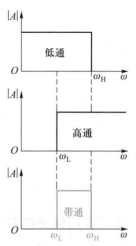

图 5-5-1　低通、高通和带通滤波器的理想幅频特性

带通滤波器能通过某一频段(通带)的有用信号,而高于或低于此频段的信号将被抑制。由图 5-5-1 所示的低通、高通和带通滤波器的理想幅频特性可见,带通滤波器可由低通和高通滤波器串联而成,且要求低通截止频率 ω_H 高于高通截止频率 ω_L。

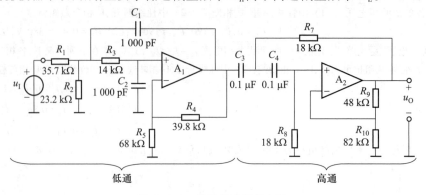

图 5-5-2 带通滤波器的电路

图 5-5-2 所示为一个带通滤波器的电路,它的主体是由 R_3、C_2(低通滤波元件)及同相比例放大电路(运放 A_1 和负反馈元件 R_4、R_5)构成的低通有源滤波器和由 R_8、C_4(高通滤波元件)及同相比例放大电路(运放 A_2 和负反馈元件 R_9、R_{10})构成的高通有源滤波器串联而成。电路中的 R_1 和 R_2 为分压电路,对信号源 u_1 起衰减作用;C_1、R_7 为正反馈元件,分别有利于提高低通、高通效果。该电路的低通截止频率 $f_H = \dfrac{\omega_H}{2\pi} = \dfrac{1}{2\pi R_3 C_2} = 11$ kHz,高通截止频率 $f_L = \dfrac{\omega_L}{2\pi} = \dfrac{1}{2\pi R_8 C_4} = 90$ Hz。该电路可确保信号在 100 Hz 和 10 kHz 处的衰减不大于 3 dB,因此该滤波器的通带为 100 Hz~10 kHz。经多次仿真实验,得出该滤波电路的幅频特性曲线如图5-5-3所示。

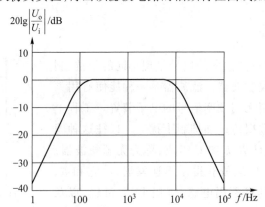

图 5-5-3 图 5-5-2 所示的带通滤波器的幅频特性

二、工厂供配电系统概况

工厂用电(含其他用户)主要来自电力系统中的发电厂。发电厂是把非电形式的能量转换成电能的场所,按被转换的能源不同,可分为火力发电厂、水力发电厂(水电站)、原子能发电厂(核电站)、风力发电站等。人们还在不断探索和研究新的发电方式,如太阳能发电、沼气发电和磁流体发电①等。图 5-5-4 所示为几种发电厂的外景。

    (a) 火力发电厂   (b) 水电站   (c) 风力发电站

图 5-5-4   几种发电厂的外景

一般中、大型发电厂均装有多台发电机,发电机的额定电压为 6.3 kV 或 10.5 kV 等。为了提高输电效率并减少输电线路上的损耗,通常都利用升压变压器将电压升高后,经高压输电线路进行远距离输电。目前,我国高压输电线路的电压有 35 kV、110 kV、220 kV、330 kV 和 500 kV 等几个等级。输电容量越大,输电距离越远,则输电线路的电压等级就越高。图 5-5-5 所示为高压输电线路的铁塔。

高压输电到用户区后,先要经过区域降压变电所(参见图 5-5-6)将电压降至 110 kV、35 V 或 6~10 kV 等;对于 35 kV 及以上等级的,还要经输电线送至工厂总降压变电所,再降至 6~10 kV。凡降至 6~10 kV 的,经高压配电线,送至工厂车间变电所或 6~10 kV 的高压用电设备。工厂车间变电所的作用是将 6~10 kV 的电压降至 380/220 V 的使用电压并实施配电,然后通过低压配电线,将电能送至车间各个低压用电设备。

    图 5-5-5   输电线铁塔   图 5-5-6   区域变电所

从发电厂至用户的输电过程如图 5-5-7 所示。

只有进线电压为 35 kV 以上的大、中型工厂才设置总降压变电所,把 35 kV 以上的进线电压降至 6~10 kV,总降压变电所通常设有 1~2 台降压变压器。对于中小型工厂,电源进线电压一般为 10 kV,因而只设 10 kV 高压配电所和车间变电所。配电所和变电所的区别在

---

①   磁流体发电技术,就是用燃料(石油、天然气、燃煤等)直接加热成易于电离的气体,使之在 2000 ℃ 的高温下电离成导电的离子流,然后让其在磁场中高速流动,切割磁感线,产生感应电动势,即由热能直接转换成电流。由于无需经过机械转换环节,所以称为"直接发电",其燃料利用率得到显著提高,这种技术也称为"等离子体发电技术"。

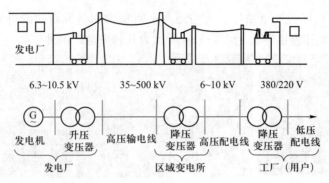

图 5-5-7　发电厂至用户的输电过程示意图

于前者只接收和分配电能,而变电所除有上述两个功能外,还要变换电压。车间变电所一般设置 1~2 台变压器。对于用电量在 100 kW 以下的小型工厂,通常直接利用电业部门的 380/220 V 的低压配电线路供电,故仅需设置一个低压配电室。

工厂内的高压配电线路主要作为厂区内输送、分配电能之用,一般采用架空线路,也可以敷设地下电缆。低压配电线路主要作为向低压用电设备输送、分配电能之用,其户外配电线路一般采用架空线路,而户内配电线路则采用明敷或暗敷。

在工厂内,照明线路与动力线路一般是分开的,但是,可采用 380/220 V 三相四线制,尽量由一台变压器供电,而对事故照明来说,必须由可靠的独立电源来供电。

图 5-5-8 是中型工厂供电系统的主接线图。主接线图是变压器、开关电器、电线电缆等电气设备依一定次序连成的电路,它能说明电能分配的路径。主接线图常画成单线图。

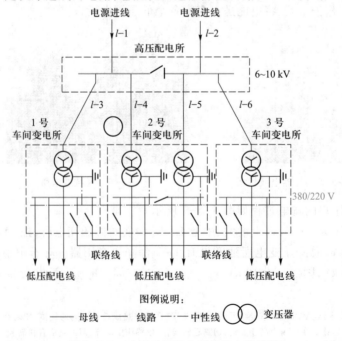

图 5-5-8　中型工厂供电系统的主接线图

* §5-6 计算机仿真分析正弦稳态电路(二)

本节仍用 Multisim13 软件提供的交流频率扫描分析和虚拟仪表对两个正弦稳态应用电路进行仿真分析。

例 5-6-1   图 5-6-1 为某无线接收机的等效电路,当电路发生谐振时,频率等于谐振频率的信号将被吸收。已知电路中 $R = 10\ \Omega$,C 为 $0.01 \sim 0.1\ \mu F$ 的可变电容,$L = 2\ mH$,求此接收机的接收信号的频率范围是多少。

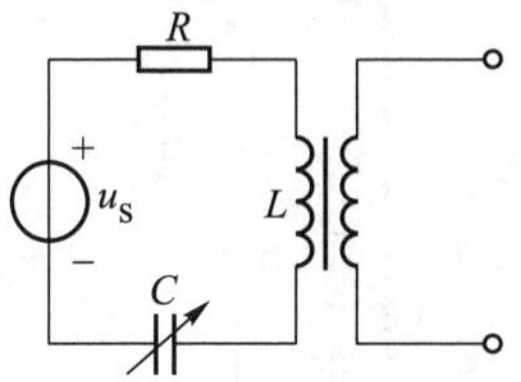

解   本题可以采用 Multisim 13 提供的 AC 频率扫描分析来求解。

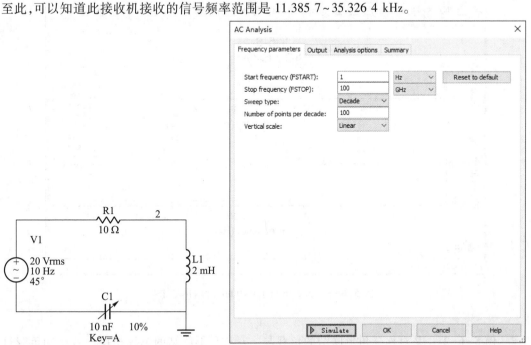

图 5-6-1   例 5-6-1 电路图

首先在 Multisim 13 的软件工作区建立图 5-6-2 所示仿真电路,此时电容的值调为 10 nF。再选择菜单命令 Simulate/Analysis/AC Analysis,弹出如图 5-6-3 的对话框,其中扫描频率范围可以先选大一点,看看效果再调整,这里选择的是1 Hz~100 GHz,按十倍频程(Decade)变化扫描频率,取样 100 个点(Number of points)。幅度垂直刻度(Vertical)选择线性(Linear),输出节点选择 2。设置好后,按下Simulate 开始运行,得到如图 5-6-4 所示的输出结果,即幅频特性曲线和相频特性曲线。将指针移至谐振点,从图 5-6-4 中可以看出电路在 35.3246 kHz 处谐振。再调整电容值,使其为100 nF。再重复以上步骤,得到如图 5-6-5 所示结果,可以看出电路在 11.385 7 kHz 处谐振。至此,可以知道此接收机接收的信号频率范围是 11.385 7~35.326 4 kHz。

图 5-6-2   例 5-6-1 的仿真电路

图 5-6-3   AC 频率扫描分析参数设置对话框

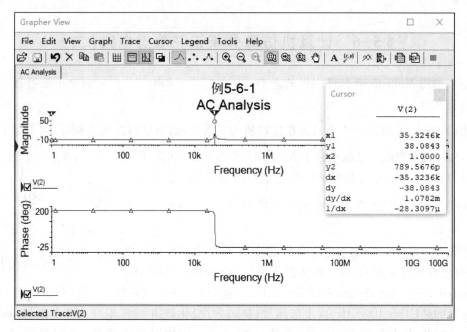

图 5-6-4　例 5-6-1 $C=10$ nF 时输出结果

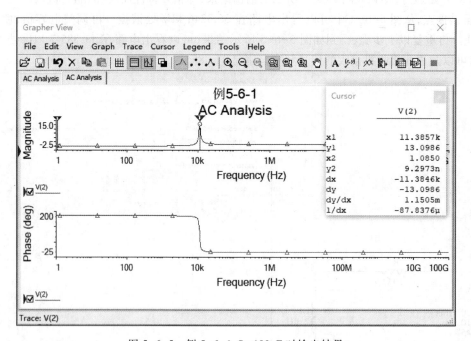

图 5-6-5　例 5-6-1 $C=100$nF 时输出结果

例 5-6-2　某对称三角形联结的负载与一对称星形联结的电源相接。若已知负载每相阻抗为$(8-j6)$ Ω,线路阻抗为 j2 Ω,电源频率为 50 Hz,相电压为 220 V,试求电源和负载的相电流大小。

解　在 Multisim 13 的软件工作区建立如图 5-6-6 所示的仿真电路。三相电源由三个相位各相差 120°、电压为 220 V 的独立电压源组成。由于 Multisim13 中无阻抗元件,故根据题中给定的线路阻抗和负载阻抗,计算出线路电感为 6.369 mH、负载电容为 530 μF 进行仿真,由虚拟电流表测得电源相电流为 82.48 4A,负载电流为 47.62 A。

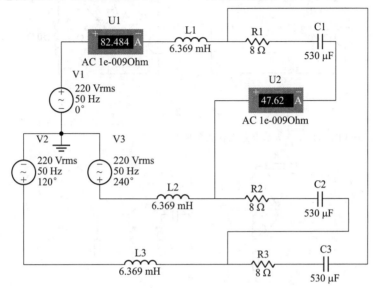

图 5-6-6　例 5-6-2 的仿真电路

思考与练习题

5-6-1　Multisim 13 中没有提供阻抗元件,如果仿真需要用到,可以用哪些方法处理?

本章学习要求

1. 理解自感磁通、互感磁通、自感、互感、耦合系数的概念;掌握耦合电感元件的伏安关系和含耦合电感元件串、并联电路的计算。

2. 了解正弦稳态电路中 RC 串联电路的频率特性和串联谐振、并联谐振的条件及特征。

3. 了解多个不同频率正弦激励电路(含非正弦周期激励的电路)的分析、计算方法。

4. 了解三相电路的连接方式、对称三相电路、相序、相电压、相电流、线电压、线电流的概念,掌握对称三相电路的分析与计算,掌握三相电路功率的计算与测量。

习　　题

5-1　将两个线圈串联接到 50 Hz、220 V 的交流电源上。顺接时电流 $I = 2.7$ A,吸收的功率为

218.7 W;反接时电流为 7 A。求互感 M。

5-2　试计算习题 5-2 图(a)所示串联电路中的电压 $\dot{U}_1$ 和 $\dot{U}_2$ 及习题 5-2 图(b)所示并联电路中的电流 $\dot{I}_1$ 和 $\dot{I}_2$。

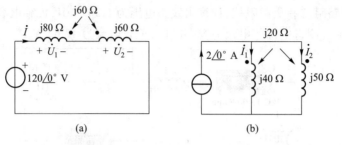

習題 5-2 图

5-3　求习题 5-3 图(a)、(b)所示电路的输入复阻抗。

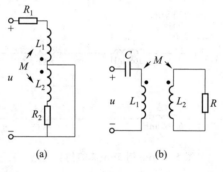

習題 5-3 图

5-4　已知习题 5-4 图所示电路中 $R_1 = R_2 = 3\ \Omega, \omega L_1 = \omega L_2 = 4\ \Omega, \omega M = 2\ \Omega, R = 17\ \Omega$,输入正弦电压 $U = 10$ V。求开关 S 断开和闭合时的 U_{AB}。

5-5　某线圈的电阻 $R = 10\ \Omega, L = 10$ mH,与电容器串联,当外加电源频率为 $f = 5$ kHz 时电流最大,求 C 值。

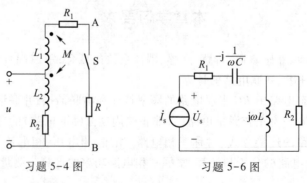

習題 5-4 图　　　　　習題 5-6 图

5-6　在习题 5-6 图所示电路中 $I_s = 1$ A$, R_1 = R_2 = 100\ \Omega, L = 0.2$ H,当 $\omega_0 = 1\,000$ rad/s时,电路发生谐振,求 C 值和电流源端电压 $\dot{U}_s$。

5-7　RLC 串联电路的输入电压 $u = 10\sqrt{2}\sin(2\,500\,t + 10°)$ V,当 $C = 8$ μF 时,电路吸收的功率最大,

$P_{\max} = 100$ W,试求:(1) R、L 的值和品质因数 Q;(2) 电阻电压 U_R、电感电压 U_L 和电容电压 U_C。

5-8　已知习题 5-8 图所示电路中,$R_1 = 5$ Ω,$L_1 = 0.01$ H,$R_2 = 10$ Ω,$L_2 = 0.02$ H,$C = 20$ μF,$M = 0.01$ H。求两线圈顺接和反接时电路的谐振频率。

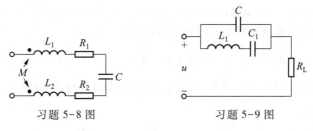

习题 5-8 图　　　　　　　　　习题 5-9 图

5-9　在习题 5-9 图所示电路中,$C = 0.125$ μF,$u = [U_{1m}\sin(1\,000t+\varphi_1) + U_{3m}\sin(3\,000t+\varphi_3)]$ V,要求使基波畅通至负载,而三次谐波全被滤掉,求 C_1 和 L_1。

5-10　在习题 5-10 图所示电路中,外加电压 $u = (50 + 100\sin10^3 t + 15\sin2\times10^3 t)$ V,$L = 40$ mH,$C = 25$ μF,$R = 30$ Ω,求两只电流表 A1 和 A2 的读数(有效值)。

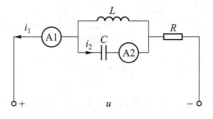

习题 5-10 图

5-11　在习题 5-11 图(a)所示的整流电路的 LC 滤波电路中,$L = 5$ H,$C = 10$ μF。设其输入 u_{ab} 为正弦全波整流电压,如习题 5-11 图(b)所示,电压幅值 $U_m = 150$ V,整流前的工频正弦电压频率 $f = 50$ Hz,负载电阻 $R = 2\,000$ Ω,求电感电流 i 和负载端电压 u_{cd},并求负载端电压的有效值 U_{cd}。(提示:输入电压的函数表达式查表 5-3-1,取前三项)

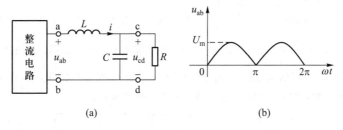

(a)　　　　　　　　　　(b)

习题 5-11 图

5-12　已知一线性无源二端网络的端口电压 u 和电流 i 的参考方向一致,其 u、i 分别为:$u = [50 + 85\sin(\omega_1 t - 60°) + 56.6\sin(2\omega_1 t - 80°)]$ V;$i = [1 - 0.707\sin(\omega_1 t + 70°) + 0.424\sin(2\omega_1 t - 40°)]$ A。试求该二端网络吸收的平均功率。

5-13　额定电压为 220 V 的三个单相负载,其复阻抗均为 $Z = (6 + j8)$ Ω,接在线电压为 380 V 的三相交流电源上,忽略相线阻抗。(1) 负载应采用什么接法接入电源? (2) 求各相电流及线电流;(3) 作电流、电压相量图。

5-14　若上题中的三个负载的额定电压为 380 V,接在线电压为 380 V 的三相电源上,问负载应采用什么接法? 求各相电流及线电流。忽略相线阻抗。

5-15 有三个负载:$Z_U = (12+j8)\ \Omega$,$Z_V = (8-j12)\ \Omega$ 和 $Z_W = 12\ \Omega$,采用星形联结接在线电压为 380 V 的三相四线制电源上,求各线电流及中性线电流。忽略相线阻抗。

5-16 有三个负载:$Z_{UV} = (4+j4)\ \Omega$,$Z_{VW} = (4-j4)\ \Omega$ 和 $Z_{WU} = 5.66\ \Omega$;现接成三角形,接在线电压为 380 V 的交流电源上,求各相电流及线电流。忽略相线阻抗。

5-17 一对称三相电路如习题 5-17 图所示。对称三相电源电压 $\dot{U}_U = 220 \underline{/0°}$,负载阻抗 $Z = 60 \underline{/60°}\ \Omega$,线路阻抗 $Z_L = (1+j1)\ \Omega$。试求:(1) 线路中的电流和每相负载中的电流;(2) 线路上的电压降和每相负载两端的电压。

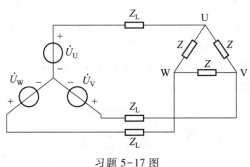

习题 5-17 图

5-18 有一三相对称负载为星形联结,其每相电阻 $R = 24\ \Omega$,感抗 $X = 18\ \Omega$,接在线电压为 380 V 的三相电源上。试求负载的相电压、相电流、线电压及 P、Q、S。

5-19 将上题负载接成三角形,接到线电压为 220 V 的电源上,求负载的相电压、相电流、线电压及 P、Q、S。并将两题结果加以比较分析。

5-20 某大楼为日光灯和白炽灯混合照明,需装 40 W 日光灯 210 盏(功率因数 $\cos \varphi_1 = 0.6$),60 W 白炽灯 90 盏($\cos \varphi_2 = 1$)。它们的额定电压都是 220 V,现接入电压为 380 V/220 V 的三相四线制电路中,问负载应如何分配? 采用何种接法? 求线电流。

5-21 习题 5-21 图所示电路为一相序测定器,对称三相电源为星形联结,中性点为 N,相电压为 U_P;负载中的 $R = \dfrac{1}{\omega C}$(R 是白炽灯的电阻)。试求中性点位移电压 $\dot{U}_{N'N}$ 和各个电阻上的电压。

5-22 已知习题 5-22 图所示电路中 $R_U = R_V = 4\ \Omega$,$X_V = 6\ \Omega$,$R_W = 6\ \Omega$,$X_W = 4\ \Omega$,$R_0 = 6\ \Omega$,$X_0 = 8\ \Omega$。现接在 380/220 V 的三相四线制电源上。求各线电流及总有功功率。

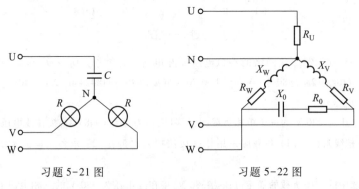

习题 5-21 图　　　　　　　　习题 5-22 图

5-23 在习题 5-23 图所示电路中,取电容电压 u_C 作为输出电压。(1)用虚拟波特图仪测量电容电压的频率响应特性曲线,从曲线中测量最大衰减是多少 dB?对应的频率是多少?(2)当 u_i 信号频率为 160 Hz 和 160 kHz 时,用虚拟示波器测量输出和输入电压的相位差,并与波特图仪测量出的相位差做比较。

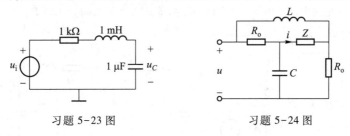

习题 5-23 图　　　　　　　　　习题 5-24 图

5-24 在习题 5-24 图所示电路中,已知输入电压 u 为正弦量,$L = 1$ H,$R_o = 1$ kΩ,$Z = (3+5\text{j})$ Ω。当 $\dot{I} = 0$ 时,用 Multisim 13 求 C 值。

自 测 题 三

一、填空题

1. 在图 3-1 所示电路中,当输入电压 U 不变且 f 增加时,则 I_1 _____,I_2 _____,I_3 _____(填:增加、减少、不变)。

2. 在图 3-2 所示电路中,$\dot{U} = 100 \underline{/0°}$,$I_2 = 7$ A,则电路中电流 I 为_____。

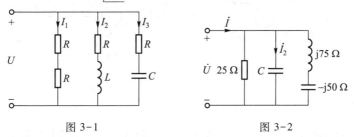

图 3-1　　　　　　　　　图 3-2

3. 若电阻 R 为 100 Ω,与电感 L 串联后接到 50 Hz 的正弦电压 u 上,且 u_R 的相位比 u 的相位滞后 30°,则 $L =$ _____ H。

4. 图 3-3(a)所示无源二端网络 N_0 的端口电压、电流的参考方向已在图中标注,其相量图如图(b)所示,则此无源二端网络 N_0 端口的等效复阻抗 $Z_{eq} =$ _____,电路性质为_____。

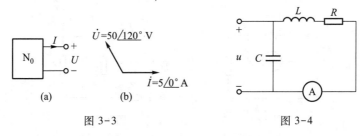

图 3-3　　　　　　　　　图 3-4

5. 在图 3-4 所示电路中,电容 C 的作用是提高电路的功率因数。若去掉 C,则电流表 A 的读数 _____,电路的总有功功率 ____,电路的总无功功率 _____,视在功率 _____。(填:增加、减少、不变)

6. 在图 3-5 所示电路中,电压表的读数为 _____ V(设电压表的内阻为无穷大)。

7. 在图 3-6 所示电路中,$U = 16$ V,$R_1 = 3$ Ω,$\omega L_1 = 7.5$ Ω,$R_2 = 5$ Ω,$\omega L_2 = 12.5$ Ω,$\omega M = 6$ Ω,$f = 50$ Hz,当电路发生谐振时,$C = $ _____,$I = $ _____。

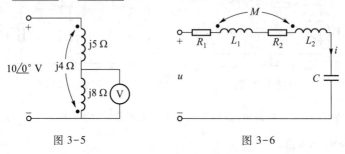

图 3-5　　　　　　　　　　　　　　图 3-6

8. 在图 3-7 所示对称三相电路中线电压为 380 V,若因故障 W 相断线,则电压表的读数为 _____ V。若该电路为三相四线制电路,且中性线阻抗可忽略不计,则电压表的读数为 _____ V。

9. 在图 3-8 所示非正弦电路中,电源电压 $u_s = 10 + 5\sqrt{2}\sin 3\omega t$ V,$R = 5$ Ω,$\omega L = 5$ Ω,$\dfrac{1}{\omega C} = 45$ Ω,则电压表的读数为 _____ V,电流表的读数为 _____ A。

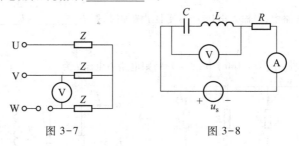

图 3-7　　　　　　　　　　　图 3-8

二、计算题

1. 在图 3-9 所示电路中,已知:$\dot{I} = 2\underline{/0°}$ A,$\dot{U} = 100\underline{/45°}$ V,电压表的读数为 50 V,求复阻抗 Z。

2. 在图 3-10 所示电路中,已知 Z_1 吸收的功率 $P_1 = 200$ W,$\cos\varphi_1 = 0.83$(电容性);Z_2 吸收的功率 $P_2 = 180$ W,$\cos\varphi_2 = 0.5$(电感性);Z_3 吸收的功率 $P_3 = 200$ W,$\cos\varphi_3 = 0.7$(电感性),$U = 220$ V,$f = 50$ Hz。试问:(1) 电路的电流 I 为多少?$\cos\varphi$ 为多少?(2) 欲将整个电路功率因数提高到 0.95,应并接什么元件,其参数值为多少?

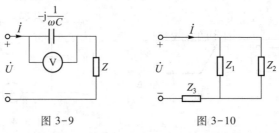

图 3-9　　　　　　　　　　　图 3-10

3. 在图 3-11 所示电路中,已知电流表读数为 1.5 A,其他参数已在图中标注。试求:(1) 电路中的 $\dot{I}$ 、$\dot{U}_1$ 、$\dot{U}_2$ 、$\dot{U}_3$ 和 $\dot{U}$;(2) 电源供给的 P 、Q 、S 。

4. 在图 3-12 所示电路中,$R = 50\ \Omega$,$\omega L = 5\ \Omega$,$\dfrac{1}{\omega C} = 45\ \Omega$,$u = (200 + 100\sin 3\omega t)\ \text{V}$,试求电压表和电流表的读数,以及电源提供的平均功率。

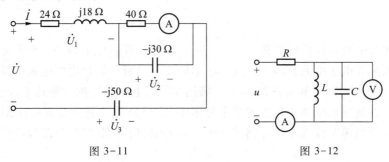

图 3-11   图 3-12

5. 三相电动机每相绕组的额定电压为 220 V。电源有两种电压:(1) 线电压为 380 V;(2) 线电压为 220 V。试问在(1)、(2)两种情况下,这台电动机的绕组应当怎样连接? 若已知这台电动机的每相复阻抗为 $Z = 36 \underline{/30°}\ \Omega$ 。试求(1)、(2)两种情况下的相电流、线电流和电动机吸收的有功功率、无功功率和视在功率。

附录 I　非线性电阻电路分析的基本方法

含有非线性电阻元件的电路称为非线性电阻电路。许多电子器件的模型是非线性电阻元件,因此,大多数电子电路都属于非线性电阻电路。分析非线性电阻电路的基本依据仍然是两类约束,即 KCL、KVL 和元件的 VAR。描述非线性电阻电路的方程是非线性代数方程,用一般的手算方法来求解非线性方程是十分困难的,但是可以利用计算机应用数值法来求解。本章仅介绍简单非线性电阻电路的几种分析方法,包括图解法、分段线性法和小信号分析法。

§ I -1　非线性电阻元件

一、非线性电阻元件的伏安关系

在 § 1-4 中指出,线性电阻元件的 VAR 曲线是过原点的一条直线,它的 VAR 可用欧姆定律 $u = Ri$ 来表示,其电阻值 R 是常数;而非线性电阻元件的 VAR 曲线不是过原点的一条直线,它的 VAR 不满足欧姆定律,它的电阻值不是常数,而是随它的电压或电流甚至方向的改变而改变,因此不能笼统说非线性电阻是多少欧的电阻,它的特性要由完整的 VAR 曲线来表征。非线性电阻元件在电路图中的符号如图 I-1-1 所示。

非线性电阻元件的 VAR 的数学解析式一般是相当复杂的,所以通常不用它来表示非线性电阻元件的 VAR,而用 u-i 平面中的 VAR 特性曲线来表示。VAR 曲线可通过实验测得。

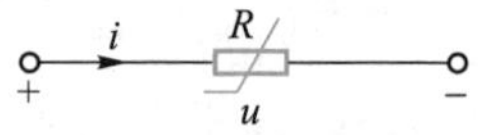

图 I-1-1　非线性电阻的符号

根据 VAR 曲线的不同,非线性电阻元件可以分为如下几类:

(1) 电流控制型非线性电阻元件。该电阻两端的电压是其电流的单值函数,即

$$u = f(i) \tag{I-1-1}$$

它的典型 VAR 曲线,如图 I-1-2 所示。从特性曲线上可见,对于同一电压值,电流可能是多值的。辉光管就具有这样的 VAR,它的模型是电流控制型非线性电阻元件。

(2) 电压控制型非线性电阻元件。通过该电阻元件的电流是其两端电压的单值函数,即

$$i = g(u) \tag{I-1-2}$$

它的典型的 VAR 曲线,如图 I-1-3 所示。从特性曲线上可见,对于同一电流值,电压可能是多值的。隧道二极管就具有这样的 VAR,它的模型是电压控制型非线性电阻元件。

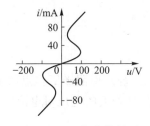

图 I-1-2 电流控制型
电阻(辉光管)的 VAR

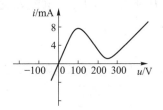

图 I-1-3 电压控制型
电阻(隧道二极管)的 VAR

值得注意的是,电流控制型电阻和电压控制型电阻的 VAR 特性曲线都具有一个下降区段,即电流(电压)增加时,电压(电流)反而下降,在这个区段,电阻呈现负阻的特性。

(3) 单调型非线性电阻元件。它的 VAR 曲线是单调增加或单调减小,即在 VAR 曲线上任取两点(u_1,i_1)和(u_2,i_2),若$u_1>u_2$(或$i_1>i_2$),则$i_1 \geqslant i_2$(或$u_1 \geqslant u_2$)。单调型非线性电阻既非电流控制型,也非电压控制型。二极管、稳压二极管和恒流二极管都具有这样的 VAR,它们的 VAR 曲线如图I-1-4(a)、(b)、(c)所示,它们的模型是单调型非线性电阻元件。

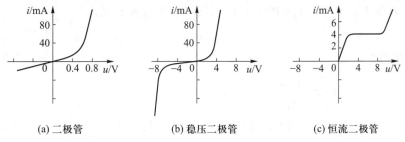

(a) 二极管   (b) 稳压二极管   (c) 恒流二极管

图 I-1-4 单调型电阻的 VAR

线性电阻元件的 VAR 曲线对坐标原点是对称的,是双向性元件,在使用时无需考虑两个端子的极性。对于非线性电阻元件,有的具有双向性,如前述的辉光管(参见图 I-1-2);但是,许多非线性电阻元件的 VAR 曲线对坐标原点是不对称的,它们不具有双向性,而是单向性的。这就是说,当加在这种非线性电阻两端的电压方向不同时,流过它的电流完全不同。例如,二极管正向偏置时,二极管导通,而反向偏置时,二极管不导通,这就是二极管的单向导电性。所以,在使用这类器件时,必须认清它的两个端子的极性,不可接反。

二、静态电阻和动态电阻

非线性电阻元件的电阻值是随着它的电压或电流的变化而变化,因此在计算它的电阻时,必须指明它的工作电流值或工作电压值,这些值对应于 VAR 曲线上的一个点,称为工作点 Q,简称 Q 点。如图 I-1-5 所示。

表示非线性电阻元件的电阻有两种方式。

一种是静态电阻,又称为直流电阻,在 u、i 一致的参考方向下,

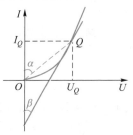

图 I-1-5 静态电阻
与动态电阻

它等于工作点 Q 处的电压 U_Q 与电流 I_Q 之比，即

$$R = \frac{U_Q}{I_Q} \qquad （\mathrm{I}-1-3）$$

由图 I-1-5 可见，Q 点的静态电阻正比于 $\tan \alpha$。注意，静态电阻随工作点的不同而不同。

另一种是动态电阻，或称交流电阻，它等于工作点 Q 附近的电压对电流的导数，即

$$R_\mathrm{d} = \frac{\mathrm{d}u}{\mathrm{d}i} \bigg|_{i=I_Q} \qquad （\mathrm{I}-1-4）$$

动态电阻也随工作点的不同而不同，而且它只对工作点附近变化的电压和电流才有意义。由图 I-1-5 可见，Q 点的动态电阻正比于 $\tan \beta$，β 是 VAR 曲线过 Q 点的切线与纵轴的夹角。一般情况下 $\alpha \neq \beta$，因而静态电阻与动态电阻是不相等的。对单调型非线性电阻元件，其动态电阻是正值；对电流控制型或电压控制型非线性电阻元件，在 VAR 曲线下降段，其动态电阻为负值，因此具有负阻的性质。

例 I-1-1　某二极管的 VAR 曲线，如图 I-1-6 所示。已知其工作点 Q 处 $U_Q = 0.7$ V，$I_Q = 10$ mA，试求其静态电阻 R 和动态电阻 R_d。

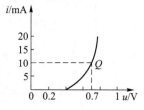

图 I-1-6　例 I-1-1 图

解　静态电阻

$$R = \frac{0.7}{10 \times 10^{-3}} \ \Omega = 70 \ \Omega$$

求动态电阻，过 Q 点作 VAR 曲线的切线与横轴相交，构成一个三角形（参见图 I-1-6），则

$$R_\mathrm{d} = \frac{\Delta u}{\Delta i} = \frac{0.7-0.5}{(10-0) \times 10^{-3}} \ \Omega = 20 \ \Omega$$

【评析】在求非线性电阻元件的电阻时，静态电阻利用式（I-1-3）求解，动态电阻利用式（I-1-4）求解。

例 I-1-2　硅二极管 PN 结的 VAR 式为 $i = I_\mathrm{s}\left(\mathrm{e}^{\frac{u}{U_T}}-1\right)$，其中 I_s 为 PN 结的反向饱和电流，U_T 为温度的电压当量，在常温下 $U_T \approx 26$ mV，试求 PN 结工作电流 $I_Q = 1.3$ mA 时的动态电阻。

解　先求 PN 结的动态电导

$$G_\mathrm{d} = \frac{\mathrm{d}i}{\mathrm{d}u} = \frac{\mathrm{d}}{\mathrm{d}u}\left[I_\mathrm{s}\left(\mathrm{e}^{\frac{u}{U_T}}-1\right)\right] = \frac{I_\mathrm{s}}{U_T}\mathrm{e}^{\frac{u}{U_T}}$$

因为 $U_T \approx 26$ mV，而 PN 结的工作电压 $u \gg U_T$，则 $\mathrm{e}^{\frac{u}{U_T}} \gg 1$，故 PN 结的 VAR 可近似为

$$i \approx I_\mathrm{s}\mathrm{e}^{\frac{u}{U_T}}$$

所以

$$G_\mathrm{d} \approx \frac{i}{U_T}$$

于是,动态电阻

$$R_d = \frac{1}{G_d} \approx \frac{U_T}{i} \bigg|_{i=I_Q} = \frac{26}{1.3} \ \Omega = 20 \ \Omega$$

【评析】在求解本题动态电阻时,需要通过近似将未知量 I_s 和 u 消掉,同时将已知量 I_Q 通过电流 i 引入。

思考与练习题

Ⅰ-1-1 非线性电阻两端的电压为正弦波时,其电流是否也为正弦波?

[不是]

Ⅰ-1-2 求题Ⅰ-1-2图中 OA 段和 AB 段的动态电阻各为多少。

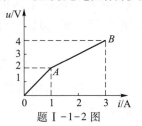

题Ⅰ-1-2图

[2Ω , 1Ω]

§Ⅰ-2 图解分析法

非线性电阻元件的图解法是根据 KCL、KVL 和元件的 VAR 曲线,用作图的方法求解电路的一种方法。它是分析简单非线性电阻电路的常用方法之一。下面介绍曲线相加法和曲线相交法。

一、曲线相加法

1. 非线性电阻的串联

图Ⅰ-2-1(a)所示是由两个非线性电阻串联组成的电路,两个电阻的 VAR 曲线 $u_1 = f_1(i)$ 和 $u_2 = f_2(i)$,如图Ⅰ-2-1(b)所示。

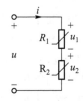

(a) 非线性电阻的串联   (b) 串联电阻的曲线相加法

图Ⅰ-2-1 非线性电阻的串联

对于图Ⅰ-2-1(a)所示串联电路,由 KVL 可知

$$u = u_1 + u_2 = f_1(i) + f_2(i) = f(i) \qquad (Ⅰ-2-1)$$

为了求出式（I-2-1）的两个串联电阻的等效的 VAR 曲线，可取一系列不同的 i' 值，则可得到一系列的 u_1' 和 u_2' 值，利用式（I-2-1）关系，将 u_1' 值和 u_2' 值相加便可得到一系列 u' 值，从而作出式（I-2-1）的 VAR 曲线，即串联电路的等效的 VAR 曲线，如图 I-2-1(b) 中的 $f(i)$。显然，等效的 VAR 曲线 $f(i)$，是在若干个相同电流值下，将 R_1 的 VAR 曲线 $f_1(i)$ 和 R_2 的 VAR 曲线 $f_2(i)$ 的对应点一一相加而成。故此种方法常称为曲线相加法。

若已知外加电压 u，利用等效 VAR 曲线 $f(i)$，就可求得串联电路中的电流 i，以及两个电阻的电压；或已知电路中的电流 i，便可求得串联电路的端口电压 u，以及两个电阻的电压；如图 I-2-1(b) 所示。

上述方法可用来求多个非线性电阻的串联电路的等效的 VAR 曲线，只要利用各电阻的 VAR 曲线，将在同一电流值下各非线性电阻的电压坐标逐点相加，便可得到它们串联组成的电路在此电流下的总电压，在不同的电流下重复这一做法，便可得到等效的 VAR 曲线各个点。

2. 非线性电阻的并联

图 I-2-2(a) 所示是由两个非线性电阻并联组成的电路，两个电阻的 VAR 曲线 $i_1 = f_1(u)$ 和 $i_2 = f_2(u)$，如图 I-2-2(b) 所示。

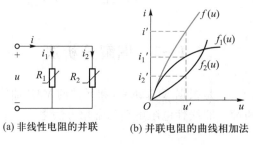

(a) 非线性电阻的并联　　(b) 并联电阻的曲线相加法

图 I-2-2　非线性电阻的并联

并联电路与串联电路为对偶电路，因此，可以仿照上述求串联电路的等效的 VAR 曲线的方法作出并联电路的等效的 VAR 曲线。

对于图 I-2-2(a) 所示并联电路，由 KCL 可知

$$i = i_1 + i_2 = f_1(u) + f_2(u) = f(u) \tag{I-2-2}$$

可取一系列不同的 u' 值，则可得到一系列的 i_1' 和 i_2' 值，利用式（I-2-2）关系，将 i_1' 值和 i_2' 值相加便可得到一系列 i'，从而作出并联电路的 VAR 曲线，如图 I-2-2(b) 中的 $f(u)$。

若已知并联电路电流 i，利用等效的 VAR 曲线 $f(u)$，就可求得并联电路的端口电压 u 和两个电阻的电流；或已知端口电压 u，亦可求得并联电路的电流 i 和两个电阻的电流。

对于多个非线性电阻并联的电路，可以运用上面的方法求得其等效的 VAR 曲线，只要利用各电阻的 VAR 曲线，将在同一电压值下各非线性电阻的电流坐标逐点相加即可。

二、曲线相交法

对于仅含有一个非线性电阻的电路，常采用曲线相交法求解电路。电路如图 I-2-3(a) 所示，由电压源 U_s、线性电阻 R_s 和非线性电阻 R 串联组成。电路中的 U_s 和 R_s 可以看

做是一线性有源二端网络的戴维宁等效电路。这种电路是许多电子电路的电路模型。

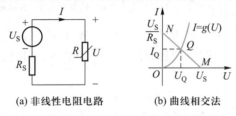

(a) 非线性电阻电路　　　　　(b) 曲线相交法

图Ⅰ-2-3　仅含有一个非线性电阻的电路

设非线性电阻的 VAR 曲线 $I=g(U)$ 如图Ⅰ-2-3(b)所示,下面用曲线相交法确定电路中的电流 I 及非线性电阻两端的电压 U。

对图Ⅰ-2-3(a)电路,根据 KVL 可列出有源支路(由 U_s、R_s 组成)的电压方程,即 VAR 为

$$U=U_s-R_sI \qquad\qquad (Ⅰ-2-3)$$

这是一个直线方程,可用截距法在图Ⅰ-2-3(b)的 U-I 平面中作出。即令 $I=0$,则 $U=U_s$,在横轴上得到 M 点$(U_s,0)$;又令 $U=0$,则 $I=\dfrac{U_s}{R_s}$,在纵轴上得到 N 点$\left(0,\dfrac{U_s}{R_s}\right)$。连接 M、N 两点,得 MN 直线。

显然,电路中的 U、I,既要满足非线性电阻的 VAR 特性曲线 $I=g(U)$,又要满足 MN 直线,所以,两者的交点 Q 所对应的 U_Q、I_Q 即为电路的解答。

在电子电路中,R_s 为负载电阻,故直线 MN 有时称为负载线,Q 点称为静态工作点。

对于含有多个线性电阻、独立源及一个非线性电阻元件的电路,可将非线性电阻元件以外的线性电路利用戴维宁定理等效为一个有源支路(戴维宁等效电路),而后用曲线相交法求出非线性电阻的静态工作点,得到非线性电阻元件的端电压和流过它的电流。最后,利用置换定理将原电路中的非线性电阻用相应的电压源、电流源或静态电阻(线性电阻)置换,从而用求解线性电阻电路的方法求出各元件的电压和电流。

例Ⅰ-2-1　在图Ⅰ-2-4(a)所示电路中,已知 $U_s=2$ V,$R_s=1$ kΩ,非线性电阻的 VAR 曲线如图Ⅰ-2-4(b)所示,该 VAR 曲线可用解析式 $I=U^2$($U>0$)表示,试求非线性电阻的端电压 U 及电路中的电流 I。

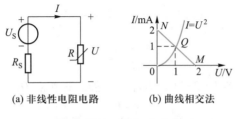

(a) 非线性电阻电路　　　　　(b) 曲线相交法

图Ⅰ-2-4　例Ⅰ-2-1图

解法一　作出图Ⅰ-2-4(a)电路中左边有源支路的 VAR 曲线。据 KVL 得

$$U=U_s-R_sI=2-I$$

令 $U=0$，则 $I=\dfrac{U_s}{R_s}=\dfrac{2}{1\,000}$ A$=2$ mA，在图Ⅰ-2-4(b)的坐标纵轴上得 N 点$(0,2$ mA$)$；又令 $I=0$，则 $U=2$ V，在坐标横轴上得 M 点$(2$ V,0$)$。连接 M、N 两点，得直线 MN，即为有源支路的 VAR 曲线。该直线与非线性电阻元件的 VAR 曲线相交于 Q 点，其对应的 U、I 即为所求，得

$$U=1\text{ V}\qquad I=1\text{ mA}$$

【评析】本题采用曲线相交法求解非线性电阻的端电压 U 和电流 I。使用此方法需要在 U-I 平面中准确作出相应的曲线，避免误差。

解法二　非线性电阻元件的 VAR 解析式已给出为 $I=U^2$，可利用解析法与有源支路的 VAR 方程联立求解，即

$$\begin{cases} I=U^2 \\ U=2-I \end{cases}$$

解得 $U=1$ V，-2 V；$I=1$ mA，4 mA。$U=-2$ V 不合题意，舍去。

故　　　$U=1$ V　　　$I=1$ mA

【评析】本题利用解析法，通过列方程、解方程求解非线性电阻的端电压 U 和电流 I。使用此方法需正确判断出不合题意的结果，并舍去。

例Ⅰ-2-2　电路如图Ⅰ-2-5(a)所示，非线性电阻的 VAR 如图Ⅰ-2-5(b)所示，求 u、i 及 i_1、i_2。

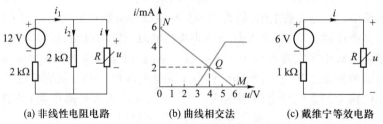

(a) 非线性电阻电路　　　　(b) 曲线相交法　　　　(c) 戴维宁等效电路

图Ⅰ-2-5　例Ⅰ-2-2图

解　（1）求电路中线性有源二端网络的戴维宁等效电路，如图Ⅰ-2-5(c)所示，图中

$$U_{oc}=\frac{2}{2\times2}\times12\text{ V}=6\text{ V}$$

$$R_{eq}=\frac{2\times2}{2+2}\text{ k}\Omega=1\text{ k}\Omega$$

（2）用曲线相交法求图Ⅰ-2-5(c)电路中的静态工作点 Q。有源支路的 VAR 方程为

$$u=6-i$$

在图Ⅰ-2-5(b)中，作出其对应的直线 MN，与非线性电阻的 VAR 曲线相交于 Q 点，得

$$u=4\text{ V}$$

$$i=2\text{ mA}$$

（3）根据置换定理，将图Ⅰ-2-5(a)中非线性电阻元件用 4 V 的电压源置换，则可求得

$$i_2 = \frac{u}{2\ 000} = \frac{4}{2\ 000}\ \text{A} = 2\ \text{mA}$$

由 KCL 得

$$i_1 = i + i_2 = (2+2)\ \text{mA} = 4\ \text{mA}$$

【评析】本题是戴维宁定理、曲线相交法和置换定理的综合应用。

思考与练习题

Ⅰ-2-1　两个非线性电阻并联,它们的 VAR 曲线已知。(1) 已知总电流,如何求总电压? (2) 已知总电压,如何求总电流?

Ⅰ-2-2　有几个非线性电阻串联接到已知电流的电源上,不用作图可否直接从所给出的各非线性电阻的 VAR 曲线求出各电压? 有几个非线性电阻并联接到已知电压的电源时,能否从所给出的各非线性电阻的 VAR 曲线求出各电流?

[能]

§ Ⅰ-3　分段线性法

用图解法分析计算非线性电阻电路时,虽然比较直观且比较简单,但精度比较低。如用解析法计算,则必须找出非线性电阻的 VAR 曲线的数学解析式,一般这是很不容易做到的。但是,任何的曲线都可以近似地分解为由许多直线段组合而成,当分段数趋于无限大时,这无限多个直线段的集合也就是原来的曲线。因此,可根据所需的精度,将非线性电阻的 VAR 曲线适当分段,而对各段曲线分别用一条直线段来近似代替,写出各段直线的 VAR 方程(该方程是线性代数方程),作出其等效电路,于是,可以利用分析线性电阻电路的方法来对各段进行分析计算。所以,这种方法称为分段线性法,有时也称为折线法。

例如,对图Ⅰ-3-1(a)所示非线性电阻元件的 VAR 曲线,可以将其分解为三段,即 OA 段、AB 段、BC 段,并分别用 OA、AB、BC 直线代替,每一直线段都可用一次线性方程来描述,它就是该直线的 VAR 方程,其一般表达式为

$$U = U_k + \Delta U_k = U_k + R_k I \qquad\qquad (Ⅰ-3-1)$$

式中,U_k 为 k 段直线段延长后与电压轴交点的坐标;$R_k = \dfrac{\Delta U_k}{\Delta I}$,为 k 段的等效电阻(动态电阻),相应于 k 段直线段的斜率,与 $\tan \beta$ 成正比。对应于 k 段的 VAR 的等效电路如图Ⅰ-3-1(b)所示。有了各段等效电路后,就可以利用线性电路的分析方法来求解非线性电阻电路了。

综上所述,分段线性法实质上是把一个非线性电阻电路的计算近似地分成若干线性段,每段的计算则是处理一个线性电路。但是,对于每次解出的结果(U、I),都要检查一下是否位于该段的工作范围。若不是,则为虚解,解答无效。还有,段数选择要恰当,段数过少误差较大,段数过多则计算烦琐。一般在 VAR 曲线弯曲部分(即曲率较大处)分段应较密;在比较平直的部分(即曲率较小处)分段则可较稀。

例Ⅰ-3-1　求图Ⅰ-3-2(a)所示锗二极管的 VAR 曲线各段直线的 VAR 方程及等

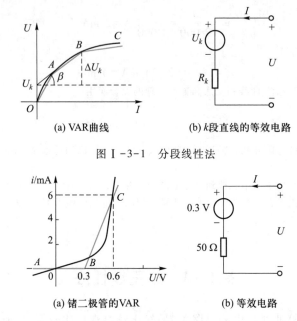

图 I -3-1　分段线性法

图 I -3-2　例 I -3-1 图

效电路。

解　图 I -3-2(a)所示锗二极管的 VAR 可分解为 AB、BC 两直线段。

在 AB 段,即 $U \leqslant 0.3$ V 时,$I = 0$。

在 BC 段,即 $U \geqslant 0.3$ V 时,其 VAR 方程为

$$U = U_{BC} + R_{BC}I$$

式中

$$U_{BC} = 0.3 \text{ V}$$

它是 BC 直线延长后与电压轴交点的电压值。

而

$$R_{BC} = \frac{\Delta U}{\Delta I} = \frac{0.6 - 0.3}{6 \times 10^{-3}} \Omega = 50 \text{ } \Omega$$

故

$$U = 0.3 + 50I$$

等效电路,如图 I -3-2(b)所示。

【评析】本题利用二极管的折线模型来将锗二极管的 VAR 进行分段,较简单。

例 I -3-2　已知隧道二极管的 VAR 曲线,如图I-3-3(a)所示,求它与电压为 0.5 V、内阻为 35 Ω 的电源相连接时的电流值。

解　将图 I -3-3(a)所示的 VAR 曲线分为三段:$0A$、AB、BC。

$0A$ 段:工作范围为 $0 \leqslant U \leqslant 0.2$ V,$0 \leqslant I \leqslant 6$ mA,其 VAR 方程为

$$U = U_{0A} + R_{0A}I$$

由图 I -3-3(a)得

$$U_{0A} = 0 \text{ V}$$

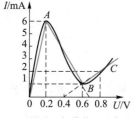 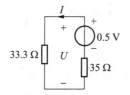 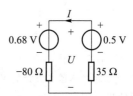

(a) 隧道二极管的VAR曲线　　　(b) 在 0A 段工作时的等效电路　　(c) 在 AB 段工作时的等效电路

图 I -3-3　　例 I -3-2 图

它是 0A 段直线与电压轴交点的电压值。

而
$$R_{0A} = \frac{\Delta U}{\Delta I} = \frac{0.2}{6 \times 10^{-3}}\ \Omega = 33.3\ \Omega$$

故
$$U = 33.3I$$

将其等效电路与电压为 0.5 V、内阻为 35 Ω 的电源相连接,如图 I -3-3(b)所示,得

$$I = \frac{0.5}{33.3+35}\ \text{A} = 7.32\ \text{mA}$$

工作点超出 0A 段工作范围,故解答无效。

AB 段:工作范围为 0.2 V≤U≤0.6 V,1 mA≤I≤6 mA,其 VAR 方程为
$$U = U_{AB} + R_{AB}I$$

由图 I -3-3(a)得

$$U_{AB} = 0.68\ \text{V}$$

它是 AB 直线段延长后与电压轴交点的电压值。

而
$$R_{AB} = \frac{\Delta U}{\Delta I} = \frac{0.2-0.68}{6\times10^{-3}}\ \Omega = -80\ \Omega$$

故
$$U = 0.68-80I$$

将其等效电路与电压为 0.5 V、内阻为 35 Ω 的电源相连,如图 I -3-3(c)所示,得

$$I = \frac{-0.68+0.5}{-80+35}\ \text{A} = 4\ \text{mA}$$

$$U = 0.68-80\times4\times10^{-3}\ \text{V} = 0.36\ \text{V}$$

工作点位于 AB 段工作范围内,故解答有效。

BC 段:U≥0.6 V,I≥1 mA,其 VAR 方程为
$$U = U_{BC} + R_{BC}I$$

由图 I -3-3(a)得

$$U_{BC} = 0.4\ \text{V}$$

它是 BC 直线段与电压轴交点的电压值。

而
$$R_{BC} = \frac{\Delta U}{\Delta I} = \frac{0.9-0.4}{0.25\times10^{-3}}\Omega = 200\ \Omega$$

故
$$U = 0.4+200I$$

解得

$$I = \frac{-0.4 + 0.5}{200 + 35} \text{ A} = 0.43 \text{ mA}$$

工作点超出 BC 段工作范围,故解答无效。

【评析】本题将隧道二极管的 VAR 曲线进行分段处理,在对每一线性段进行分析时,关键是需要对每次解出的结果 (U, I) 进行检查,看其是否位于该段的工作范围。

思考与练习题

Ⅰ-3-1　在用分段线性法解题时,为什么非线性电阻的 VAR 曲线曲率越大的地方,分段区间应该越小,反之则越大?

Ⅰ-3-2　若将二极管的 VAR 曲线按题 Ⅰ-3-2 图分段,试画出其等效电路。

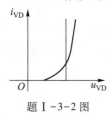

题 Ⅰ-3-2 图

[电压为 U_F 的电压源]

§Ⅰ-4　小信号分析法

在电子电路这样的非线性电路中,通常由直流电源 U_S(称为偏置电压)和随时间变化的信号电压 u_i 共同作用。在一般情况下,u_i 的幅值比直流电源电压 U_S 小得多,将 u_i 称为小信号。由于非线性电路不能应用叠加定理计算电路中的电压和电流,所以一般不能采用上述的图解法和分段线性法分别计算 U_S 和 u_i 产生的响应而进行叠加。分析这类电路,可采用小信号分析法。

在图Ⅰ-4-1(a)所示电路中,直流电压源 U_S 为偏置电压,u_i 为小信号电压,且 $|u_\text{i}| \ll U_\text{S}$;$R_\text{S}$ 为线性电阻,R 为非线性电阻,其 VAR 曲线 $i = g(u)$ 如图 Ⅰ-4-1(b)所示。

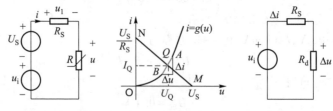

(a) 含小信号的非线性电阻电路　　(b) 小信号分析法推导　　(c) 小信号等效电路

图 Ⅰ-4-1　小信号分析法

首先设 $u_\text{i} = 0$,此时电路中只有偏置电压 U_S 单独作用,可利用 §Ⅰ-2 中讨论的曲线相交法,用负载线 MN 与非线性电阻的 VAR 曲线相交得到静态工作点 Q,如图Ⅰ-4-1(b)所示,Q 点对应的电压、电流分别为 U_Q、I_Q,此时电路中的电压、电流

$$u = U_Q \qquad (Ⅰ-4-1a)$$

$$i = I_Q \qquad (Ⅰ-4-1b)$$

然后设 $u_i \neq 0$,则电路中除偏置电压 U_s 作用外,还有小信号电压 u_i 的作用,且产生电压、电流,此时电路中的电压、电流

$$u = U_Q + \Delta u \qquad (Ⅰ-4-2a)$$

$$i = I_Q + \Delta i \qquad (Ⅰ-4-2b)$$

由于 u_i 很小,故其在电路中产生的电压 Δu、电流 Δi 必很小,且必定在静态工作点 $Q(U_Q, I_Q)$ 附近沿 $i = g(u)$ 曲线作微小变化,于是可以用 Q 点处的一段直线来近似代替这一小段曲线,如图Ⅰ-4-1(b)中的 AB 直线,该直线的斜率(即非线性电阻的 VAR 曲线过 Q 点的切线的斜率)的倒数,即为非线性电阻 R 在 Q 点处的动态电阻 R_d,得

$$R_d = \frac{\Delta u}{\Delta i} \qquad (Ⅰ-4-3)$$

因此,可以利用动态电阻 R_d(线性电阻)来代替在 Q 点(U_Q, I_Q)处小信号 u_i 作用下的非线性电阻 R,小信号等效电路如图Ⅰ-4-1(c)所示。由于小信号等效电路是线性电路,所以可运用线性电路的计算方法来计算 u_i 产生的 Δu 和 Δi,即

$$\Delta u = \frac{R_d}{R_S + R_d} u_i \qquad (Ⅰ-4-4a)$$

$$\Delta i = \frac{u_i}{R_S + R_d} \qquad (Ⅰ-4-4b)$$

并且可以利用叠加定理求得电路中的 u 和 i,即

$$u = U_Q + \Delta u = U_Q + \frac{R_d}{R_S + R_d} u_i \qquad (Ⅰ-4-5a)$$

$$i = I_Q + \Delta i = I_Q + \frac{u_i}{R_S + R_d} \qquad (Ⅰ-4-5b)$$

从以上分析可知,小信号分析法的实质是将静态工作点(Q 点)附近的一小段 VAR 曲线线性化,即用静态工作点 $Q(U_Q, I_Q)$ 处的动态电阻 R_d 来代替静态工作点附近的一小段非线性曲线,从而使非线性电路转化为线性电路来求解。使用小信号分析法的前提是信号电压幅值必须很小,以保证其产生的 Δu、Δi 在静态工作点附近作微小变化。

小信号分析法是工程上分析非线性电路的一个重要方法,尤其在电子技术中的二极管电路及三极管放大电路的分析设计中有着广泛的应用。

例Ⅰ-4-1　已知图Ⅰ-4-2(a)所示硅二极管电路中,$U_{s1} = 1$ V,$u_{s2} = 0.2\sin 314t$ V,$R_S = 125$ Ω,二极管 VD 的 VAR 曲线如图Ⅰ-4-2(b)所示。试求电路中电流 i 及二极管 VD

的电压 u。

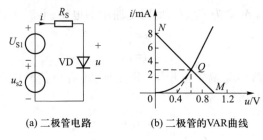

(a) 二极管电路　　　　(b) 二极管的VAR曲线

图 I -4-2　例 I -4-1 图

解　用小信号分析法,其具体步骤如下:

(1) 求静态工作点 Q

令小信号电源不作用,即电压源 u_{s2} 短路,按 §I -2 中讨论的曲线相交法求出静态工作点 Q。

据上述知 $u_{s2}=0$,由图 I -4-2(a) 得负载线方程为

$$u = U_{S1} - R_S i = 1 - 125i$$

在图 I -4-2(b) 中,作负载线 MN,M 点坐标为 $(1\ \text{V},0)$,N 点坐标为 $(0,8\ \text{mA})$。将 MN 直线与二极管 VD 的 VAR 曲线相交,得静态工作点 Q,由图可见

$$U_Q = 0.625\ \text{V}$$

$$I_Q = 3\ \text{mA}$$

(2) 求静态工作点处的动态电阻 R_d

过 Q 点作二极管 VD 的 VAR 曲线的切线,构成一个小三角形[参见图 I -4-2(b) 中虚线所示],则

$$R_d = \frac{\Delta u}{\Delta i} = \frac{0.625 - 0.4}{3 \times 10^{-3}}\ \Omega = 75\ \Omega$$

(3) 令直流电源不作用,作出与原非线性电路具有相同拓扑结构的小信号等效电路

等效电路如图 I -4-3 所示。

(4) 计算电路中电流 i 及电压 u

首先求出小信号产生的 Δi 和 Δu

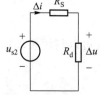

图 I -4-3　例 I -4-1
小信号等效电路

$$\Delta i = \frac{u_{s2}}{R_S + R_d} = \frac{0.2\sin 314t}{125 + 75}\ \text{A} = \sin 314\ t\ \text{mA}$$

$$\Delta u = \frac{R_d}{R_S + R_d} u_{s2} = \frac{75}{125 + 75} \times 0.2\sin 314t\ \text{V}$$

$$= 0.075\sin 314\ t\ \text{V}$$

则电路中

$$i = I_Q + \Delta i = (3 + \sin 314t)\ \text{mA}$$

$$u = U_Q + \Delta u = (0.625 + 0.075 \sin 314t) \, \text{V}$$

【评析】利用小信号分析法求解电路中的电流 i 或某一支路电压 u 时,应按如下步骤进行:

(1)令小信号电源不作用,求静态工作点 Q;

(2)过 Q 点作 VAR 曲线的切线,求 Q 点处的动态电阻 R_d;

(3)令直流电源不作用,画出小信号等效电路;

(4)计算小信号电源作用下的电流 i 和电压 u;

(5)利用叠加定理求电路中的电流 i 和电压 u。

思考与练习题

Ⅰ-4-1 对于非线性电阻电路为什么不能运用叠加定理计算电路中电流和电压?而在小信号分析中为什么却可以利用叠加定理进行计算?

Ⅰ-4-2 为什么小信号等效电路中要用动态电阻来等效非线性电阻?用静态电阻能等效非线性电阻吗?为什么?

§Ⅰ-5 应用实例——温度控制电路

热敏电阻是利用半导体材料的热敏特性工作的半导体电阻,它的阻值会随着温度的改变而改变,而这种改变是非线性的。因此,热敏电阻是一种非线性电阻元件。按电阻温度系数的不同,热敏电阻分为正温度系数热敏电阻和负温度系数热敏电阻;在工作温度范围内,正温度系数热敏电阻的阻值随温度升高而急剧增大,负温度系数热敏电阻的阻值大多随温度升高而呈指数关系减小。具有正温度系数的热敏电阻材料,可专门用作恒定温度传感器等。具有负温度系数的热敏电阻广泛用于测温、控温、温度补偿等方面。下面介绍一个温度控制的应用实例。

图Ⅰ-5-1 所示为一个温度控制电路,它由电源电路和温度检测控制电路组成。电源电路由电源变压器 T、整流二极管 $VD_2 \sim VD_5$ 和滤波电容 C 组成。温度检测控制电路由具有负温度系数的热敏电阻 R_T、电位器 R_P、功率开关集成电路 IC、电阻 R_1 和 R_2、泄流二极管 VD_1、继电器 K、发光二极管 LED 及电加热器 EH 组成。

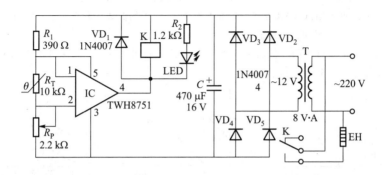

图Ⅰ-5-1 温度控制电路

交流 220 V 电压,经变压器 T 降压、$VD_2 \sim VD_5$ 桥式整流和电容 C 滤波后,为继电器 K 的线圈和集成电路 IC 提供工作电压。

刚接通电源时,温度低于设定温度(由电位器 R_P 设定),热敏电阻 R_T 的阻值较大,IC 选通端脚 2 的电位较低,低于其阈值电压(<1.2 V),其内部处于导通状态,使继电器 K 的线圈通电,其常开触点 K 接通,电加热器 EH 通电开始加热。

随着温度的不断上升,R_T 的阻值也开始降低,使 IC 选通端脚 2 的电位逐渐上升。当温度高于设定温度时,IC 脚 2 的电位高于其阈值电压(≥1.6 V),其内部处于断开状态,使继电器 K 的线圈断电,其常开触点 K 断开,电加热器 EH 断电而停止加热。

随后温度开始下降,R_T 的阻值又逐渐增大,IC 选通端脚 2 的电位也逐渐降低,当温度低于设定温度时,IC 脚 2 的电位低于其阈值电压(<1.2 V),IC 又导通,继电器 K 的线圈又通电,其常开触点 K 又接通,电加热器 EH 又通电开始加热。如此循环不止,将温度控制在设定温度值。

当继电器 K 的线圈通电(IC 内部处于导通状态),即电加热器 EH 通电加热时,发光二极管 LED 亮;反之,当继电器 K 的线圈断电(IC 内部处于断开状态),即电加热器 EH 断电不加热时,发光二极管 LED 不亮。

该电路可用于浴池水温控制及禽蛋孵化的温度控制等场合。

本章学习要求

1. 了解非线性电阻元件与线性电阻元件的不同及其特点和分类;了解静态电阻与动态电阻的含义。

2. 熟悉非线性电阻电路的图解分析法、分段线性法和小信号分析法。

习 题

I−1　非线性电阻 R 串联接到电压 $U_S = 50$ V、内阻 $R_s = 400$ Ω 的电源上,非线性电阻的 VAR 曲线,如习题 I−1 图所示,求电路的静态工作点 Q 和非线性电阻 R 在 Q 点的静态电阻和动态电阻。

I−2　两个非线性电阻的 VAR 曲线分别如习题 I−2 图中的曲线 1 和 2 所示。画出这两个非线性电阻串联后的等效的 VAR 曲线和并联后的等效的 VAR 曲线。

I−3　已知两个非线性电阻元件的 VAR 曲线如习题 I−3 图所示,两元件串联接于 36 V 的电源上,试用曲线相加法求电流和各非线性电阻的电压。

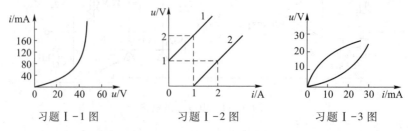

习题 I−1 图　　　　习题 I−2 图　　　　习题 I−3 图

Ⅰ-4　若上题两个非线性电阻元件并联接到 34 mA 电流源上，求各元件的电流和电压。

Ⅰ-5　已知非线性电阻的 VAR 如下表所示，接于内阻为 1 Ω、电压为 10 V 的电源上。试问此非线性电阻元件上的电压、电流与功率各为多少？

u/V	2.1	3.5	4.6	5.4	6.0	6.6	7.0	7.4	7.6	7.9
i/A	1	2	3	4	5	6	7	8	9	10

Ⅰ-6　在习题Ⅰ-6图(a)所示电路中的非线性电阻的 VAR 曲线，如习题Ⅰ-6图(b)所示，试用曲线相交法和分段线性法求电路中电流 i 和电压 u。

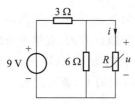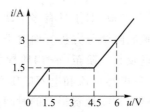

(a) 非线性电阻电路　　　　　(b) 非线性电阻的VAR曲线

习题Ⅰ-6图

Ⅰ-7　由稳压二极管 VZ 和线性电阻(75Ω)串联组成的稳压电路如习题Ⅰ-7图(a)所示，VZ 的 VAR 曲线如习题Ⅰ-7图(b)所示。若输出端 AB 未接负载，求电路中的 I、U_1、U_2 和各电阻元件的功率。

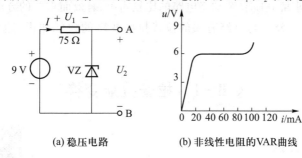

(a) 稳压电路　　　　　(b) 非线性电阻的VAR曲线

习题Ⅰ-7图

Ⅰ-8　已知习题Ⅰ-8图所示电路中，$U_S = 20$ V，$u_s = \sin t$ V，$R_S = 1$ Ω，非线性电阻 R 的 VAR 曲线为 $u = i^2$ $(i>0)$，试求静态工作点、动态电阻及电流 i。

Ⅰ-9　已知习题Ⅰ-9图所示电路中，非线性电阻 R 的 VAR 为 $i = g(u) = u^2$ $(u>0)$，$I_S = 10$ A，$i_s = 0.5\sin t$ A，$R_S = \dfrac{1}{3}$ Ω，求静态工作点、动态电阻、电流 i 和电压 u。

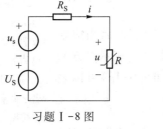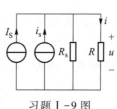

习题Ⅰ-8图　　　　　习题Ⅰ-9图

附录Ⅱ 动态电路的复频域分析法

在第三章中已经知道,对于具有多个动态元件的复杂电路,如果用动态电路的时域分析法求解,常需要求解高阶微分方程。而对于一个 n 阶微分方程,直接求解时需要知道 n 个初始条件,即求解变量及其一阶至 $(n-1)$ 阶导数在 $t=0_+$ 时刻的值,以确定积分常数,但电路中给定的初始状态是各电感电流和电容电压在 $t=0$ 时刻的值,要通过这些值求得解高阶微分方程所需的初始条件,常需耗费很多的时间。

动态电路的复频域分析法(简称 s 域分析法)是通过拉普拉斯变换(积分变换之一),把已知的时域函数变换为复频域函数,从而把时域的微分方程化为复频域函数的代数方程。求出复频域函数后,再作逆变换,返回时域。利用这种变域法解高阶微分方程,因其在变换过程中已以某种形式计入原微分方程的初始条件,故可避免确定积分常数的繁杂计算。所以,动态电路的复频域分析法是求解高阶复杂动态电路的比较简单、有效而重要的方法之一。

本章先简要复习与分析与电路有关的拉普拉斯变换的数学知识,然后介绍线性动态电路的复频域分析法。

§Ⅱ-1 拉普拉斯变换

一、拉普拉斯变换

拉普拉斯变换(简称拉氏变换)是将一个时域函数 $f(t)$ 变换到复频域(s 域)的复变函数 $F(s)$ 的一种积分变换。一个定义在 $[0,\infty)$ 区间的函数 $f(t)$,它的拉普拉斯变换式 $F(s)$ 定义为

$$F(s) = \int_{0_-}^{\infty} f(t)\mathrm{e}^{-st}\mathrm{d}t \qquad (\text{Ⅱ-1-1a})$$

式中, $s=\sigma+\mathrm{j}\omega$ 为复数, $F(s)$ 称为 $f(t)$ 的象函数,而相应地 $f(t)$ 则称为 $F(s)$ 的原函数。通常可用符号 $\mathscr{L}[\ ]$ 表示对方括号里的时域函数作拉氏变换。因此,式(Ⅱ-1-1a)可以表示为

$$F(s) = \mathscr{L}[f(t)] = \int_{0_-}^{\infty} f(t)\mathrm{e}^{-st}\mathrm{d}t \qquad (\text{Ⅱ-1-1b})$$

皮埃尔·西蒙·拉普拉斯(Laplace, Pierre-Simon, 1749—1827)法国数学家、天文学家。他从青年时期就显示出卓越的数学才能,他是天体力学的主要奠基人,是分析概率论的创始人,是应用数学的先驱。以他的名字命名的拉普拉斯变换和拉普拉斯方程,在科学技术的各个领域有着广泛的应用。

定义中拉氏变换的积分从 $t=0_-$ 开始,是为了将 $f(t)$ 中可能出现的 $t=0$ 时的冲激函数纳入拉普拉斯变换的范围中,从而给计算存在冲激函数激励的电路带来方便。

下面根据式(Ⅱ-1-1)求几种典型的时间函数的象函数。

1. 指数函数 $f(t)=e^{\alpha t}$ (α 为实数)

$$F(s) = \mathscr{L}[f(t)] = \int_{0_-}^{\infty} e^{\alpha t} e^{-st} dt$$

$$= \frac{1}{-(s-\alpha)} e^{-(s-\alpha)t} \Big|_{0_-}^{\infty} = \frac{1}{s-\alpha}$$

2. 单位阶跃函数 $f(t)=\varepsilon(t)$

$$F(s) = \mathscr{L}[f(t)] = \int_{0_-}^{\infty} \varepsilon(t) e^{-st} dt = \int_{0_-}^{\infty} e^{-st} dt$$

$$= -\frac{1}{s} e^{-st} \Big|_{0_-}^{\infty} = \frac{1}{s}$$

3. 单位冲激函数 $f(t)=\delta(t)$

单位冲激函数的定义为

$$\begin{cases} \delta(t) = 0 & t \neq 0 \\ \int_{-\infty}^{\infty} \delta(t) dt = 1 \end{cases}$$

单位冲激函数可以看做是单位脉冲函数的极限情况。图Ⅱ-1-1(a)所示为一个单位矩形脉冲函数 $p(t)$ 的波形。它的高为 $1/\Delta$,宽为 Δ,在保持矩形面积 Δ 不变情况下,它的宽度越来越窄时,它的高度越来越大。当脉冲宽度 $\Delta \to 0$,脉冲高度 $1/\Delta \to \infty$,在此极限情况下,可以得到一个宽度趋于零,幅度趋于无限大的面积仍为 1 的脉冲,这就是单位冲激函数 $\delta(t)$,如图Ⅱ-1-1(b)所示。可记为

$$\lim_{\Delta \to 0} p(t) = \delta(t)$$

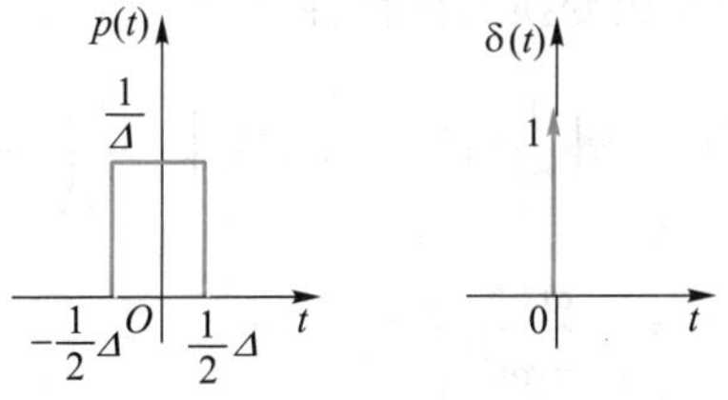

(a) 单位矩形脉冲函数　　(b) 单位冲激函数

图Ⅱ-1-1　冲激函数

单位冲激函数 $\delta(t)$ 对时间的积分等于单位阶跃函数

$$\int_{-\infty}^{t} \delta(\tau) d\tau = \varepsilon(t)$$

由此可知,阶跃函数 $\varepsilon(t)$ 对时间的一阶导数等于冲击函数 $\delta(t)$,即

$$\frac{\mathrm{d}\varepsilon(t)}{\mathrm{d}(t)} = \delta(t)$$

单位冲激函数 $f(t) = \delta(t)$ 的象函数为

$$F(s) = \mathscr{L}[f(t)] = \int_{0_-}^{\infty} \delta(t)\mathrm{e}^{-st}\mathrm{d}t$$

$$= \int_{0_-}^{0_+} \delta(t)\mathrm{e}^{-st}\mathrm{d}t = \mathrm{e}^{-s(0)} = 1$$

二、拉普拉斯变换的常用性质

拉普拉斯变换有许多重要性质,在此仅介绍与分析线性电路有关的一些基本性质。通过这些基本性质的讨论,将很方便地推导出其他一些常用函数的拉氏变换和电路定律及元件的 VAR 的复频域形式。

1. 线性性质

设 $f_1(t)$ 和 $f_2(t)$ 是两个任意的时间函数,它们的象函数分别为 $F_1(s)$ 和 $F_2(s)$,A_1 和 A_2 是两个任意实常数,则

$$\mathscr{L}[A_1 f_1(t) + A_2 f_2(t)] = A_1 \mathscr{L}[f_1(t)] + A_2 \mathscr{L}[f_2(t)]$$
$$= A_1 F_1(s) + A_2 F_2(s) \tag{Ⅱ-1-2}$$

例 Ⅱ-1-1   若 $f(t) = \sin \omega t$ 的定义域在 $[0,\infty]$,求其象函数。

解   由欧拉公式,有

$$\sin(\omega t) = \frac{\mathrm{e}^{\mathrm{j}\omega t} - \mathrm{e}^{-\mathrm{j}\omega t}}{2\mathrm{j}}$$

利用指数函数的象函数,根据拉氏变换的线性性质,得

$$\mathscr{L}[\sin(\omega t)] = \mathscr{L}\left[\frac{1}{2\mathrm{j}}(\mathrm{e}^{\mathrm{j}\omega t} - \mathrm{e}^{-\mathrm{j}\omega t})\right] = \frac{1}{2\mathrm{j}}\left(\frac{1}{s - \mathrm{j}\omega} - \frac{1}{s + \mathrm{j}\omega}\right)$$

$$= \frac{\omega}{s^2 + \omega^2}$$

例 Ⅱ-1-2   若 $f(t) = K(1 - \mathrm{e}^{-\alpha t})$,求其象函数。

解

$$\mathscr{L}[K(1 - \mathrm{e}^{-\alpha t})] = \mathscr{L}[K] - \mathscr{L}[K\mathrm{e}^{-\alpha t}] = \frac{K}{s} - \frac{K}{s + \alpha}$$

2. 延迟性质

若

$$\mathscr{L}[f(t)] = F(s)$$

则
$$\mathscr{L}\left[f(t-t_0)\right]=\mathrm{e}^{-st_0}F(s)$$
（Ⅱ-1-3）

例 Ⅱ-1-3   试求延迟的阶跃函数 $f(t)=\varepsilon(t-t_0)$ 的象函数。

解   根据延迟性质和单位阶跃函数的象函数,得

$$\mathscr{L}\left[\varepsilon(t-t_0)\right]=\mathrm{e}^{-st_0}\mathscr{L}\left[\varepsilon(t)\right]=\frac{1}{s}\mathrm{e}^{-st_0}$$

3. 微分性质

若
$$\mathscr{L}\left[f(t)\right]=F(s)$$

则
$$\mathscr{L}\left[f'(t)\right]=sF(s)-f(0_-)$$
（Ⅱ-1-4）

例 Ⅱ-1-4   应用微分性质求 $\delta(t)$ 的象函数。

解   由单位冲击函数与单位阶跃函数的关系式可得

$$\delta(t)=\frac{\mathrm{d}}{\mathrm{d}t}\varepsilon(t)$$

而
$$\mathscr{L}\left[\varepsilon(t)\right]=\frac{1}{s}$$

根据微分性质,得

$$\mathscr{L}\left[\delta(t)\right]=\mathscr{L}\left[\frac{\mathrm{d}}{\mathrm{d}t}\varepsilon(t)\right]=s\mathscr{L}\left[\varepsilon(t)\right]-\varepsilon(0_-)=s\cdot\frac{1}{s}-0=1$$

4. 积分性质

若
$$\mathscr{L}\left[f(t)\right]=F(s)$$

则
$$\mathscr{L}\left[\int_{0_-}^{t}f(\tau)\mathrm{d}\tau\right]=\frac{F(s)}{s}$$
（Ⅱ-1-5）

例 Ⅱ-1-5   利用积分性质求函数 $f(t)=t$ 象函数。

解   由于

$$f(t)=t=\int_{0}^{t}\varepsilon(\tau)\mathrm{d}\tau$$

而
$$\mathscr{L}\left[\varepsilon(t)\right]=\frac{1}{s}$$

所以
$$\mathscr{L}\left[t\right]=\mathscr{L}\left[\int_{0}^{t}\varepsilon(\tau)\mathrm{d}\tau\right]=\frac{1}{s}\cdot\frac{1}{s}=\frac{1}{s^2}$$

在工程上,激励函数一般不是很多,表 Ⅱ-1-1 给出了一些常用激励函数的拉氏变换,可供查阅使用。在 $t<0$ 时,表中所有的函数 $f(t)$ 都假定为零,亦即它们都可认为被

$\varepsilon(t)$ 相乘。

表 Ⅱ-1-1　一些常用激励函数的拉氏变换

序号	$f(t)$	$F(s)$	序号	$f(t)$	$F(s)$
1	$A\varepsilon(t)$	$\dfrac{A}{s}$	9	$e^{-\alpha t}\sin\omega t$	$\dfrac{\omega}{(s+\alpha)^2+\omega^2}$
2	$A\varepsilon(t-t_0)$	$\dfrac{A}{s}e^{-st_0}$	10	$e^{-\alpha t}\cos\omega t$	$\dfrac{s+\alpha}{(s+\alpha)^2+\omega^2}$
3	$A\delta(t)$	A	11	$te^{-\alpha t}$	$\dfrac{1}{(s+\alpha)^2}$
4	$Ae^{-\alpha t}$	$\dfrac{A}{s+\alpha}$	12	t	$\dfrac{1}{s^2}$
5	$1-e^{-\alpha t}$	$\dfrac{\alpha}{s(s+\alpha)}$	13	$(1-\alpha t)e^{-\alpha t}$	$\dfrac{s}{(s+\alpha)^2}$
6	$\dfrac{t^n}{n!}$	$\dfrac{1}{s^{n+1}}(n=1,2\cdots)$	14	$\dfrac{1}{n!}t^n e^{-\alpha t}$	$\dfrac{1}{(s+\alpha)^{n+1}}n=1,2\cdots$
7	$\sin\omega t$	$\dfrac{\omega}{s^2+\omega^2}$	15	$\sin h\alpha t$	$\dfrac{\alpha}{s^2-\alpha^2}$
8	$\cos\omega t$	$\dfrac{s}{s^2+\omega^2}$	16	$\cos h\alpha t$	$\dfrac{s}{s^2-\alpha^2}$

三、拉普拉斯逆变换

用拉氏变换求解线性电路的时域响应时，需要把求得的响应逆变换为时域函数。

已知象函数 $F(s)$ 求原函数 $f(t)$ 的变换称为拉普拉斯逆变换，它定义为

$$f(t)=\frac{1}{2\pi j}\int_{c-j\infty}^{c+j\infty}F(s)e^{st}ds \qquad (\text{Ⅱ-1-6})$$

用符号 $\mathscr{L}^{-1}[\ ]$ 表示拉氏逆变换，即式（Ⅱ-1-6），可表示为

$$f(t)=\mathscr{L}^{-1}[F(s)]$$

用式（Ⅱ-1-6）进行拉氏逆变换涉及计算一个复变函数的积分，一般比较复杂。如果象函数 $F(s)$ 比较简单，往往能从拉氏变换表 Ⅱ-1-1 中查出其原函数 $f(t)$。对于不能从表 Ⅱ-1-1 中查出原函数的，如果能把象函数分解为若干较简单的、能够从表中查到的项，就可查出各项对应的原函数，而它们之和即为所求原函数，这种方法称为部分分式展开法。下面分析象函数的部分分式展开法及其逆变换方法。

1. 象函数的有理分式

电路响应的象函数通常可表示为两个实系数的 s 的多项式之比，即 s 的一个有理分式

$$F(s)=\frac{N(s)}{D(s)}=\frac{a_0s^m+a_1s^{m-1}+\cdots+a_m}{b_0s^n+b_1s^{n-1}+\cdots+b_n} \qquad (\text{Ⅱ-1-7})$$

式中，m 和 n 为正整数，且 $n\geqslant m$[①]。

2. 有理分式化为真分式

用部分分式展开有理分式 $F(s)$ 时，需要把有理分式化为真分式。

---

① 在电路分析中，一般只出现 $n\geqslant m$。

（1）若 $n>m$，则 $F(s)$ 为真分式。

（2）若 $n=m$，则 $F(s)$ 为假分式，需将 $F(s)$ 分解为下式，即 $F(s)=A+\dfrac{N_0(s)}{D(s)}$

式中，A 是常数，其对应的时域函数为 $A\delta(t)$；余数项 $\dfrac{N_0(s)}{D(s)}$ 是真分式。

3. 象函数的真分式的部分展开法及拉氏逆变换

设 $F(s)=\dfrac{N(s)}{D(s)}$ 为真分式，用部分分式展开法展开真分式时，需要对分母多项式作因式分解，求出 $D(s)=0$ 的根。$D(s)=0$ 的根可以是单根，共轭复根和重根几种情况。

（1）如果 $D(s)=0$ 有 n 个单根，设 n 个单根分别是 p_1、p_2、$\cdots$、p_n，于是 $F(s)$ 可以展开为

$$F(s)=\frac{K_1}{s-p_1}+\frac{K_2}{s-p_2}+\cdots+\frac{K_n}{s-p_n}=\sum_{i=1}^{n}\frac{K_i}{s-p_i}\qquad(Ⅱ-1-8)$$

式中，K_1、K_2、$\cdots$、K_n 是待定系数。

将式（Ⅱ-1-8）两边都乘以 $(s-p_1)$，得

$$(s-p_1)F(s)=K_1+(s-p_1)\left(\frac{K_2}{s-p_2}+\cdots+\frac{K_n}{s-p_n}\right)$$

令 $s=p_1$，则等式除第一项外都变为零，这样求得

$$K_1=\left[(s-p_1)F(s)\right]_{s=p_1}$$

同理可求得 K_2、K_3、$\cdots$、K_n。所以确定各待定系数的公式为

$$K_i=\left[(s-p_i)F(s)\right]_{s=p_i}\quad i=1,2,3,\cdots,n\qquad(Ⅱ-1-9)$$

也可以用求极限的方法确定 K_i 的值，即

$$K_i=\lim_{s\to p_i}\frac{(s-p_i)N(s)}{D(s)}=\lim_{s\to p_i}\frac{(s-p_i)N'(s)+N(s)}{D'(s)}=\frac{N(p_i)}{D'(p_i)}$$

所以，确定式（Ⅱ-1-8）中各待定系数的另一公式为

$$K_i=\frac{N(s)}{D'(s)}\bigg|_{s=p_i}\quad i=1,2,3,\cdots,n\qquad(Ⅱ-1-10)$$

确定了式（Ⅱ-1-8）中各待定系数后，相应的原函数为

$$f(t)=\mathscr{L}^{-1}\left[F(s)\right]=\sum_{i=1}^{n}K_i\mathrm{e}^{p_i t}\qquad(Ⅱ-1-11)$$

例Ⅱ-1-6　求 $F(s)=\dfrac{2s^2+9s+9}{s^2+3s+2}$ 的原函数 $f(t)$。

解　$F(s)$ 为假分式，需化为真分式，得

$$F(s)=\frac{2s^2+9s+9}{s^2+3s+2}=2+\frac{3s+5}{s^2+3s+2}$$

设
$$F_1(s) = \frac{3s+5}{s^2+3s+2} = \frac{3s+5}{(s+1)(s+2)} = \frac{K_1}{s+1} + \frac{K_2}{s+2}$$

由式(Ⅱ-1-9)分别求得待定系数为

$$K_1 = (s+1)F_1(s)\Big|_{s=p_1} = \frac{3s+5}{s+2}\Big|_{s=-1} = 2$$

$$K_2 = (s+2)F_1(s)\Big|_{s=p_2} = \frac{3s+5}{s+1}\Big|_{s=-2} = 1$$

亦可由式(Ⅱ-1-10)求得待定系数为

$$K_1 = \frac{3s+5}{(s^2+3s+2)'}\Big|_{s=-1} = \frac{3s+5}{2s+3}\Big|_{s=-1} = 2$$

$$K_2 = \frac{3s+5}{(s^2+3s+2)'}\Big|_{s=-2} = \frac{3s+5}{2s+3}\Big|_{s=-2} = 1$$

据式(Ⅱ-1-11),原函数为

$$f(t) = \mathscr{L}^{-1}[F(s)] = 2\delta(t) + 2e^{-t} + e^{-2t}$$

(2) 如果 $D(s) = 0$,具有共轭复根 $p_1 = \alpha+j\omega$, $p_2 = \alpha-j\omega$,则 $F(s)$ 可以展开为

$$F(s) = \frac{K_1}{s-p_1} + \frac{K_2}{s-p_2}$$

式中,K_1、K_2 是待定系数。

由式(Ⅱ-1-9)和式(Ⅱ-1-10),得

$$K_1 = [(s-\alpha-j\omega)F(s)]_{s=\alpha+j\omega} = \frac{N(s)}{D'(s)}\Big|_{s=\alpha+j\omega}$$

$$K_2 = [(s-\alpha+j\omega)F(s)]_{s=\alpha-j\omega} = \frac{N(s)}{D'(s)}\Big|_{s=\alpha-j\omega} \tag{Ⅱ-1-12}$$

由于 $F(s)$ 是实系数多项式之比,故 K_1、K_2 为共轭复数。

确定了式中各待定系数后,相应的原函数为

$$f(t) = \mathscr{L}^{-1}[F(s)] = K_1 e^{(\alpha+j\omega)t} + K_2 e^{(\alpha-j\omega)t} \tag{Ⅱ-1-13}$$

设 $K_1 = |K_1|e^{j\theta}$,则 $K_2 = |K_1|e^{-j\theta}$,有

$$f(t) = |K_1|e^{j\theta}e^{(\alpha+j\omega)t} + |K_1|e^{-j\theta}e^{(\alpha-j\omega)t}$$

$$= |K_1|e^{\alpha t}[e^{j(\omega t+\theta)} + e^{-j(\omega t+\theta)}] = 2|K_1|e^{\alpha t}\cos(\omega t+\theta) \tag{Ⅱ-1-14}$$

例Ⅱ-1-7　求 $F(s) = \dfrac{s+1}{s^3+2s^2+2s}$ 的原函数 $f(t)$。

解　　　　　　　　　令 $D(s) = s^3+2s^2+2s = 0$

得
$$p_1 = 0 \qquad p_2 = -1+j \qquad p_3 = -1-j$$

由式(Ⅱ-1-12)求得待定系数为

$$K_1 = \frac{s+1}{3s^2+4s+2}\bigg|_{s=0} = 0.5$$

$$K_2 = \frac{s+1}{3s^2+4s+2}\bigg|_{s=-1+j} = 0.353\ 6\ \underline{/-135°}$$

$$K_3 = \frac{s+1}{3s^2+4s+2}\bigg|_{s=-1-j} = 0.353\ 6\ \underline{/135°}$$

由式(Ⅱ-1-8),得

$$F(s) = \frac{0.5}{s} + \frac{0.353\ 6\ \underline{/-135°}}{s+1-j} + \frac{0.353\ 6\ \underline{/135°}}{s+1+j}$$

由式(Ⅱ-1-11)及式(Ⅱ-1-14),得原函数为

$$f(t) = \mathscr{L}^{-1}[F(s)] = 0.5 + 0.707\ 2e^{-t}\cos(t-135°)$$

(3) 如果 $D(s)=0$ 具有重根,则应含 $(s-p_1)^n$ 的因式。现设 p_1 为 $D(s)=0$ 的二重根,其余为单根,则 $D(s)$ 中含有 $(s-p_1)^2$ 的因式。$F(s)$ 可分解为

$$F(s) = \frac{K_{12}}{s-p_1} + \frac{K_{11}}{(s-p_1)^2} + \left(\frac{K_2}{s-p_2}+\cdots\right)^{①} \qquad (Ⅱ-1-15)$$

对于单根,待定系数仍采用 $K_i = \dfrac{N(s)}{D'(s)}\bigg|_{s=p_i}$ 公式计算。而待定系数 K_{11} 和 K_{12},可以用下面方法求得。

将式两边都乘以 $(s-p_1)^2$,即

$$(s-p_1)^2 F(s) = (s-p_1)K_{12} + K_{11} + (s-p_1)^2\left(\frac{K_2}{s-p_2}+\cdots\right) \qquad (Ⅱ-1-16)$$

则 K_{11} 被单独分离出来,即

$$K_{11} = (s-p_1)^2 F(s)\ \big|_{s=p_1}$$

再对式(Ⅱ-1-16)的 s 求导一次

$$\frac{d}{ds}\left[(s-p_1)^2 F(s)\right] = K_{12} + \frac{d}{ds}\left[(s-p_1)^2\left(\frac{K_2}{s-p_2}+\cdots\right)\right]$$

K_{12} 被分离出来,即

$$K_{12} = \frac{d}{ds}\left[(s-p_1)^2 F(s)\right]_{s=p_1}$$

从以上分析过程可以推论得出:当 $D(s)=0$ 具有 q 阶重根,其余为单根时的分解式为

$$F(s) = \frac{K_{1q}}{s-p_1} + \frac{K_{1(q-1)}}{(s-p_1)^2} + \cdots + \frac{K_{11}}{(s-p_1)^q} + \left(\frac{K_2}{s-p_2}+\cdots\right)$$

式中,

---

① 括号中为其余单根项。

$$
\left.
\begin{aligned}
K_{11} &= (s-p_1)^q F(s) \Big|_{s=p_1} \\
K_{12} &= \frac{\mathrm{d}}{\mathrm{d}s}\Big[(s-p_1)^q F(s)\Big]\Big|_{s=p_1} \\
K_{13} &= \frac{1}{2}\cdot\frac{\mathrm{d}^2}{\mathrm{d}s^2}\Big[(s-p_1)^q F(s)\Big]\Big|_{s=p_1} \\
&\ \vdots \\
K_{1q} &= \frac{1}{(q-1)!}\cdot\frac{\mathrm{d}^{q-1}}{\mathrm{d}s^{q-1}}\Big[(s-p_1)^q F(s)\Big]_{s=p_1}
\end{aligned}
\right\}
\qquad (Ⅱ-1-17)
$$

当 $D(s)=0$ 具有多个重根时,对每个重根分别利用上述方法即可得到各待定系数。

例 Ⅱ-1-8　求 $F(s)=\dfrac{1}{(s+1)^3 s^2}$ 的原函数 $f(t)$。

解　令 $D(s)=(s+1)^3 s^2=0$

得
$$
\begin{aligned}
p_1 &= -1 \qquad 为三重根 \\
p_2 &= 0 \qquad\ \ 为二重根
\end{aligned}
$$

所以
$$
F(s)=\frac{K_{13}}{s+1}+\frac{K_{12}}{(s+1)^2}+\frac{K_{11}}{(s+1)^3}+\frac{K_{22}}{s}+\frac{K_{21}}{s^2}
$$

首先以 $(s+1)^3$ 乘以 $F(s)$,$(s+1)^3 F(s)=(s+1)^3\cdot\dfrac{1}{(s+1)^3 s^2}=\dfrac{1}{s^2}$

由式(Ⅱ-1-17)求得待定系数为

$$
K_{11}=\frac{1}{s^2}\Big|_{s=-1}=1
$$

$$
K_{12}=\frac{\mathrm{d}}{\mathrm{d}s}\cdot\frac{1}{s^2}\Big|_{s=-1}=\frac{2}{s^3}\Big|_{s=-1}=2
$$

$$
K_{13}=\frac{1}{2}\frac{\mathrm{d}^2}{\mathrm{d}s^2}\frac{1}{s^2}\Big|_{s=-1}=\frac{1}{2}\frac{6}{s^4}\Big|_{s=-1}=3
$$

同样,为计算 K_{21} 和 K_{22},需先以 s^2 乘以 $F(s)$,即

$$
s^2 F(s)=s^2\cdot\frac{1}{(s+1)^3\cdot s^2}=\frac{1}{(s+1)^3}
$$

仍应用式(Ⅱ-1-17)求得

$$
K_{21}=\frac{1}{(s+1)^3}\Big|_{s=0}=1
$$

$$
K_{22}=\frac{\mathrm{d}}{\mathrm{d}s}\frac{1}{(s+1)^3}\Big|_{s=0}=\frac{-3}{(s+1)^4}\Big|_{s=0}=-3
$$

所以
$$
F(s)=\frac{3}{s+1}+\frac{2}{(s+1)^2}+\frac{1}{(s+1)^3}-\frac{3}{s}+\frac{1}{s^2}
$$

由表Ⅱ-1-1查出各项对应的原函数,则

$$f(t) = \mathscr{L}^{-1}[F(s)] = 3e^{-t} + 2te^{-t} + \frac{1}{2}t^2e^{-t} - 3 + t$$

思考与练习题

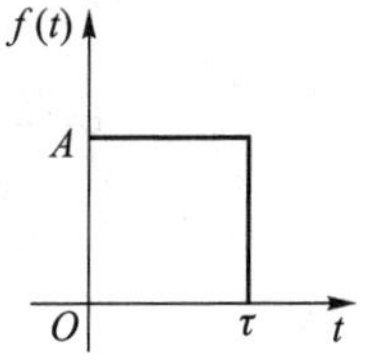

Ⅱ-1-1　试求题Ⅱ-1-1图所示矩形脉冲 $f(t)$ 的象函数 $F(s)$。

$$\left[F(s) = \frac{A}{s}(1 - e^{-s\tau}) \right]$$

题Ⅱ-1-1图

Ⅱ-1-2　如果 $\mathscr{L}[f_1(t)] = F_1(s)$，$\mathscr{L}[f_2(t)] = F_2(s)$，是否可根据线性性质得到 $\mathscr{L}[f_1(t) \cdot f_2(t)]$　等于 $F_1(s)F_2(s)$。　　　　　　　　　　　　［不能］

Ⅱ-1-3　象函数 $F(s) = \dfrac{N(s)}{D(s)}$ 的分母 $D(s) = 0$ 中若含有共轭复数根,则对应的原函数中必有什么成分?

［余弦函数］

§Ⅱ-2　复频域中的电路定律与电路模型

本节讨论电路中的两类约束,即基尔霍夫定律和基本电路元件的 VAR 的复频域形式,以及电路的复频域模型。

一、KCL、KVL 的复频域形式

根据拉氏变换的线性性质得 KCL 的复频域形式和 KVL 的复频域形式如下:

对任一节点　　　　　　　　　　　$\sum I(s) = 0$　　　　　　　　　　（Ⅱ-2-1）

对任一回路　　　　　　　　　　　$\sum U(s) = 0$　　　　　　　　　　（Ⅱ-2-2）

二、元件的 VAR 的复频域形式及电路模型

根据元件的 VAR 的时域关系,可以推导出各元件的 VAR 的复频域形式。

1. 电阻元件的 VAR 的复频域形式及电路模型

如图Ⅱ-2-1(a)所示,根据电阻元件的 VAR 的时域表达式 $u(t) = Ri(t)$,两边取拉氏变换得

(a) 时域模型　　　　**(b) 复频域模型**

$$U(s) = RI(s)　　　　　（Ⅱ-2-3）$$

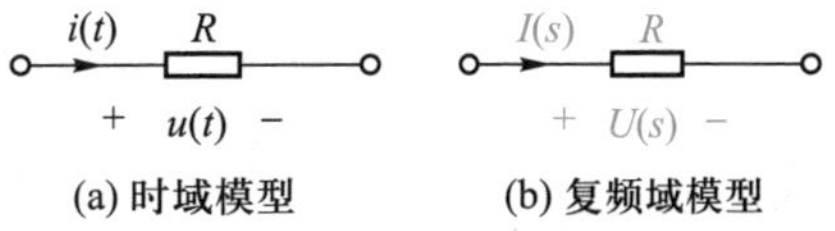

图Ⅱ-2-1　电阻的复频域模型

式（Ⅱ-2-3）就是电阻元件的 VAR 的复频域形式,其电路模型,如图Ⅱ-2-1(b)所示。

2. 电感元件的 VAR 的复频域形式及电路模型

如图Ⅱ-2-2(a)所示,根据电感元件的 VAR 的时域表达式 $u(t) = L\dfrac{di(t)}{dt}$,两边取拉氏变换得

$$\mathscr{L}[u(t)] = \mathscr{L}\left[L\frac{di(t)}{dt} \right]$$

即　　　　　　　　　　　$U(s) = sLI(s) - Li(0_-)$　　　　　　　（Ⅱ-2-4a）

或　　　　　　　　　　　$I(s) = \dfrac{1}{sL}U(s) + \dfrac{i(0_-)}{s}$　　　　　　（Ⅱ-2-4b）

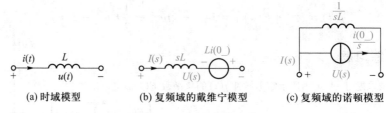

(a) 时域模型   (b) 复频域的戴维宁模型   (c) 复频域的诺顿模型

图Ⅱ-2-2   电感的复频域模型

式(Ⅱ-2-4)就是电感元件的 VAR 的复频域形式,其电路模型,如图Ⅱ-2-2(b)、(c)所示,前者是戴维宁模型,后者是诺顿模型。其中 sL 为电感的复频域阻抗;$Li(0_-)$ 为附加电压源的电压,它反映了电感中的初始电流的作用,可见在由时域变换到复频域时,已计入了初始条件。而 $\dfrac{1}{sL}$ 为电感的复频域导纳,$\dfrac{i(0_-)}{s}$ 为附加电流源的电流。

3. 电容元件的 VAR 的复频域形式及电路模型

如图Ⅱ-2-3(a)所示,根据电容元件的 VAR 的时域表达式

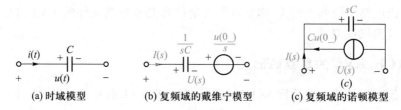

(a) 时域模型   (b) 复频域的戴维宁模型   (c) 复频域的诺顿模型

图Ⅱ-2-3   电容的复频域模型

$$u(t) = \frac{1}{C}\int_{0_-}^{t} i(\tau)\,\mathrm{d}\tau + u(0_-)$$

两边取拉氏变换得

$$U(s) = \frac{1}{sC}I(s) + \frac{u(0_-)}{s} \qquad\qquad (\text{Ⅱ-2-5a})$$

或

$$I(s) = sCU(s) - Cu(0_-) \qquad\qquad (\text{Ⅱ-2-5b})$$

式(Ⅱ-2-5)就是电容元件的 VAR 的复频域形式,其电路模型如图Ⅱ-2-3(b)、(c)所示,前者是戴维宁模型,后者是诺顿模型。其中 $\dfrac{1}{sC}$ 为电容的复频域阻抗;$\dfrac{u_C(0_-)}{s}$ 为附加电压源的电压,它反映了电容中的初始电压的作用,可见在由时域变换到复频域时,已计入了初始条件。而 sC 为电容的复频域导纳,$Cu(0_-)$ 为附加电流源的电流。

例Ⅱ-2-1   已知图Ⅱ-2-4(a)所示 RLC 串联电路中的电源电压为 $u(t)$,电感 L 中初始电流为 $i(0_-)$,电容 C 中初始电压为 $u_C(0_-)$。试画出其复频域模型,并列写其复频域电路的 KVL 方程。

解   根据电阻、电感、电容元件的 VAR 的复频域形式及电路模型,可知图Ⅱ-2-4(a)电路的时域模型所对应的复频域模型如图Ⅱ-2-4(b)所示。

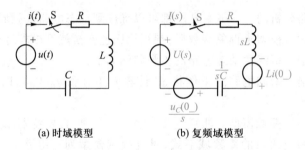

(a) 时域模型　　　　　　　(b) 复频域模型

图 Ⅱ-2-4　例 Ⅱ-2-1 附图

根据 $\sum U(s)=0$ 有

$$\left(R+sL+\frac{1}{sC}\right)I(s)=U(s)+Li(0_-)-\frac{u_C(0_-)}{s}$$

即

$$Z(s)I(s)=U(s)+Li(0_-)-\frac{u_C(0_-)}{s}$$

若

$$i(0_-)=0,\ u_C(0_-)=0$$

则

$$Z(s)I(s)=U(s) \hspace{2cm} (Ⅱ-2-6)$$

式（Ⅱ-2-6）即为复频域中的欧姆定律。

思考与练习题

Ⅱ-2-1　在题 Ⅱ-2-1 图所示电路中，$R=1\ \Omega$，$L=0.2\ \text{H}$，$C=0.5\ \text{F}$，U_s $=10\ \text{V}$。开关闭合前电路已处于稳定状态，电容为零状态。在 $t=0$ 时开关闭合，试画出复频域模型。

题 Ⅱ-2-1 图

§ Ⅱ-3　动态电路的复频域分析法

从 § Ⅱ-2 分析可知，动态电路的复频域分析法就是通过拉氏变换把电路中所有电压和电流（时域函数）变换为相应的象函数（复频域函数）、把电路的时域模型变换为复频域模型，从而使求解动态电路的以时域函数为变量的常微分方程，变换为求解以象函数为变量的线性代数方程。而且，这些复频域代数方程可以根据两类约束的复频域形式，直接从电路的复频域模型列写出来。

当电路的所有独立初始值为零，即电路为零状态时，电感元件和电容元件的复频域模型只体现为复频域阻抗形式。而在非零状态条件下，电感元件和电容元件的复频域模型中含有附加电源的作用。可见，动态电路复频域模型中的附加电源体现了动态元件（储能元件）的初始储能对电路响应的影响。这是动态电路的复频域分析法中十分重要的概念。

如果将动态电路复频域模型中的阻抗（R、sL、sC）与直流电阻电路中的电阻相对应，将动态电路复频域模型中的外施电源和附加电源与直流独立源相对应，那么，在第一章和第二章中介绍的线性电路分析的各种基本方法都可以推广到动态电路复频域模型的分析中来。

运用电路的复频域模型求得象函数后,利用拉氏逆变换就可以求得对应的时域函数。

用复频域分析法分析线性动态电路的步骤归纳如下:

(1) 根据换路前一瞬间电路的工作状态,计算 $i_L(0_-)$ 和 $u_C(0_-)$,以便确定电路的复频域模型中的附加电源。

(2) 绘出电路的复频域模型。注意不要遗漏附加电源,且要特别注意附加电源的方向。

(3) 根据电路两类约束的复频域形式,对复频域模型列写电路方程,求出响应的象函数。这里可以采用第一章、第二章中分析电阻电路的各种方法。

(4) 用部分分式展开法并查阅拉氏变换表,将已求得的响应的象函数进行拉氏逆变换,求出待求的时域响应。

下面举例说明动态电路的复频域分析法在线性电路分析中的应用。

例Ⅱ-3-1　　电路如图Ⅱ-3-1(a)所示。已知: $U_s = 1$ V, $L = 0.2$ H, $R_1 = 6$ Ω, $C = 0.1$ F, $R_2 = 4$ Ω。开关 S 原处于打开状态,且电路已稳定。$t=0$ 时将开关闭合,求 $t>0$ 时,电路的电流 $i_2(t)$。

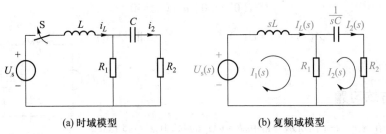

(a) 时域模型　　　　　　　　(b) 复频域模型

图Ⅱ-3-1　例Ⅱ-3-1图

解　　(1) 计算 $i_L(0_-)$ 和 $u_C(0_-)$

开关 S 打开时,$i_L(0_-) = 0$,$u_C(0_-) = 0$,电路处于零状态。

(2) 绘出复频域模型

根据电阻、电感、电容元件的 VAR 的复频域形式及其复频域模型,绘出如图Ⅱ-3-1(a) 所示电路的复频域模型,如图Ⅱ-3-1(b)所示,电路中 U_s 的象函数 $U_s(s) = \dfrac{1}{s}$。

(3) 列写和求解电路方程

设网孔电流为 $I_1(s)$、$I_2(s)$[参见图Ⅱ-3-1(b)]。用网孔电流法列方程如下

$$\left.\begin{array}{l} (R_1 + sL)I_1(s) - R_1 I_2(s) = U_s(s) \\[2mm] -R_1 I_1(s) - \left(R_1 + R_2 + \dfrac{1}{sC}\right)I_2(s) = 0 \end{array}\right\}$$

将元件参数代入上式,得

$$(6+0.2s)I_1(s)-6I_2(s)=\frac{1}{s}$$

$$-6I_1(s)-\left(6+4+\frac{10}{s}\right)I_2(s)=0$$

解得

$$I_2(s)=\frac{\begin{vmatrix} 6+0.2s & \dfrac{1}{s} \\ -6 & 0 \end{vmatrix}}{\begin{vmatrix} 6+0.2s & -6 \\ -6 & 10+\dfrac{10}{s} \end{vmatrix}}=\frac{\dfrac{6}{s}}{2s+26+\dfrac{60}{s}}$$

$$=\frac{3}{s^2+13s+30}=\frac{3}{(s+3)(s+10)}=\frac{K_1}{s+3}+\frac{K_2}{s+10}$$

由式(Ⅱ-1-10)得

$$K_1=\frac{3}{(s^2+13s+30)'}\bigg|_{s=-3}=\frac{3}{2s+13}\bigg|_{s=-3}=\frac{3}{7}$$

$$K_2=\frac{3}{(s^2+13s+30)'}\bigg|_{s=-10}=\frac{3}{2s+13}\bigg|_{s=-10}=-\frac{3}{7}$$

(4) 求时域响应

由式(Ⅱ-1-11)得时域响应

$$i_2(t)=\frac{3}{7}(e^{-3t}-e^{-10t})\varepsilon(t)\ \mathrm{A}$$

例Ⅱ-3-2 在图Ⅱ-3-2(a)所示电路中,已知:电流源 $i_S(t)=2\varepsilon(t)$ A, $i_L(0_-)=1$ A, $u_C(0_-)=0$,其他参数如图。试求电路响应 $u(t)$。

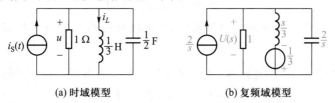

(a) 时域模型   (b) 复频域模型

图Ⅱ-3-2 例Ⅱ-3-2图

解 $i_S(t)$ 的象函数 $I_s(s)=\dfrac{2}{s}$,电感 L 的附加电压源为

$$Li_L(0_-)=\frac{1}{3}\times1\ \mathrm{A}=\frac{1}{3}\ \mathrm{A}$$

复频域电路模型,如图Ⅱ-3-2(b)所示。

应用节点电压法,得

$$U(s) = \frac{\dfrac{2}{s} - \dfrac{1}{3} \times \dfrac{3}{s}}{\dfrac{1}{1} + \dfrac{3}{s} + \dfrac{s}{2}} = \frac{2}{s^2 + 2s + 6}$$

$$= \frac{2}{(s+1-j\sqrt{5})(s+1+j\sqrt{5})} = \frac{K_1}{s+1-j\sqrt{5}} + \frac{K_2}{s+1+j\sqrt{5}}$$

由式（Ⅱ-1-12）得

$$K_1 = \frac{2}{(s^2+2s+6)'}\bigg|_{s=-1+j\sqrt{5}} = \frac{2}{2s+2}\bigg|_{s=-1+j\sqrt{5}} = -j\frac{1}{\sqrt{5}} = \frac{1}{\sqrt{5}}\underline{/-90°}$$

$$K_2 = \frac{2}{2s+2}\bigg|_{s=-1-j\sqrt{5}} = j\frac{1}{\sqrt{5}} = \frac{1}{\sqrt{5}}\underline{/90°}$$

由式（Ⅱ-1-13）和（Ⅱ-1-14）得时域响应

$$u(t) = \left[-j\frac{1}{\sqrt{5}}e^{(-1+j\sqrt{5})t} + j\frac{1}{\sqrt{5}}e^{(-1-j\sqrt{5})t} \right]\varepsilon(t)\ \text{V}$$

$$= \frac{2}{\sqrt{5}}e^{-t}\cos(\sqrt{5}\,t - 90°)\varepsilon(t)\ \text{V}$$

例Ⅱ-3-3 电路如图Ⅱ-3-3所示,已知:电流源 $i_s(t) = \delta(t)$ A, $i_L(0_-) = 0$, $u_C(0_-) = 0$,其他参数如图。试求电路响应 $i(t)$ 。

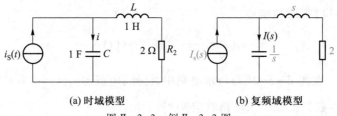

(a) 时域模型   (b) 复频域模型

图Ⅱ-3-3 例Ⅱ-3-3 图

解 本题是求解二阶电路的冲激响应,在本教材的动态电路的时域分析法中未涉及这类问题。

$i_s(t)$ 的象函数 $I_s(s) = 1$,复频域电路模型如图Ⅱ-3-3(b)所示。根据分流公式

$$I(s) = \frac{s+2}{\dfrac{1}{s} + s + 2 \times 1} = \frac{s^2 + 2s}{s^2 + 2s + 1} = \frac{K_{12}}{s+1} + \frac{K_{11}}{(s+1)^2}$$

因为 $I(s)$ 的分母 $D(s) = 0$ 的根是二重根,且 $p = -1$,故 $I(s)$ 可以展开为上式。

由式（Ⅱ-1-17）得

$$K_{11} = (s+1)^2 \cdot \frac{s^2+2s}{s^2+2s+1}\bigg|_{s=-1} = (s^2+2s)\big|_{s=-1} = -1$$

$$K_{12} = \frac{\mathrm{d}}{\mathrm{d}s}(s^2+2s)\bigg|_{s=-1} = (2s+2)\big|_{s=-1} = 0$$

查表Ⅱ-1-1得

$$i(t) = -te^{-t}\varepsilon(t)\,\text{A}$$

由以上例题分析可见,采用复频域分析法分析线性动态电路的动态过程,不必建立和求解电路的微分方程,而且初始条件已考虑在附加电源内,无需确定积分常数,所以分析计算较为简便,尤其适合于高阶电路和不同形式的外施激励。复频域分析法不但是分析线性动态电路的有力工具,而且,在自动控制、电子电路等许多领域中有着广泛的应用。

思考与练习题

Ⅱ-3-1 试比较电路的复频域分析法与相量法的异同。

Ⅱ-3-2 对于题Ⅱ-3-2图(a)、(b)所示电路,用复频域分析法求 $u_C(t)$、$i_L(t)$。

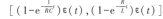
$$\left[\,(1-e^{-\frac{1}{RC}t})\varepsilon(t)\,,\,(1-e^{-\frac{R}{L}t})\varepsilon(t)\,\right]$$

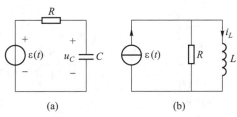

题Ⅱ-3-2图

§Ⅱ-4 应 用 实 例

一、脉冲变压器前沿影响的分析

脉冲变压器是电子变压器的一种特殊类型,它是利用铁心的磁饱和性能把输入的正弦波电压变换成接近矩形的单极性脉冲输出电压的变压器。脉冲变压器基本原理与一般普通变压器(如音频变压器、电力变压器、电源变压器等)相同,但在以下几个方面有所不同:

(1)脉冲变压器是一个工作在暂态过程中的变压器,也就是说,脉冲信号在短暂的时间内发生,是一个顶部较平滑的矩形波;而一般普通变压器是工作在连续不变的磁化中的,其交变信号是按正弦波形变化。

(2)脉冲信号具有一定时间间隔的重复周期,且只有正极或负极的电压;而交变信号是连续重复的,既有正的也有负的电压值。

(3)脉冲变压器要求波形传输时不失真,也就是要求波形的前沿顶降要尽可能小。

在不同的电子设备中,广泛地应用着各种各样的脉冲变压器,其脉冲电压从几伏到几百千伏;重复频率从几赫到几十千赫。其中高压大功率脉冲变压器主要应用在雷达、高能物理、量子电子学、变换技术等领域的设备中。低压小功率脉冲变压器主要应用在自动控制、计算技术、电视设备及工业自动化等方面的线路上。

研究脉冲变压器前沿影响的电路模型如图Ⅱ-4-1(a)所示,其中 $R_1 = 200\ \Omega$,$R_2 = 2\ \text{k}\Omega$,

$L=40~\mu\mathrm{H}$，$C=50~\mathrm{pF}$，$U_\mathrm{s}=10~\mathrm{V}$，电路具有零初始条件。开关闭合后，电压 $u_2(t)$ 的暂态变化过程反映了脉冲变压器的前沿影响。用拉普拉斯变换分析如下：

（1）画出拉普拉斯变换等效电路如图Ⅱ-4-1(b)所示。

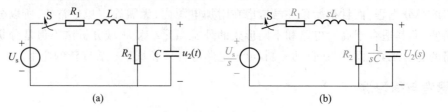

图Ⅱ-4-1　分析脉冲变压器前沿影响的等效电路

（2）利用分压公式可得

$$U_2(s)=\cfrac{\cfrac{R_2\times\dfrac{1}{sC}}{R_2+\dfrac{1}{sC}}}{R_1+sL+\cfrac{R_2\times\dfrac{1}{sC}}{R_2+\dfrac{1}{sC}}}\times\frac{U_\mathrm{s}}{s}=\frac{R_2U_\mathrm{s}}{s\left[(sL+R_1)(sR_2C+1)+R_2\right]}$$

代入给定数据并经整理后得

$$U_2(s)=\frac{2\times10^4}{s(4\times10^{-12}s^2+6\times10^{-5}s+2.2\times10^3)}=\frac{5\times10^{15}}{s(s^2+1.5\times10^7s+5.5\times10^{14})}$$

（3）用部分分式展开求拉普拉斯反变换，令

$$s(s^2+1.5\times10^7s+5.5\times10^{14})=0$$

得　　　　　$p_1=0$

$p_2=-7.5\times10^6+\mathrm{j}22.2\times10^7$

$p_3=-7.5\times10^6-\mathrm{j}22.2\times10^7$

则

$$K_1=\frac{5\times10^{15}}{3s^2+3\times10^7s+5.5\times10^{14}}\bigg|_{s=0}=9.09$$

$$K_2=\frac{5\times10^{15}}{3s^2+3\times10^7s+5.5\times10^{14}}\bigg|_{s=-7.5\times10^6+\mathrm{j}22.2\times10^7}=-4.80\underline{/-18.6°}$$

$$K_3=\frac{5\times10^{15}}{3s^2+3\times10^7s+5.5\times10^{14}}\bigg|_{s=-7.5\times10^6-\mathrm{j}22.2\times10^7}=-4.80\underline{/+18.6°}$$

所以

$$U_2(s)=\frac{9.09}{s}+\frac{-4.80\underline{/-18.6°}}{s+(7.5\times10^6-\mathrm{j}22.2\times10^7)}+\frac{-4.80\underline{/+18.6°}}{s+(7.5\times10^6+\mathrm{j}22.2\times10^7)}$$

故　　　　$u_2(t)=[9.09-9.60\mathrm{e}^{-7.5\times10^6t}\cos(22.2\times10^7t-18.9°)]\varepsilon(t)$

$$=9.09[1-1.06\mathrm{e}^{-7.5\times10^6t}\cos(22.2\times10^7t-18.9°)]\varepsilon(t)$$

其波形示意图如图Ⅱ-4-2所示。

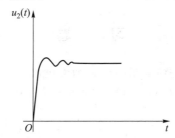

图Ⅱ-4-2 脉冲变压器前沿影响的波形示意图

二、RC 电路冲激响应的分析

用拉普拉斯变换分析冲激响应较方便。冲激激励是脉冲激励的极限情况,很多电路都具有冲激激励。在图Ⅱ-4-3(a)所示 RC 电路中,设激励 $i_S(t) = \delta(t)$,$u_C(0_-) = U_0$,则冲激响应电容电压 $u_C(t)$ 用拉普拉斯变换分析如下:

(1)画出拉普拉斯变换等效电路如图Ⅱ-4-3(b)所示。

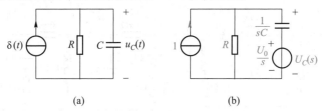

(a)   (b)

图Ⅱ-4-3 RC 电路冲激响应

(2)利用节点电压法可得

$$U_C(s) = \frac{1 + \dfrac{U_0}{s} \times sC}{\dfrac{1}{R} + sC} = \frac{R + RCU_0}{sRC + 1} = \frac{\dfrac{1}{C} + U_0}{s + \dfrac{1}{RC}}$$

(3)用部分分式展开求拉普拉斯逆变换得

$$u_C(t) = \left(\frac{1}{C} + U_0 \right) e^{-\frac{1}{RC}t} \varepsilon(t)$$

在时域分析法中,RC 电路的冲激响应可以通过对其相应的阶跃响应求导而得,也可以通过计算在冲激激励作用下的 $u_C(0_+)$,再用三要素法求得。冲激响应在时域分析法中求得的结果和用拉普拉斯变换法求得的结果完全一样,读者可自行验证。

本章学习要求

1. 了解拉普拉斯变换的定义、性质和逆变换的概念。
2. 了解复频域中的电路定律与电路模型。

3. 熟悉用拉普拉斯变换分析动态电路的方法。

习　　题

Ⅱ-1　求习题Ⅱ-1图所示半波整流波形($T=2\pi$)的象函数。

Ⅱ-2　求下列各函数的象函数 $F(s)$。（1）$f(t)=10+5e^{-t}$；（2）$f(t)=te^{-10t}$；

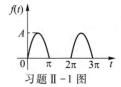

习题Ⅱ-1 图

（3）$f(t)=\sin(\omega t+\varphi)$。

Ⅱ-3　求下列各函数的原函数 $f(t)$。（1）$F(s)=\dfrac{(s+1)(s+3)}{s(s+2)(s+4)}$；（2）$F(s)=$

$\dfrac{s^2}{(s^2+3s+2)(s+3)}$；（3）$F(s)=\dfrac{s^2}{s^2+3s+2}$。

Ⅱ-4　求下列各函数的原函数 $f(t)$。（1）$F(s)=\dfrac{3s^2+9s+5}{(s+3)(s^2+2s+2)}$；（2）$F(s)=\dfrac{s^2+7s+10}{0.1s(s^2+2s+10)}$；

（3）$F(s)=\dfrac{1}{(s+1)(s+2)^2}$。

Ⅱ-5　习题Ⅱ-5图所示(a)、(b)电路在开关闭合前已达稳定，$t=0$ 时将开关闭合，试分别画出它们的复频域电路。

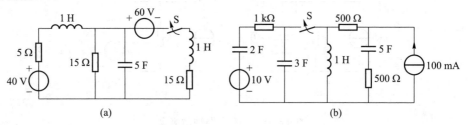

习题Ⅱ-5 图

Ⅱ-6　习题Ⅱ-6图所示电路原处于零状态，$t=0$ 时合上开关 S，试用复频域分析法（以下各题目均用此分析方法求解）求 $t\geqslant0$ 时的电压 $u_{C1}(t)$、$u_{C2}(t)$。

Ⅱ-7　电路如习题Ⅱ-7图所示，试求开关 S 打开后的电流 $i(t)$ 和电压 $u_{L1}(t)$、$u_{L2}(t)$。已知 $U_s=10\text{ V}$，$R_1=2\ \Omega$，$R_2=6\ \Omega$，$L_1=0.2\text{ H}$，$L_2=0.3\text{ H}$。

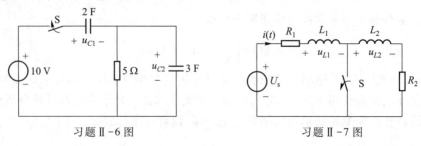

习题Ⅱ-6 图　　　　　　　　　　习题Ⅱ-7 图

Ⅱ-8　习题Ⅱ-8图所示电路在 $t=0$ 前已处于稳态，已知 $U_s=100\text{ V}$，$R_1=R_2=R_3=10\ \Omega$，$L_1=L_2=1\text{ H}$。$t=0$ 时开关 S 闭合上。试求电流 $i_1(t)$。

Ⅱ-9　电路如习题Ⅱ-9图所示，已知 $U_s=200\text{ V}$，电容电压初始值为 $u_C(0_-)=100\text{ V}$，$R_1=R_2=10\ \Omega$，$L=0.1\text{ H}$，$C=1\,000\ \mu\text{F}$。$t=0$ 时开关 S 闭合。试求开关 S 闭合后的电流 $i(t)$。

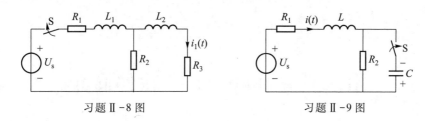

习题Ⅱ-8 图　　　　　　　　　　习题Ⅱ-9 图

Ⅱ-10　在习题Ⅱ-10 图所示电路中,已知 $R_1 = 9\ \Omega, R_2 = 1\ \Omega, C_1 = 1\ \text{F}, C_2 = 4\ \text{F}$,外加阶跃电压 $u_s(t) = 10\varepsilon(t)\ \text{V}, t<0$ 时, $u_{C1}(0_-) = u_{C2}(0_-) = 0$。试求电路中的电流 $i(t)$ 和电压 $u_0(t)$。

Ⅱ-11　在习题Ⅱ-11 图所示电路中,已知 $R_1 = R_2 = 10\ \Omega, L = 0.5\ \text{H}, C = 100\ \mu\text{F}$,外加阶跃电压 $u_s(t) = [-10+20\varepsilon(t)]\ \text{V}$。试求 $t>0$ 时,电路中的电流 $i_1(t)$。

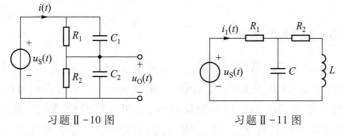

习题Ⅱ-10 图　　　　　　　　习题Ⅱ-11 图

附录Ⅲ　Multisim 13 软件简介

§Ⅲ-1　Multisim 13 软件界面

一、Multisim 13 软件简介

Multisim 13 是众多电子电路仿真软件之一,其最初软件名称为 EWB(Electronics Workbench,电子工作平台)。EWB 是加拿大 Interactive Image Technologies(IIT)公司于 20 世纪 80 年代末、90 年代初推出的电路分析与设计软件,它可以对模拟、数字、模拟/数字混合电路进行仿真,并且具有界面形象直观、操作方便、分析功能强大、易学易用等突出优点,得到广大电子设计工作者的青睐并被迅速推广,许多院校把 EWB 作为电子类专业课程教学和实验的一种重要的辅助手段。

21 世纪初,IIT 公司对 EWB 进行了较大的改动,软件名称也变为 Multisim V6。接下来 IIT 公司又推出了一系列的版本,Multisim 2001、Multisim 7、Multisim 8。2005 年,IIT 公司已隶属于 NI 公司(National Instrument),该公司于 2005 年底推出了 Multisim 9 软件。随后 NI 公司又相继推出了 Multisim 10、Multisim11、Multisim12 和 Multisim13 等套件。Multisim 13 继承了 EWB 软件的优点,同时在功能和操作方面做了较大的改动,除了更卓越地完成电工电子技术的虚拟仿真外,在 LabVIEW 虚拟仪器和单片机仿真等领域都有更多的创新和提高。

二、Multisim 13 主窗口

启动 Multisim 13,可以进入 Multisim 13 的主窗口,如图Ⅲ-1-1 所示。

主菜单包括 File、Edit、View、Place 等菜单,主要是用于文件的创建、管理、编辑以及电路仿真软件的各种操作命令。

工具栏提供了常用命令的快捷操作方式。

仪器仪表工具栏提供了在电路仿真过程中会用到的各种虚拟仪器。

设计窗口是用户进行电路设计的工作区,所有的电路设计都是在设计窗口中完成的。

三、Multisim 13 菜单栏

Multisim 13 主菜单(见图Ⅲ-1-2)由 File(文件)、Edit(编辑)、View(视图)、Place(放置)、MCU(微控制器)、Simulate(仿真)、Transfer、Tools、Reports、Options、Window 和 Help 组成。

设计工具栏　　主菜单　　　工具栏　　　　　　设计窗口　　　　　仪器仪表
工具栏

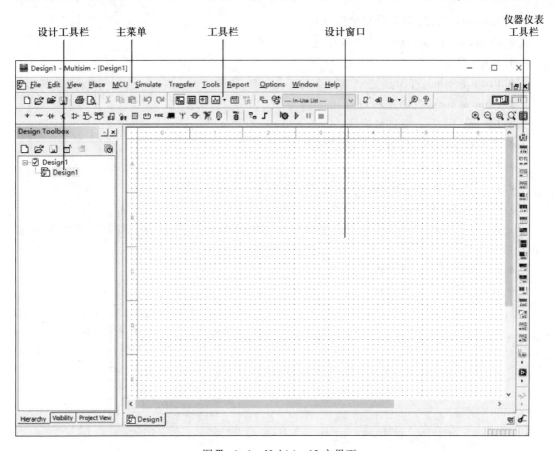

图 Ⅲ-1-1　Multisim 13 主界面

图 Ⅲ-1-2　Multisim 13 菜单栏

1. File(文件)菜单

该菜单(见图 Ⅲ-1-3)用于对电路文件进行管理,具体功能如下:

◆ New:建立新的 Multisim 电路图文件

◆ Open:打开已存在的 Multisim 电路图文件

◆ Open samples:打开 Multisim 电路图样本

◆ Close:关闭当前电路图文件

◆ Close all:关闭所有已打开的电路图文件

◆ Save:保存当前电路图文件

◆ Save as:将当前电路图另存为其他文件名

◆ Save all:保存所有已打开的电路图文件

◆ Export template:导出模板

◆ Snippets：片段，用于分享电路文件

◆ Projects and packing：工程与打包

◆ Print：打印

◆ Print preview：打印预览

◆ Print options：打印选项设置

◆ Recent designs：最近的设计

◆ Recent projects：最近打开的工程文件

◆ File information：文件信息

◆ Exit：退出并关闭 Multisim 13

2. Edit（编辑）菜单

该菜单（见图Ⅲ-1-4）用来对电路窗口中的电路图或元件进行编辑操作，其具体功能如下：

◆ Undo：取消上一次操作

◆ Redo：重复上一次操作

图Ⅲ-1-3　Multisim 13 File 菜单

图Ⅲ-1-4　Multisim 13 Edit 菜单

◆ Cut:剪切所选电路图或元件

◆ Copy:复制所选电路图或元件

◆ Paste:粘贴所选电路图或元件到指定位置

◆ Paste special:选择性粘贴

◆ Delete:删除所选电路图或元件

◆ Delete multi-page:删除多页

◆ Select all:全部选择

◆ Find:查找电路图中的元器件

◆ Merge selected buses:合并所选总线

◆ Graphic annotation:图形注解

◆ Order:改变电路图中所选元件和注释的叠放次序

◆ Assign to layer:图层赋值

◆ Layer settings:图层设置

◆ Orientation:对元件进行旋转、翻转操作

◆ Align:对齐方式选择

◆ Title block position:设置电路图的标题栏位置

◆ Edit symbol/title block:编辑元件的符号/标题栏

◆ Font:字体设置

◆ Comment:注释编辑

◆ Forms/questions:表单/问题编辑

◆ Properties:打开电路图属性对话框

3. View(视图)菜单

该菜单(见图Ⅲ-1-5)用来显示或隐藏电路窗口中的某些内容(如电路图的放大缩小、网格、边界、状态栏、工具栏等),其具体功能如下:

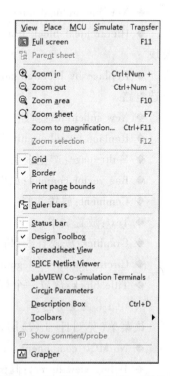

◆ Full screen:全屏显示电路窗口

◆ Parent sheet:显示子电路图或分层电路的母电路图

◆ Zoom in:放大电路窗口

◆ Zoom out:缩小电路窗口

◆ Zoom area:缩放所选区域

◆ Zoom sheet:缩放页面

◆ Zoom to magnification:缩放电路窗口到指定大小

◆ Zoom selection:缩放所选内容

◆ Grid:显示网格,有助于把元件放在正确的位置

◆ Border:显示边界

◆ Print page bounds:打印页边界

◆ Ruler bars:显示标尺

图Ⅲ-1-5　Multisim 13 View 菜单

◆ Status bar:显示状态栏

◆ Design Toolbox:显示设计工具栏

◆ Spreadsheet View:显示电路元件属性视图

◆ SPICE Netlist Viewer:SPICE 网表查看器

◆ LabVIEW Co-simulation Terminals:LabVIEW 协同仿真终端

◆ Circuit Parameters:显示或隐藏电路参数

◆ Description Box:显示或隐藏电路窗口的描述窗口

◆ Toolbars:显示或隐藏工具栏

◆ Show comment/probe:显示注释/探针

◆ Grapher:显示或隐藏仿真结果的图表

4. Place(放置)菜单

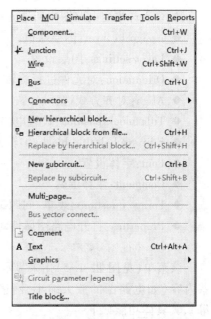

图 Ⅲ-1-6　Multisim 13 Place 菜单

该菜单(见图 Ⅲ-1-6)用来在电路窗口放置元件、结点、导线、注释、文本、图形等,其具体功能如下:

◆ Component:在电路窗口中放置元件

◆ Junction:在电路窗口中放置结点

◆ Wire:电路连线

◆ Bus:放置创建的总线

◆ Connectors:放置连接器

◆ New hierarchical block:新建一个分层模块

◆ Hierarchical block from file:从文件中获取分层模块

◆ Replace by hierarchical block:用分层模块替代所选电路

◆ New subcircuit:新建一个子电路

◆ Replace by subcircuit:用子电路替代所选电路

◆ Multi-page:产生多层电路

◆ Bus vector connect:放置总线矢量连接

◆ Comment:放置注释

◆ Text:放置文本

◆ Graphics:放置直线、折线、长方形、椭圆、圆弧、多边形等图形

◆ Circuit parameter legend:放置电路参数图例

◆ Title block:放置一个标题栏

5. MCU(微控制器)菜单

该菜单(见图 Ⅲ-1-7)用来在电路窗口中对 MCU 进行调试操作,其具体功能如下:

◆ No MCU component found:未找到微控制器元件

◆ Debug view format:调试视图格式

◆ MCU windows:设置微控制器窗口

◆ Line numbers：设置行号

◆ Pause：暂停当前操作

◆ Step into：步入

◆ Step over：步过

◆ Step out：步出

◆ Run to cursor：运行到光标

◆ Toggle breakpoint：切换断点

◆ Remove all breakpoints：移除所有断点

6. Simulate(仿真)菜单

该菜单(见图Ⅲ-1-8)用于对电路仿真进行设置与操作,其具体功能如下:

◆ Run：启动当前电路的仿真

◆ Pause：暂停当前电路的仿真

◆ Stop：停止当前电路的仿真

◆ Instruments：在当前电路窗口中放置万用表、函数发生器等17种仪表

◆ Interactive simulation settings：交互仿真设置

◆ Mixed-mode simulation settings：混合模式仿真设置

◆ Analyses：对当前电路19种分析进行选择

◆ Postprocessor：对电路分析进行后处理

◆ Simulation error log/audit trail：仿真错误记录/审计追踪

◆ XSPICE command line interface：显示 XSPICE 命令行界面

◆ Load simulation settings：加载仿真设置

◆ Save simulation settings：保存仿真设置

◆ Automatic fault option：自动设置电路故障选项

◆ Dynamic probe properties：设置动态探针属性

◆ Reverse probe direction：翻转探针方向

◆ Clear instrument data：清除仪器数据

◆ Use tolerances：使用元件的容许误差

图Ⅲ-1-7 Multisim 13 MCU 菜单

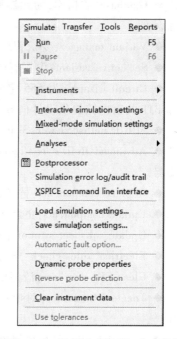

图Ⅲ-1-8 Multisim 13 Simulate 菜单

7. Transfer(转换)菜单

该菜单(见图Ⅲ-1-9)用于将电路文件或仿真结果输出到其他应用软件,其具体功能如下:

◆ Transfer to Ultiboard：转移给应用软件 Ultiboard

◆ Forward annotate to Ultiboard：正向注解到 Ultiboard,即将 Multisim 13 中电路元件注释

的变动传送到 Ultiboard 的电路文件中,使 Ultiboard 电
路元件注释作相应的变化。

◆ Backward annotate from file:从文件反向注解,
即将 Ultiboard 中电路元件注释的变动传送到 Multisim
的电路文件中,使 Multisim 13 中电路元件注释作相应
的变化。

◆ Export to other PCB layout file:导出到其他 PCB　　图Ⅲ-1-9　Multisim 13 Transfer 菜单
布局文件

◆ Export SPICE netlist:将电路图文件导出为 SPICE 网表文件

◆ Highlight selection in Ultiboard:将 Ultiboard 电路中所选元件高亮显示

8. Tools(工具)菜单

该菜单(见图Ⅲ-1-10)用来编辑或管理元件库或元件命令,其具体功能如下:

◆ Component wizard:创建元器件向导

◆ Database:数据库,为元器件库进行管理、保存、转
换和合并

◆ Variant manager:变量管理器

◆ Set active variant:设置有效变量

◆ Circuit wizards:为 555 定时器、滤波器、运算放大
器和 BJT 共射电路提供设计向导

◆ SPICE netlist viewer:SPICE 网表查看器

◆ Advanced RefDes configuration:元器件重命名/重
新编号

◆ Replace components:替换元器件

◆ Update components:更新电路图上的元器件

◆ Update subsheet symbols:更新 HB/SC 符号

◆ Electrical rules check:电气特性规则检查

◆ Clear ERC markers:清楚电气特性规则检查标记

◆ Toggle NC marker:对电路未连接点标识或删除
标识

◆ Symbol Editor:符号编辑器

◆ Title Block Editor:标题块编辑器　　　　　　　　　图Ⅲ-1-10　Multisim 13 Tools 菜单

◆ Description Box Editor:描述框编辑器

◆ Capture screen area:捕捉电路图

◆ Online design resources:在线设计资源

9. Reports(报告)菜单

该菜单(见图Ⅲ-1-11)用于产生当前电路的各种报告,其具体功能如下:

◆ Bill of Materials:产生当前电路图文件的元件清单

◆ Component detail report：产生特定元件存储在数据库中的所有信息报告

◆ Netlist report：产生含有元件连接信息的网表文件报告

◆ Cross reference report：产生当前电路窗口中所有元件的详细参数报告

◆ Schematic statistics：产生电路图的统计信息报告

◆ Spare gates report：产生电路图中未使用的门电路报告

10. Options(选项)菜单

该菜单(见图Ⅲ-1-12)用来设置软件界面和某些功能,其具体功能如下:

◆ Global options：设置全局偏好

◆ Sheet properties：设置电路图属性

◆ Lock toolbars：锁定工具栏

◆ Customize interface：自定义用户界面

11. Window(窗口)菜单

该菜单(见图Ⅲ-1-13)用来控制 Multisim 13 窗口的显示,其具体功能如下:

◆ New window：新建一个窗口

◆ Close：关闭当前窗口

◆ Close all：关闭所有窗口

◆ Cascade：层叠电路窗口

◆ Tile horizontally：横向平铺电路窗口

◆ Tile vertically：纵向平铺电路窗口

◆ 1 Design1：设计 1

◆ Next window：打开下一个窗口

◆ Previous window：打开上一个窗口

◆ Windows：显示所有窗口列表,并选择激活窗口

图Ⅲ-1-11　Multisim 13
Reports 菜单

图Ⅲ-1-12　Multisim 13
Options 菜单

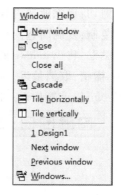

图Ⅲ-1-13　Multisim 13
Window 菜单

12. Help(帮助)菜单

该菜单(见图Ⅲ-1-14)为用户提供技术支持和帮助,其具体功能如下:

◆ Multisim help：Multisim 帮助主题目录

◆ NI ELVISmx help：NI ELVISmx 帮助

◆ Getting Started：Multisim 入门

◆ Patents：专利

◆ Find examples：查找范例

◆ About Multisim：关于 Multisim 13 的说明

图Ⅲ-1-14　Multisim 13
Help 菜单

四、Multisim 13 工具栏

Multisim 13 工具栏主要包括标准工具栏（Standard Toolbar）、主工具栏（Main Toolbar）、视图工具栏（View Toolbar）、元器件工具栏（Components Toolbar）、虚拟元件工具栏（Virtual Toolbar）、图形注释工具栏（Graphic Annotation Toolbar）和虚拟仪器工具栏（Instruments Toolbar）。

图Ⅲ-1-15　Multisim 13 标准工具栏

1. 标准工具栏

该工具栏（见图Ⅲ-1-15）中从左至右按钮的具体功能如下：

（1）新建：新建一个电路图文件

（2）打开：打开已存在的电路图文件

（3）打开样本：打开软件中自带的样本

（4）保存：保存当前活动的电路图文件

（5）打印：打印当前活动的电路图

（6）打印预览：预览要打印的电路图

（7）剪切：删除所选内容并放入 Windows 剪切板

（8）复制：复制所选内容并放入 Windows 剪切板

（9）粘贴：将 Windows 剪切板的内容粘贴到鼠标指针所在的位置

（10）撤销：取消最近一次的操作

（11）重复：重复最近一次的操作

图Ⅲ-1-16　Multisim 13 主工具栏

2. 主工具栏

该工具栏（见图Ⅲ-1-16）中从左至右按钮的具体功能如下：

（1）设计工具箱：用于是否显示设计工具箱

（2）电子表格视图：用于是否显示电子表格视图

（3）SPICE 网表查看器：用于是否显示 SPICE 网表查看器

(4) 图示仪视图:将分析结果图形化显示

(5) 后处理器:用于打开后处理器窗口

(6) 母电路图

(7) 元器件向导:用于输入元器件信息

(8) 数据库管理器:用于打开数据库管理器对话框

(9) 在用列表:用于列出当前电路元器件的列表

(10) 电气规则检查:用于检查电路的电气连接情况

(11) 从文件反向注解到 Ultiboard

(12) 正向注解到 Ultiboard

图Ⅲ-1-17 Multisim 13 视图工具栏

3. 视图工具栏

该工具栏(见图Ⅲ-1-17)中从左至右按钮的具体功能如下:

(1) 放大电路窗口

(2) 缩小电路窗口

(3) 放大所选电路图的区域

(4) 缩放页面

(5) 全屏显示电路窗口

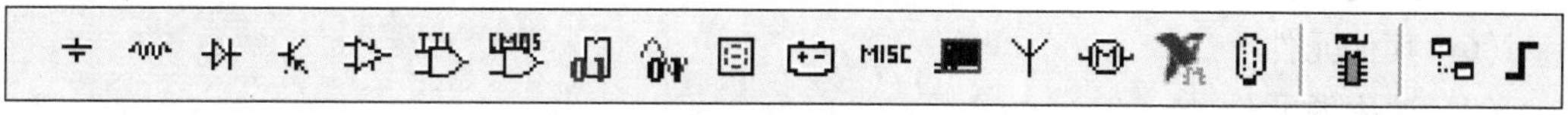

图Ⅲ-1-18 Multisim 13 元器件工具栏

4. 元器件工具栏

该工具栏(见图Ⅲ-1-18)中从左至右按钮的具体功能如下:

(Ⅰ) 电源库

(2) 基本元件库

(3) 二极管库

(4) 晶体管库

(5) 模拟元件库

(6) TTL 元件库

(7) CMOS 元件库

(8) 数字元件库

(9) 混合元件库

(10) 指示元件库

(11) 功率元件库

（12）其他元件库

（13）先进外设库

（14）射频元件库

（15）机电元件库

（16）NI 元件库

（17）连接器元件库

（18）微控制器元件库

（19）放置分层模块

（20）放置总线

图Ⅲ-1-19 Multisim 13 虚拟元件工具栏

5. 虚拟元件工具栏

该工具栏（见图Ⅲ-1-19）中从左至右按钮的具体功能如下：

（1）模拟元件

（2）基本元件

（3）二极管元件

（4）晶体管元件

（5）测量元件

（6）其他元件

（7）功率源元件

（8）额定虚拟元件

（9）信号源元件

图Ⅲ-1-20 Multisim 13 图形注释工具栏

6. 图形注释工具栏

该工具栏（见图Ⅲ-1-20）中从左至右按钮的具体功能如下：

（1）图片

（2）多边形

（3）圆弧

（4）椭圆形

（5）矩形

（6）折线

（7）直线

（8）文本
（9）注释

图 Ⅲ-1-21　Multisim 13 虚拟仪器工具栏

7. 虚拟仪器工具栏

该工具栏（见图 Ⅲ-1-21）中从左至右按钮的具体功能如下：
（1）数字万用表
（2）函数发生器
（3）功率表
（4）双踪示波器
（5）4 通道示波器
（6）波特测试仪
（7）频率计数器
（8）字发生器
（9）逻辑变换器
（10）逻辑分析仪
（11）IV 分析仪
（12）失真分析仪
（13）光谱分析仪
（14）网络分析仪
（15）安捷伦函数发生器
（16）安捷伦万用表
（17）安捷伦示波器
（18）泰克示波器
（19）测量探针
（20）LabVIEW 仪器
（21）NI ELVISmx 仪器
（22）电流探针

五、Multisim 13 电路窗口

电路窗口是用来进行创建、编辑电路图,仿真分析以及显示波形的地方,见图 Ⅲ-1-1 中的设计窗口。

§Ⅲ-2　Multisim 13 的基本操作方法

一、绘制电路

用 Multisim 13 软件进行电路分析、仿真,第一步就是建立仿真电路。电路的建立,首先就要进行软件的选取,即将需要的元件从元器件库拖放到工作电路区,再设定元件的参数,连接导线,建立电路图。其方法说明如下:

1. 元器件操作

元件选用:首先在元器件库栏中单击包含该元器件的图标,打开该元器件库。移动鼠标到需要的元件上,点击“OK”,即可将该元件符号放置在工作区。

元件的移动:通过鼠标拖曳操作。

元件的旋转、反转、复制和删除:单击元件符号选定元件,然后用相应的菜单、工具栏,或单击右键激活弹出菜单,选定需要的动作。

元器件参数设置:选定该元件后,从右键弹出的菜单中选 Properties,可以设定元器件的标签(Label)、数值(Value)、引脚(Pins)、变量(Variant)等内容。另外,元器件的参数设置还可通过双击元器件弹出的对话框进行。

2. 导线的操作

导线的连接:先将鼠标指向元件的端点,使其出现小圆点后,按下左键并拖曳导线到另一个元件的端点或其他导线上,待出现小圆点后松开鼠标左键,两端之间将自动出现导线连接。

导线的删除和改动:选定该导线,单击鼠标右键,在弹出菜单中选 Delete。再点击鼠标右键,弹出菜单中还可以选择 color 来设置导线的颜色。

连接点是一个小圆点,存放在基本元器件库中,一个连接点最多可以连接来自四个方向的导线,连接点可以赋予标识。向电路中插入元器件,可直接将元器件拖曳放置在导线上,待其两端改变颜色后再释放,即可插入电路中。

二、元件库中的常用元件

Multisim 13 带有丰富的元器件模型库,常用元件及其主要参数的意义如下表所示。

1. 信号源

元件名称	主要参数(缺省设置)
直流电压源	电压 U(12V)
直流电流源	电流 I(1A)
交流电压源	电压(120V) 频率(60Hz) 相位(0)

续表

元件名称	主要参数(缺省设置)
交流电流源	电流(1A) 频率(1kHz) 相位(0)
电压控制电压源	电压增益(1V/V)
电压控制电流源	互导(1Mho)
电流控制电压源	互阻(1Ω)
电流控制电流源	电流增益(1A/A)

2. 基本无源器件

元件名称	主要参数(缺省设置)
电阻	电阻值(1kΩ)
可变电阻	键 Key(R) 阻值(1kΩ) 比例设定(50%) 增量(5%)
电容	电容(μF)
可变电容	键 Key(C) 电容值(μF) 比例设定(50%) 增量(5%)
电感	电感值(1mH)
可变电感	键 Key(L) 电容值(1mH) 比例设定(50%) 增量(5%)
开关	键 Key(空格键)

三、虚拟仪器仪表的使用

1. 电压表和电流表

单击工具栏上的图按钮,弹出 Select a Component 对话框,可以看到在 Family 列表中提供了电压表"VOLTMETER"和电流表"AMMETER",它们提供了利用万用表测量电压和电流的功能。

(1) 电压表

单击工具栏上的▣按钮,在弹出 Select a Component 对话框中的 Family 列表中选择电压表"VOLTMETER",点击 OK,可将其放置至电路工作区中。列表中提供了 4 种不同位置接线和极性的电压表,使用时可根据实际电路进行选择。电压表用于测量电路两点间的交流或直流电压。当测量直流电压时,电压表的两个接线端有正负之分,使用时按照电路的正负极性对应相接,否则读数将为负数。

（2）电流表

单击工具栏上的▣按钮,在弹出 Select a Component 对话框中的 Family 列表中选择电流表"AMMETER",点击 OK,可将其放置至电路工作区中。列表中也提供了 4 种不同位置接线和极性的电流表,使用时可根据实际电路进行选择。电流表用于测量电路的交流或直流电流。当测量直流电流时,电流表的两个接线端有正负之分,使用时按照电路的正负极性对应相接,否则读数将为负数。

2. 数字万用表

数字万用表是电路测量中常用的仪表,可以用于测量电压、电流和两个节点间的电阻。在使用过程中,数字万用表可以自动调节量程。

单击仪器仪表工具栏上的数字万用表图标🔧,移动光标到电路设计区,单击鼠标左键,在电路图中放置数字万用表。数字万用表的符号和操作面板如图Ⅲ-2-1所示。数字万用表有两个接线端,分别接待测电压节点的正极和负极。单击数字万用表操作面板上的功能选择按钮,选择数字万用表的测量类型,从左到右分别为电流、电压、电阻和分贝。单击信号模式按钮,选择测量信号的类型是交流还是直流。

测量电流时,数字万用表需要串联到测量电路中;测量电压时,数字万用表需要并联到测量电路中;测量电阻时,数字万用表连接到测量元器件的两端,并且确保测量元器件没有连接到电源、元器件与元器件网络接地、没有其他的元器件或元器件网络并联到该元器件上;测量分贝时,将万用表并联到所测量的负载上。

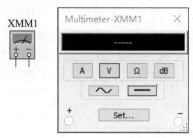

图Ⅲ-2-1   数字万用表

3. 示波器

示波器是电子线路测量中使用最广泛的仪器之一,可以用于实时显示信号的波形、频率、幅值等。

（1）双通道示波器

双通道示波器可以同时显示两路信号随时间变化的波形等参数,其电路符号操作面板如图Ⅲ-2-2所示。双通道示波器有 3 对接线端子,分别是 A 通道的正负端、B 通道的正负端和触发的正负端。在使用示波器时,如果需要测量某个节点的信号波形,可以直接用一段导线将节点和 A 通道或 B 通道的正接线端连接,此时测量的是该节点对地的信号波形。如果需要测量某两个节点之间的信号波形,则将两个节点分别连接到 A 通道或 B 通道的正负端即可。

① "Timebase"时基设置

主要用于设置示波器在 X 轴方向(水平方向)的时间尺度。

◆ Scale:用于设置 X 轴方向上每个刻度代表的时间。

◆ X pos. (Div):用于设置在 X 轴上的时间起始位置。

◆ Y/T:表示在 Y 轴方向上显示输入信号,在 X 轴方向上显示时间基线。

◆ Add:表示在 Y 轴方向上显示 A 通道和 B 通道的信号和波形,X 轴为时间基线。

◆ B/A:表示将 A 通道的信号作为 X 轴扫描信号,将 B 通道信号施加在 Y 轴上。

◆ A/B:表示将 B 通道的信号作为 X 轴扫描信号,将 A 通道信号施加在 Y 轴上。

② "Channel A"和"Channel B"设置

◆ Scale:用于设置 Y 轴(垂直方向)上每个刻度代表的电压。

◆ Y Pos. (Div):设置 Y 轴原点的起始位置。

◆ AC:仅显示输入信号的交流分量。

◆ 0:表示输入信号对地短路。

◆ DC:表示信号的交直流分量全部显示。

③ "Trigger"设置

用于设置示波器的触发方式。

◆ Edge:用于设置将输入信号上升沿或下降沿作为触发信号。

◆ A/B/Ext:用于选择同步 X 轴时基扫描信号的触发信号是 A 通道信号、B 通道信号或触发端子输入信号。

◆ Level:设置触发电平的大小。

◆ Single:触发方式为单脉冲触发。

◆ Normal:触发方式为一般脉冲触发。

◆ Auto:触发方式为触发信号不依赖外部信号。

◆ None:不设定触发方式。

④ 显示和保存

◆ Reverse:对显示屏背景进行反色显示。

◆ Save:对示波器上显示的数据以文件的形式存储。

⑤ 游标

示波器的显示屏上有两个游标 T1 和 T2,可以在 X 轴方向上进行拖动。当拖动游标时,可以从游标读取区读取当前游标指向的时刻、输入信号的电压值以及输入信号在两个时刻的电压差。

(2)四通道示波器

XSC1

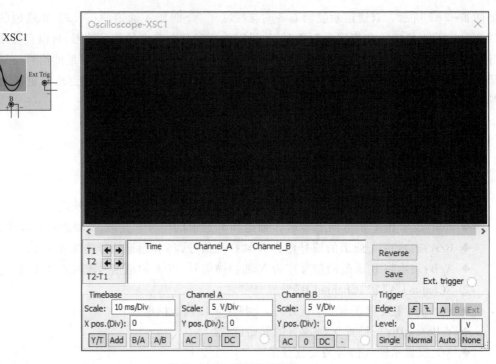

图Ⅲ-2-2　双通道示波器

　　四通道示波器可以同时监视四路不同的输入信号,其电路符号和操作面板如图Ⅲ-2-3所示。四通道示波器与双通道示波器的使用方法和参数调整方式完全相同,只是多了两个通道控制按钮。在使用过程中,可以通过操作面板上的旋钮来对 A、B、C、D 四个通道的参数进行设置,使用方法和双通道示波器的使用方法类似,在此不再赘述。

　　4.函数发生器

　　在电路实验中,函数发生器作为一种信号源被广泛应用。Multisim 13 中的信号发生器可以提供三种信号:正弦波、三角波和方波信号。

　　函数发生器的符号和操作面板如图Ⅲ-2-4所示。其有 3 个端子,分别是"+""Common"和"-"。其中"Common"端子提供了电路的参考电平,该端子接地时,则在"+"端输出正向信号的波形,"-"端输出反向信号的波形。

　　◆ Waveforms:选择函数发生器的输出波形。

　　◆ Frequency:用来设置函数发生器产生的频率。

　　◆ Duty cycle:用来设置方波的占空比。

　　◆ Amplitude:用来设置输出波形的电压幅度,测量的是直流电的峰值。

　　◆ Offset:用来控制信号交互变化的直流电平。

　　5.瓦特表

　　瓦特表又称为功率表,用于测量电路的功率。瓦特表的电路符号和操作面板很简单,如图Ⅲ-2-5所示,主要功能如下:

XSC1

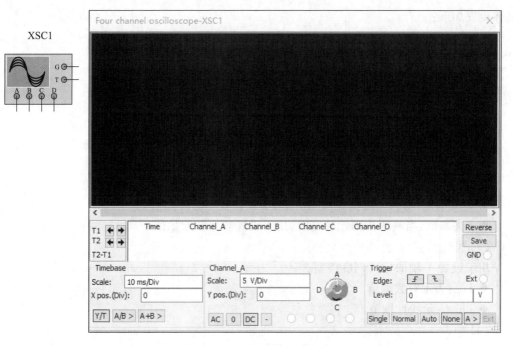

图Ⅲ-2-3 四通道示波器

◆ 图Ⅲ-2-5 上方的黑色条形框用于显示所测量的功率,即电路的平均功率。

◆ Power factor:功率因数显示栏。

◆ Voltage:电压的输入端点。

◆ Current:电流的输入端点。

XFG1

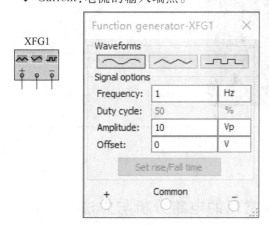

XWM1

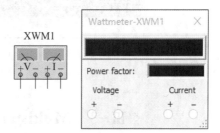

图Ⅲ-2-4 函数发生器   图Ⅲ-2-5 瓦特表

6. 波特测试仪

　　波特测试仪的电路符号和操作面板如图Ⅲ-2-6 所示,用于分析电路的频率和相频特性。其共有两对引线端子:"IN"和"OUT",分别用来连接测量电路的输入端和输出端。其具体设置如下：

（1）"Mode"选项区

用于设置波特测试仪显示屏上的显示模式。

◆ Magnitude：幅值显示模式。

◆ Phase：相位显示模式。

（2）"Horizontal"水平轴设置

用于设置 X 轴的显示类型和显示频率范围

◆ Log：表示对数取值。

◆ Lin：表示线性取值。

◆ F 文本框：当频率范围比较宽时，用于设置频率的终止值。

◆ I 文本框：当频率范围比较宽时，用于设置频率的起始值。

（3）"Vertical"垂直轴设置

用于设置 Y 轴的标尺刻度类型。

◆ Log：表示对数取值。

◆ Lin：表示线性取值。

（4）"Controls"控制区

◆ Reverse：对显示屏背景进行反色显示。

◆ Save：存储测量数据。

◆ Set…：采样点数设置。

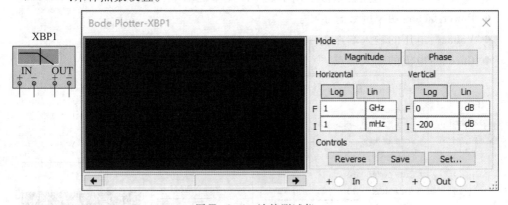

图Ⅲ-2-6　波特测试仪

§Ⅲ-3　Multisim 13 常用的电路分析与方法

一、用虚拟仪器仪表直接测量

Multisim 13 有丰富的虚拟仪器仪表。在电路工作区进行仿真实验时，可以利用这些虚拟仪器仪表直接测量仿真电路的各个参数。这种方法操作简单、直观，是 Multisim 仿真分析中最常用的方法。

二、直流工作点分析

直流工作点的分析(DC Operating Point Analysis)是对电路进行进一步分析的基础,常作为其他分析的中间值。在进行分析时,电路中的交流电源将被置零,电容被开路,电感被短路,电路中的数字器件将被视为高阻接地。

三、交流分析

交流分析(AC Analysis)用于分析电路的频率特性。在交流分析的过程中,对所有非线性元器件的小信号模型都要先计算它们的直流工作点,电路的直流电源将自动置零,交流信号源、电容、电感等均处于交流模式,输入信号也设定为正弦波模式。如果函数发生器设置输出为方波或三角波,在分析过程中,会自动切换为正弦波。

四、瞬态分析

瞬态分析(Transient Analysis)又称为时域瞬态分析,用于观察所选定的节点在任意时刻的电压波形。在进行瞬态分析时,直流电源保持常数,交流信号源随着时间而改变。在对选定的节点做瞬态分析时,可先对该节点做直流工作点的分析,这样直流工作点的结果就可作为瞬态分析的初始条件。

五、参数扫描分析

参数扫描分析(Parameter Sweep Analysis)可以较快地查证电路元器件数值在一定范围内变化时对电路的影响。这种分析方法相当于该元器件每次取不同的值进行多次仿真,观察变化时对电路直流工作点、瞬态特性及交流频率特性的影响,同时对电路的某些性能指标进行优化。

六、传递函数分析

传递函数分析(Transfer Function Analysis)用于分析计算在交流小信号条件下,由用户指定的作为输出变量的任意两节点之间的电压或流过某个器件上的电流与作为输入变量的独立电源之间的比值,同时也将计算相应的输入阻抗和输出阻抗。在进行传递函数分析前,应对非线性器件建立线性化模型,并进行直流工作点的分析。

Multisim 13 还包含了傅立叶分析、噪声分析、失真分析等多种分析方法,对于这些分析方法本书就不一一介绍了,读者可参阅有关介绍 Multisim 13 软件的教材或文献。[①]

---

① 参见本书参考文献[13]、[14]。

部分习题答案

第 一 章

1-1 0.5 A；2 A；0 A；由 A→B

1-2 −1 W，产生功率；4 W，吸收功率；12 W，吸收功率

1-3 20 V；2 A；1 A

1-4 吸收的能量为零

1-5 8 A；−10 A

1-6 −2 A；1 V

1-7 $P_1 = 150$ W；$P_2 = -50$ W；$P_3 = 100$ W；$P_4 = -120$ W；$P_5 = -80$ W；总吸收功率：$P = 250$ W；总产生功率：$P = 250$ W

1-8 −59 V；−24 V；−23 V；−1.6 A

1-9 （a）$U = -10$ V；（b）$I = -1$ A；（c）$U = -10$ V

1-10 $I = 15.8$ mA；$U = 632$ V

1-11 （a）$u = 100 \sin 5t$ V；（b）$R = 4$ Ω；（c）$P_{(2\Omega)} = 18 \sin^2 5t$ W，$P_{(3\Omega)} = 12 \sin^2 5t$ W

1-12 （a）$U_{ab} = -5$ V；（b）$I = -2$ A，$U = -6$ V

1-13 $I_a = 1.5$ A；$I_b = 0$ A；$I_c = -1.5$ A

1-14 （1）$U_{ab} = 5$ V，$I = 2$ A；（2）无变化

1-15 （a）$P_1 = 50$ W，吸收功率（左）；$P_2 = -100$ W，产生功率（中）；$P_3 = -100$ W，产生功率（右上）；$P_4 = 50$ W，吸收功率（右下）

（b）$P_1 = -45$ W，产生功率（左）；$P_2 = -36$ W，产生功率（中）；$P_3 = -26$ W，产生功率（右）

1-16 2 A（14 Ω 中）；2 A（12 Ω 中）；−2 A（R_3 中）；−5 A（左下支路中）；7 A（R_2 中）；3 A（R_1 中）；−196 W，产生功率（7 A 电流源中）；−80 W，产生功率（4 A 电流源中）；24 W，吸收功率（12 V 电压源）

1-17 $R = 2$ Ω；$P = 8$ W，吸收功率

1-18 7 A

1-19 （1）20 W（5 Ω 中），吸收功率；400 W（100 Ω 中），吸收功率；（2）−600 W，产生功率（左电压源）；340 W，吸收功率（右电压源）；−160 W，产生功率（受控源）

1-20 10 W，吸收功率（左电压源）；−90 W，产生功率（中电压源）；12 W，吸收功率（受控源）；20 W，吸收功率（左电阻）；48 W，吸收功率（右电阻）

1-21 −46 W；1.92 W；44.1 W

1-22 −20 V；1 A；7 A，−45 V

第 二 章

2-1　(a) 8 Ω; (b) 1.33 Ω

2-2　(a) 1.5 Ω; (b) 3 Ω; (c) 1.2 Ω; (d) 1.6 Ω

2-3　(1) 66.7 V,8.33 mA,8.33 mA;(2) 80 V,10 mA,0;(3) 0,0,50 mA

2-4　(a) 10 Ω;(b) 4 Ω

2-5　35 Ω

2-6　15 V

2-7　1 V

2-8　$u = 3i - 9$

2-9　18 V

2-10　4 A

2-11　1.2 A;-0.8 A

2-14　3 A;3 V

2-15　2 A;1.5 A;0.5 A;2 A;1.5 A;3.5 A

2-16　0

2-17　1.6 V

2-18　$\dfrac{7}{3}$ V;$-\dfrac{1}{3}$ V;$\dfrac{8}{3}$ V

2-19　1.91 A

2-20　3.5 V

2-21　5 V,3 V,1 V(设下方节点为参考节点,其他自左至右分别为节点 1,2,3)

2-22　5 V,0.2 A

2-24　2.25 A

2-25　-2 V

2-26　上升 10 V

2-27　6 A

2-28　7.67 V

2-29　18 V,1 Ω

2-30　10 V,3 A,3.33 Ω

2-31　(a) 6 V,16 Ω; (b) 7 V,1.875 Ω;(c) 8V,10 Ω; (d) 21 V,10 Ω

2-32　10 V,1 kΩ

2-33　1.5 A

2-34　1 A

2-35　3.3 A

2-36　5 V,4 Ω;$\dfrac{5}{4}$ A,4 Ω

2-37　$\dfrac{R_1 + R_2}{R_1 + R_2 - \mu R_2} U_s$,$\dfrac{R_1 R_2}{R_1 + R_2 - \mu R_2}$

2-38　12 V

2-39 $0.33\ \Omega;75\ W$

2-40 $\dfrac{5}{3}\ S,-\dfrac{4}{3}\ S,-\dfrac{4}{3}\ S,\dfrac{5}{3}\ S;\dfrac{5}{3}\ \Omega,\dfrac{4}{3}\ \Omega,\dfrac{4}{3}\ \Omega,\dfrac{5}{3}\ \Omega$

2-41 $2\ S,-1\ S,-5\ S,4\ S$

2-42 $3R,2R,2R-2,3R$

2-43 $\dfrac{R_1 R_2}{R_1+R_2},\dfrac{R_1}{R_1+R_2},\beta-\dfrac{R_1}{R_1+R_2},\dfrac{1}{R_1+R_2}$

2-44 （1）$\dfrac{20}{9}\ \Omega,\dfrac{60}{9}\ \Omega,\dfrac{40}{9}\ \Omega$;（2）$3\ S,2\ S,1\ S,2\ S$

2-45 $5\ A$

2-46 $8\ \Omega;4.5\ W$

第 三 章

3-1 当 $0\leqslant t\leqslant 2\ ms$ 时，$i=2.5\ mA$;当 $2\ ms\leqslant t\leqslant 8\ mA$ 时，$i=-0.83\ mA$

3-2 $-10e^{-100t}\ V$

3-3 （1）$2\ \mu F$;（2）$4\ \mu C$;（3）$0\ W$;（4）$4\ \mu J$

3-4 $10\ V;0\ V$

3-6 $i=(1-t)e^{-t}\ A;u_L=(t-2)e^{-t}\ V;u_R=2(1-t)e^{-t}\ V$

3-7 $L=0.5\ H;R=1.5\ \Omega;C=1\ F$

3-8 $I_1=0,U_1=-5\ V;U_2=0,I_2=-1\ A$

3-9 $0.4\ A;0.4\ A;12\ V$

3-10 $1.2\ A;-54\ V$

3-11 $45\ V;-1\ A;0;-1\ A$

3-12 （1）$\left.\begin{array}{l}\dfrac{du_C}{dt}+5u_C=0\\[2mm]u_C(0_+)=10\end{array}\right\}$;（2）$10e^{-5t}\ V;-e^{-5t}\ mA$

3-13 $4e^{-2t}\ V$

3-14 $-10e^{-10t}\ V;e^{-10t}\ A$

3-15 （1）$\left.\begin{array}{l}\dfrac{du_C}{dt}+5\times10^4 u_C=5\times10^5\\[2mm]u_C(0_+)=0\end{array}\right\}$;（2）$10(1-e^{-50000t})\ V$

3-16 $2(1-e^{-10^6 t})\ mA$

3-17 $9(1-e^{-\frac{1}{9}\times10^3 t})\ V;3e^{-\frac{1}{9}\times10^3 t}\ mA$

3-18 $(5+5e^{-\frac{10}{3}t})\ V;-\dfrac{1}{3}e^{-\frac{10}{3}t}\ mA$

3-19 $(10-4e^{-0.5t})\ V;(5+4e^{-0.5t})\ A$

3-20 $(-5+15e^{-10t})\ V;(5+15e^{-10t})\ V$

3-21 $(60-10e^{-500t})\ mA;5e^{-500t}\ V$

3-22 $(-2.38+5.71e^{-2.1\times10^6 t})$ V，$(2.4+0.28e^{-2.1\times10^6 t})$ A

3-23 $(4.5-0.9e^{-t})$ A

3-24 $(10+30e^{-0.04t})$ V

3-25 $4(1-e^{-10t})$ A

3-26 $12.1e^{-10(t-0.1)}$ V

3-27 $(1-e^{-200t}+0.5e^{-250t})$ A

3-28 $(1+e^{-t})\varepsilon(t)$ A；$\left(1+\dfrac{1}{4}e^{-t}\right)\varepsilon(t)$ V

3-29 $\left[\dfrac{5}{8}-\dfrac{1}{8}e^{-t}\right]$ V

3-30 $8\left(1-e^{-\frac{10^3}{4}t}\right)\varepsilon(t)$ V；$4\times10^{-3}e^{-\frac{10^3}{4}t}\varepsilon(t)$ A

3-31 $\left[(1-e^{-\frac{t}{RC}})\varepsilon(t)-4(1-e^{-\frac{t-2}{RC}})\varepsilon(t-2)\right]$ V

3-32 $100(1-e^{-20t})\varepsilon(t)$ V

3-33 $\left(\dfrac{8}{3}+\dfrac{4}{3}e^{-5\times10^4 t}\right)\varepsilon(t)$ V

3-34 $\left[(1-e^{-\frac{6}{5}t})\varepsilon(t)-(1-e^{-\frac{6}{5}(t-1)})\varepsilon(t-1)\right]$ A

3-35 (1) $(8e^{-2t}-2e^{-8t})$ V，$4(e^{-2t}-e^{-8t})$ A；(2) $2\ \Omega$

3-36 $-355.61e^{-25t}\sin(139.19t-4.03°)$ V

第 四 章

4-1 5 A，100π rad/s，50 Hz，$30°$；3.33 ms

4-2 $\psi_1=0,\psi_2=-120°,\varphi=120°$；$\psi_1=60°,\psi_2=-60°,\varphi=120°$；$\psi_1=-120°,\psi_2=120°,\varphi=-240°=120°$，$u_1$ 的相位超前 u_2 $120°$

4-3 1.414 A

4-4 (1) $7.07\underline{/45°}$ A，$7.07\sqrt{2}\sin(\omega t+45°)$ A；(2) $5\underline{/-36.9°}$ A，$5\sqrt{2}\sin(\omega t-36.9°)$ A；
(3) $44.7\underline{/-116.6°}$ A，$44.7\sqrt{2}\sin(\omega t-116.6°)$ A；(4) $10\underline{/-90°}$ A，$10\sqrt{2}\sin(\omega t-90°)$ A；

4-5 (a) 11.9 A，(b) 0 A

4-6 $15.33\sin(\omega t+157.48°)$ V

4-7 (1) $i_R=22\sqrt{2}\sin(\omega t-60°)$ A，$i_L=22\sqrt{2}\sin(\omega t-150°)$ A，$i_C=22\sqrt{2}\sin(\omega t+30°)$ A

4-8 (1) 10 μF；(2) 10 Ω；(3) 0.637 H

4-9 5.52 A

4-10 0.267 H；104.5 Ω

4-11 $i=0.026\sqrt{2}\sin 314t$ A；$u_C=8.28\sqrt{2}\sin(314t-90°)$ V；$u=9.7\sqrt{2}\sin(314t-58.9°)$ V

4-12 从 R 输出，u_o 超前于 u_i $32.5°$；从 C 输出，u_o 滞后 u_i $57.5°$

4-13 V3 最大，等于电源电压；V2 最小，等于零；V1 不变，V2 增大，V3 减小

4-14 (a) $10\sqrt{2}$ A，(b) 2 A，(c) 40 V，(d) 100 V

4-15 (1) $Z=10 \underline{/0°}$ Ω, $Y=0.1 \underline{/0°}$ S,电阻;(2) $Z=20 \underline{/90°}$ Ω, $Y=0.05 \underline{/-90°}$ S,电感;

(3) $Z=100 \underline{/-60°}$ Ω, $Y=0.01 \underline{/60°}$ S,电容性

4-16 $Z=(j\omega L-\gamma)$ Ω; $Z=-j/\omega C(1+\beta)$ Ω

4-17 $i=4\sqrt{2}\sin(10^3t+23.1°)$ A; $u_R=16\sqrt{2}\sin(10^3t+23.1°)$ V; $u_L=16\sqrt{2}\sin(10^3t+113.1°)$ V; $u_C=4\sqrt{2}\sin(10^3t-66.9°)$ V

4-18 $i_R=8\sqrt{2}\sin(2t+30°)$ A; $i_L=2\sqrt{2}\sin(2t-60°)$ A; $i_C=8\sqrt{2}\sin(2t+120°)$ A; $i=10\sqrt{2}\sin(2t+66.9°)$ A

4-19 $i=5.58\sqrt{2}\sin(\omega t+63.5°)$ A; $i_1=5.58\sqrt{2}\sin(\omega t-116.5°)$ A; $i_2=11.16\sqrt{2}\sin(\omega t+63.5°)$ A

4-20 $i_2=10\sqrt{2}\sin 314t$ mA; $i_3=31.4\sqrt{2}\sin(314t+90°)$ mA; $i_1=33\sqrt{2}\sin(314t+72.4°)$ mA; $u_2=100\sqrt{2}\sin 314t$ V; $u_1=123.3\sqrt{2}\sin(314t+130°)$ V; $u=96.8\sqrt{2}\sin(314t+77.7°)$ V

4-21 网孔方程为

$$\begin{cases} (3+j10)\dot{I}_{M1}-(2+j10)\dot{I}_{M2}=\dfrac{4}{\sqrt{2}}\underline{/0°} \\ -(2+j10)\dot{I}_{M1}+(4+j5)\dot{I}_{M2}-2\dot{I}_{M3}=0 \end{cases}$$

$$\dot{I}_{M3}=-\dfrac{4}{\sqrt{2}}\underline{/0°}$$

节点方程为

$$\begin{cases} \left(\dfrac{1}{1}+\dfrac{1}{2+j10}+\dfrac{j}{5}\right)\dot{U}_{N1}-\dfrac{j}{5}\dot{U}_{N2}=\dfrac{4}{\sqrt{2}}\underline{/0°} \\ -\dfrac{j}{5}\dot{U}_{N1}+\left(\dfrac{1}{2}+\dfrac{j}{5}\right)\dot{U}_{N2}=\dfrac{4}{\sqrt{2}}\underline{/0°} \end{cases}$$

4-22 $5\sqrt{2}\sin(2\times10^5t-45°)$ V

4-23 $6.325\underline{/-18.4°}$ A

4-24 $\dot{U}_{OC}=111.8\underline{/-63.4°}$ V; $Z_{eq}=(500-j500)$ Ω

4-25 18.4 μF

4-26 0.597 μF;72.19 kΩ

4-27 15.03-j40.02 Ω

4-28 225 W;-125 var;257.4 V·A;0.874;电容性

4-29 125 W;-250 var;279.5 V·A

4-30 $\tilde{S}_1=(769.13+j1\,922.82)$ V·A; $\tilde{S}_2=(1\,115.42-j3\,346.26)$ V·A; $\tilde{S}_3=(1\,884.55-j1\,423.42)$ V·A; $\cos\varphi=0.798$

4-31 47.9 A,0.756; 201 μF,40.4 A

4-32 $L=0.485$ mH, $C=0.019\,4$ μF; $P_{max}=2$ mW

第 五 章

5-1 52.8 mH

5-2 $120\ \underline{/0°}\,\text{V},0\ \text{V};1.2\ \underline{/0°}\,\text{A},0.8\ \underline{/0°}\,\text{A}$

5-3 $Z=R_1+\dfrac{R_2\omega^2M^2}{R_2^2+(\omega L_2)^2}+\mathrm{j}\left[\omega L_1-\dfrac{\omega^3 L_2 M^2}{R_2^2+(\omega L_2)^2}\right]$

$Z=\dfrac{R\omega^2 M^2}{R^2+\omega^2 L_2^2}+\mathrm{j}\left(\omega L_1-\dfrac{1}{\omega C}-\dfrac{\omega^3 L_2 M^2}{R^2+\omega^2 L_2^2}\right)$

5-4 $U_{AB}=13.4\ \text{V}(\text{S 断开}),U_{AB}=11\ \text{V}(\text{S 闭合})$

5-5 $C=0.101\ \mu\text{F}$

5-6 $25\ \mu\text{F};180\ \underline{/0°}\ \text{V}$

5-7 （1）$1\ \Omega,0.02\ \text{H},50$；（2）$10\ \text{V},500\ \text{V},500\ \text{V}$

5-8 $1\ 000\ \text{rad/s};2\ 236\ \text{rad/s}$

5-9 $1\ \mu\text{F};1\ \text{H}$

5-10 $1.7\ \text{A};1.8\ \text{A}$

5-11 $i=\left[47.8+15.1\sqrt{2}\cos(2\omega t+90°)+1.43\sqrt{2}\cos(4\omega t+90°)\right]\text{mA}$

$u_{cd}=\left[95.5+2.39\sqrt{2}\cos(2\omega t+4.6°)+0.113\sqrt{2}\cos(4\omega t+2.3°)\right]\text{V}$

$U_{cd}=95.52\ \text{V}$

5-12 $78.5\ \text{W}$

5-13 星形联结；$I_L=I_P=22\ \text{A}$

5-14 三角形联结；$I_P=38\ \text{A},I_L=65.8\ \text{A}$

5-15 $I_U=15.25\ \text{A};I_V=15.25\ \text{A};I_W=18.33\ \text{A};I_N=12.05\ \text{A}$

5-16 $\dot{I}_{UV}=67.14\ \underline{/-45°}\ \text{A},\dot{I}_{VW}=67.14\ \underline{/-75°}\ \text{A},\dot{I}_{WU}=67.14\ \underline{/120°}\ \text{A}$；

$\dot{I}_U=133.13\ \underline{/-52.5°}\ \text{A},\dot{I}_V=34.76\ \underline{/-150°}\ \text{A},\dot{I}_W=133.13\ \underline{/112.5°}\ \text{A}$

5-17 （1）$I_L=I_U=10.3\ \text{A},I_P=I_{UV}=5.95\ \text{A}$；（2）$U_L=14.57\ \text{V},U_P=357\ \text{V}$

5-18 $U_P=220\ \text{V},I_L=I_P=7.33\ \text{A};P=3.86\ \text{kW},Q=2.9\ \text{kvar},S=4.83\ \text{kV}\cdot\text{A}$

5-19 $U_P=220\ \text{V},I_P=7.33\ \text{A},I_L=12.7\ \text{A};P=3.86\ \text{kW},Q=2.9\ \text{kvar},S=4.83\ \text{kV}\cdot\text{A}$

5-20 日光灯与白炽灯并联；星形联结；$I_L=26.92\ \text{A}$

5-21 $U_{N'N}=0.63\ U_P\ \underline{/108.43°}\ \text{V},\dot{U}_{VN}=1.5\ U_P\ \underline{/-101.6°}\ \text{V},\dot{U}_{WN}=0.4 U_P\ \underline{/138.4°}\ \text{V}$

5-22 $\dot{I}_U=55\ \underline{/0°}\ \text{A},\dot{I}_V=24.8\ \underline{/-90°}\ \text{A},\dot{I}_W=60.37\ \underline{/118.1°}\ \text{A},P=30.07\ \text{kW}$

5-23 （1）$-325\ \text{dB},681.3\ \text{GHz}$；（2）$-45.18°,-136.1°$

5-24 $1\ \mu\text{F}$

附 录 I

I-1 $34\ \text{V},45\ \text{mA};756\ \Omega;271\ \Omega$

I-3 $21.7\ \text{mA};24\ \text{V};12\ \text{V}$

I-4 $10.5\ \text{mA};23.5\ \text{mA};15\ \text{V}$

I-5 $5.7\ \text{V};4.3\ \text{A};24.5\ \text{W}$

I-6 $1.5\ \text{A};3\ \text{V}$

I−7 $40\ \text{mA}; 3\ \text{V}; 6\ \text{V}; 0.12\ \text{W}(R_1); 0.24\ \text{W}(VZ)$

I−8 $16\ \text{V}, 4\ \text{A}, 8\ \Omega; (4+0.111\sin t)\ \text{A}$

I−9 $2\ \text{V}, 4\ \text{A}; 0.25\ \Omega; (4+0.286\sin t)\ \text{A}; (2+0.07143\sin t)\ \text{V}$

附 录 II

II−1 $\dfrac{A}{(1-e^{-\pi s})(s^2+1)}$

II−2 （1）$\left(\dfrac{10}{s}+\dfrac{5}{s+1}\right)$；（2）$\dfrac{1}{(s+10)^2}$；（3）$\dfrac{\omega\cos\varphi+s\sin\varphi}{s^2+\omega^2}$

II−3 （1）$\dfrac{1}{8}(3+2e^{-2t}+3e^{-4t})$；（2）$\left(\dfrac{1}{2}e^{-t}-4e^{-2t}+4.5e^{-3t}\right)$；（3）$\left[\delta(t)+e^{-t}-4e^{-2t}\right]$

II−4 （1）$e^{-3t}+2.24e^{-t}\cos(t+26.6°)$；（2）$\left(10+\dfrac{50}{3}e^{-t}\sin 3t\right)$；（3）$(e^{-t}-e^{-2t}+te^{-2t})$

II−6 $(10-4e^{-0.04t})\ \text{V}; 4e^{-0.04t}\ \text{V}$

II−7 $(1.25+0.75e^{-16t})\ \text{A} \quad t>0; \left[-0.6\delta(t)-2.4e^{-16t}\varepsilon(t)\right]\text{V}; \left[0.6\delta(t)-3.6e^{-16t}\varepsilon(t)\right]\text{V}$

II−8 $(3.33-5e^{-10t}+1.67e^{-30t})\ \text{A}$

II−9 $(10+20e^{-100t}\sin 100t)\ \text{A} \qquad t>0$

II−10 $\left[8\delta(t)+\left(1+\dfrac{1}{9}e^{-t/4.5}\right)\varepsilon(t)\right]\text{A}; (1+e^{-t/4.5})\varepsilon(t)\ \text{V}$

II−11 $(0.5-1.088e^{-40.85t}+2.088e^{-979t})\varepsilon(t)\ \text{A}$

自 测 题 一

一、

1. $30\ \Omega; 30\ \Omega;$ 平衡

2. $1\ \text{V}; -2\ \text{A}; -0.5\ \Omega$

3. $-9\ \text{V}; 1.8\ \text{W}; -12\ \text{W};$ 电压源

4. $-4\ \text{V}; 2\ \text{V}$

5. $-0.33\ \Omega$

6. $0.065\ \Omega; 15.94\ \Omega$

二、 1.（a）电流源产生 50 W 功率，电阻吸收 50 W 功率，电压源功率为 0；（b）电流源产生 30 W 功率，电阻吸收 20 W 功率，电压源功率吸收 10 W 功率

2. 10 V

3. $\gamma\leqslant 2\ \Omega$

4. 0.266 V

5. 略

6. $-2\ \text{V}, 4\ \Omega$

7. $10\ \text{V}, 5\Omega$

8.（1）0.33 A；（2）5 Ω；（3）5 W

自 测 题 二

一、

1. 0 A;2 A;10 V;0 V

2. 16 V;0 A;32 V;4 A

3. 0.5 kΩ;10 V

4. 122.6 s

5. 5 Ω;0.5 H

6. 4 ms

7. 8 ms

二、

1. $4(1-e^{-3.33t})$ A

2. $(44-24e^{-0.5t})$ V;$(1.2+4.8e^{-0.5t})$ A

3. $(2.5+3.056e^{-0.56t})\varepsilon(t)$ V

4. $\{4(1-e^{-2.5t})\varepsilon(t)-8[1-e^{-2.5(t-0.4)}]\varepsilon(t-0.4)\}$ V 或 $4(1-e^{-2.5t})$ V　　　$(0 \leqslant t \leqslant 0.4$ s$)$;
   $[-4+6.52e^{-2.5(t-0.4)}]$ V$(t \geqslant 0.4$ s$)$

自 测 题 三

一、

1. 不变;减小;增加

2. 5 A

3. 0.184 H

4. $10\underline{/-60°}$ Ω,电容性

5. 不变;不变;增加;增加

6. 8 V

7. 99.5 μF;2 A

8. 190 V;220 V

9. 10 V;1 A

二、

1. $(35.4+j60.4)$ Ω

2. (1) 3.16 A,0.836; (2) 12.6 μF

3. (1) $2.5\underline{/53.1°}$A,$75\underline{/90°}$V,$60\underline{/0°}$V,$125\underline{/-36.9°}$V,$160\underline{/0°}$V; (2) 240 W,−320 var,400 V·A

4. 4 A;70.7 V;800 W

5. (1) 星形联结 $I_P=I_L=6.1$ A,$P=3\,477$ W,$Q=2\,008$ var,$S=4\,015$ V·A;
   (2) 三角形联结 $I_P=6.1$ A,$I_L=10.6$ A,$P=3\,477$ W,$Q=2\,008$ var,$S=4\,015$ V·A

参 考 文 献

[1] 陈洪亮,张峰,田社平.电路基础[M].2 版.北京:高等教育出版社,2015.

[2] 邱关源,罗先觉.电路[M].5 版.北京:高等教育出版社,2006.

[3] 李瀚荪.电路分析基础[M].3 版.北京:高等教育出版社,1993.

[4] 李瀚荪.简明电路分析基础[M].北京:高等教育出版社,2002.

[5] 朱桂萍,于歆杰,陆文娟.电路原理[M].北京:高等教育出版社,2016.

[6] 周守昌.电路原理[M].北京:高等教育出版社,1999.

[7] 周长源.电路理论基础[M].2 版.北京:高等教育出版社,1996.

[8] C.A 狄苏尔,葛守仁.电路基本理论[M].林争辉,译.北京:高等教育出版社,1979.

[9] 汪辑光.电路原理(上册)[M].北京:清华大学出版社,1996.

[10] 刘增寿,刘芳.电路分析基础教程[M].2 版.长沙:国防科学技术大学出版社,2000.

[11] Boylestad,R.L.Introductory Circuit Analysis[M].9th ed Prentice-Hall,Inc,2000.

[12] 穆秀春,郑爽,李娜.Multisim & Ultiboard 13 原理图仿真与 PCB 设计[M].北京:电子工业出版社,2016.

[13] 聂典.Multisim 12 仿真设计[M].北京:电子工业出版社,2014.

[14] 康华光.电子技术基础模拟部分[M].5 版.北京:高等教育出版社,2006.

[15] 周良权.傅恩锡,李世馨.模拟电子技术基础[M].5 版.北京:高等教育出版社,2015.

[16] 王文吉.电路分析与器件基础[M].北京:北京理工大学出版社,1997.

[17] 张庆双.电子技术 基础·技能·线路实例[M].北京:科学技术出版社,2006.

[18] 同济大学数学教研室.高等数学(下册)[M].4 版.北京:高等教育出版社,1996.

郑重声明

防伪查询说明

用户购书后刮开封底防伪涂层,利用手机微信等软件扫描二维码,会跳转至防伪查询网页,获得所购图书详细信息。也可将防伪二维码下的 20 位密码按从左到右、从上到下的顺序发送短信至106695881280,免费查询所购图书真伪。

反盗版短信举报

编辑短信"JB,图书名称,出版社,购买地点"发送至 10669588128

防伪客服电话

(010)58582300

网络增值服务使用说明

一、注册/登录

访问 http://abook.hep.com.cn/1224104,点击"注册",在注册页面输入用户名、密码及常用的邮箱进行注册。已注册的用户直接输入用户名和密码登录即可进入"我的课程"页面。

二、课程绑定

点击"我的课程"页面右上方"绑定课程",正确输入教材封底防伪标签上的 20 位密码,点击"确定"完成课程绑定。

三、访问课程

在"正在学习"列表中选择已绑定的课程,点击"进入课程"即可浏览或下载与本书配套的课程资源。刚绑定的课程请在"申请学习"列表中选择相应课程并点击"进入课程"。

如有账号问题,请发邮件至:abook@hep.com.cn。